Problemkreis Altlasten

Springer
*Berlin
Heidelberg
New York
Barcelona
Budapest
Hong Kong
London
Mailand
Paris
Santa Clara
Singapur
Tokio*

Problemkreis Altlasten

H.-W. Borries
K.-W. Kiefer
H. Pfaff-Schley
(Hrsg.)

Von der
Ausschreibung
bis zur Folgenutzung

Mit 89 Abbildungen

#

Dr. rer. nat. Hans-Walter Borries
Wolfgang-Reuter-Straße 18
58300 Wetter

Karl-Werner Kiefer
Herbert Pfaff-Schley
Umweltinstitut Offenbach
Nordring 82 B
63067 Offenbach

ISBN 3-540-59134-6 Springer-Verlag Berlin Heidelberg New York

Die Deutsche Bibliothek – CIP-Einheitsaufnahme
Problemkreis Altlasten: von der Ausschreibung bis zur Folgenutzung / H.-W. Borries ... (Hrsg.). –
Berlin; Heidelberg; New York : Springer, 1995
    ISBN 3-540-59134-6
NE: Borries, Hans-Walter [Hrsg.]

Dieses Werk ist urheberrechtlich geschützt. Die dadurch begründeten Rechte, insbesondere die der Übersetzung, des Nachdrucks, des Vortrags, der Entnahme von Abbildungen und Tabellen, der Funksendung, der Mikroverfilmung oder der Vervielfältigung auf anderen Wegen und der Speicherung in Datenverarbeitungsanlagen, bleiben, auch bei nur auszugsweiser Verwertung, vorbehalten. Eine Vervielfältigung dieses Werkes oder von Teilen dieses Werkes ist auch im Einzelfall nur in den Grenzen der gesetzlichen Bestimmungen des Urheberrechtsgesetzes der Bundesrepublik Deutschland vom 9. September 1965 in der jeweils geltenden Fassung zulässig. Sie ist grundsätzlich vergütungspflichtig. Zuwiderhandlungen unterliegen den Strafbestimmungen des Urheberrechtsgesetzes.

© Springer-Verlag Berlin Heidelberg 1995
Printed in Germany

Die Wiedergabe von Gebrauchsnamen, Handelsnamen, Warenbezeichnungen usw. in diesem Werk berechtigt auch ohne besondere Kennzeichnung nicht zu der Annahme, daß solche Namen im Sinne der Warenzeichen- und Markenschutz-Gesetzgebung als frei zu betrachten wären und daher von jedermann benutzt werden dürften.

Umschlaggestaltung: Metadesign Plus GmbH, Berlin
Satz: Reproduktionsfertige Vorlage vom Autor

30/3136 SPIN 10494390 – Gedruckt auf säurefreiem Papier

Vorwort

Bei der Altlastensanierung liegt einiges im argen - nicht zuletzt die mangelnde Qualität von Planer- und Gutachterleistungen. Da die Honorarordnung für Architekten und Ingenieure (HOAI) den Bereich Altlastensanierung nur punktuell erfaßt, werden Honorare, Planer- und Gutachterleistungen in der Regel individuell festgelegt. Auftraggeber und Auftragnehmer beklagen zunehmend die Unsicherheiten bei diesem Verfahren. So werden Planungsmängel, wie das erhebliche Unterschätzen der Sanierungskosten, auf diesen ungeregelten Planungsablauf zurückgeführt. Fehlende Regelungen haben darüber hinaus einen Preiswettbewerb in Gang gesetzt, der die Planungsqualität negativ beeinflussen kann.

Das Umweltinstitut Offenbach führte zu dieser Thematik vom 18.-19. Oktober 1994 eine Fachtagung mit dem Titel "**Ausschreibungs- und Vergabepraxis: Arbeitshilfen und Leistungskriterien für Angebotsabgabe und Auftragsvergabe**" durch.

Für die Beurteilung von Altlastensanierungstechniken sind neben den möglichen Einsatzbereichen und den Leistungsgrenzen auch ihre Umweltauswirkungen von Interesse, da eine sinnvolle Sanierungsmaßnahme eine positive Umweltbilanz aufweisen sollte.

Die Frage einer solchen Umweltbilanzierung wurde am 15. und 16. Dezember 1994 zum ersten mal im Rahmen einer Fachtagung des Umweltinstituts Offenbach mit dem Titel "**Probleme bei der Altlastensanierung und Wege zu deren Lösung**" behandelt. Es wurden hierzu hauptsächlich wirtschaftliche und umweltverträgliche Dekontaminationsverfahren präsentiert.

Ebenso wurde erstmalig die Möglichkeit der Zertifizierung von Sanierungsfirmen nach DIN ISO 9002 dargestellt. Die Zertifizierung des Qualitätsmanagements eines Unternehmens auf dem Gebiet der Altlastenbearbeitung gewinnt vor allem mit Blick auf den gemeinsamen Europäischen Markt große Bedeutung. Weitere Schwerpunkte der Tagung bildeten Orientierungswerte, Extraktionsverfahren bei organisch kontaminierten sowie schwermetallhaltigen Altlasten, Verfahren zum Abbau von Phenolen in Böden sowie die Sanierung quecksilberhaltiger Chemiestandorte.

Der vorliegende Band gibt die Textfassungen der Vorträge beider Fachtagungen in teilweise überarbeiteter und ergänzter Form wieder.

Das Umweltinstitut Offenbach bietet seit 1988 seine Dienstleistungen in den Bereichen Erfassung, Untersuchung und Gefährdungsabschätzung von altlastenverdächtigen Flächen an. Für die zeitgemäße Erfüllung dieser Aufgaben steht mit der EDV-Anwendung **ALADIN** - Das **A**lt**LA**sten **D**okumentations- und **IN**-formationssystem - ein geeignetes und zeitgemäßes Werkzeug zur Verfügung.

Dieses Geographische Informationssystem unterstützt den Sachbearbeiter bei allen Aufgaben in den Bereichen Altablagerungen, Altstandorte und Militärische Altlasten. Von der Ersterhebung allgemeiner Informationen zu potentiell altlastverdächtigen Flächen über die Bewertung bis hin zur Sanierungsüberwachung können alle Informationen verwaltet und die Ergebnisse - verknüpft mit Karten und Luftbildauswertungen - visualisiert werden.

Neben seinen Ingenieurleistungen im Altlastenbereich und der Fortentwicklung geeigneter Software für die Altlastenbearbeitung wird das Umweltinstitut Offenbach seine Fachtagungsreihe mit aktuellen Umweltthemen regelmäßig fortführen.

Umweltinstitut Offenbach GmbH, Februar 1995   Hans-Walter Borries
　　　　　　　　　　　　　　　　　　　　　　　　Karl-Werner Kiefer
　　　　　　　　　　　　　　　　　　　　　　　　Herbert Pfaff-Schley

Inhaltsverzeichnis

Optimierung von Ausschreibung und Vergabe von Bauleistungen
im Rahmen der Altlastensanierung
    R. M. Spang 1

Verbesserungsvorschläge für eine Qualitätssicherung
bei der Ausschreibung und Vergabe
im Arbeitsfeld Erfassung/historische Erhebung
    H. Hüttl 12

Hilfen für eine Definition von Leistungskriterien
zu "Gerätemindestausstattung" und "Personalanforderungen"
bei Ausschreibungen und Vergabe von Aufträgen zur Erfassung
und Erstbewertung Militärischer Liegenschaften und Rüstungsaltlasten
    R. Kristen 19

Kritische Betrachtung der Preis-/Leistungsfindung bei der Umsetzung
von Altlasteninformationen in Karten
    H. Busse, J. Große 33

Angebotsabgabe, Preisermittlung, Auftragsvergabe im Altlastenbereich
unter Berücksichtigung der Situation in den neuen Bundesländern
    U. Riecke 38

Erfahrungen in der Angebotsanfrage, Beauftragungs- und Vergabephase
von Gefährdungsabschätzungsgutachten am Beispiel kommunaler Projekte
    B. Marquardt 52

Managementberatung bei der Sanierung von Altlasten,
zusätzliche Kosten oder Effizienzsteigerung?
    E. Leitmann, K. Schneider 68

Die Ausschreibung kommunaler Umwelt-DV-Systeme
    G. W. Schmitt 73

Ökonomische Notwendigkeiten bei der Ausschreibung von Leistungen
im Rahmen der Altlastenbearbeitung/Betriebliches Altlastenmanagement
    H.-J. Reichardt 77

Vergabe von Separierungs- und Entsorgungsleistungen im Zuge
von Abbruchmaßnahmen
     M. Blesken 86

Festlegung von Altlasten- und Sanierungsklauseln
in Grundstückskaufverträgen
     W. Habel... 95

Neue Kriterien für nationale und internationale Regelwerke
für Ausschreibungen
     S. Stockhorst... 105

Berücksichtigung des Umweltrechnungswesens bei der Beurteilung
von Sanierungsverfahren und Sanierungszielen
     F.-J. Follmann, T. Schröder... 119

Neue Erkenntnisse aus dem Forschungsprojekt Arbeitshilfen Altlasten II -
Arbeitshilfen zur Beauftragung von Planern, Gutachtern und Firmen
mit der Sanierung von Altlasten
     C. J. Diederichs 130

Verminderung von Auftraggeberrisiken bei der Beauftragung und
Durchführung von Sanierungsmaßnahmen
     L. Breitenborn 145

Flächenrecycling durch Immobilisierung am Beispiel
konkreter Projekte
     L. Werning 150

Stand der Bodenreinigung bei der Altlastensanierung
     Detlef Grimski 156

Orientierungswerte für die Altlastensanierung in Hessen
     Guntram Finke.. 174

Umweltbilanzierung von Altlastensanierungsverfahren
     W. Kohler.. 193

Das EDV-Programm KOSAL-1.0 - Kostenabschätzung
bei der Altlastensanierung
     P. Dreschmann, H.-J. Koschmieder... 212

Altlastenmanagement am Beispiel der Emscher-Lippe-Region
     G. Vollmer-Heuer.. 227

Probleme der Altlastensanierung, Beispiel Neue Bundesländer
H. Müller ... 232

Mobile oder stationäre Altlastensanierung
D. Rötgers ... 240

Wirtschaftliche und umweltverträgliche Dekontamination
kleiner Bodenmengen im mobilen und stationären Einsatz
M. Moß ... 246

Zertifizierung von Sanierungsunternehmen nach DIN ISO 9002
E. Wittig ... 251

Extraktion schwermetallhaltiger Altlasten mittels Komplexbildnern
H.-J. Roos, F. Forge, H. Fr. Schröder ... 263

Extraktion organisch kontaminierter Altlasten mittels Wasserdampf
K. Hudel, F. Forge, A. Fries, M. Klein, M. Dohmann ... 275

Dekontamination verunreinigter Böden durch Gasextraktion
I. Reiß, A. Schleußinger, S. Schulz ... 287

Biologische Dekontamination von Phenolen in Böden und Bauschutt
E. Harksen, M. Müller, J. Sawistowsky ... 299

Sanierung quecksilberbelasteter Industriestandorte
D. Pflugradt ... 315

Altlastenunterfahrung mit Hilfe von Vortriebstechniken
des Berg- und Tunnelbaus
T. Hollenberg ... 352

Komplexe Fälle der Grundwasseraufbereitung bei der Altlastensanierung
H. Winkler ... 364

Behandlung von schwermetallverunreinigtem Erdreich mit Zement -
ein Verfahren zur Verwertung kontaminierter Böden
R. Pfeuffer ... 372

Autorenverzeichnis

Dipl.-Geol. Michael Blesken   LEG Landesentwicklungsgesellschaft
Nordrhein-Westfalen GmbH
Postfach 300642
40406 Düsseldorf

Dipl.-Ing. Lothar Breitenborn   Bergische Universität
Gesamthochschule Wuppertal
Fachbereich 11; Bautechnik/Bauwirtschaft
Pauluskirchstraße 7
42285 Wuppertal

Dipl.-Ing. Henning Busse   Grüner Weg 50b
58708 Menden

Dipl.-Ing. Jörg Große   Marktstraße 236c
44799 Bochum

Prof. Dr.-Ing. C. J. Diederichs   Bergische Universität
Gesamthochschule Wuppertal
Fachbereich 11; Bautechnik/Bauwirtschaft
Pauluskirchstraße 7
42285 Wuppertal

Dr.-Ing. Peter Dreschmann
Hans-Jürgen Koschmieder   focon - Ingenieurgesellschaft für Umwelt-
technologie- und Forschungsconsulting
Theaterstraße 106
D-52062 Aachen

Dipl.-Ing. Guntram Finke   Hessisches Ministerium für Umwelt,
Energie und Bundesangelegenheiten
Mainzer Straße 80
65189 Wiesbaden

Franz-Josef Follmann
Thomas Schröder   Bergische Universität
Gesamthochschule Wuppertal
Fachbereich 11; Bauteschnik/Bauwirtschaft
Pauluskirchstraße 7
42285 Wuppertal

Dipl.-Ing. Detlef Grimski	Umweltbundesamt Bismarckplatz 1 14193 Berlin
Dr. rer. pol. Wolfgang Habel	Rechtsanwalt Walkmühlstraße 1 99084 Erfurt
Dr. Erika Harksen Dipl.-Biol. Martina Müller	FZB Biotechnik GmbH Glienicker Weg 185 12489 Berlin
Dr.-Ing. Thomas Hollenberg	E. Heitkamp GmbH Langekampstraße 36 44652 Herne
Dipl.-Ing. K. Hudel Dipl.-Chem. F. Forge A. Fries M. Klein Prof. Dr.-Ing. M. Dohmann	Institut für Siedlungswasserwirtschaft Rheinisch-Westfälische Technische Hochschule Aachen Templergraben 55 52056 Aachen
Dipl.-Geogr. Heinz Hüttl	Flöz Sonnenschein 36 45886 Gelsenkirchen
Dr. Wolfgang Kohler	Landesanstalt für Umweltschutz Baden-Württemberg Referat 54 Altlastensanierung Abteilung Boden, Abfall, Altlasten Griesbachstraße 1 76185 Karlsruhe
Rolf Kristen, Oberstleutnant a.D	Luftbildwesen Wesel Luisenstraße 17 46483 Wesel
Dipl.-Geol. Erich Leitmann Dipl.-Ing. Kurt Schneider	WIBERA AG Achenbachstraße 43 40237 Düsseldorf

Dipl.-Ing. Brigitte Marquardt	Stadt Wetter (Ruhr) Technisches Bauamt, Abteilung für Umweltangelegenheiten Wilhelmstraße 21 58300 Wetter
Dr. Maria Moß	HGN Hydrogeologie GmbH Otto-Hahn-Straße 27 44227 Dortmund
Dr. Hartmut Müller	HPC Harress Pickel Consult GmbH Niederlassung Rhein-Main Kapellenstraße 45 a 65830 Kriftel/Taunus
Dipl.-Geol. Reinhard Pfeuffer	Leiter Geotechnik IFUWA GmbH Lindberghstraße 9-13 85051 Ingolstadt
Dipl.-Ing. Dieter Pflugradt	Staatliches Amt für Umweltschutz Reilstraße 72 06114 Halle (Saale)
Dipl.-Geol., Betriebswirt (VWA) Hans-Jürgen Reichhardt	Unternehmensberatung Umweltschutz Marsweg 4 75175 Pforzheim
Dipl.-Ing. Ingo Reiß Dipl.-Ing. Armin Schleußinger Prof. Dr.-Ing. Siegfried Schulz	Lehrstuhl für Thermodynamik Universität Dortmund Emil-Figge-Straße 70 44221 Dortmund
Ulf Riecke	TRUS - Thomas Riecke Umwelt-Service Boxhagener Straße 76-78 10245 Berlin
Dipl. Geol. Dagmar Rötgers	C. Baresel AG Bauunternehmung Bereich Umwelttechnik Nordbahnhofstraße 135 70191 Stuttgart

Dipl.-Ing. H.-J. Roos Dipl.-Chem. F. Forge Dipl.-Chem. Dr. rer. nat. H. Fr. Schröder	Institut für Siedlungswasserwirtschaft Rheinisch-Westfälische Technische Hochschule Aachen Templergraben 55 52056 Aachen
Dr. Joachim Sawistowsky	Umweltschutz Grumbach-Sachsen GmbH Wilsdruffer Straße 10 01723 Grumbach
Dipl-Phys. Günter W. Schmitt	Am Damsberg 44 55130 Mainz
Dr. Raymund M. Spang	Geoplan Dr. Spang Ingenieurgesellschaft für Bauwesen, Geologie und Umwelttechnik mbH Westfalenstraße 5-9 58455 Witten
Dipl.-Volkswirt Siegfried Stockhorst	Geschäftsführer der Auftragsberatungsstelle Hessen e.V. Adelheidstraße 23 65185 Wiesbaden
Dr. Gerald Vollmer-Heuer	Agentur Altlastenmanagement Emscher-Lippe Kurt-Schuhmacher-Straße 28 45699 Herten
Dr. Dipl.-Ing. Ludger Werning	Pokker Bodensanierung GmbH Eibacher Hauptstraße 121 90451 Nürnberg
Dr. Helmut Winkler	Peroxidations Systeme GmbH Raiffeisenstraße 10 63225 Langen
Dipl.-Ing. Ekkehard Wittig	SAN Sanierungstechnik für den Umweltschutz GmbH Nördlinger Straße 2 86655 Harburg

Optimierung von Ausschreibung und Vergabe von Bauleistungen im Rahmen der Altlastensanierung

Dr. Raymund M. Spang

Einleitung

Unter den Begriffen "Ausschreibung und Vergabe" wird im folgenden die Einholung von Angeboten einschließlich deren Wertung entsprechend VOB, Teil A, verstanden. Dabei sollen sich die Ausführungen nicht allgemein auf die Ausschreibung und Vergabe von Bauleistungen, sondern nur auf Bauleistungen in Verbindung mit der Sicherung/Sanierung von Altlasten bzw. Altstandorten beziehen. Bei diesen wird zwischen klassischem Spezialtiefbau einerseits und altlastentypischen Sicherungs- und Dekontaminierungsverfahren andererseits unterschieden. Unter klassischem Spezialtiefbau werden dabei die der Sicherung dienenden Verfahren verstanden, bei denen keine Wechselwirkung zwischen Bauverfahren und kontaminiertem Schutzgut auftritt. Als Beispiel ist hierbei die Einkapselung durch Dichtwände und Dichtsohlen sowie Abdeckungen aufzuführen. Bei Sicherungs- und Dekontaminationsverfahren, wie z. B. bei thermischen Verfahren, bei der Immobilisierung von Schadstoffen, bei der Bodenwäsche, der Bodenluftabsaugung, bei biologischen Verfahren und bei der Grundwasserreinigung ist das kontaminierte Schutzgut unmittelbarer Gegenstand der Bauleistung selbst. Es ist das Analog zum Baustoff der klassischen Bauverfahren.

Bei der Frage, inwieweit es sich bei letzteren Verfahren im Gegensatz zu den aus dem klassischen Spezialtiefbau stammenden überhaupt um Bauleistungen entsprechend VOB, Teil A, § 1, handelt, ist zunächst festzustellen, daß die entsprechenden Leistungen meist nicht der Herstellung, Erhaltung und Umgestaltung von Bauwerken dienen. Allerdings führen INGENSTAU/KORBION (1989, 73 (2)) aus, daß zum Anwendungsbereich der VOB, Teil A, auch "Arbeiten an einem Grundstück" zählen. So muß deshalb auch für relativ weit von den klassischen Bauverfahren entfernte biologische Sanierungsverfahren die Anwendbarkeit der VOB, Teil A, bejaht werden, woraus sich für öffentliche Auftraggeber die Verpflichtung zur Anwendung des entsprechenden Vertragswerkes ergibt.

Unter Bauleistungen im Rahmen der Altlastensanierung sollen im folgenden alle gewerblichen Leistungen verstanden werden, die der Sicherung (vornehmlich der Umschließung bzw. Abkapselung) und/oder der Sanierung von Boden-, Bodenluft- und Grundwasserkontaminationen dienen.

Über die Ausschreibung von Gutachterleistungen war bereits an anderer Stelle berichtet worden (SPANG et al., 1994).

Weil öffentliche Auftraggeber die Regelauftraggeber für zumindest die grossen Altlastensanierungen sind, setzen die folgenden Ausführungen die Anwendung der VOB, Teil A, als ausgefeiltes, bewährtes, und weithin rechtssicheres Vertragswerk voraus. Die Alternative für nicht-öffentliche Auftraggeber, der Abschluß von Werkverträgen nach BGB, wird in diesem Vortrag nicht behandelt.

Man könnte nun gerade mit Bezug auf die vorstehenden Anmerkungen zur Einschätzung der VOB meinen, eine Optimierung des Ausschreibungs- und Vergabevorgangs von Bauleistungen sei bereits in den Jahrzehnten ihrer Gültigkeit erfolgt. Es ist deshalb zunächst nachzuweisen, ob es bei der Ausschreibung und Vergabe von Altlastensanierungen Besonderheiten gibt, aufgrund derer das übliche Verfahren der öffentlichen Ausschreibung und der Vergabe nach Leistungsverträgen mit Leistungsbeschreibung (in der Regel Einheitspreisverträge) nicht zu einem optimalen Ergebnis führt bzw. inwieweit sich das behauptete Erfordernis einer Optimierung überhaupt ergibt. Dabei beschränken sich die Untersuchungen, wie bereits eingangs aufgeführt, auf jene Sicherungs- und Sanierungsverfahren, bei denen eine Wechselwirkung zwischen kontaminiertem Schutzgut und Bauverfahren eintritt; für die konventionellen Spezialtiefbauverfahren wird das in der VOB, Teil A, enthaltene Regelwerk für angemessen und zielführend gehalten.

Besonderheiten der Altlastensanierung

Altlastensanierungen unterscheiden sich tatsächlich in mehrfacher Hinsicht von normalen Bauleistungen. Insbesondere liegen die Unterschiede in folgenden Besonderheiten.

– Gegenstand der Altlastensicherung/-sanierung ist im Regelfall die Beseitigung einer Gefahr für die Gesundheit bzw. für Leib und Leben, die durch chemische Substanzen über die verschiedenen Gefährdungspfade direkt oder indirekt auf den Menschen einwirken.
– Die Durchführung der Sanierung selbst kann gefährlich sein. Sie erfordert auf jeden Fall spezielle Erfahrungen, Kenntnisse und Sicherungsmaßnahmen.
– Sicherungen und Sanierungen von Altlasten erfolgen erst seit ca. 10 bis 15 Jahren. Insbesondere für komplexe und große Kontaminationen besteht noch wenig Ausführungserfahrung.

- Die Zahl der etablierten Verfahren ist relativ klein. Viele, prinzipiell erfolgversprechende Verfahren sind noch in der Erprobung.
- Der Erfahrungsschatz der einzelnen Verfahren ist häufig sehr spezifisch; er läßt sich hinsichtlich der generellen Einsatzgrenzen nicht verallgemeinern.
- Die Entwicklung neuer Verfahren ist stürmisch; das geringe Alter der einzelnen Verfahren ist typisch für einen unreifen Markt.
- Der Stand der Technik ist weithin unbestimmt; die Verfahren sind nicht kodifiziert.
- Die Verfahrensentwicklung wird häufig gerade von kleinen und mittelständischen Betrieben, die als besonders innovativ bekannt sind, betrieben. Die Verfahren sind patentrechtlich geschützt und in der Regel nicht ausreichend publiziert. Es wird deshalb immer schwieriger, einerseits das geeignete Sanierungsverfahren auszuwählen und andererseits einen preiswerten Bieter für die Sanierung ausfindig zu machen (SPANIER, 1994).
- Die Verfahren lassen sich häufig nicht neutral beschreiben.
- Nach RÜLLER (1994) treten in der Praxis erhebliche Probleme auf, die zu fordernden Leistungen präzise und umfassend zu beschreiben.
- Häufig existieren mehrere Verfahren, die zielführend sind, jedoch spezifische Leistungen und Geräte erfordern. Eine Ausschreibung mit Leistungsverzeichnis muß deshalb eine entsprechende Vielzahl von Alternativ- und Eventualpositionen enthalten, sofern nicht von vornherein die Ausschreibung auf ein bestimmtes Verfahren ausgerichtet werden soll.
- Der Bieterkreis für spezielle Sanierungsverfahren ist notwendigerweise klein. FORTMANN (1994) gibt an, daß z. B. für thermische Hochleistungsverfahren derzeit nur zwei Anbieter auf dem Markt sind.
- Naturgemäß sind die Anforderungen der einzelnen Verfahren an die äußeren Randbedingungen, insbesondere in bodenphysikalischer und hydraulischer Hinsicht, sehr verschieden. Damit stellen sich u. U. verfahrensspezifische Anforderungen an die Erkundung, die nur bei genauer Kenntnis des jeweiligen Verfahrens im voraus erfüllbar sind.
- Bei den Angebotspreisen treten bei neuen Verfahren teilweise extreme Schwankungen auf, da im Zuge der Markteinführung ein marktüblicher Preis seitens des Anbieters erst gefunden werden muß.
- Aus obigen Gründen sind die Erfolgsaussichten für Dritte (und teilweise für die Anbieter selbst) nicht immer eindeutig prognostizierbar.
- Die Sicherungs-/Sanierungskosten sind meist hoch, so daß viele der bekannten großen Altlasten bislang zwar in unterschiedlichem Ausmaß untersucht und teilweise gesichert, jedoch in den wenigsten Fällen saniert worden sind. Die Gründe liegen zum einen in der Hoffnung auf weitere technologische Fortschritte bei der Dekontamination, zum anderen schlicht in der Mittelknappheit der Öffentlichen Hand als dem wesentlichen Sanierungsträger.

Aus den oben angegebenen Gründen ist zumindest bei größeren, komplexen Altlasten das Ausführungsrisiko und damit auch das Vergaberisiko wesentlich höher als im klassischen Spezialtiefbau. Dies betrifft nicht nur das generelle Scheitern eines Sanierungsverfahrens, sondern insbesondere auch das Risiko, daß die Dekontaminationsziele nur teilweise erreicht werden. Seitens der Auftraggeber besteht deshalb sowohl ein entsprechendes Informationsbedürfnis, als auch die Situation, daß die Erfolgsaussichten der einzelnen Verfahren von außen her - ohne die spezifischen Kenntnisse des Bieters - nur schwer zu beurteilen sind.

Die Identifizierung der wirtschaftlichsten bzw. annehmbarsten Lösung im Planungsstadium ist offensichtlich schwierig; bei neuen Verfahren wird deshalb von SPANIER (1994) empfohlen, die entsprechenden Anbieter an der Planung bzw. an der Erstellung der Ausschreibungsunterlagen zu beteiligen. Dieser Vorschlag übersieht - so gut er gemeint sein mag - die dabei entstehenden Gefahren. Diese liegen insbesondere im Verlust der Unabhängigkeit des Planers, seiner bewußten oder unbewußten Fixierung auf bestimmte Lösungen und damit im Verlust der Objektivität bei der Beurteilung anderer Lösungen. Außerdem ergibt sich eine unkontrollierbare Vermischung von Verantwortlichkeiten, nachdem der Bieter - ohne entsprechenden Auftrag und ohne entsprechende Verpflichtung - ja selbst in der Planung als Berater des Beraters mitgewirkt hat, woraus bei Fehlschlägen komplexe Haftungsfragen entstehen.

Die Besonderheiten bei der Ausschreibung und Vergabe von Altlastensanierungen sind auch im planerischen Bereich erkennbar. Versuchen doch bereits seit längerem die Versicherer in den Berufshaftpflichtversicherungen Klauseln durchzusetzen, die die Deckung für das fehlgeschlagene Erfolgsversprechen des Planers ausschließen. Hierzu wird auf AMANN (1993) verwiesen.

Das Problem der Unabhängigkeit wird im übrigen auch durch die aktuelle und von vielen Seiten mit Sorge betrachtete Entwicklung hinsichtlich der "Entsorger-Gutachter" beleuchtet, die - unterstützt oder auch unmittelbar abhängig von entsprechenden Entsorgern - mit Dumpingpreisen Gefährdungsabschätzungen und Sanierungsuntersuchungen anbieten, die auf die Zuspitzung der Sanierungsempfehlung auf das vom jeweiligen Entsorger favorisierte Verfahren zielen und damit die Konkurrenz zumindest vom entsprechenden Daten- und Ergebnistransfer, bzw. letztlich vom Wettbewerb auszuschließen versuchen.

Ausschreibungsverfahren bei Altlastensanierungen

Üblich ist bislang bei Altlastensanierungen die beschränkte Ausschreibung, meist ohne den öffentlichen Teilnahmewettbewerb, wie sich dies z. B. aus dem bereits zitierten Vortrag von SPANIER (1994) ergibt. Gerade aus letzterem Vortrag kann jedoch entnommen werden, daß bei Leistungsbeschreibungen mit Leistungsverzeichnis - aus den bereits oben angeführten Gründen - in großem Umfang Eventual- und Alternativpositionen verwendet werden müssen um den Kreis der Bieter nicht zu sehr einzuengen. Die Frage ist trotz gegenteiliger Versicherungen offen, wie unter diesen Voraussetzungen die gerade als Vorteil der beschränkten Ausschreibung gepriesene eindeutige Wertung von Angeboten möglich sein soll. Wird doch zur Begründung der entsprechenden Alternativ- und Eventualpositionen angeführt, daß erst während der Ausführung entschieden werden könne, ob und inwieweit diese zur Ausführung kommen. Auch mit Eventual- und Alternativpositionen dürfte es schwer sein, gerade neue Verfahren in die Ausschreibung mit einzubeziehen, schon im Hinblick auf das Problem der neutralen Beschreibung spezifischer und u. U. nur von wenigen Bietern oder auch nur von Einzelnen angebotener Verfahren. Der häufig zu hörende Einwand, entsprechende Bieter könnten sich ja durch Nebenangebote an der Ausschreibung beteiligen, ist mit Bezug auf INGENSTAU/KORBION (1989, 521, 73) für den Bieter risikoreich, da der Auftraggeber nicht verpflichtet ist, entsprechende Nebenangebote zu werten, falls der entsprechende Bieter sein Nebenangebot ohne das zugehörige Hauptangebot einreicht bzw. Nebenangebote nicht ausdrücklich gewünscht sind. Ersteres dürfte relativ häufig sein, da Anbieter spezieller Verfahren nicht unbedingt über eine entsprechend breite Palette verfügen. Außerdem läßt sich das Problem der Wertung der Nebenangebote, gerade wenn sehr spezifische bzw. relativ oder überhaupt neue Verfahren angeboten werden, so nicht lösen.

Im Begriff der beschränkten Ausschreibung selbst liegt ein weiteres Problem, weil sich nämlich die Auswahl selbst bei vollständiger Marktkenntnis üblicherweise auf die als risikoärmer eingeschätzten großen und bekannten Bieter mit eingeführten Verfahren konzentriert, wodurch der technologische Fortschritt zwangsläufig behindert wird. Das bislang praktizierte Verfahren ist deshalb für die Altlastensanierung nicht ideal.

Alternative zur beschränkten Ausschreibung

Es stellt sich deshalb die Frage, ob nicht andere, in der VOB, Teil A, vorgesehene Ausschreibungs- und Vergabeverfahren die beschriebenen Nachteile mindern oder beseitigen können. In Frage kommen dabei nur noch die freihändige Vergabe, die jedoch wegen der in der Regel hohen Bausummen auf grundsätzliche Bedenken stößt, und die Leistungsbeschreibung mit Leistungsprogramm. Dabei wird neben der Bauleistung auch der Entwurf für die Leistung dem Wettbewerb unterstellt. Das Verfahren wird allerdings durch restriktive Bestimmungen der VOB und des für öffentliche Auftraggeber ebenfalls verbindlichen Vergabehandbuchs (VHB) in ihrer Anwendbarkeit erheblich eingeschränkt. Vermutlich nicht zuletzt deshalb wird das Verfahren bislang kaum genutzt, wenngleich es im klassischen Baugeschehen derzeit heftig diskutiert wird. So sollen in Kürze große Verkehrsprojekte auch unter dem Aspekt des Build/Operate/Transfer und der Risikoverlagerung auf den Auftragnehmer nach diesem Ausschreibungsverfahren vergeben werden.

Mit Bezug auf die einschränkenden Voraussetzungen der Anwendbarkeit stellt sich die Frage, inwieweit sich die Leistungsbeschreibung mit Leistungsprogramm, kurz Funktionalausschreibung genannt, für die Ausschreibung und Vergabe von Altlastensanierungen eignet. Dazu sollen zunächst die Optimierungsziele definiert werden.

1. Das Verfahren soll möglichst das gesamte Spektrum in Frage stehender Sanierungsverfahren erschließen, insbesondere auch die neuen und ggf. noch wenig erprobten Verfahren.
2. Das Verfahren soll möglichst viele Bieter erreichen, auch solche, die wegen ihres spezifischen Angebotsspektrums kein Hauptangebot abgeben können. Dieser Aspekt sollte schon deshalb nicht unterschätzt werden, weil wegen der fehlenden Verpflichtung des AG zur Wertung entsprechender Nebenangebote der Bieter taktischen Erwägungen, Überlegungen hinsichtlich des bequemsten Weges und mangelnder Risikobereitschaft auf Auftraggeberseite schutzlos ausgeliefert ist.
3. Es soll das Fachwissen und das spezielle know how der Bieter gerade bei neuen Verfahren genutzt werden.
4. Zur Vermeidung von Streitigkeiten und Nachträgen sollen möglichst verfahrensspezifische Leistungsabgrenzungen und Leistungsdefinitionen für den Bauvertrag vorliegen.
5. Eine Auswahl der Bieter soll erst auf der Grundlage aller angebotenen Verfahren erfolgen.
6. Zwischen Auftragnehmer, Planer und Auftraggeber soll eine klare Risikoteilung und ggf. -begrenzung insbesondere bei der Beauftragung neuer Verfahren vereinbart werden können.
7. Das Verfahren soll eine möglichst klare technische und insbesondere auch preisliche Bewertung der Angebote ermöglichen.

Insgesamt soll das Verfahren zu einem möglichst breiten und qualifizierten Wettbewerb zur Erzielung einer optimalen technischen Lösung bei gleichzeitiger Förderung innovativer Verfahren und Techniken führen. Im Zusammenhang mit der Funktionalausschreibung sprechen INGENSTAU/KORBION (1989, 245, 3) von einer Kombination von Qualitäts- und Preiswettbewerb, die grundsätzlich zu begrüßen sei.

Aufgrund der Besonderheiten des Verfahrens ist tatsächlich festzustellen, daß die Funktionalausschreibung bei der Altlastensanierung die aufgeführten Ziele besser erreichen kann, als dies bei den üblichen Ausschreibungsverfahren der Fall ist. Zur Erläuterung soll auf die grundsätzlichen Unterschiede eingegangen werden. Der Ausschreibung mit Leistungsbeschreibung und Leistungsverzeichnis liegt eine in Einzelpositionen gegliederte Ausführungsplanung zugrunde, bei der der Bieter lediglich aufgrund seiner Kalkulation Preise einzusetzen hat. Erhält er den Auftrag, so muß er nach den ihm zur Verfügung gestellten Plänen bauen. In der Regel sind diese Pläne bauaufsichtlich geprüft; seine Verantwortung beschränkt sich im wesentlichen auf das Bauen nach diesen genehmigten Plänen (vgl. z.B. SPANIER (1994, 132, 3). Die Erfahrung des Bieters ist nur insoweit gefragt, als sie die Umsetzung der Pläne in das reale Bauwerk betrifft, nicht jedoch bezüglich der grundsätzlichen Wahl eines Bauverfahrens oder von Baustoffen oder anderer nach HOAI, § 55, in der alleinigen Verantwortung des Planers liegender Fragen. Insoweit haftet er auch nur für die Bauausführung mit der Einschränkung, daß er bei offensichtlichen Planungsfehlern nach VOB, B, § 4, Anzeigepflichten gegenüber dem Auftraggeber hat, bei deren Unterlassen ihn ggf. ein Mitverschulden trifft.

Bei der Funktionalausschreibung ist der Gegenstand des Bauvertrages gerade nicht eine vom Auftraggeber im Detail vorgegebene Planung, sondern die Definition der zu erreichenden Sanierungsziele (funktionsbestimmte Leistungsbeschreibung) unter Einbeziehung detaillierter Beschreibungen der maßgebenden Randbedingungen, wie der Bodenverhältnisse, der Grundwasserverhältnisse usw. sowie behördliche und andere Auflagen, Qualitätsanforderungen, Prüfroutinen und anderes mehr. Innerhalb dieses Rahmens hat der Auftragnehmer bzw. Bieter die Ausführung nach seinen Kenntnissen und Erfahrungen zu planen und auch zu verantworten. Dieser Verzicht auf ein vom AG vorgegebenes Leistungsverzeichnis ist der wesentlichste Unterschied zwischen der üblichen Leistungsbeschreibung mit Leistungsverzeichnis nach VOB, A, § 9, 3ff und der Leistungsbeschreibung mit Leistungsprogramm nach § 9, 10ff. Der Bieter kann deshalb das von ihm zu liefernde Angebot maßgeschneidert unter Einbeziehung seines unternehmerischen Wissens und seiner Erfahrung erstellen, wobei ihm wegen seiner besonderen Kenntnisse eine besondere Sorgfalt bei der Erstellung der Angebotsunterlagen unterstellt werden muß. Damit ergibt sich insgesamt eine erheblich veränderte Risikoverteilung zwischen Planer und Auftragnehmer. Ist die Beschreibung der Randbedingungen, insbesondere der Erkundungsergebnisse, unzutreffend, so haftet der Planer. Falls bei zutreffender Beschreibung die Ausführung fehlschlägt, haftet der Auftragnehmer. Je mehr allerdings der Auftragnehmer an Risiko übernehmen soll, desto sorgfältiger und umfangreicher bzw. umfassender muß die Erkundung sein. Die Abgrenzung der Ausführungsrisiken zwischen Planer, Auftragnehmer und Auftraggeber bei der Funktionalausschreibung entspricht damit der Risikoverteilung, wie sie auch bei Nebenangeboten üblich ist.

Der als Alternative zur beschränkten oder auch öffentlichen Ausschreibung mit Leistungsbeschreibung und Leistungsverzeichnis vorgeschlagene Verfahrensweg besteht aus einer beschränkten Ausschreibung mit vorangegangenem öffentlichem Teilnahmewettbewerb auf der Basis der Leistungsbeschreibung mit Leistungsprogramm.

Formale Voraussetzungen

Nach VOB, A, § 9 (10), ist Voraussetzung für die Anwendung der Leistungsbeschreibung mit Leistungsprogramm eine sorgfältige Abwägung aller Umstände, ob das Verfahren im Einzelfall geeignet ist bzw. ein anderes Verfahren nicht angemessener erscheint.

Das Leistungsziel - im vorgenannten Fall die Sanierungsziele - muß mit seinen wesentlichen Einzelheiten feststehen; Veränderungen dürfen nicht zu erwarten sein (INGENSTAU/KORBION (1989, 248, 3)). Dies setzt eine entsprechende Erkundung voraus. Nach VHB ist zusätzliche Voraussetzung für die Anwendung des Verfahrens, daß mehrere technische Lösungen in Frage kommen, die nicht im einzelnen neutral beschrieben werden können. Es muß ein wirkliches Informationsbedürfnis des Auftraggebers bestehen, sei es, daß dieser die in Frage kommenden technischen Lösungsmöglichkeiten nicht näher kennt und auch Möglichkeiten um diese näher kennenzulernen nicht hat, sei es, daß ihm die Kenntnis von Feinheiten fehlt, die nur von Bieterseite durch das Angebotsverfahren in Erfahrung zu bringen sind.

Das Verfahren ist nach VHB an die Zustimmung der Mittelinstanz gebunden. Auf die einschlägigen Bestimmungen des § 9 (10 bis 12) der VOB, A, und die entsprechenden einschlägigen Ausführungen des VHB wird hingewiesen.

Besondere Anforderungen an die Leistungsbeschreibung mit Leistungsprogramm

Das Leistungsprogramm muß eine Beschreibung der Leistung umfassen, aus der die Bewerber alle für die Entwurfsbearbeitung und ihr Angebot maßgebenden Bedingungen und Umstände erkennen können und in der sowohl der Zweck der fertigen Leistung, als auch die an sie gestellten technischen, wirtschaftlichen, gestalterischen und funktionsbedingten Anforderungen angegeben sind.

Die Angaben müssen bereits für den öffentlichen Teilnahmewettbewerb so vollständig sein, daß der Bieter bereits in diesem Stadium sicher beurteilen kann, ob sein Verfahren unter diesen Umständen ausführbar sein wird bzw. wo ggf. Risiken bestehen.

Die seitens des Auftraggebers im Zuge der Leistungsbeschreibung mit Leistungsprogramm anzugebenden allgemeinen Mindestangaben sind in DIN 18 299 bzw. in den entsprechenden Abschnitten des Vergabehandbuchs aufgeführt. Fachspezifisch sind dem Bieter aussagefähige Kurzfassungen der Gefährdungsabschätzung und der Sanierungsuntersuchung zur Verfügung zu stellen. Diese müssen Angaben zu den bodenphysikalischen, hydraulischen und hydrochemischen Randbedingungen sowie zur Art und zum Umfang der Kontamination sowie detaillierte Angaben zum Ziel der Dekontamination enthalten.

Der Auftraggeber hat nach INGENSTAU/KORBION (1989, 245, 111) mit der Leistungsbeschreibung auch die Kriterien für die Bewertung der Angebote (z. B. Umweltschonung, Langzeitwirksamkeit, Unterhaltungs- und Kontrollkosten usw.) anzugeben.

Besondere Anforderungen an das Angebot

Über die nach VOB, A, für jedes Angebot geltenden Anforderungen hinaus muß der Bieter im öffentlichen Teilnahmewettbewerb seine Eignung und seine Leistungsfähigkeit für die konkrete Sanierungsaufgabe nachweisen. Er muß dazu eine detaillierte Verfahrensbeschreibung, Referenzen und andere für die Beurteilung der Anwendbarkeit und der Erfolgsaussichten geeignete Angaben liefern. Dazu gehört auch ggf. die Angabe, ob und ggf. welche zusätzlichen Untersuchungen erforderlich sind und wer diese durchführen soll.

Nach Prüfung der eingereichten Unterlagen, ggf. nach technischen Gesprächen mit den Bewerbern unter Hinzuziehung von Sachverständigen, wird der für die beschränkte Ausschreibung vorgesehene Bieterkreis ausgewählt. Bei der Prüfung der Bewerber ist, wie üblich, auch die finanzielle und technische Leistungsfähigkeit sowie das Vorliegen entsprechender Erfolgsgarantien zu überprüfen. Dieser Bieterkreis erhält die Leistungsbeschreibung mit dem Leistungsprogramm.

Der Bieter muß im Ergebnis ein ordnungsgemäßes Angebot in einer vollständigen, den Erfordernissen des § 9, VOB, Teil A, entsprechenden Weise abgeben.

Dieses Angebot muß außer der Ausführung der Leistung den Entwurf nebst eingehender Erläuterung und einer Darstellung der Bauausführung sowie eine eingehende und zweckmäßig gegliederte Beschreibung der Leistung - mit Mengen- und Preisangaben - umfassen. Der Bieter muß die Vollständigkeit dieser Angaben, insbesondere der von ihm selbst ermittelten Mengen, entweder ohne Einschränkung oder im Rahmen einer in den Verdingungsunterlagen anzugebenden Mengentoleranz vertreten. Etwaige Annahmen muß er begründen.

Notwendige Zusatzuntersuchungen müssen ggf. zwischen dem öffentlichen Teilnahmewettbewerb und der beschränkten Ausschreibung erfolgen. Ergänzende Genehmigungen und u. U. auch Probeläufe müssen vor der endgültigen Vergabe durchgeführt werden.

Bei INGENSTAU/KORBION (1989, 248, 1) wird mit Bezug auf die u. U. erheblichen Planungsleistungen des Bieters eine Entschädigungspflicht des Auftraggebers im Falle einer Funktionalausschreibung bejaht. Diesem ist allerdings nur bedingt zu folgen, da es sich bei den Teilnehmern des öffentlichen Teilnahmewettbewerbes um freiwillige Teilnehmer handelt und diese auch im Falle von Nebenangeboten entsprechende Planungsleistungen kostenlos erbringen würden.

Ausblick

Für Standardfälle oder in Fällen, in denen nur ein einziges Verfahren in Frage steht, ist auch bei Altlasten die Ausschreibung mit Leistungsbeschreibung und Leistungsverzeichnis die angemessene Lösung.

Mit Bezug auf die eindeutigen Vorteile der Funktionalausschreibung sollte jedoch für komplexe Altlasten die bisherige restriktive Haltung seitens der öffentlichen Verwaltung überprüft werden. Es sollte dabei mit Bezug auf die obengenannten Unterschiede berücksichtigt werden, daß sich die bisherigen Ausführungen und die Rechtsprechung ausschließlich auf die Anwendung der Funktionalausschreibung für konventionelle Bauvorhaben und nicht auf die Altlastensanierung beziehen. Dabei sollte insbesondere bewertet werden, daß die Leistungsbeschreibung mit Leistungsprogramm erhebliche Vorteile bei der Förderung innovativer Verfahren aufweist. Der von politischer Seite festgestellte deutsche Technologievorsprung im Umweltsektor sollte nicht an bürokratischen Hürden scheitern. Ggf. ist eine Neubewertung vorzunehmen, wenn sich die derzeit stürmische Entwicklung neuer Verfahren abschwächen sollte bzw. die Anwendungssicherheit durch entsprechenden Erfahrungszuwachs und ggf. eine Codifizierung auf ein zufriedenstellendes Maß angestiegen ist.

Literatur

AMANN, J. (1993): Haftpflichtversicherung für sachverständigen Rat und gutachterliche Tätigkeiten.- In: Institut für Sachverständigenwesen e.v., Informationen für den öffentlich bestellten und vereidigten Sachverständigen, IV, 1993, 4-9, Köln.

FORTMANN, J. (1994): Großtechnische Altlastensanierung - Leistungskriterien und Handlungshilfen - In: Borries, H. W. & Pfaff-Schley, H. (Hrsg.) (1994): Altlastenbearbeitung, Berlin, 121-127.

INGENSTAU, H. ; KORBION, H. (1989): Verdingungsordnung für Bauleistungen: VOB; Teil A und B; DIN 1960/61 (Fassung 1988); Kommentar.- Düsseldorf.

RÜLLER, G. (1994): Leistungsbeschreibung und Kalkulation von Sanierungsmaßnahmen.- In: Borries, H. W. & Pfaff-Schley, H. (Hrsg.) (1994): Altlastenbearbeitung, Berlin, 109-119.

SPANG, R. M. ; VON ZEZSCHWITZ, G. (1994): Erfahrungen mit der Anwendbarkeit der HOAI auf Gefährdungsabschätzung und Sanierung von Altlasten.- in: Borries, H. W. & Pfaff-Schley, H. (Hrsg.)(1994): Altlastenbearbeitung, Berlin, 153-161.

SPANIER, J. (1994): Die Ausschreibung von Altlastensanierungen unter dem Gesichtspunkt der Spezifikation der Sanierungsverfahren.- In: Borries, H. W. & Pfaff-Schley, H. (Hrsg.)(1994): Altlastenbearbeitung, Berlin, 129-141.

Verbesserungsvorschläge für eine Qualitätssicherung bei der Ausschreibung und Vergabe im Arbeitsfeld Erfassung/ historische Erhebung

Heinz Hüttl

Allgemeines

Zu einer ordnungsgemäßen Bearbeitung altlastverdächtiger Flächen (Industrie, Rüstung oder militärische Nutzung) gehört offiziell in fast allen Bundesländern die Arbeitsphase der **Erfassung und Erstbewertung** solcher Standorte.

Exemplarisch sei hier das Vorgehen des Landes Nordrhein-Westfalen genannt, das sich mittlerweile - in ähnlicher Form - bundesweit durchgesetzt hat. Abbildung 1 zeigt die Erfassung als den ersten Bearbeitungsschritt der Altlastenbearbeitung, während die Erstbewertung bereits Teil der zweiten Hauptphase, der sogenannten **Gefährdungsabschätzung**, ist.

Damit beginnt erfahrungsgemäß ein begrifflicher und inhaltlicher Konflikt, der diese entscheidenden Arbeitsphasen von Anfang an auch zu einem Problem bei der Ausschreibung und Vergabe solcher Untersuchungsaufträge werden läßt.

Tatsächlich ist die Erfassung geprägt durch Archivrecherchen, die Beschaffung und Auswertung historischer Quellen (Karten, Akten, Chroniken, Luftbilder, Zeitzeugen) und technischer Unterlagen und daher weitgehend beprobungsfrei, während die Gefährdungsabschätzung durch beprobte Verfahren (Rammkernsondierungen, Grundwasser- und Bodenluftuntersuchungen) im Rahmen von Ortsbegehungen eine Erhärtung oder Entkräftung der Verdachtsmomente bewirken soll. Trotzdem wird die Erstbewertung, die eigentlich den Abschluß der Erfassung bilden sollte, in die Gefährdungsabschätzung gezwängt, so daß die Erfassung selbst wie ein "lästiges Anhängsel" der Gefährdungsabschätzung wirkt. Dabei wird allgemein völlig unterschätzt, wieviel Daten eine fachmännisch durchgeführte Erfassung zur Gesamtbeurteilung einer Verdachtsfläche beitragen kann.

Da es sich bei den Arbeiten zur Gefährdungsabschätzung letztlich um "Baumaßnahmen" im Rahmen ingenieurgeologischer "Baugrunduntersuchungen" handelt, kann für diese Untersuchungsphase die bewährte HOAI als Ausschreibungsrichtlinie durch den Auftraggeber (Behörde, Anlagenbetreiber, Grundstücksbesitzer) herangezogen werden. Als Gutachter treten hier meist Firmen mit Mitarbeitern aus den Bereichen Geologie, Bauingenieurwesen und Chemie/Toxikologie auf.

Meistens werden die Aufträge zur Verdachtsflächenbewertung zudem ebenfalls von wissenschaftlichen Mitarbeitern der o. g. Fachrichtungen vergeben.

Für eine sachgerechte Durchführung der Erfassung und Erstbewertung sind jedoch auch andere Wissenschaftler nötig, z. B. Historiker, Verfahrenschemiker, Ökologen oder Geographen. Ebenfalls werden Kartographen und Vermessungsingenieure gebraucht, da die Ergebnisse der Erfassungsphase größtenteils in Lagekarten zur Situation auf den Verdachtsflächen einfließen.
Insgesamt ist es ein Manko, daß z. Z. keinerlei verbindliche Richtlinien über Art und Umfang einer Verdachtsflächenerfassung existieren, mit dem Resultat, daß es völlig unterschiedliche Leistungs-, Zeit- und Kostenvorstellungen sogar bei den "Experten" gibt. Für die gleiche Aufgabe können daher in den Angeboten der Gutachter extreme Zeit- und Preisunterschiede vorkommen.

Unterschiede in den Angeboten

Beispielsweise wurden für die Untersuchung eines Kartenblattgebietes (4 qkm) auf potentielle Altablagerungen mit Hilfe einer sogenannten multitemporalen Karten- und Luftbildauswertung (MTLA) zwischen 10.000 und 130.000,- DM verlangt bzw. wurde für die sogenannte Gebietsinventur eines Stadt- und Kreisgebietes statt der üblichen Bearbeitungsdauer von ca. einem halben Jahr ein Zeitbedarf von nur drei Monaten geschätzt.
Dem Auftraggeber stellt sich hier natürlich die Frage, wie es zu solchen Differenzen kommen kann. Ist der eine Bieter gründlicher als der andere oder nur erfahrener? Werden billige Hilfskräfte oder Fachwissenschaftler für das Gutachten herangezogen? Wird ein Dumpingpreis geboten, um den Auftrag vor anderen Bietern zu erhalten, zum Preis einer kalkulierten Minderleistung?
Leider sieht die Vergabepraxis bei den Auftraggebern meist immer noch vor, daß der billigste Anbieter den Zuschlag erhält, zumal die Kassenlage der Kommunen und Firmen ohnehin oft schlecht ist. Wenn das Ergebnis eines solchen Erfassungsgutachtens dementsprechend mager ausfällt, wird in Zukunft dann lieber ganz auf die Erfassungsphase verzichtet und lieber gleich eine beprobte Gefährdungsabschätzung in Auftrag gegeben.
Viele Firmen der "Gefährdungsabschätzungsbranche" bieten Teile der Erfassungsphase - insbesondere eine Luftbildauswertung - im Paket ihres Gutachtens gleich mit an, ohne die hochwertige technische Ausrüstung und das geschulte Fachpersonal für die Auswertung zu haben. Die sogenannte "Lupenuntersuchung" der Luftbilddokumente ist dann die Folge, mit Ergebniskarten, die Lagefehler um 100 m und mehr aufweisen.
Viele Altlastverdachtsflächen hatten eine spezielle technische oder militärische Vornutzung, für deren Erfassung und Bewertung Fachleute mit einschlägigen Kenntnissen der ehemaligen Nutzung nötig wären, die nicht jeder Gutachter als Mitarbeiter beschäftigt.

Mindestanforderungen an die Ausschreibungen und an die Gutachterfirmen

Um beiderseitige Enttäuschung und eventuell drohende gerichtliche Auseinandersetzungen zu vermeiden, gilt es, verbindliche Richtlinien für die Vergabe von Gutachtenaufträgen zur Erfassung altlastverdächtiger Flächen zu erarbeiten, die klar festlegen, welche Aufgaben der Auftraggeber dem Auftragnehmer überträgt und welche Mindestanforderungen an die Geräteausstattung und Personalstruktur zur Durchführung dieser Aufgaben seitens des Anbieters erwartet werden.

Erste Schritte zur Lösung dieser Problematik entnehme man den Aufsätzen von DIEDERICHS / RÜLLER (1992) [1] [1)] und BORRIES (1993) [2)]. Über Geräteausstattung und die Art der Durchführung einer multitemporalen Karten-, Akten- und Luftbildauswertung (MTLA) als Kern einer Erfassung und Erstbewertung informiert man sich am besten mittels des Leitfadens des MURL (NRW) [3)] und des Handbuches zur Historischen Erhebung altlastverdächtiger Flächen der Landesanstalt für Umweltschutz Baden-Württemberg [4)].

Schwerpunkt einer sinnvollen Erfassung ist in jedem Fall eine möglichst lückenlose Sammlung historischer Quellen (Karten, Akten, Betriebspläne, Chroniken, Stadtpläne und Luftbilder) zur Verdachtsfläche. Dies setzt i. d. R. eine gründliche und zeitaufwendige Archivrecherche voraus.

Falls Luftbilder der Verdachtsfläche recherchiert werden konnten, müssen diese mit Hilfe hochwertiger Luftbildauswertungsgeräte (z. B. Bausch & Lomb, Kartoflex M, WILD usw.) der Preisklasse ab 70.000,- DM aufwärts bzw. in besonderen Fällen sogar mit photogrammetrischen Auswertegeräten wie dem Zeiss Planicomp P 2 (Gerätepreis ab 200.000,- DM) ausgewertet werden.

Im allgemeinen verlangt der Kunde heute die anschließende kartographische Aufarbeitung über eine digitale Aufnahme der erfaßten Verdachtsflächen mit Plot der Karten (color oder schwarzweiß) auf Folie oder Papier. Zwar ist dies an sich nicht unbedingt erforderlich, aber die Vorteile für den Kunden sind deutlich:
- Ausdruck der Karten in unterschiedlichen Maßstäben
- leichte Korrekturmöglichkeit bei neuen Erkenntnissen oder Fehlern
- Diskettenspeicherung statt Mutterpausenlagerung.

---

1) Diederichs/Rüller: Arbeitshilfen zur Beauftragung von Planern, Gutachtern und Firmen mit der Sanierung von Altlasten. In: Diederichs, C. J. (Hrsg.), Schriftenreihe des Lehr- und Forschungsgebietes Bauwirtschaft an der Bergischen Universität GH Wuppertal, DVP Verlag, Wuppertal 1992.

2) H.-W. Borries: Auf der Suche nach mehr Transparenz - Ausschreibungskriterien für die Altlastenerfassung. In: Altlasten, Heft 1, März 1993. Deutscher Fachverlag GmbH. Frankfurt 1993.

3) Ministerium für Umwelt, Raumordnung und Landwirtschaft des Landes NRW (MURL): Die Verwendung von Karten und Luftbildern bei der Ermittlung von Altlasten. Ein Leitfaden für die praktische Arbeit. Band 1 und 2. Düsseldorf 1987.

4) Landesanstalt für Umweltschutz Baden-Württemberg: Handbuch Historische Erhebung altlastverdächtiger Flächen. Karlsruhe 1992.

Merksatz für den Auftraggeber:

Firmen, die weder die gerätetechnische Ausstattung noch als Luftbildauswerter und Digitalisierer geschultes Fachpersonal haben, sind zur Durchführung einer MTLA nicht in der Lage, können also nur eine lückenhafte Erfassung und Erstbewertung bewerkstelligen. Daher gehört in die Ausschreibung eine Anfrage nach den diesbezüglichen Möglichkeiten der Anbieterfirma.

Vorstellungen der verantwortlichen Gutachter beim Auftraggeber vor der Auftragsvergabe sind ebenso sinnvoll wie die Festlegung von Gesprächsterminen während der Projektbearbeitung. Allerdings sollten solche Arbeitssitzungen nicht übertrieben werden, um die Projektkosten nicht in die Höhe zu treiben. Maximal drei Sitzungen (inklusive Präsentation der Endergebnisse) reichen im allgemeinen aus, wobei das erste Treffen Formalia wie Vorgehensweise, Mindestinhalte des Gutachtens, vorhandene Unterlagen des Auftraggebers, kartographische Fragen (Basiskarte, Maßstab, Legende, Suchinhalte, color/schwarzweiß) beinhalten sollte und das Zwischentreffen einen ersten Arbeitsstand mit Musterkarte und Ergebnisbericht zum Gegenstand haben müßte.

Um einen Auftrag zu bekommen, liefern manche Anbieter im voraus bereits halbe Gutachten als Angebot, um den Auftraggeber zu beeindrucken. Wenn allerdings ein solcher Aufwand bereits für die Akquisition betrieben wird, bleibt oft nur noch ein geringes Budget zur Abwicklung des eigentlichen Gutachtens, was mitunter zu einem vergleichsweise mageren Endergebnis führt.

Schlußfolgerungen für die Vergabe von Erfassungsgutachten

Aus den bisherigen Aussagen geht klar hervor, daß nur sehr spezialisierte Fachfirmen mit erfahrenem Personal und einer hochwertigen Geräteausstattung zur Luftbildauswertung eine brauchbare Erfassung und Erstbewertung im Vorfeld einer Gefährdungsabschätzung liefern können.

Seriöse Firmen werden eine Standortuntersuchung mit Hilfe einer Karten-, Akten- und Luftbildauswertung nicht unter 10.000,- DM anbieten können. Alleine die Luftbildauswertung eines Einzelstandortes (z. B. Kokerei, Hüttenwerk, Kaserne) kostet im Schnitt zwischen 5.000-20.000,- DM je nach Flächengröße und Anzahl der auszuwertenden Luftbildjahrgänge. Eine Aktenrecherche mit Auswertung kostet allgemein das 3fache einer Luftbildauswertung.

Völlig unterschätzt wird der allgemein sehr hohe Kostenaufwand der Gutachter für die kartographische Aufbereitung der Auswertungsergebnisse. Neben einer hohen zeitlichen Belastung beim Zeichnen oder Digitalisieren der Karten stehen auch enorme Materialkosten (Papier, Folien, Farben, Reprographien, Reparaturen der Plotter usw.) an. Bei der großflächigen Gebietsinventur einer Stadt- oder Kreisfläche kann der Aufwand der Kartographie - insbesondere durch blattübergreifende Verdachtsflächen - das Dreifache der Luftbildauswertung ausmachen.

Realistisch wären folgende Kosten für die Erfassung/Erstbewertung:
- 10.000-40.000,- DM pro Einzelstandort
- 100.000-200.000,- DM für eine Gebietsinventur.

In Einzelfällen werden diese Kosten eher noch höher, falls eine umfangreiche Aktenlage vorliegt.

Viele Auftraggeber versuchen daher, den Kostenaufwand für eine MTLA durch eine Beschränkung auf wenige Untersuchungsjahrgänge zu reduzieren, mit dem bewußten Risiko einer unvollständigen Erfassung der Verdachtsflächen in den Zeitlücken. Damit geht für alle Beteiligten ein unverantwortliches Sicherheitsrisiko einher, das besonders auf hochverdächtigen Standorten sogar lebensgefährliche Folgen bei der anschließenden Gefährdungsabschätzung oder Neunutzung haben kann. Folglich kann diese Arbeitsweise nicht guten Gewissens befürwortet werden.

Erstaunlicherweise werden die Kosten einer MTLA und Erstbewertung im Zuge einer Erfassung bzw. Historischen Erhebung häufig durch die Auftraggeber zugunsten der beprobten Gefährdungsabschätzung heruntergedrückt oder sogar eingespart. Dabei ist man im Falle der Gefährdungsabschätzung gerne bereit, alleine für die Beprobung (ohne Analytik) mehrere hunderttausend DM zu zahlen.

Durch Vorschaltung einer gründlichen Erfassung und Erstbewertung kann man aber gerade die Kosten der Gefährdungsabschätzung erheblich senken, da man nur noch an wenigen Stellen gezielt beproben muß, falls ein Beprobungsplan auf der Basis einer MTLA erstellt wurde.

Zur Veranschaulichung des Kostenaufwandes bei der Bearbeitung einer Altlastverdachtsfläche mit und ohne MTLA/Erstbewertung dient die Abbildung 2.

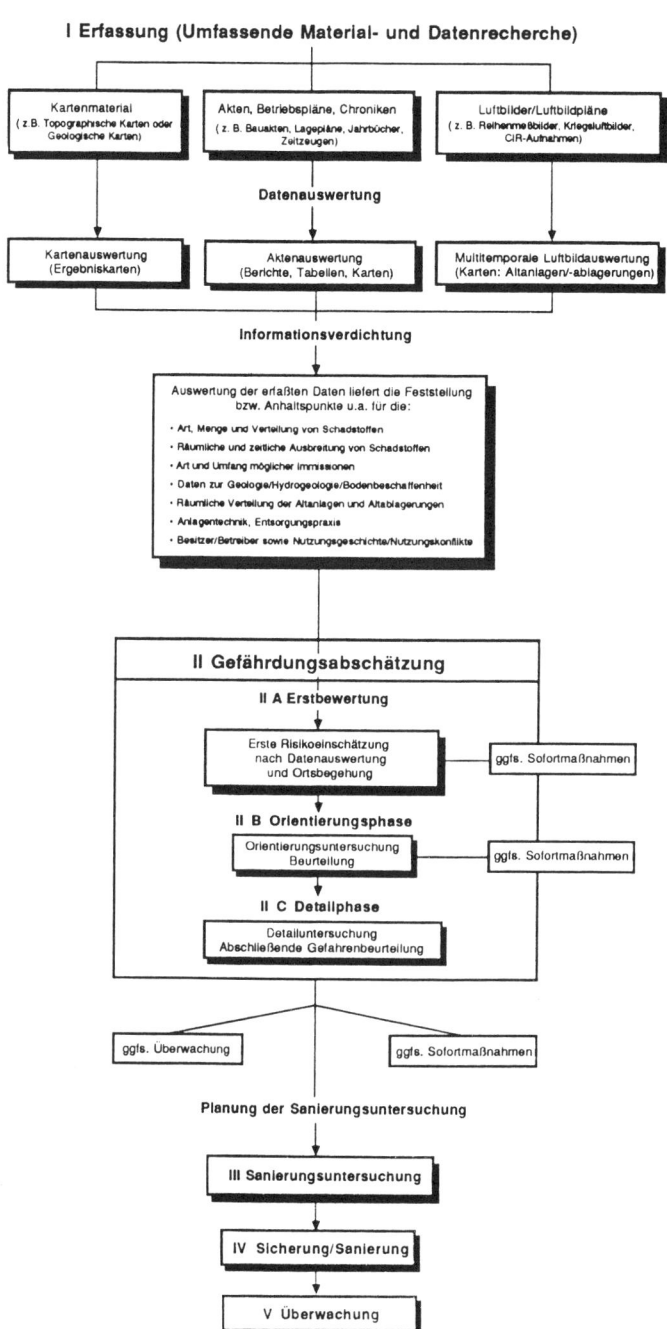

Abb. 1: Arbeitsschritte beim Umgang mit Altlastverdachtsflächen

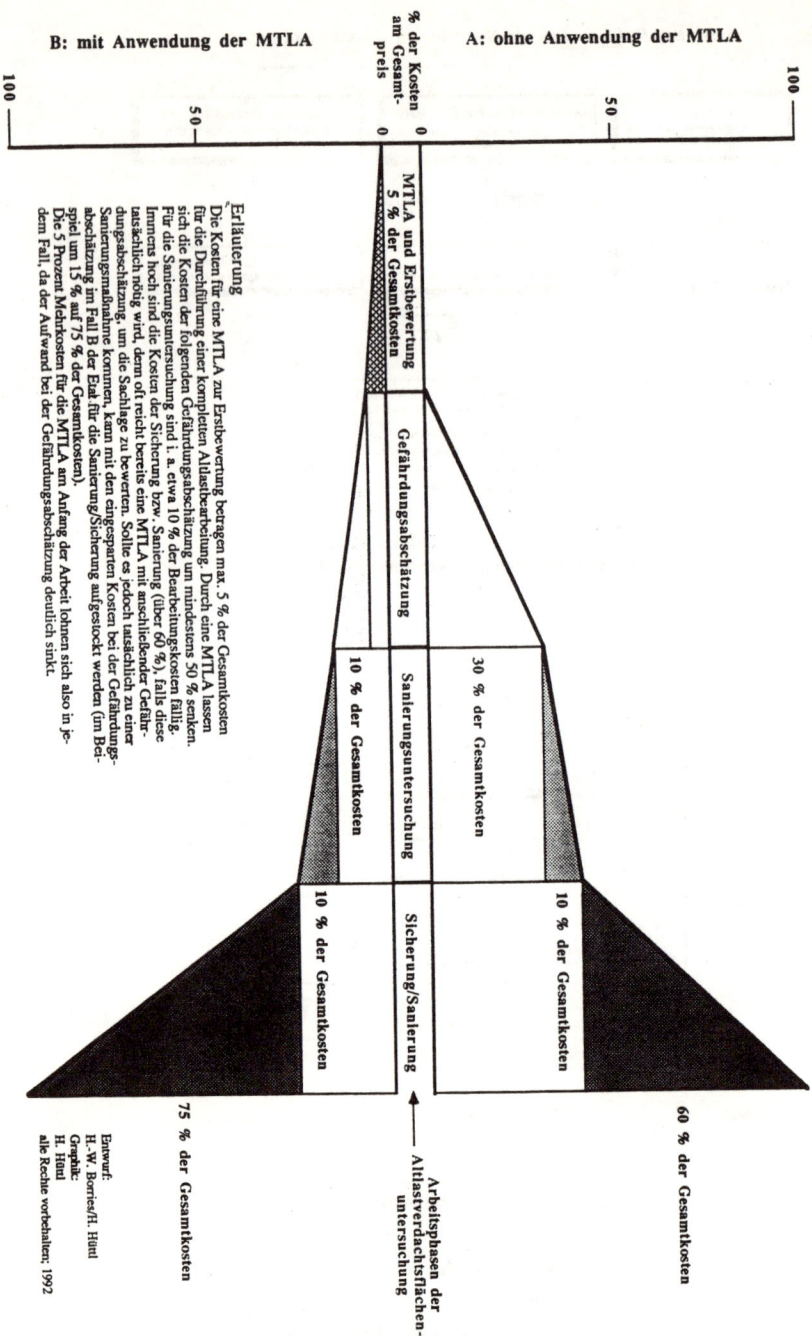

Abb. 2: Kostenersparnis bei der Bearbeitung altlastenverdächtiger Flächen durch Anwendung der multitemporalen Akten-, Karten- und Luftbildauswertung (MTLA) zur beprobungslosen Erstbewertung vor der beprobten Gefährdungsabschätzung

Hilfen für eine Definition von Leistungskriterien zu "Gerätemindestausstattung" und "Personalanforderungen" bei Ausschreibungen und Vergabe von Aufträgen zur Erfassung und Erstbewertung Militärischer Liegenschaften und Rüstungsalt-lasten

Rolf Kristen

Vorbemerkungen

Wie bekannt ist, fehlen bisher verbindliche Kriterien für die zu vereinbarenden Leistungen bei Ausschreibung und Vergabe von Aufträgen zur Erfassung und Erstbewertung von Altlasten. Das Gleiche gilt für die Erfassung und Erstbewertung Militärischer Altlasten und von Rüstungsaltlasten. Dabei können gerade auf diesem Gebiet Untersuchungen, die -aus welchen Gründen auch immer- nicht mit der erforderlichen Sorgfalt bearbeitet wurden, katastrophale Folgen für die öffentliche Sicherheit hervorrufen und Gesundheit und Leben von Menschen gefährden.

Als jüngstes Beispiel für die auch weiterhin bestehenden Gefahren durch militärische Altlasten erinnere ich an die Explosion einer alliierten Fliegerbombe aus dem Zweiten Weltkrieg am 15. September 1994 in Berlin. Bei Bohrarbeiten zum Setzen einer Spundwand für den Neubau eines Bürogebäudes traf eine der Bohrungen auf den Zünder der Bombe. Die Explosion des "Blindgängers" tötete drei Bauarbeiter, 17 weitere Menschen wurden schwer verletzt und anliegende Häuser abrißreif beschädigt. Eine Untersuchung nach Blindgängern war vor den Baumaßnahmen schuldhaft unterblieben.

Qualitätsarbeit setzt kostendeckende Preise voraus.Für die sorgfältige Bearbeitung des Komplexes "Erfassung und Erstbewertung" ist eine angemessene Honorierung der Leistungen der durchführenden Ingenieurfirma erforderlich.

- Wird die Honorierung der Leistungen durch den Auftraggeber unter die tatsächlich entstehenden betrieblichen Kosten gedrückt,
- wird der Zeitrahmen für die Ablieferung der Leistung zu kurz gesetzt
- oder wird die Auswahl der zu nutzenden Zeitschnitte von Luftbildern aus Kostengründen zu sehr begrenzt,

dann kann die erforderliche Qualität der Arbeit in der Regel nicht erbracht werden.

Ein qualitätsbewußtes und nach ordentlicher betrieblicher Kalkulation arbeitendes Unternehmen muß solche Aufträge ablehnen.

Führt ein Unternehmen bei einer Ausschreibung die tatsächlich entstehenden Kosten in seinem Leistungsangebot auf, wird es häufig wegen angeblich zu hoher Preise nicht den Zuschlag erhalten, weil sich nicht selten Konkurrenzfirmen finden, die diese Preise unterbieten. (Auf die vielfältigen Gründe dafür will ich hier nicht näher eingehen).Bei den Rechnungsprüfungsämtern besteht die Neigung, die Firmenangebote als von der Qualität her im Grunde gleichwertig zu betrachten. Dies muß dann zur Überbewertung der Preisgestaltung führen, zumal die Preise bei vorausgesetzter gleicher Qualität am leichtesten überprüfbar sind.

Solange es an allgemein verbindlichen Leistungskriterien fehlt, ist die qualitative Seite von Außenstehenden aber nur schwer oder oft gar nicht durchschaubar. Die Qualität des Arbeitsergebnisses kann zumeist erst bei der Abgabe der Arbeiten erkannt werden. Vielfach werden Mängel aber erst lange Zeit danach offenbar und führen dann nicht selten zu schwerwiegenden und sehr kostenträchtigen Folgen.

Daraus ergibt sich die Forderung, daß in der Ausschreibungs- und Vergabepraxis Transparenz und Vergleichbarkeit für die geforderten und angebotenen Leistungen hergestellt werden muß.

Das gilt ganz besonders für die Faktoren "Gerätemindestausstattung" und "Anforderungen an das Personal".

Nur wenn die im Wettbewerb stehenden Firmen am gleichen Standard gemessen werden, können vergleichbare Leistungen erwartet werden.

Leistungskriterien für die Gerätemindestausstattung

Die Arbeitsmethoden der Erfassung und Erstbewertung umfassen die Bereiche:
- Luftbildauswertung
- Kartenauswertung
- Aktenrecherchen
- Zeitzeugenbefragung

Dabei kommt der Luftbildauswertung von Senkrechtreihenmeßbildern ganz besonders hohe Bedeutung zu, weil das Luftbild ein genaues Abbild des Zustandes einer Fläche und der darauf befindlichen Objekte zum historischen Zeitpunkt der Aufnahme darstellt. Das Senkrechtluftbild ist räumlich ausmeßbar und die darin enthaltenen Informationen lassen sich wegen des Stereo- (oder auch 3D-) Effektes zumeist sehr gut erschließen.

Eine effektive Luftbildauswertung, also die Erschließung der im Luftbild enthaltenen Informationen, ist ohne eine gute Geräteausstattung nicht durchführbar, selbst dann nicht, wenn außerordentlich gut geschultes Personal dafür vorhanden ist.

Damit ist die Art und Qualität der Geräteausstattung ausschlaggebend für die Qualität der Auswertung. Aufgabe der Altlastenuntersuchung ist es, den Gegenstand der Untersuchung in allen Details zu erkennen, richtig auszuwerten und schließlich präzise mit Parzellenschärfe zu kartieren. Das Ergebnis muß eine genaue Karte der Verdachtsflächen sein, die wiederum zur Grundlage für die anschließende Bestimmung von Bohrpunkten und Probenentnahmepunkten gemacht werden kann.

Auswertungsgeräte

Die Durchmusterung des vorhandenen Luftbildmaterials mit einer Lupe ist als erster Schritt zur Sichtung und Auswahl des Luftbildmaterials erforderlich und sinnvoll.

Die weitere Bearbeitung muß stereoskopisch erfolgen, um die Vorteile des Senkrechtreihenluftbildes voll auszunutzen. Erst das Spiegelstereoskop ermöglicht das räumliche Sehen und damit auch die Erkennung von Höhenunterschieden. In unserem Fall der Altlastenverdachtsflächenerfassung gilt dies z. B. besonders für die Erkennung von Halden und Aufschüttungen, Senken und Abgrabungen. Für die Vermessung der Höhenunterschiede kann in einfachen Fällen ein Stereomikrometer ausreichend sein. Die Kosten für ein Spiegelstereoskop mit 4-6facher Vergrößerung liegen bei ca 6.000 DM, für ein Stereomikrometer bei ca 1.000 DM. Dies ist jedenfalls das Grundhandwerkszeug, das vorausgesetzt werden muß.

Auswertung und Kartierung

Das Spiegelstereoskop ermöglicht in den meisten Fällen eine einwandfreie Auswertung des von einem Senkrechtbildpaar gedeckten Geländes. Stereoskope sind aber für die Kartierung ungeeignet, weil sie nicht in der Lage sind, den genauen

Bezug zur Fläche herzustellen. Wenn an die Lage- und Punktgenauigkeit der Kartendarstellung keine höheren Anforderungen gestellt werden müssen, kann ein optisches Luftbildumzeichengerät zur flächenhaften Kartierung der stereoskopisch ausgewerteten Altlastenverdachtsflächen in eine Basiskarte ausreichend sein. Als Basiskarte wird häufig die DGK5 genutzt, die Deutsche Grundkarte im Maßstab 1:5.000. Ein optisches Luftbildumzeichengerät für solche einfacheren Fälle ist z. B. das "LUZ" von Zeiss, mit dem allerdings nur monoskopisch kartiert werden kann. Dafür ist mit Kosten von ca 8.000 DM zu rechnen.

Ein Ingenieurbüro, das sich mit der Altlastenerfassung und Erstbewertung befaßt, muß für qualitativ hochwertige Auswertung und Kartierung über Präzisionsgeräte verfügen. Zur Mindestausstattung gehören heute Luftbildauswerte- und Umzeichengeräte, die eine direkte Um- und Einzeichnung der stereoskopisch ausgewerteten Altlastverdachtsflächen in die Basiskarte ohne aufwendige Zwischenschritte ermöglichen.
Dies sind z. B.:
- das Zoom-Transferscope der Firma Bausch und Lomb mit 14-16facher Vergrößerung
- oder das Kartoflex bzw Kartoflex M von Zeiss.

Beide Geräte liegen in der Preiskategorie von ca 70.000 bis 100.000 DM. Die Anschaffung eines Typs dieser Geräte als Betriebsmittel ist unerläßlich.

Mit diesen Geräten kann ein Großteil der vorkommenden Arbeiten bewältigt werden.
Allerdings müssen die zunächst auf Arbeitsfolienkarten aufgezeichneten Ergebnisse noch gesondert manuell reingezeichnet oder digitalisiert werden, um als Kartendarstellung den Anforderungen zu genügen.

Photogrammetrische Auswertung und Kartierung

Für schwierige Altlastenfälle ist die Nutzung von photogrammetrischen Luftbildauswertegeräten höherer Ordnung zwingend erforderlich.Hierzu zählen z. B. die Geräte Planicomp P2 oder Planimat von der Firma Zeiss.
Im Bereich der Rüstungsaltlasten mit z. T. außerordentlich hohem Kontaminations- und Gefahrenpotential, das ganz exakte Vermessungsgenauigkeit erfordert, ist die Nutzung dieser Geräte oft unerläßlich. Diese photogrammetrischen Auswerte- und Kartierungsgeräte liefern eine Lage- und Höhengenauigkeit von wenigen Zentimetern bis Dezimetern.

Nur durch Einsatz solcher Geräte mit ihren Möglichkeiten zur Entzerrung von Aufnahmefehlern lassen sich kleine, aber möglicherweise extrem gefährliche Objekte erkennen, punktgenau lokalisieren und ebenso genau kartieren.

Die Preise dieser Geräte sind hoch. Einschließlich moderner Auswertesoftware für Digitalisierung und Kartendarstellung sind je nach Ausstattung ab 200.000 bis zu 500.000 DM dafür aufzuwenden.

Die Arbeitskosten für die digitale Bildauswertung und Kartierung z. B. mit Planicomp sind entsprechend der aufwendigen Arbeitsweise ebenfalls hoch. Sie sind pro Zeitschnitt für 1 ha Gelände mit 300-500 DM anzusetzen. Bei 20 Zeitschnitten von Luftbildflügen für das gleiche Areal muß mit Kosten von 6.000 bis 10.000 DM gerechnet werden.

Digitalisierungssysteme, Rechner und Plotter

Für die Kartenaufbereitung und Kartendarstellung hat sich die digitale Aufnahme bereits weitgehend durchgesetzt. Durch die Digitalisierung wird sowohl für den Ersteller als auch für den Auftraggeber die Arbeit mit den Ergebnissen der Erfassung und Erstbewertung sehr erleichtert. Auch an diese Systeme müssen hohe Anforderungen gestellt werden.

Für Digitalisierungssystem, PC, Plotter und Geografisches Informations System (GIS) ist mit Kosten von ca 50.000 DM zu rechnen.

Hierzu verweise ich auf die Ausführungen von Dipl.-Ing. Henning Busse und Dipl.-Ing. Jörg Grosse in diesem Buch. Die Digitalisierung kann natürlich auch an eine leistungsfähige Fachfirma vergeben werden.

Weitere Geräteausstattung

Für die Zwischenbearbeitung sind außerdem großformatige Kopierer/Drucker und eine Reprographieausstattung erforderlich. Kopierer/Drucker werden für die stufenlose Vergrößerung oder Verkleinerung von Karten und Plänen auch sehr großer Formate benötigt. Dies ist auch zum Ausgleich der sehr häufigen Maßstabsfehler erforderlich, die eine Reihe von Ursachen haben können. Bei Plänen ist dies häufig auf mehrfaches Ablichten in der Vergangenheit zurückzuführen. Eine Reprographieausstattung oder zumindest die ständige Zusammenarbeit mit einem leistungsfähigen Reprographielabor wird z. B. für die Erstellung von Luftbilddiapositivpaaren benötigt. Auswertegeräte höherer Ordnung wie z. B. Planicomp/Planimat arbeiten nämlich mit Diapositiven und nicht mit Papierbildern.

Insgesamt muß die Geräteausstattung dem durchführenden Ingenieurbüro eine nach dem Stand von Wissenschaft und Technik einwandfreie Bearbeitung des Komplexes Erfassung und Erstbewertung ermöglichen.

Bei Ausschreibungen sollte gefordert werden, daß die beteiligten Ingenieurbüros über ihre Geräteausstattung Auskunft geben, um eine Vergleichbarkeit zu erreichen. Wenn der Auftraggeber höchste Anforderungen an die Kartiergenauigkeit stellt, sollte er von vornherein fordern, daß eine photogrammetrische Auswertung und Kartierung durchgeführt wird.

Anforderungen an das Auswertepersonal

Qualitativ hochwertige Geräteausstattung ist die eine Voraussetzung für gute Arbeit. Die zweite unerläßliche Voraussetzung ist die Verfügbarkeit gut geschulten Personals.Ein Ingenieurbüro, das auf dem Gebiet der Erfassung und Erstbewertung von Altlastverdachtsflächen arbeitet, kann nur dann als leistungsfähig gelten, wenn es über geschultes und langjährig mit den Altlastensuchkategorien vertrautes Personal verfügt. Dabei stellen Erfassung und Erstbewertung militärischer Liegenschaften und Rüstungs-altanlagen besondere Anforderungen an das Assoziationsvermögen des Auswertepersonals, zumal diese Kategorien bis vor vier Jahren kaum gefragt waren und nur wenige Personen berufsbedingt Kenntnisse darüber erlangen konnten. Vorkenntnisse auf diesem Gebiet und Einfühlungsvermögen in die speziellen Sachfragen sind heute zweifellos von großem Nutzen für die Effizienz der Auftragsbearbeitung. Zu beachten ist auch, daß für Fragen der Erstbewertung manchmal auch externe Experten hinzugezogen werden müssen.

Ausbildungsstand

Eine gezielte Ausbildung für Auswertespezialisten gibt es nicht. Selbst Studenten der Natur- und Ingenieurwissenschaften wie Geografen, Geologen oder Vermessungsingenieure können während ihrer Studienzeit relativ wenig Erfahrungen auf dem Gebiet der Luftbildauswertung sammeln. Manchmal kommen sie mit diesem Gebiet überhaupt nicht in näheren Kontakt. Ein weiterer Mangel besteht darin, daß es - anders als in anderen Ausbildungsdisziplinen - keine Lehrbücher oder Ausbildungshandbücher für die Luftbildauswertung gibt. Eine systematische Aus- und Weiterbildung auf diesem Gebiet im Selbststudium ist daher nicht möglich. Der Personenkreis, der über umfassende Kenntnisse in der Luftbild- und Kartenauswertung verfügt, ist daher relativ klein. Die mit der Luftbildauswertung befaßten Personen sind nach ihrer Fachausbildung zumeist erst durch praktische Tätigkeit unter Überwachung durch einen Fachmann in die Auswertung hineingewachsen. Sie haben sich dann auf Grund der an sie gestellten Anforderungen und aktueller Aufträge vorwiegend selbst weitergebildet. Erst jahrelange Tätigkeit in der Auswertung führt zu Spezialisten. Aber auch die Spezialisten müssen sich immer wieder einmal neuen Auswerteproblemen stellen und daran weitere Erfahrungen sammeln.Es gibt zweifellos einen Engpaß an guten Auswertern.

Bei den Streitkräften der NATO wird die Luftbildaufklärung heute vorwiegend als taktische Luftbildaufklärung mit Schrägfotos aus niedrigen Flughöhen durchgeführt. Das gilt auch für die deutsche Luftwaffe. Daher haben die Luftbildauswerter der Bundeswehr, soweit sie als Soldaten in taktischen Aufklärungsverbänden tätig waren oder sind, zumeist noch keine für unsere Aufgabenstellung ausreichenden Kenntnisse bei der Auswertung von Senkrechtreihenluftbildern.

Zusammenfassend ist festzustellen, daß neue Mitarbeiter einer langen Anleitung und Überwachung bedürfen, bevor sie selbständig eingesetzt werden können. Zwei Jahre wird man in der Regel dafür ansetzen müssen.

Besonderheiten der Auswertung militärischer Anlagen und Rüstungsanlagen

Warum erfordert die Altlastenauswertung mittels Luftbild und Karte vom Auswerter so große spezifische Kenntnisse?

Zum einen stellt das Senkrechtluftbild besondere Anforderungen an das räumliche Vorstellungsvermögen und das Denken in räumlichen Zusammenhängen. Zum anderen ist die direkte Identifizierung von Objekten im Senkrechtluftbild nicht immer möglich. Nicht selten ist es so, daß im Luftbild z. B. aus Anordnung und Art der Gebäude und Anlagen einer Industrieanlage nicht direkt auf deren Betriebszweck geschlossen werden kann.

Manchmal ist die Art des Betriebes bekannt, nicht aber die Funktion einzelner Anlagen; möglicherweise gerade der gefahrenträchtigsten. Dies gilt umsomehr, als sich in der ca. 150jährigen Industriegeschichte die Fertigungsverfahren oft grundlegend geändert haben und die Schadstoffpotentiale heute meist ganz andere sind als z. B. in der Gründerzeit.

Das gilt auch im militärischen Bereich. Viele Truppenübungsplätze wurden bereits seit dem Kaiserreich ständig genutzt. In dieser langen Zeit haben sie höchst unterschiedliche Nutzungen sowohl insgesamt als auch in den verschiedenen Teilbereichen gesehen, und manche wurden darüber hinaus Ziel von Bombenangriffen. Auf einigen dieser Übungsplätze wurde mit chemischen Kampfstoffen geübt, waren chemische Kampfstoffe gelagert oder sind solche Munitionsarten heute noch vergraben. Das Vergraben von Munition war nach dem Zweiten Weltkrieg weitverbreitet. Insbesondere Stellungssysteme haben sich für das Vergraben von Munitionsarten aller Art geeignet und wurden vielfach dafür genutzt. Während ehemalige, damals verfüllte Stellungssysteme heute noch relativ gut auswertbar sind, ist das z. B. für getarnte Abstellplätze von Flugzeugen an Waldrändern schon schwieriger. Auf den Flugplätzen der Lw wurden die Flugzeuge gegen Ende des Zweiten Weltkrieges oft zu kilometerweit von den festen Anlagen entfernt liegenden und getarnten Abstellplätzen gerollt. Diese Abstellplätze sind auch für den geübten Auswerter nicht immer leicht zu finden.

Gerade auch dort ist aber stets mit Kontaminationen durch ausgelaufene Treibstoffe und Hydrauliköle zu rechnen.

Nur Erfahrung und Intuition des langjährig im Fachgebiet tätigen Auswerters garantieren in diesem schwierigen Gebiet den Erfolg. Der erfahrene Auswerter besitzt Fachwissen im Detail für häufig vorkommende Betriebsabläufe und ist gewohnt, bei neuen Problemstellungen systematisch vorzugehen. Er muß in der Lage sein, auf Objekte, die im Luftbild nicht oder nicht mehr sichtbar sind, durch das Vorhandensein sogenannter sekundärer Objekte zu schließen.

Solche sekundären Objekte sind z. B Straßen oder Schienenanbindungen, die scheinbar im sogenannten "Nichts" enden oder z. B. Transformatorenstationen, die an ihrem Ort zunächst keinen Sinn machen. Es können sein: die Abbildung von Spuren im Gelände, Verfärbungen im Boden, an Gebäuden oder in Wäldern bzw Waldrändern oder die Anwesenheit von Geräten, Fahrzeugen oder Betriebsteilen, die die Existenz anderer Objekte zwingend erwarten lassen. Der erfahrene Auswerter wird die wichtigen Objekte dann zumeist sehr gut getarnt in der unmittelbaren Nähe der sekundären Objekte entdecken.

Auch Luftbilder sind von Verfremdungen nicht frei. Wir finden in den Archiven nicht selten zensierte Luftbilder, in denen ganze Gebiete ausgeschnitten, geschwärzt oder geweißelt sind. Tarnmaßnahmen der unterschiedlichsten Art sollten wichtige - heute zumeist altlastenrelevante - Bereiche der Auswertung entziehen. Gerne wurden z. B. Flugfelder durch Tarn- und Täuschmaßnahmen so verfremdet, daß sowohl Piloten beim Überflug als auch Luftbildauswerter den Eindruck haben sollten, es handle sich um landwirtschaftliche Nutzflächen.

Dank langjähriger Übung wird sich ein geübter Auswerter hier nicht täuschen lassen.

Es wird erwartet, daß der Auswerter sich einen sogenannten Auswerteschlüssel mit Musterbeispielen anlegt und diesen Auswerteschlüssel laufend ergänzt, und daß er andere Quellen entsprechend nutzt.

Kartenauswertung und Verfremdungsmaßnahmen in Kartenwerken

Auch zur effektiven Auswertung von Kartenwerken ist gut ausgebildetes Personal erforderlich. Selbst Topografische Karten, die ja im Grunde sehr zuverlässig sind, können nicht einfach "gelesen" werden. Topografische Karten und auch Stadtpläne sind inhaltlich vereinfacht (generalisiert) und nehmen abbildungsbedingt nur größere Objekte auf. Durch die Beschriftung werden Objekte verdrängt. Die Karteninformationen sind zwar kodiert und in der Legende bzw in Kartier- und Darstellungsvorschriften erläutert. Dies gilt aber leider gerade nicht für alle altlastrelevanten Informationen. Zudem haben sich im Laufe der Zeit die Kartier- und Darstellungsvorschriften mehrfach verändert. Das Verschwinden oder das neue Auftauchen altlastrelevanter Signaturen muß daher zunächst daraufhin überprüft werden, ob es sich ggf. etwa nur um eine Änderung der Kartendarstellung handelt oder ob tatsächlich eine neue Situation dargestellt wird. Ebenso wie im Luftbild ist auch hier Interpretation und nicht nur reines "Lesen" erforderlich, und dies setzt lange Erfahrung voraus.

Für den Auswerter historischer Kartenwerke gibt es aber noch besondere Schwierigkeiten durch rigorose Geheimhaltungsvorschriften, die ab Beginn der 1930er Jahre bis 1945 galten und häufig genug bei den ersten Kartenausgaben nach 1945 noch nicht berichtigt worden sind. Bei wichtigen militärischen Anlagen wurde diese Praxis auch später noch fortgesetzt.

Die Geheimhaltungsvorschriften wirken sich als eine Verfremdung und Verharmlosung des Karteninhalts aus. Dazu einige Beispiele: Kasernen und Flugplätze wurden in der Karte als Wald, freies Gelände oder Sumpfgelände dargestellt. Fabrikanlagen der Schwerindustrie wurden oft als Wohngebiete eingezeichnet. Runde Objekte wie Schornsteine und Gasometer wurden in den 30er und 40er Jahren regelmäßig als eckige Signaturen eingetragen oder auch ganz fortgelassen.

In der ehemaligen DDR waren extreme Verfremdungen der Kartendarstellung die Regel.

In einem breiten Bereich ostwärts der inneren Grenze war selbst die Darstellung des Straßen- und Wegesystems bewußt falsch eingetragen. Die Verfremdungen waren natürlich besonders in der Kartenausgabe "Wirtschaft" zu finden, der Kartenausgabe, die auch der Bürger kaufen konnte. Bei der Benutzung dieser Karten muß der Auswerter besondere Sorgfalt aufwenden. Im Gegensatz dazu war die Kartenausgabe "Staat" VS-vertraulich eingestuft und im allgemeinen zuverlässig.

Beherrschung der Geräte

Das Auswertepersonal muß die Technik der vorhandenen Geräte effizient beherrschen. Die gewonnenen Ergebnisse und Erkenntnisse müssen zweckmäßig und geordnet archiviert und aufbereitet werden, damit für den Auftraggeber Ergebnisse eindeutig nachgewiesen und bestätigt werden können. Das wird zumeist mit Hilfe der EDV erfolgen. Daraus ergibt sich auch, daß bei den Mitarbeitern auch Kenntnisse in der Datenverarbeitung vorhanden sein müssen.

Aktenrecherche und Zeitzeugenbefragung

Soweit ein Ingenieurbüro auch Aktenrecherchen selbst durchführt, muß das damit betraute Personal in der Lage sein, diese Recherchen nach wissenschaftlichen Grundsätzen und mit Routine durchzuführen.

Dabei ist zu berücksichtigen, daß die Aktenauswertung nicht zu lagetreuen und grundrißtreuen Darstellungen führt. Einzeichnungen selbst in amtlichen Plänen können oft nicht nach den Merkmalen: "fertiggestellt" oder "geplant aber nicht begonnen" verifiziert werden. Selbst Betriebspläne sind häufig nicht maßstabsgetreu, sondern durch vielfaches Ablichten auch verzerrt. Es kommt vor, daß der aufgedruckte Maßstab oder selbst die Einzeichnung des Nordpfeils von vornherein falsch war. Gut geschultes Personal kann solche Mängel erkennen und für richtige Ergebnisse Modifikationen vornehmen.

Probleme mit der Genauigkeit der Angaben gibt es bei Zeitzeugenbefragungen. Der Zeitabstand von oft 50 und mehr Jahren wirkt sich als Hauptgrund für fehlende oder unzutreffende Aussagen aus. Es sind vor allem Angaben zur richtigen örtlichen Lage von Objekten angesichts eines heute oft völlig veränderten Umfelds, die den meisten Zeitzeugen schwer fallen. Der geübte Auswerter muß wissen, die Aussagen der Zeitzeugen richtig einzuordnen und und zu bewerten.

Leistungsfähigkeit und Zuverlässigkeit des Personals

Wie hier erkennbar wird, sind die Anforderungen an das Personal sehr hoch. Ein Ingenieurbüro ohne langjährig in diesem Bereich tätiges Fachpersonal kann nicht die gleiche Arbeitsqualität liefern wie ein anderes mit gut geschulten Mitarbeitern. Daraus ergibt sich die Wichtigkeit des Leistungskriteriums "Personal".

Im Wettbewerb sollten die Firmen daher für ihr Personal Referenzen vorlegen können, in denen Aussagen über Ausbildung, Kompetenz und Zuverlässigkeit gemacht werden.

Das Wort "Zuverlässigkeit" hat hier besondere Bedeutung.

Bei Altlastenangelegenheiten will der Auftraggeber häufig die Ergebnisse geheimhalten, weil die wirtschaftlichen Weiterungen gravierend sein können. Heute werden im Altlastenbereich vom Auftragnehmer zunehmend Garantien für die Einhaltung der Datenschutzgesetze und für die Geheimhaltung gefordert. Die Fachfirmen können daher für sensitive Aufgaben nur charakterlich zuverlässige Personen beschäftigen.

Zusammenfassung

Zusammenfassend ist festzustellen, daß die Leistungskriterien "Gerätemindestausstattung" und "Anforderungen an das Personal" für den Wettbewerb unter den im Bereich Erfassung und Erstbewertung von Altlasten tätigen Firmen klar definiert werden sollten. Weiterhin gilt, daß für den Bereich der militärischen Altlasten und Rüstungsaltlasten zusätzliche Kenntnisse und Erfahrungen des eingesetzten Auswertepersonals vorausgesetzt werden müssen. Die Notwendigkeit für verbindliche Leistungskriterien und -standards ist gegeben. Diese sollten nunmehr möglichst rasch festgelegt werden, um die wirtschaftlichen Rahmenbedingungen für ein geordnetes Arbeiten im Bereich der Erfassung und Erstbewertung zu schaffen.

Literatur (in Auswahl)

BORRIES, H.-W.; PFAFF-SCHLEY, Herbert (Hrsg.)(1994): Altlastenbearbeitung. Ausschreibungs- und Vergabepraxis. S. 43ff. Springer Verlag, Berlin, Heidelberg, New York.

BORRIES, H.-W.(1992): Altlastenerfassung und -erstbewertung durch multitemporale Karten- und Luftbildauswertung. Vogel Verlag, Würzburg.

MINISTERIUM FÜR UMWELT, RAUMORDNUNG UND LANDWIRTSCHAFT des Landes NRW (MURL) (Hrsg.)(1987): Die Verwendung von Karten und Luftbildern bei der Ermittlung von Altlasten. Ein Leitfaden für die praktische Arbeit. Band 1. Düsseldorf.

WELZER, Winfried (1985): Luftbilder im Militärwesen. Militärverlag der DDR (VEB), 1. Auflage, Berlin. (Eine entspr.Publikation aus NATO-Sicht gibt es nicht).

Anhang

Gerätemindestausstattung für Erfassung und Erstbewertung Militärischer Liegenschaften und Rüstungsaltlasten

Luftbildauswertegeräte zur stereoskopischen Auswertung:
  -Spiegelstereoskope mit 2-6facher Vergrößerung
  -Stereomikrometer
  -Luftbildumzeichengeräte

Luftbildstereoauswerte- und Kartiergeräte mit bis 16facher Vergrößerung: (Stufenlose Vergrößerung unter weitgehendem Ausgleich aufnahmebedingter Ungenauigkeiten des Luftbildes, Kartierung von Hand über Paßpunkte in Basiskarten)

  z. B. Zoom Transfer Scope von Fa. Bausch & Lomb
  z. B. Kartoflex/Kartoflex M von Zeiss

Photogrammetrische Luftbildstereoauswerte- und Kartiergeräte höherer Ordnung (Bis zu 20fache stereoskopische Vergößerung mit Lage- und Höhengenauigkeit von wenigen Zentimetern bis Dezimetern; mit Auswertesoftware und angeschlossenem Plotter):

  z. B. Planicomp P2 oder Planimat von Zeiss

Digitalisierungsgeräte, Rechner und Plotter (Karten)
Sonstiges wichtiges Gerät:
- Kopierer/Drucker für großformatige stufenlose Vergrößerungen/Verkleinerungen von Karten/Plänen
- Reprographieausstattung oder ständige Zusammenarbeit mit einem Reprographielabor

Anforderungen an das Personal für Erfassung und Erstbewertung Militärischer Liegenschaften und Rüstungsaltlasten

- Es gibt keine gezielte Ausbildung von Auswertespezialisten.
- Es herrscht Mangel an guten Luftbildauswertern.
- Luftbildauswertespezialisten benötigen jahrelange Facherfahrung unter praktischer Anleitung und Selbstweiterbildung, um erfolgreich tätig sein zu können.
- Luftbildauswertung ist eine hochintuitive, geistig-wissenschaftliche Tätigkeit.
- Militärische Liegenschaften und Rüstungsaltlasten stellen besondere Anforderungen an das Auswertepersonal. Bisher hatten nur wenige Auswerter entsprechende Vorkenntnisse und Erfahrungen.
- Herstellungsverfahren, Waffensysteme und Ausbildungsbetriebe haben sich vielfach verändert mit veränderten Kontaminationsmöglichkeiten. Die Möglichkeit vorhandener C-Kampfstoffe und Explosivstoffe erfordert besonders sorgfältige Arbeit. Tarnungs-und Geheimhaltungsmaßnahmen in Luftbildern und Karten erschweren die Auswertung.
- Die Technik der Auswerte- und Kartierungsgeräte und der zugehörigen EDV muß sicher beherrscht werden. Sorgfalt und Genauigkeit ist auch bei der Dokumentation zu fordern.
- Persönliche Zuverläßigkeit ist unerläßlich. Dies gilt insbesondere hinsichtlich der Wahrung von Betriebsgeheimnissen und der Datenschutzbestimmungen.

Kritische Betrachtung der Preis-/Leistungsfindung bei der Umsetzung von Altlasteninformationen in Karten

Henning Busse
Jörg Große

Werden durch private Hand oder Träger öffentlicher Belange Grundstücke erworben, deren ehemalige Nutzung auf Altstandorte oder Altablagerungen hinweist, so sind diese zumeist auf umweltgefährdende Stoffe und Bodenkontaminationen zu untersuchen. Die vielfältigen Methoden der Gefährdungsabschätzung ergeben ein enormes Datenmaterial, welches für den Auftraggeber und Endanwender anschaulich und übersichtlich zu dokumentieren ist. Hierfür wird vorzugsweise die Darstellung der Daten in Karten, aber auch in Bildern, Tabellen und Diagrammen gewählt.

In den Karten ist neben der Vollständigkeit und Lückenlosigkeit vor allem die geographische Genauigkeit für die anschließenden Planungen und Arbeiten vor Ort gefordert. Da für die Auswertung üblicherweise die DGK 5 herangezogen wird und als Grundlage für die Darstellung der späteren Auswertungsergebnisse dient, ist bei einer Digitalisiergenauigkeit von 0.2 mm im Maßstab 1:5000 eine Genauigkeit von 1.0 m in der Natur zu realisieren. Dies ist hinreichend genau, um konkrete Planungen durchzuführen. Eine Ergebniskarte dieser Genauigkeit setzt jedoch einen hohen Arbeitsaufwand und die entsprechende Hardware voraus.

Die Hardware zur Erstellung einer nach heutigen Maßstäben geforderten Ergebniskarte setzt sich aus folgenden Komponenten zusammen.

- ein Präzisionsdigitizer im Format DIN A0   ca. 15.000.-
  (eventl. mit Hintergrundbeleuchtung)
- ein PC (mindestens 486 DX 33 MHz , 8 Mb RAM)   ca. 3.000.-
- ein Plotter (16 Farben , Format DIN A0)   ca. 15.000.-
- das entsprechende GIS (Geografisches Informations
  System)   ca. 15.000.-

                                             DM ca. 48.000.-
                                                 =========

Das Auftragsvolumen bzw. die speziellen Wünsche an die Auswertung bestimmen den Arbeitsaufwand und die Kosten bei der Erstellung der Karten.

Die Digitalisierung eines Industriestandortes mit einer Größe von 100 ha bis 200 ha kann einen reinen Digitalisierungsaufwand von 300 Arbeitsstunden bedeuten, da bei der multitemporalen Kartenauswertung jeder Zeitabschnitt einzeln bearbeitet werden muß. Oft ist es so, daß während oder nach der Fertigstellung des Kartenmaterials der Auftraggeber kurzfristig Änderungs- und Sonderwünsche hat. Die anfallenden Besprechungstermine für die Änderungen und Ergänzungen und die zusätzlichen Arbeitsstunden fließen als weiterer Faktor in die Gesamtkosten ein.

Die endgültige Gesamtkarte setzt sich aus vielen Einzelebenen zusammen. Setzt man für eine Arbeitsstunde einen Stundenlohn von DM 45.- (Student) oder DM 80.- (Ingenieur) an, ergibt sich hier schon eine Summe von DM 13500.- bzw. DM 24000.- reinem Arbeitslohn.

Um den Arbeitsaufwand des Digitalisierers noch eingehender zu beleuchten, soll auf einige notwendige Arbeitsschritte, die bei der Kartenerstellung mit einem graphischen Informationssystem anfallen, eingegangen werden.

Als vorbereitende Arbeiten ist es nützlich, wenn bestimmte Symbolgruppen entworfen werden, die auf den jeweiligen Auftrag abgestimmt sind. Somit können bestimmte Zeichnungselemente schon während des Digitalisiervorganges erzeugt werden ohne daß eine spätere Nachbearbeitung anfällt. Gut ausgestattete digitale Erfassungsprogramme bieten hierzu die Möglichkeit, die Definition der Symbole in einer eigenen Graphikebene eines Unterprogrammes zu entwerfen. Die neuen Symbolarten können dann entweder frei, also mit dem Mauszeiger, oder unter Zuhilfenahme eines maßstabslosen Koordinatensystems erstellt werden.

Um sich die Arbeit während des Digitalisierens zu erleichtern, sollte der Anwender die Möglichkeit nutzen, häufig auftretende Folgen von Tastenkombinationen in sogenannten Macros vorzudefinieren. Dadurch können komplexe Einstellungen mit einem einfachen Tastendruck vorgenommen werden.

Um nun mit dem Erfassen des Datenbestandes zu beginnen, müssen zunächst Tischkoordinaten aus den vorliegenden Karten digitalisiert werden, die dann in Koordinaten des Zielsystems transformiert werden. Dies geschieht anhand von identischen Punkten, den sogenannten Paßpunkten, die sowohl als Tischkoordinaten in der Karte als auch als Koordinaten im Auftrag des Auftraggebers vorliegen.

Zur Berechnung einer Transformation werden mindestens drei solcher identischer Punkte benötigt. Zur Genauigkeitssteigerung des Endresultates empfiehlt es sich natürlich eine hohe Anzahl von identischen Punkten in den Auftrag einfließen zu lassen.

Viele graphische Informationssysteme zeichnen sich dadurch aus, daß durch Einstellen bestimmter Winkelbedingungen, wie zum Beispiel Rechtwinkligkeiten oder Geradlinigkeiten die graphische Genauigkeit erhöht werden kann. So erhält der Betrachter ein homogeneres Gesamtergebnis.

Soll als Kartenhintergrund die gesamte DGK 5 dienen, so ist diese am besten einzuscannen. Hier fallen pro Scan ungefähr DM 40.- an. Auch hier muß erwähnt werden, daß man eine gescannte Karte noch nachbearbeiten muß. Das gesamte Material muß mit dem Original verglichen werden. Je nach Qualität der Vorlage müssen bestimmte Linien, die beim Einscannen verloren gegangen sind, überarbeitet und konstruiert werden. Die geforderte Anzahl der Kopien der Gesamtkarte, sowie das Format und der Zeichenträger sind ein weiterer Kostenfaktor. Der Farbplot einer Karte kostet hier im Schnitt DM 20.-

Es soll im folgenden Beispiel eine Kostenrechnung für einen typischen Auftrag aufgestellt werden. Die Endsumme gibt die reinen Kosten wieder, die der Auftragnehmer (z. B. ein Umweltplanungsbüro) durch den Auftrag hat. Zu dieser Summe ist also noch die Gewinnspanne für den Auftragnehmer zu addieren. Ebenfalls sind die Auswertearbeiten, die der Kartenerstellung vorausgehen nicht enthalten. Es handelt sich also nur um die Kartenerstellungskosten, die bei der Auftragsvergabe oft viel zu knapp kalkuliert werden.

Auftrag: Ein Industriestandort mit einer Fläche von 150 ha soll untersucht werden. Als Ergebnis wird eine Karte in zweifacher Ausfertigung im Maßstab 1:5000 mit der DGK 5 im Hintergrund verlangt.

- Dauer der Digitalisierung und grafischen Ausarbeitung: 178 Std.
  Arbeitslohn des Digitalisierers (Ingenieur): 178 x 80.-   14240.-
- DGK 5 für den Hintergrund scannen: 40.-
- Überarbeitung der gescannten Karte
  Arbeitslohn: 16 x 80.   1240.-
- Ergebniskarte in zweifacher Ausfertigung plotten: 2 x 2   40.-
                                                          ----
                                                      DM   15600.-
                                                          ========

Die Erfahrung zeigt, daß die durchschnittlichen Kosten für die Kartenerstellung zwischen DM 10000.- und DM 15000.- betragen, dies hängt von der Größe des Gebietes und von dem Zeitraum, in dem nach Altlasten geforscht wird, ab. Sind für die zu untersuchenden Grundstücke viele Unterlagen zu finden und auszuwerten, fällt dies bei der abschließenden Karte entsprechend ins Gewicht. Je detaillierter die Auswertung erfolgen kann, desto mehr Zeitabschnitte sind in der Karte darzustellen. Eine Gesamtkarte kann dann aus bis zu 12 Einzelkarten (Zeitabschnitten) bestehen, die übereinandergeblendet die fortlaufende Entwicklung eines Standortes wiedergeben.

Nicht zu unterschätzen ist ebenfalls der Aufwand für das Kartenlayout. Die Karte ist mit Rahmen, Legenden, Texten und eventuell mit Gitterkreuzen und sonstigen Zusätzen zu versehen. Hier kann man in den meisten Fällen nicht auf schon gefertigte Vorlagen zurückgreifen, da Legenden und auch Umrahmung der Karten immer vom Karteninhalt und von den Wünschen des Auftraggebers abhängen.

Verlangt der Auftraggeber eine Genauigkeitssteigerung der Karte fallen noch weitere Arbeitsschritte an. Dies kann soweit gehen, daß vor Ort Vermessungen vorgenommen werden müssen. Normalerweise wird das Arbeitsmaterial durch Übereinanderlegen mit der DGK 5 eingepaßt. Um die Qualität der Paßpunkte zu verbessern müssen diese Punkte, die sowohl im Arbeitsmaterial als auch in der Natur vorliegen, in der Örtlichkeit aufgemessen werden, um mit diesen später eine Transformation zu berechnen. Die vor Ort ermittelten Koordinaten liegen im Bereich der Zentimetergenauigkeit, während die abgegriffenen Koordinaten aus der Karte mit dem Maßstab 1:5000 nur Metergenauigkeit erreichen. Die Kosten für einen Meßtrupp pro Tag belaufen sich auf ungefähr DM 1500,-.

Weitere Kosten entstehen durch die Anwendung spezieller Ausgleichungsprogramme, die aber die geometrischen Bedingungen erheblich verbessern. Wie schon erwähnt können dabei durch das Erzwingen bestimmter Winkelbedingungen die graphische Genauigkeit verbessert werden. Das funktioniert in der Praxis folgendermaßen: Soll zum Beispiel eine Gerade, die aus mehreren Punkten besteht, digitalisiert werden, so wird dem Programm durch eine 180°-Bedingung mitgeteilt, daß es die digitalisierten Punkte, die die Gerade verfälschen, so lange verschiebt, bis die Winkelbedingungen erfüllt sind.

Es muß daher bei der Kalkulation und Vergabe von Aufträgen verstärkt der Umfang der Kartenerstellung aber auch der Präsentation berücksichtigt werden. Zusätzlich zur Kartenpräsentation wird auch die Präsentation direkt am Computer immer mehr Bedeutung erlangen. Die Leistungsfähigkeit und Mobilität moderner Laptops in Verbindung mit Overhead-Aufsätzen stellen eine ideale Lösung dar. Hier kann auch einem größerem Publikum das Ergebnis der Auswertung erläutert werden. Es besteht hier zusätzlich die Möglichkeit, einzelne Zeitabschnitte bzw. Ebenen auszublenden und so die Übersichtlichkeit zu steigern. Es können Ausschnitte vergrößert werden und Detailfragen sind nicht mehr vom Maßstab des Kartenausdrucks abhängig.

Bei der Kartenpräsentation ist es von Vorteil, wenn auch der Auswerter am Präsentationstag anwesend ist. Dieser ist bestens mit dem Material vertraut und kann somit eventuelle Fragen und Unklarheiten in Bezug auf die Kartenerstellung beantworten. Hier läßt sich ersehen, daß auch ein Präsentationstag mit einigen Kosten verbunden ist. Um eine qualitativ gute Vorführung zu leisten muß der Auftraggeber sowohl auf die eben genannten Hilfsmittel zur Kartenpräsentation, als auch auf gut geschultes Personal zurückgreifen. Somit kann die eintägige Vorführung des Untersuchungsergebnisses eines Altlaststandortes inklusive Spesen und Einberechnung aller Umlagen (Vorführungsgeräte usw.) bis zu DM 2500.- betragen.

Bei der Aufstellung der Rechnungssumme fließen eine Menge von Einzelpositionen ein. Hier wäre es von Vorteil, wenn einheitliche Richtlinien für die Kostenermittlung zur Verfügung stünden. Dies ließe sich durch eine Leistungs-/Kostentabelle realisieren. Anhand dieser Tabelle kann der Auftraggeber ersehen, mit welchen Kosten er ungefähr zu rechnen hat und kann eventuell überhöhte oder unrealistische Forderungen erkennen.

Diese Tabelle sollte folgende Kriterien berücksichtigen:
- Anzahl und Größe der Ergebniskarten
- Arbeitsstunden (Digitalisieren, Nachbearbeiten)
- Präsentationstag
- Genauigkeitsanforderungen
- Scannen
- nachträgliche Entwurfsänderungen
- Materialkosten

Unter Berücksichtigung der eben genannten Kriterien liegen die Kosten pro digitalisiertem Punkt zwischen DM 0.50,- und DM 1.50,-. Dies hängt von der Menge des Arbeitsmaterials und den speziellen Wünschen des Auftraggebers ab.
Wir hoffen, daß wir Ihnen mit unserem kleinen Vortrag einmal aufzeigen konnten, wie umfangreich sich eine Kartenerstellung gestalten, beziehungsweise welche Vielzahl an Arbeiten auf das Auswertepersonal zukommen kann.

Angebotsabgabe, Preisermittlung, Auftragsvergabe im Altlastenbereich unter Berücksichtigung der Situation in den neuen Bundesländern

Ulf Riecke

Zunächst muß hierzu festgehalten werden, wie es dazu gekommen ist, daß ein Angebot abgegeben werden soll.

Häufig wird in diesem Zusammenhang die Ausschreibung - besonders beim Auftraggeber "Öffentliche Hand" - genannt. In der Regel handelt es sich hierbei um umfangreiche und lukrative Arbeiten. Dieses beinhaltet jedoch auch, daß nur sehr große Büros oder Bietergemeinschaften überhaupt in der Lage sind, solche Aufträge zu bewältigen. Eine weitere Einschränkung ergibt sich daraus, daß die Ausschreibungsunterlagen normalerweise gegen ein Entgelt herausgegeben werden und die Ausarbeitung, wegen der vielen Einzelpreise, äußerst viele Mühen und Kosten bereitet; die Übertragung des tatsächlichen Auftrags ist somit mehr oder weniger ein Lotteriespiel. Der Vorteil liegt jedoch darin, daß die zu verrichtenden Arbeiten recht präzise aufgeführt sind. Ein weiterer Nachteil bei Ausschreibungen, insbesondere privater Unternehmen, der bei allen Aussagen zwar immer unterdrückt wird und nur in ganz wenigen Fällen nachzuweisen ist, liegt darin, daß die Aufträge zwar ausgeschrieben werden, tatsächlich aber vorher schon vergeben wurden.

Üblicherweise jedoch spricht ein potentieller Kunde Sie an und fordert Sie auf, ein entsprechendes Angebot abzugeben. Dabei sind Sie dann häufig einer von mehreren Anbietern.

Bevor wir jetzt ins Detail gehen, ein kleiner Exkurs zum Thema "Wie erreiche ich es, Leistungen anbieten zu können".

Wir bewegen uns im Bereich der qualifizierten Dienstleistungen und praktisch ist kein Auftrag mit einem vorigen identisch.

Ein gezieltes Anbieten bestimmter Leistungen über Massenpublikationen hilft somit nicht; allenfalls können gewisse Erfolge durch "Unternehmensbilder" in Fachorganen oder auch den üblichen IHK-Blättern erreicht werden. Eine weitere Möglichkeit stellen "Messestände" bei Fachtagungen dar. Beide "Werbeaktivitäten" sind aber eigentlich nur reine PR-Maßnahmen, um das Unternehmen grundsätzlich bekannt zu machen. Hinzu kommt noch der Effekt der Präsenzpflicht, womit ich sagen will: Ist ein Unternehmen nicht anwesend, so impliziert der potentielle Kunde damit, daß die Firma zu klein oder nicht leistungsfähig genug ist; es kommt zu einem Negativimage. Wie aber bereits aufgeführt:

Durch einen Messestand oder eine Anzeige kommt nur in den seltensten Fällen ein neuer Kunde oder Auftrag herein, trotzdem sind diese Werbe/PR-Maßnahmen trotz der Kosten und der gewissen Lästigkeit notwendig und letztendlich auch sinnvoll.

Wichtiger und viel erfolgversprechender sind die vertrauensbildenden Maßnahmen und insbesondere die "Mund-zu-Mund-Propaganda/-Empfehlung". **Die beste Werbung ist in der Regel ein ordentlich abgewickelter Auftrag - aber auch freundliches, zuverlässiges Personal und ordentliche, saubere Arbeitsmittel.**

Zu den vertrauensbildenden Maßnahmen will ich hier im einzelnen keine Empfehlungen geben, Sie sind sicherlich erfahren und phantasievoll genug. Ich kann aber festhalten, daß ich die meisten meiner Kunden durch Gespräche in den Kaffeepausen von Seminaren, Arbeitgeber-/IHK-Tagungen u. ä. gewonnen habe und - bitte belächeln Sie dieses nicht - bei gelegentlichen abendlichen Gaststättenbesuchen oder in Vereinslokalen.

Wie bereits erwähnt, werden wir also angesprochen, ein qualifiziertes Angebot über eine Dienstleistung abzugeben, von der der Kunde in aller Regel keine präzisen Vorstellungen hat. Gründe für den Auftrag sind:
– in den alten Bundesländern, daß Kreditinstitute oder Versicherungen einen "Persilschein" einfordern und/oder Behörden Untersuchungen anordnen sowie bei Unternehmens-/Grundstückszukäufen,
– in den neuen Bundesländern die Bearbeitung von Freistellungsanträgen.

Zu letzterem noch ein weiterer Exkurs, denn im Rahmen meiner umfangreichen Tätigkeit in diesem Gebiet der Bundesrepublik stoße ich sehr häufig auf Fehleinschätzungen oder eine falsche Vorgehensweise, die durchaus dazu angetan ist, ein Unternehmen in den Konkurs zuführen.

Der übliche Verkäufer von gewerblich genutzten Grundstücken in den neuen Bundesländern ist die THA (Treuhand). Diese hatte alle in Ihrer Zuständigkeit liegenden Betriebe angewiesen, bis Ende März 1991 die entsprechenden Freistellungsanträge zu stellen. Dieses bedeutet aber lediglich, daß die Anträge fristgemäß gestellt und registriert wurden. Mehr ist nicht geschehen, d. h., es erfolgte keine weitere Bearbeitung.

Hierzu kommt es erst, wenn der Grundstückseigentümer mindestens folgende Unterlagen einreicht:
– Untersuchungs-/Kontaminierungsbericht
– Sanierungskonzept
– Sanierungskostenabschätzung
– Darlegung der Eigentums- und finanziellen Verhältnisse
– wirtschaftliche Begründung für eine Freistellung von Kosten für die Sanierung des belasteten Grundstücks

Wird nach der behördlichen Prüfung die Freistellung erteilt, so ist sie in aller Regel auf einen Zeitraum von 10 Jahren und einen Höchstbetrag begrenzt bei normalerweise zehnprozentiger Eigenbeteiligung. Sie ist sicherlich von erheblicher Bedeutung für den Beleihungswert des Grundstückes, erlaubt aber nicht die Beanspruchung dieser Mittel, denn sie wird nur dann wirksam, wenn eine behördliche Sanierungsanordnung vorliegt. Sie schafft aber natürlich eine finanzielle Sicherheit. Weiterhin ist zu beachten, daß häufig in den Kaufverträgen eine Klausel enthalten ist, nach der die Verkäuferin (Treuhand) mögliche Sanierungskosten übernimmt, wenn eine Freistellung nicht erfolgt - jedoch stets mit einer Frist, die zwischen 1994 und 1996 endet. Liegt somit bis zu diesem Termin kein Bescheid vor, so ist diese Klausel ohne Rechtsbedeutung, d. h., die Verkäuferin braucht bei einer Ablehnung nicht zahlen. Man kann also nur allen Grundstückserwerbern dringend raten, umgehend die Antragsunterlagen zu erstellen.

Hinzu kommt noch ein weiterer Aspekt, denn laut Einigungsvertrag haftet die Treuhand in keinster Weise für Schadstoffbelastungen, die von den von ihr verwalteten Grundstücken ausgehen., d. h., Sie haben keine zivilrechtlichen Ansprüche z. B. gegen Ihren Nachbarn, der Grund und/oder Wasser auf Ihrem Grundstück belastet, wenn er die Treuhand ist oder war.

Die Behörde kann die Sanierung in jedem Fall anordnen und für die Kosten nach ihrem Gusto, d. h., nach den finanziellen Möglichkeiten, den Verursacher oder den Zustandsstörer haftbar machen. Sie haben praktisch keine Möglichkeit, sich diesen Kosten, die Sie nicht zu vertreten haben, zu entziehen. Wir können unseren Kunden nur in aller Deutlichkeit darlegen, daß sie so schnell als möglich zumindest eine Zustandsaufnahme machen lassen. Für uns bedeutet dies aber ein ungemein großes Geschäftspotential für die kommenden Jahre.

Nun aber wieder zurück zur Angebotsabgabe.

Es wurde bereits erwähnt, daß der Anfrager häufig garnicht weiß, welche Leistungen er von uns beziehen will. Hier liegen große Möglichkeiten, aber auch immense Risiken, denn die Konkurrenz schläft nicht und nur allzu häufig kommt der Anbieter zum Zuge, der das niedrigste Angebot abgibt.

Daher sollte man sich für das erste Gespräch sehr viel Zeit nehmen und diese nutzen, um:
1. **den Leistungsumfang sehr genau abzufragen.**
2. **möglichst viele Unterlagen und Informationen von und über den Auftragnehmer und das Grundstück zu erhalten.**
3. **aufklärend zu wirken, d. h., den potentiellen Kunden bereits hier auf das Gebaren einiger unseriöser "Kollegen" hinzuweisen.**
4. **ein Vertrauensverhältnis beim Kunden aufzubauen.**

Ein Rezeptbuch für diese Gespräche kann ich Ihnen leider nicht anbieten, wohl aber darauf hinweisen, daß jeder Fall anders gelagert ist und jeder Gesprächspartner seine Prämissen woanders setzt. Selbstverständlich sollte man auch nicht vergessen, seine Fachkompetenz hervorzuheben - aber bitte nicht übertreiben -, und auch die Nennung von Referenzprojekten kann durchaus hilfreich sein.

Nach diesem Gespräch sollte ein Untersuchungsprogramm festgelegt werden mit allen Details, die den Kunden zwar meist nicht interessieren, für die anschließende Preisermittlung aber unabdingbar sind.

Dieses Untersuchungsprogramm sollten Sie nach Möglichkeit dann mit dem Anfrager durchsprechen und dabei Wert darauf legen, daß Ihr Angebot mit dem der Mitbewerber vergleichbar ist.

Gleichzeitig bringt jeder weitere Kontakt eine Verstärkung im Bereich der Vertrauensbildung mit sich, d. h., der Kunde muß das Gefühl erlangen, daß nur Ihr Unternehmen der einzig kompetente Partner ist.

Dabei sollte auch strikt vermieden werden, die Mitkonkurrenten zu diskriminieren; ein solches Verhalten kommt nie gut an.

In diesem Zusammenhang soll nochmals darauf hingewiesen werden, daß die Ausarbeitung des Untersuchungsprogrammes der wohl schwierigste Teil der gesamten Angebotsabgabe ist, denn es gibt nur bedingte und klar nachvollziehbare Vorgaben; die im folgenden Kapitel angesprochene Preisermittlung ist eigentlich in allen Bereichen mathematisch genau nachvollziehbar. Außerdem muß betriebsintern festgelegt werden, was mit diesem Angebot bezweckt werden soll, d. h., soll nur die Untersuchung gemacht werden oder gehört auch ein Sanierungskonzept und eine Sanierungskostenabschätzung dazu. Sollen die Sanierungsarbeiten auch durch Ihr Unternehmen durchgeführt werden und/oder die Begleitung solcher Maßnahmen, mit einfachen Worten gesagt: Wo will ich meinen Betriebsgewinn erwirtschaften?

Dazu noch der Hinweis:

Nie unter den Eintrittskosten plus einer gewissen Marge anbieten. Ein solches Gebaren hat sich noch nie ausgezahlt, d. h., heute "billiger Jakob" und morgen marktüblich oder sogar noch darüber.

Ich muß dieses Thema leider ansprechen, denn besonders in den neuen Bundesländern ist zunehmend festzustellen, daß einige Newcomer, die lediglich über privates Telefon, Auto und Schreibmaschine verfügen, Leistungen zu Preisen anbieten, die wirtschaftlich nicht rentabel sind. Häufig fehlt dazu noch jegliches Sach- und Fachwissen.

Ein weiteres Problem in den neuen Bundesländern sind aber auch die niedrigeren Personalkosten, insbesondere auch beim Einsatz von ABM-Kräften, die geringeren Kosten für Arbeitsmittel, z. B. durch den Kauf eines Bohrgerätes für DM 1.-, die besonderen steuerlichen Möglichkeiten wie erhöhte Abschreibungen, die geringeren Unterbringungskosten und die z. T. erheblichen finanziellen Zuwendungen, wie Zuschüsse, Zulagen, zins- und tilgungsmäßige Vorteile bei der Aufnahme von Fremdmitteln. Diese Vorteile können bei einer in gleicher Höhe angesetzten Rendite zum Angebot eines Konkurrenten aus den alten Bundesländern durchaus Kostenvorteile von 50 % und sogar noch mehr mit sich bringen. Diese Vorteile beziehen sich dann auch durchgehend auf die Laboranalysen bis hin zur Sanierung selbst. Die einzige Möglichkeit dagegenzuhalten, ist dann - hoffentlich - Ihre langjährige Erfahrung, denn preislich haben Sie keine Chance, es sei denn, Sie wollen unbedingt auch einmal einen Konkurs erlernen bzw. erleben. Dies klingt in Ihren Augen jetzt sicherlich überaus hart und vielleicht auch übertrieben, es zeigt aber die Realität. Diese Vorteile beziehen sich dann auch durchgehend auf die Laboranalysen bis hin zur Sanierung selbst.

Nun aber zur rein betriebswirtschaftlichen Seite, der Preisermittlung.

Jedes Unternehmen sollte generell eine Selbstkostenrechnung haben und diese auch laufend aktualisieren!

Was ist hiermit nun gemeint?

Einfach gesagt: Man sollte für jede einzelne Leistung wissen - und dieses Wissen so tief wie möglich gegliedert -, was sie für Kosten verursacht.

Es ist sehr leicht, diese Forderung aufzustellen, in der betrieblichen Praxis werden Sie jedoch häufig an die Grenzen des Machbaren stoßen, bzw. sich fragen, warum diese Sysiphusarbeit eigentlich gemacht werden muß.

Es kann nur immer wieder betont werden, daß eine gute Kalkulation vor unnötigen Verlusten und auch vor unliebsamen Überraschungen schützt. Genauso wichtig ist, daß auf diese Werte immer wieder zurückgegriffen werden kann damit in sich stimmende Angebote zügig abgegeben werden können.

Zur Verdeutlichung nachfolgend einige Beispiele aus der Praxis.

Wir wissen, auf welchen Arbeitsfeldern wir tätig sind bzw. sein wollen, kennen unsere Arbeitsgeräte einschließlich der notwendigen Hilfs- und Betriebsstoffe sowie den notwendigen Zeitaufwand für die einzelnen Arbeitsschritte und unsere Personalkosten. Außerdem wurden die Kosten für Arbeiten (z. B. Laboranalysen), die Dritte für uns erledigen, ausgehandelt.

Kommen wir nun zur **Einzelkalkulation**, die Sie selbstverständlich für Ihre Zwecke jederzeit verändern, verkürzen oder erweitern können und sollten.

1. Personal
a) Monatsgehalt Geologe = DM 5.000,00
b) Jahresgehalt Geologe (13 Monatsgehälter) = DM 65.500,00
c) Lohnnebenkosten (27 %) = DM 17.550,00
d) Kosten pro Arbeitstag (230 Tage abzgl. 30 Tg.Urlaub und 20 Tg.Krankheit u. ä. = 180 Tage) = DM 467,00
e) Anwesenheitskosten pro Stunde (7,6 Std.pro Tag) = DM 61,45
f) Zuschlag für nichtproduktive Anwesenheit von 30 % einschließlich persönlicher Verteilzeiten pro Stunde = DM 18,55
g) Zuschlag für Kosten des Arbeitsplatzes (20m³ x DM 30) zzgl. PC und sonst. Büroausstattung pro Stunde = DM 10,00
h) Gesamtstundenkosten Geologe = **DM 90,00**
i) Stundenlohn Arbeiter = DM 18,00
k) Lohnnebenkosten (32 %) = DM 5,80
l) Fehlzeitenausgleich (230 Tg., davon 170 Tg.anwesend) = DM 32,20
m) Zuschlag für Verteilzeiten (30 %) = DM 9,70
n) Zuschlag für Arbeitsplatz, Kleidung u. ä. = DM 8,10
o) Gesamtstundenkosten Arbeiter = **DM 50,00**
p) Gesamtstundenkosten technische Angestellte = **DM 70,00**
q) Gesamtstundenkosten Schreibkräfte, Hilfsarbeiter = **DM 42,00**

Dieser einfachen Aufgliederung haben Sie sicherlich schon entnommen, wie einfach eine solche Berechnung eigentlich ist und wie hilfreich sie sein kann.

Daher wollen wir nicht weiter beim Personal verweilen - das Schema bleibt eigentlich immer gleich -, sondern uns ausgewählten Sachmitteln zuwenden.

2. Fuhrpark *(PKW Passat Kombi, TDI)*

a) Anschaffungspreis TDM 45,6, Afa 5 Jahre, Restwert TDM 5,6, 25.000 km pro Jahr		
Kosten pro gefahrenen km	= DM	0,35
b) Treibstoff (6 l pro 100 km á DM 1,18)	= DM	0,07
c) Wartung, Reparatur, Instandhaltung, Inspektionen	= DM	0,18
d) Steuern, Versicherung	= DM	0,10
e) Zinsen (10 %)	= DM	0,20
f) Gesamt-PKW-Kosten pro km	**= DM**	**0,90**

3. Sondierungsgeräte

a) Anschaffungskosten TDM 17, AfA 4 Jahre, Einsatz an 100 Arbeitstagen im Jahr, mit 32 m Bohrleistung pro Tag		
Maschinenkosten pro m	= DM	1,33
b) Zinsen (10 %)	= DM	0,53
c) Wartung, Reparatur, Benzin, Schmierstoffe	= DM	0,18
d) Gesamtkosten für Sondierungsgerät pro m	**= DM**	**2,10**

4. sonstige Geräte

a) Betonaufbruchgerät pro 15 Minuten	**= DM**	**6,40**
b) Betonaufbohrgerät pro 10 cm	**= DM**	**3,20**

Es ist Ihnen sicherlich nicht entgangen, daß ich die Bezugsgrößen dem ersten Augenschein nach recht willkürlich gewählt habe. Dem ist aber nicht so, vielmehr haben hier die Erfahrungen der Praxis geholfen - sehen Ihre anders aus, dann wenden Sie bitte diese an. Bis hier haben wir die produktiven Fix- bzw. Sprungfixkosten ermittelt, teilweise aber auch die variablen, wie z. B. den Sprit, mit hineingerechnet. Die echten variablen Kosten sollten wir aber nicht vergessen. Daher exemplarisch einige typische für unser späteres Beispiel:

5. Drägerröhrchen

a) Perchlorethylen	= DM	6,20
b) Trichlorethylen	= DM	6,10
c) Toluol	= DM	5,60
d) Chlor	= DM	7,00
e) Benzol	= DM	6,10
f) Xylol	= DM	5,80

g) Aktivkohle = DM   5,20

Des weiteren haben wir noch fremde Laborkosten. Zur Vereinfachung hier wieder nur einige, später in der Musterrechnung benötigte Analysen:

6. Laborkosten

a) AOX, EOX = DM   110,00
b) LHKW, BTEX = DM   120,00
c) FCKW = DM   150,00
d) PAK (EPA) = DM   200,00

Bisher nicht berücksichtigt haben wir die "**Headcosts**", also z. B. das Entgelt der Geschäftsleitung, der Lohn der Putzfrau, die Kosten für die Versicherung u. s. w. Einen guten Aufschluß über die Höhe dieses Kostenblocks geben Ihnen da die betriebswirtschaftlichen Auswertungen, die Ihnen z. B. Ihr Steuerberater, sofern er auch die Monatsrechnung erstellt, durch die Ausdrucke der Datev liefert. Für unsere Musterrechnung gehen wir einmal hierfür von Gesamtkosten pro Jahr von TDM 560 aus, die Gesamtaufwendungen betragen DM 3,7 Mio., was einem **Satz von 15 %** entspricht.

Außerdem wollen die Inhaber unseres Unternehmens natürlich einen angemessenen **Gewinn** ausgewiesen sehen. Als Vorgabe wurden **25 %** angesetzt; dieses ist dann der unterste Punkt für unsere Kalkulation.

Die vorgenannten Einstandskosten bedeuten für sämtliche unserer Angebote natürlich das unbedingte Muß und sind - was wir keinesfalls vergessen sollten - sehr stark von der Lebensdauer der Geräte, insbesondere aber dem angenommenen Mengen-/Zeitgerüst abhängig.

Nun aber direkt in die Praxis:
Nehmen wir als Ausgangsfall folgendes an:
Ein metallverarbeitender Betrieb erbittet von Ihnen ein Angebot zur Feststellung, ob Kontaminationen auf seinem Grundstück vorhanden sind - und wenn ja, welcher Art und in welchem Umfang diese nachzuweisen sind, sowie deren Herkunft. Die bereits erwähnten Gespräche mit der Festlegung des Arbeitsumfangs wurden bereits geführt und es fallen danach folgende Arbeitsschritte an

1. *Anfahrt und Abfahrt zur Abwicklung der Feldarbeiten (pro Fahrt 36 km)*
2. *Auf- und Abbau an insgesamt 10 Sondierungspunkten*
3. *Überprüfung der Bohransatzpunkte auf Leitungen*
4. *Betonaufbruch (jeweils 40 cm)*
5. *Schlitzsondierungen jeweils 3 m*
6. *Entnahme je einer Bodenprobe inkl. der Behältnisse*
7. *Transport ins Labor*
8. *Ausbau der Schlitzsondierungen zu ambulanten Bodenmeßstellen*

9. Probenahme Bodenluft
10. Einsatz Drägerröhrchen für Bodenluft
11. Analyse Boden auf AOX, BTEX, FCKW, PAK
12. Analyse Bodenluft auf BTEX, FCKW
13. Datenerfassung, zeichnerische Darstellung
14. Untersuchungsbericht
15. Bewertung der Ergebnisse
16. Empfehlung weiterer Maßnahmen

Bereits vorher waren wir tätig für:

17. Zusammentragen aller Betriebsdaten
18. Ermittlung der Umwelt- und sonstigen räumlichen Einflüsse
19. Festlegung der möglichen Kontaminationen
20. Festlegen des Untersuchungsumfanges

Wie zuvor erwähnt, müssen nun die Einzelpositionen den einzelnen Arbeitsschritten zugeordnet werden. Hierzu muß aber in den Vorgesprächen abgeklärt werden, "wie es der Kunde gerne hätte", denn in den seltensten Fällen ist die Ausschreibung oder Anfrage so klar, daß sie ohne diese Überlegungen schematisch bearbeitet werden kann. Nehmen Sie diese Anmerkungen bitte besonders ernst, denn ansonsten werden Ihre Bemühungen häufig "im Sande verlaufen".
Außerdem können Sie nur Teile der nachfolgenden Berechnung direkt übernehmen, aber nur zum Teil, da sich Ihre Betriebsbedingungen mit einiger Sicherheit von den hier angenommenen unterscheiden.

1. An- und Abfahrt

a) Fahrzeug aus Garage holen und vor Magazin fahren
- Hinweg = 5 Min. Arbeiter
- Garage öffnen = 5 Min. Arbeiter
- Fahrt zum Magazin, Magazin öffnen = 5 Min. Arbeiter
b) Einladen der Bohr- und Analysegeräte
- Diverse Wege = 30 Min. Arbeiter
                   = 30 Min. techn.Angest.
c) Festlegung Fahrtweg
- Heraussuchen der Wegstrecke = 10 Min. techn.Angest.
- Besprechung u. ä. mit Fahrer = 10 Min. techn.Angest.
                   = 10 Min. Arbeiter
d) Anfahrt
- PKW-Kosten = 36 km
- Fahrzeiten = 45 Min. Geologe
                   = 45 Min. techn.Angest.
                   = 45 Min. Arbeiter

e) Abfahrt
- PKW-Kosten   = 36 km
- Fahrzeiten   = 45 Min. Geologe
                                              = 45 Min. techn.Angest.
                                              = 45 Min. Arbeiter

f) Ausladen der Bohr- und Analysegeräte
- Reinigen der Geräte   = 60 Min. techn.Angest.
                                              = 80 Min. Arbeiter

- Reinigungshilfsmittel   pauschal   = DM 90,--
- Lagerung der Gerätschaften   = 60 Min. techn.Angest.
                                              = 60 Min. Arbeiter

g) Fahrzeug abstellen
- Wege- und Fahrzeiten   = 15 Min. Arbeiter
h) Standzeiten des Fahrzeuges   = in km-Pauschale
i) Verkehrsstaus   = unternehm.Risiko

Insgesamt ergeben sich somit:
- Arbeitszeiten   =
- Geologe   = 1 1/2 Std x DM 90   = DM   135,00
- techn. Angest.   = 4 1/3 Std x DM 70   = DM   303,30
- Arbeiter   = 5 Std x DM 50   = DM   250,00
- Fahrtstrecken   = 72 km x DM -,90   = DM   64,80
- Pauschalen   =   = DM   90,00
                              insgesamt   = **DM   843,10**

2. Auf- und Abbau

a) Ausladen und Bereitlegen der Geräte   = 30 Min. Geologe
                                              = 30 Min. techn.Angest.
                                              = 30 Min. Arbeiter

b) Aufbau der Geräte   = 10 Min. Arbeiter
c) Grobreinigung der Geräte   = 10 Min. Arbeiter
d) Abbau der Geräte   = enthalten in Bohrung
e) Einladen der Geräte   = 20 Min techn.Angest.
                                              = 40 Min. Arbeiter

Insgesamt ergeben sich somit:
- Arbeitszeiten
- Geologe   = 1/2 Std x DM 90   = DM   45,00
- techn. Angest   = 5/6 Std x DM 70   = DM   58,30
- Arbeiter   = 1 1/2 Std x DM 50   = DM   75,00
Erstaus- und -abbau   = **DM   178,30**

Hinzu kommen 9 weitere Bohrpunkte
a) Aufbau der Geräte = *10 Min. Arbeiter*
b) Grobreinigung der Geräte = *10 Min. Arbeiter*
c) Transport zum nächsten Ansatzpunkt = *20 Min. Arbeiter*

*Insgesamt ergeben sich somit pro **Bohrpunkt**:*
- Arbeitszeit Arbeiter = *2/3 Std x DM 50* = *DM   33,30*
                              x 9 Bohrungen = *DM 300,00*

Nach der gleichen Methodik wurden dann alle anderen Positionen ebenfalls ermittelt. Zur Vereinfachung werden die nachfolgenden Sätze nur noch als "vorläufige Endsummen" aufgeführt.

3. Überprüfung der Ansatzpunkte
- pro Bohrpunkt = *DM   26,70*
- x 10 Bohrpunkte = *DM 267,00*

4. Betonaufbruch pro Punkt bis 40 cm
- pro Bohrpunkt = *DM   34,30*
- x 6 Bohrpunkte = *DM 205,80*

5. Schlitzsondierungen
- je 3 m = *DM 218,90*
- x 45 m = *DM 3.283,50*

6. Entnahme von Bodenproben
- je Probe = *DM   18,20*
- x 30 Proben = *DM 546,00*
7. Transport ins Labor = *DM 116,00*

8. Ausbau der Sondierungen
- pro Bodenmeßstelle = *DM 187,00*
- x 4 Stellen = *DM 748,00*

9. Probenahme Bodenluft
- pro Probe = *DM   17,40*
- x 120 Proben = *DM 2.088,00*

10. Drägerröhrchen für Bodenluft
- pro PER = *DM   7,20*
- pro TRI = *DM   7,10*
- pro Chlor = *DM   8,00*
- pro Aktivkohle = *DM   6,20*
= DM 28,50 x je 30 Proben = *DM 855,00*

11. Analyse Boden
- pro Probe = DM   580,00
- x 18 Proben = DM 10.440,00

12. Analyse Bodenluft
- Pro Probe = DM   250,00
- x 14 Proben = DM 3.500,00

13. Datenerfassung, Darstellung = DM 4.180,00

14. Bericht = DM 2.860,00

15. Bewertung = DM 1.440,00

16. Empfehlung weiterer Maßnahmen = DM   720,00

Im Vorlauf zu diesen eigentlichen - und für den Kunden auch sichtbaren Tätigkeiten wurden jedoch schon weitere Arbeiten abgeleistet. In aller Regel können diese tatsächlich entstandenen Kosten aber nicht einzeln aufgeführt und abgerechnet werden. Somit müssen sie auf die anderen Einzelposten umgelegt werden. Welcher Schlüssel hierfür benutzt wird, bleibt grundsätzlich der Phantasie jedes einzelnen überlassen. In dieser Beispielrechnung wurde die pauschale Prozentbeaufschlagung gewählt.

Entstanden waren für:

17. Betriebsdaten
- Geologe = 16 Std x DM 90 = DM 1.440,00
- Fahrtkosten = 4 x 36 km x DM -,90 = DM   129,60

18. Ermittlung Einflußgrößen
- Geologe = 4 Std x DM 90 = DM   360,00

19. Festlegung mögliche Kontaminationen
- Geologe = 2 Std x DM 90 = DM   180,00

20. Festlegung Untersuchungsumfang
- Geologe = 4 Std x DM 90 = DM   360,00

  insgesamt = DM 2.469,60

Diesen DM 2.469,60 stehen Gesamteinzelkosten von DM 32.570,70 gegenüber, oder die Vorlaufkosten machen 7,6 % aus, mit denen jede Einzelposition beaufschlagt werden muß/müßte.

Außerdem ist jetzt festgelegt, daß das Angebot keinesfalls unter DM 35.040,30 abgegeben werden kann - ansonsten sind Verluste vorprogrammiert.

Ein normaler Geschäftsbetrieb verursacht aber generell nicht nur Einzelkosten, vielmehr fallen Aufwendungen an für z. B.
- die Geschäftsleitung,
- die administrativen Dienste (wie Lohn-/Gehaltsabrechnung, Buchhaltung, Reinigung u. v. m.),
- die Marketingmaßnahmen,
- und die häufig vergessenen Steuern.

Hierfür werden in aller Regel pauschale Prozentsätze für eine Periode angesetzt, die anhand der Planrechnung ermittelt wurden.

Und noch zwei weitere Zuschläge sind zu beachten, nämlich die für das allgemeine Betriebsrisiko und für den Gewinn, den der/die Inhaber aus dem Geschäftsbetrieb erwarten.

In dieser Beispielrechnung wurden dafür angesetzt:
a) Geschäftsleitung = 3,3 %
b) Administration = 5,3 %
c) Marketing = 2,0 %
d) Steuern = 18,5 %
e) Risiko = 2,3 %
f) Gewinn = 11,0 %
g) Vorlaufkosten = 7,6 %
insgesamt = 50,0 %

Wie schon bei den Personalkosten zu erkennen war, beeinflussen die Nebenkosten den Gesamtpreis ganz erheblich. Im Unterbewußtsein wird ein Teil davon sicherlich stets einbezogen, aber fast nie vollständig. Daher wird es für dringend erforderlich gehalten, diese Kosten von Zeit zu Zeit zu überprüfen und nachzukalkulieren.

Aus den bisher erarbeiteten Zahlen kann nun das konkrete Angebot errechnet und anschließend abgegeben werden. Es könnte wie folgt aussehen:

1. An- und Abfahrt
- je Fahrt = DM 1.265,00   DM 1.265,00
2. Auf- und Abbau der Bohrgeräte
- je Erkundungsfeld = DM 265,00   DM 270,00
- je weiteren Bohrpunkt = DM 50,00 x 9   DM 450,00
3. Überprüfung der Bohransatzpunkte
- je Ansatzpunkt = DM 40,00 x 10   DM 400,00
4. Betonaufbruch
- bis 40 cm je Bohrpunkt = DM 52,00 x 6   DM 315,00
5. Schlitzsondierungen
- je 3 m = DM 328,00 x 15   DM 4.920,00
6. Entnahme von Bodenproben
- je Probe = DM 27,50 x 30   DM 825,00

7. Transport der Proben ins Labor
- je Fahrt = DM 174,00   DM   174,00
8. Ausbau zu ambulanten Bodenmeßstellen
- je Meßstelle = DM 281,00 x 4   DM   1.124,00
9. Probenahmen von Bodenluft
- je Probenahme = DM 26,00 x 120   DM   3.120,00
10. Halbquantitative Beprobung der Bodenluft auf PER, TRI und Chlor sowie auf Aktivkohle für Laboranalyse
- je kompletter Probe = DM 43,00 x 30   DM   1.290,00
11. Analyse der Bodenproben auf AOX, BTEX, FCKW, PAK
- je kompletter Analyse = DM 870,00 x 18   DM   15.660,00
12. Analyse der Bodenluftproben auf AOX, FCKW
- je kompletter Analyse = DM 375,00 x 14   DM   5.250,00
13. Datenerfassung, Darstellung der Ergebnisse
- pauschal   DM   6.250,00
14. Erstellung des Untersuchungsberichtes
- pauschal   DM   4.300,00
15. Bewertung der Untersuchungsergebnisse
- pauschal   DM   2.150,00
16. Erstellung Maßnahmenkatalog
- pauschal   DM   1.100,00

Gesamtbetrag   DM   48.863,00

zzgl. 15 % gesetzliche Mehrwertsteuer   DM   7.329,45

     DM   56.192,45

Aus dem dargestellten Angebot kann nun der Anfrager/Ausschreiber recht schnell die Gesamtkosten, aber auch jede Einzelposition erkennen, d. h., es wurde auf Einfachheit und Übersichtlichkeit großen Wert gelegt.

Diese Form hat aber besonders auch für den Anbieter den großen Vorteil, daß sie zwar einen Gesamtbetrag nennt, aber alle Möglichkeiten offenläßt, das Leistungspaket - beim Erkennen geänderten Voraussetzungen und nach Rücksprache mit dem Auftraggeber - jederzeit zu reduzieren bzw. zu erweitern, ohne daß das Preisgerüst verändert werden muß. Da sich durch die Erkenntnisse bei den Feldarbeiten oder im Labor eigentlich immer Veränderungen ergeben, sollte auf die Abgabe von Pauschalangeboten generell verzichtet werden.

Bis zu diesem Punkt wurde erreicht, daß man in den Kreis der Anbieter einbezogen wurde. Der Umfang der Arbeiten konnte ebenso ermittelt werden, wie die Einzelkosten. Das Angebot mußte erstellt werden und ist abgegeben.

Was geht nun aber beim Anfrager vor sich?

Dieser hat sicherlich mehrere Angebote vorliegen und beginnt nun mit einem Preis- - und hoffentlich - auch Leistungsvergleich, d. h., er macht alle Angebote vergleichbar.

Je besser und übersichtlicher Sie Ihr Angebot aufgeschlüsselt haben, um so leichter fällt ihm diese Arbeit. Und auch die äußere Präsentation spielt eine nicht zu unterschätzende Rolle - wie wir seit unserer Schulzeit wissen, ist der erste Eindruck ungemein wichtig.

Kurz gesagt: Der Kunde soll unser Angebot mit einem Lustgefühl lesen.

Konnten wir ein gutes Vertrauensverhältnis aufbauen, wird sicherlich vor der Vergabe Rücksprache mit uns halten. Wir erhalten damit die Möglichkeit der "Nachbesserung" und können somit konkurrenzfähig zu bleiben. Ratschläge über die Vorgehensweise hierzu können nicht gegeben werden, denn sie sind von der Mentalität des jeweiligen Kunden, aber auch von Ihrem persönlichen Geschick, abhängig.

Diese Anmerkung soll aber keinesfalls bedeuten, mit dem Preis radikal nachzugeben. Rabatte u. ä., die über ein gewisses Maß hinausgehen, werden immer so gedeutet, daß vorher versucht wurde, total überhöhte Preise durchzusetzen, also letztendlich den Kunden zu übervorteilen. In aller Regel bedeutet dies: Das Vertrauen ist verloren und der Auftrag unwiderruflich verloren.

Ebenso sollte stets eine gewisse Zurückhaltung bei Zusagen und Umsetzungen für "persönliche Leistungen" - damit meine ich sowohl Sachgeschenke als auch überzogene Einladungen zu Essen u. ä. - geübt werden, denn abgesehen von einer möglichen strafrechtlichen Verfolgung rächen sich solche "Wohltaten" in aller Regel nach einiger Zeit - und auch diese Kosten wollen erwirtschaftet sein.

Bei Ausschreibungen sieht das Verfahren ähnlich aus, mit der Ausnahme, daß derjenige Anbieter den Auftrag erhalten **muß**, der das günstigste Angebot abgegeben hat. Normalerweise erfolgt eine Submission mit Öffnung aller Angebote zu einem Zeitpunkt, so daß "Nachbesserungen" nahezu unmöglich sein sollten.

Die Beachtung der vorstehend aufgeführten Punkte sollte zukünftig zu einer guten Transparenz des Angebotswesens führen und so zu erheblich mehr Fairneß im Markt führen.

Erfahrungen in der Angebotsanfrage, Beauftragungs- und Vergabephase von Gefährdungsabschätzungsgutachten am Beispiel kommunaler Projekte

Brigitte Marquardt

1 Einführung

Die Stadt Wetter (Ruhr) ist am Rande des Ruhrgebietes gelegen, im nordöstlichen Teil des EN-Kreises. Die Stadt hat zur Zeit ca. 30.000 Einwohner. Die heutige Stadt entstand 1970 durch die kommunale Neugliederung. Der Ortsteil Alt-Wetter liegt umschlossen von einem Ruhrbogen an der Südseite eines Ausläufers des Ardey-Höhenzuges. Alt-Wetter ist Standort zentraler Einrichtungen mit Versorgungsfunktion für alle übrigen Stadtteile. Die Ortsteile Volmarstein, Esborn und Wengern befinden sich auf der gegenüberliegenden Ruhrseite. Dort ist die Gegend überwiegend ländlich, reizvolle Hügellandschaften prägen das Landschaftsbild.

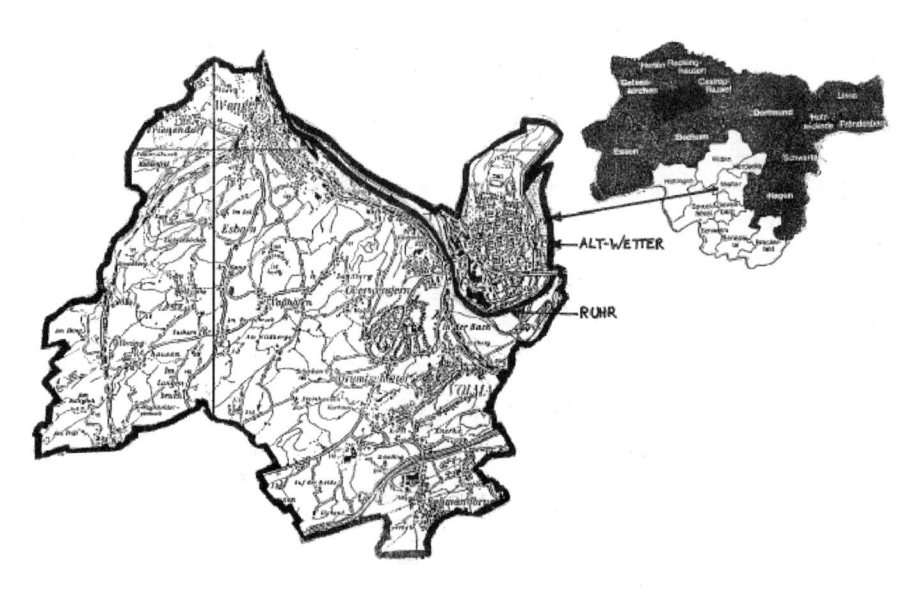

Bild 1: Übersichtskarte der Stadt Wetter (Ruhr) im Ennepe-Ruhr-Kreis NW

Die vorindustrielle und industrielle Nutzung ist geschichtlich schon sehr früh anzusiedeln. Bei Volmarstein wurde Mitte des 16. Jahrhunderts Steinkohle abgebaut. Schmieden, metallverarbeitende Industrien (19. Jahrhundert) und Gießereien kennzeichneten den Weg zur Industrialisierung.

Die Standorte der einzelnen Industriebetriebe verlagerten sich von den in vorindustrieller Zeit genutzten Standorten in die verkehrsgünstige Ruhraue. Die Industrieproduktion begann dort gegen Mitte des vorigen Jahrhunderts. Aus kleinen Gießereibetrieben entstanden größere Stahlwerke. Zum Zwecke der Bebauung wurden die Ruhrauen angeschüttet, weitere Verfüllungen und Aufschüttungen erfolgten häufig während der Industrieproduktion.

Bis heute befinden sich größere Industriebetriebe im Ruhrtal, und es werden neue Industriebetriebe dort angesiedelt. Die heutige Industriestruktur in Wetter ist geprägt durch Metallverarbeitungsbetriebe, Maschinenbau, Fördertechnik, Schloßindustrie, Oberflächenbehandlung.

Größere ehemalige Stahlstandorte befinden sich im Ruhrbogen von Alt-Wetter. Derzeit wird diese Fläche neu überplant. Im weiteren Verlauf des Ruhrbogens wurde schon vor Jahrzehnten das Gelände einer Wohn- oder Freizeitnutzung zugeführt. Diese Bereiche wurden seinerzeit häufig mit Schlacken und Aschen aus der Stahlwerksproduktion aufgefüllt. Aus Sicht der Altlastenproblematik kann man daher sagen, daß der gesamte Ruhrbogen eine Altlastenverdachtsfläche darstellt. Im übrigen Stadtgebiet wurden häufig Siepen durch Hochofenschlacke und Gießereiabfälle (Formsande) auch aus den umliegenden Hagener Betrieben zugekippt. Jeder verfüllte Siepen ist heute eine potentielle Altlast.

1.2 Altlastenbearbeitung in Wetter (Ruhr)

Das Problem "Altlasten" taucht in den Akten erstmalig vor 15 Jahren auf. Eine Rundverfügung vom 22.10.1979 forderte die Kreise und kreisfreien Städte auf, alle bekannten Altlasten zu melden.

Weitere Aktivitäten sind 1983 zu verzeichnen. Auf Antrag einer Ratsfraktion wurde eine Aufstellung über Kippen- und Geländeverfüllungen angelegt. Das Altlastenkataster wies 14 Kippen/Deponien auf. Altstandorte wurden nicht erfaßt. 1984 fand ein Abstimmungsgespräch mit den Behörden, Kreis und Staatliches Amt für Wasser- und Abfallwirtschaft (STAWA) statt. 1985 umfaßte das Altlastenkataster dann 18 Deponien und Ankippungen. Im Februar 1986 teilte der Kreis dem KVR mit, daß die Ersterfassung im Ennepe-Ruhr-Kreis abgeschlossen sei. Zwischenzeitlich wurde überlegt, einige Kippen exemplarisch zu untersuchen, was aber wieder verworfen wurde.

Die ersten Altlastenuntersuchungen wurden Ende der 80er Jahre durchgeführt. Anläßlich einer Planungsvorbereitung wurden zunächst Baugrunduntersuchungen durchgeführt. Dabei wurde festgestellt, daß es sich zum Teil um Auffüllungen handelte, und es wurden daraufhin Bodenproben in Auftrag gegeben.

Zu dieser Zeit wurde die Altlastenbearbeitung von einem Mitarbeiter des Tiefbauamtes wahrgenommen, der im Rahmen von Tiefbaumaßnahmen für Bodenuntersuchungen zuständig war. Mit der Gründung des Umweltreferates, Mitte d. J. 1990, wurde die Altlastenbearbeitung dort wahrgenommen. An der engen Personalsituation änderte sich dadurch nichts, denn die Altlastenbearbeitung wurde der Leiterin des Umweltreferates (die Abteilung bestand aus drei Mitarbeitern) übertragen. Da die Aufgaben der Umweltbeauftragten neben der Referatsleitung auch Öffentlichkeitsarbeit, Umwelttelefon, Deponien- und Abfallwirtschaft umfaßte, blieb ca. ¼ der Stelle für die Altlastenbearbeitung. Trotz Umstrukturierung der Abteilung hat sich daran bis heute nichts geändert.

Eine systematische Erfassung und Untersuchung der Altlasten war und ist daher aufgrund des Personalmangels und fehlender Haushaltmittel nicht möglich. Altlasten wurden und werden aus Anlaß von Baumaßnahmen, der Aufstellung eines Bebauungsplanes oder aus zwingenden Gründen der Gefahrbeseitigung (bei Altstandorten) durchgeführt. Die Anzahl der festgestellten Altlasten und der notwendigen Untersuchungen hat in den letzten fünf Jahren stetig zugenommen.

Für die Ausschreibung, Auftrags- und Vergabepraxis bedeutet dies, daß so viele Leistungen wie möglich vergeben werden. Die Auswahl eines geeigneten Gutachters ist daher äußerst wichtig. Gute Zusammenarbeit, reger Informationsaustausch und Verläßlichkeit des Gutachters in fachlichen Fragen ist daher Voraussetzung für eine angemessene Altlastenbearbeitung.

2 Altstandorte

Im folgenden möchte ich die Untersuchungen zur Gefährdungsabschätzung zweier Altstandorte darstellen, die m. E. auch eine Entwicklung und einen Lernprozeß in der Ausschreibung und Vergabepraxis zeigen. Beide sind Altstandorte mit besonderen Problematiken behaftet (rechtliche Situation bzw. militärische Liegenschaft), die die Altlastenuntersuchungen erschwert haben bzw. noch erschweren. Sie sind große Areale, die im Herzen von Wetter liegen, am Rande der Ruhr in bevorzugter Lage und sozusagen Filetstücke für die Stadtentwicklung darstellen, wenn man bedenkt, daß in Alt-Wetter aufgrund der beengten Lage (Ruhr/Gebirge) so gut wie keine Entwicklungsmöglichkeiten in der Fläche möglich sind. Die Anfänge der industriellen Nutzung reichen bei beiden Flächen bis in die Mitte des vorigen Jahrhunderts zurück. Die Geschichte der Altlastenbearbeitung beginnt bei "Rheinform" 1989, bei "REME" 1991.

2.1 Altstandort Rheinform

2.2.1 Ausgangslage

Der Altstandort Rheinform befindet sich am Innenstadtrand von Alt-Wetter im Ruhrtal zwischen dem Bundesbahngelände und der B 226 nahe des Ortsausganges Richtung Witten. Die Fläche umfaßt ca. 16.000 m² und ist bis auf eine nördliche Freifläche fast komplett mit Fabrikhallen überbaut.

Das Gelände ist seit 1875 mit Gründung der Gußstahlwerke Karl Bönnhoff Industriestandort. Die Firma Bönnhoff nutzte das Gelände rd. 100 Jahre überwiegend als Gießerei bzw. Formerei. Die Übernahme der Firma Bönnhoff durch die Firma Rheinform Edelstahlwerk erfolgte im Jahre 1980. Diese Firma ging 1986 in Konkurs. Seitdem wurden die vorderen Hallen durch Speditionen genutzt. Der mittlere und hintere Gebäudetrakt konnte aufgrund des schlechten Allgemeinzustandes nicht vermietet werden. Hier befanden sich Anhaftungen von Filterstäuben an Wänden, Decken und Fußböden sowie ölige Verunreinigungen, außerdem tief eingelassene Silos mit Unrat verkippt und unter Wasser stehend. Lose Fässer, unbekannten Inhalts, waren in allen Gebäuden verstreut. Die südlich anschließenden Filterstaubhallen waren als besonders kritisch einzustufen. Hier lagen, lose aufgehäuft, mehrere tausend Tonnen Filterstäube.

Das Grundstück befindet sich seit 1989 bis heute in Zwangsverwaltung. Die Verfügungsgewalt hat der Hauptgläubiger, der seinerzeit die Hauptschuldenlast der Firma Rheinform übernommen hat.

2.1.2 Filterstäube

Nach Schließung des Werkes wurde die Entsorgung der ca. 10.000 t hochgiftigen Filterstäube als vordringliches Problem erkannt. Diese lagerten in Halle 5, lose aufgeschüttet, langfristig ungesichert gegen Windaustrag und nicht gesichert gegen Betreten der Hallen.

Mit Ordnungsverfügung vom Kreis vom 27.09.1988 wurde der ehemalige Besitzer der Firma und Grundstückseigentümer zur Entsorgung der Filterstäube mit der Begründung aufgefordert, daß ein latenter Gefährdungszustand bestehen würde, da es durch Verfrachtung zu Boden- und Grundwasserverunreinigungen kommen könnte. Da der Grundstückseigentümer nicht zahlungsfähig war, mußten andere Wege der Entsorgung gefunden werden.

Eine private Firma erklärte sich nach langen Verhandlungen bereit, die Filterstäube über eine andere Firma zu entsorgen und einer Wiederverwertung zuzuführen unter der Voraussetzung, daß sich die öffentliche Hand an den Kosten beteiligt. Dieser Entsorgungsweg wurde beim Kreis und der Stadt Wetter im Herbst 1988 in den politischen Gremien beschlossen. Man glaubte, die Filterstaubentsorgung bis zum Ende des Jahres 1988 abschließen zu können. Nach zahlreichen Schwierigkeiten sowohl technischer Art der Aufbereitung als auch finanzieller Art (Angebot zu hoch) wurden schließlich die letzten Big-Bags am 05.03.1992 abtransportiert.

2.1.3 Untersuchungen zur Gefährdungsabschätzung

Im August 1989 wurde der Antrag auf Zuwendung zur Gefährdungsabschätzung nach dem Strukturhilfegesetz beim Regierungspräsidenten (RP) eingereicht. Die Altlastenvermutung wurde mit wiederkehrenden Gewässerverunreinigungen (Ölverunreinigungen) auf der Ruhr begründet. Anlaß war die derzeit mit Landesmitteln geförderte Rahmenplanung, die in die Aufstellung von Bebauungsplänen münden sollte. Das Firmengelände ist für die Erweiterung des Stadtzentrums mit Einzelhandelsbetrieben, Wohnungen und gewerblichen Betrieben vorgesehen. "Die beabsichtigte Gefährdungsabschätzung ist für das planungsrechtliche Erfordernis der Abwägung nach § 1 Abs. 6 Baugesetzbuch dringend erforderlich" heißt es in der Begründung.

Bild 2: Blick auf die Rheinform-Hallen (ehemals Gußstahlwerk Bönnhoff)

Angebotsverfahren

Mit der Erstellung des Leistungsverzeichnisses und der Kostenschätzung wurde ein für die Stadt schon häufig tätiges Ingenieurbüro beauftragt. Das Untersuchungsprogramm sah ca. 40 Rammkernsondierungen 0 - 5 Meter und 5 Rammkernsondierungen 5 - 10 Meter vor. Die Untersuchungspunkte wurden rasterförmig über das Gelände verteilt. Auf der Grundlage des Leistungsverzeichnisses dieser Kostenschätzung wurde nach Erteilung des Zuwendungsbescheides bei einem Behördentermin im Dezember 1989 das weitere Verfahren festgelegt:

Zunächst sollte eine Erstbewertung durchgeführt werden. Darunter wurde die Darstellung der Firmengeschichte verstanden und das Aufführen aller bekannten relevanten Sachverhalte. Ferner sollte der Stoffkatalog (Chemie) vom STAWA überprüft und ergänzt werden. Zunächst sollten nur Rammkernsondierungen und Gutachterleistungen, vergeben werden.

Die Gutachterleistungen sollten die Erstellung, Ausschreibung und Überwachung des Analyseprogramms beinhalten, ferner die Ausschreibung der Bohrarbeiten (Fremdleistungen). Das Programm für die Boden- und Boden-Luft-Analysen sowie die Fremdvergabe der Bohrleistungen sollte später festgelegt werden. Die Angebotsherbeiziehung wurde Anfang des Jahres 1990 auf dieser Grundlage durchgeführt.

Die meisten Büros äußerten sich in ihrem Anschreiben bei Angebotsabgabe kritisch zum Untersuchungsprogramm ("kein klares Konzept erkennbar") und machten ihrerseits Vorschläge, z. B. zur Untersuchung der Bodenluft und zum chemischen Untersuchungsprogramm. Sie betonten, daß eine einwandfreie Kalkulation des Gutachteraufwandes nicht möglich sei, da der Umfang der Chemie noch unklar sei.

Ferner wurde festgestellt, daß keine Informationen über das Werksgelände vorliegen, woraus sich Hinweise für das durchzuführende Aufschlußprogramm ergeben könnten. Es wurden auch fachliche Hinweise gegeben, z. B. daß Gasmeßpegel erst im 2. Untersuchungsschritt festgelegt werden sollten, nachdem eine Vorerkundung durch Boden-Luft-Entnahmen erfolgt sei. Auch würden Rammkernsondierungen in den Hallenbereichen wegen der Betonfundamente nicht immer die geeigneten Aufschlußbohrungen darstellen.

Beauftragung

Die Stadt entschied sich trotz der Mängel, die bei der Angebotsherbeiziehung deutlich wurden, auf Grundlage der eingegangenen Angebote den Auftrag zu vergeben.

Die Angebote differierten erheblich, wie auch heute noch üblich im Altlastbereich, hier zwischen 25.000,00 und 70.000,00 DM. Da Stadt und Kreis keine Bedenken hatten, den günstigsten Anbieter zu nehmen, wurde im Mai 1990 der Auftrag zur "Erstbewertung" vergeben.

Bevor es zu der Auftragserteilung kam, wurden von dem zu beauftragenden Büro noch zwei zusätzliche Angebote eingeholt, eines zur Durchführung der Aktenrecherche, das aber dann nicht mitbeauftragt wurde ("überholt").

Zwischenzeitlich war geplant, daß die Verwaltung die Industriegeschichte erstellt. Das erwies sich jedoch angesichts der Aktenlage und der angespannten Personallage als unrealistisch.

Ein Nachtragsangebot für drei Rammkernsondierungen mit Boden, Boden-Luft-Untersuchungen und Analytik wurde mitbeauftragt. Sinn dieses Nachtragsangebotes sollte sein, eine Grundlage für das Festlegen des Untersuchungsprogrammes zu finden (Erstellung einer Konzeption zur Gefährdungsabschätzung).

Festlegung des Untersuchungskonzeptes nach Auftragsvergabe und Folgeaufträge

- Filterstäube

Um einen Überblick über das Schadstoffpotential der Filterstäube zu bekommen, wurden bei einer Ortsbesichtigung am 07.08.1990, an der der Hauptgläubiger, die Umweltreferentin und der Projektbearbeiter des Gutachterbüros teilnahmen, drei Filterstaubproben entnommen. Der Bericht lag am 15.08.1990 vor mit dem Ergebnis, daß ein erhöhtes Gefährdungspotential festzustellen war, insbesondere durch Chrom 6 aber auch Blei, Cadmium und Molybdän. Aufgrund dieses Ergebnisses mußten zusätzlich Arbeitsschutzmaßnahmen vorgesehen werden.

- Erstbewertung

Als nächster Schritt wurden im Bereich der Hallen, in denen die Filterstäube lagerten, acht Rammkernsondierungen abgeteuft und sechs Bodenproben analysiert. Auf diese Weise sollte ein Überblick über das Schadstoffspektrum gewonnen und Art und Zusammensetzung des Untergrundes erkundet werden (Bericht vom 22.10.1990).

- Festlegung des weiteren Untersuchungsprogrammes

Die Erstbewertung ergab, daß für nahezu sämtliche untersuchten Parameter (Anorganik, Organik, insbesondere PAK und KW) die verfügbaren Grenzwerte überschritten waren und daß eine Gefahr für das Grundwasser nicht auszuschließen war, zumal Belastungen auch in den tieferen Bodenschichten auftraten. Daraufhin wurde das weitere Untersuchungsprogramm auf Vorschlag der Gutachter mit den Aufsichtsbehörden (STAWA, Kreis) abgestimmt.

Mittlerweile sollte das Untersuchungsprogramm 62 Rammkernsondierungen umfassen, 6 Grundwasserstellen, die Beprobung sämtlicher Bohraufschlüsse, Entnahme von Grundwasserproben, Erfassung und Beprobung der eingelagerten Fässer, Boden-Luft-Untersuchungen von ca. 20 Meßstellen. Die schadstoffbelastete Gebäudesubstanz sollte vorläufig nicht untersucht werden, da eine Gefährdungsabschätzung für Bausubstanz, die abgerissen werden soll, nicht förderungsfähig ist.

Auftragsvergabe zur Gefährdungsabschätzung

Die Auftragsvergabe zur Gefährdungsabschätzung, Beauftragung der Bohrarbeiten und Analytik wurde im Dezember 1990 per Dringlichkeitsbeschluß vorgenommen. Die Dringlichkeit wurde durch die Möglichkeit der Sanierungsförderung durch den Abfallentsorgungs- und Altlastensanierungsverband (AAV) begründet. Der AAV hatte sich im August 1990 erstmalig als neugegründeter Verband bei der Stadt Wetter (Ruhr) vorgestellt. Die Gespräche mit der Stadt hatten zur Folge, daß der AAV vorschlug, das Projekt in seine Maßnahmenliste für die Sanierung anzumelden. Voraussetzung für die Aufnahme in die Projektliste war eine überwiegend abgeschlossene Gefährdungsabschätzung sowie das Vorliegen einer Standortrecherche. Diese mußte nun kurzfristig erstellt werden.
Ergänzungsauftrag zur Gefährdungsabschätzung
Das beauftragte Gutachterbüro reichte am 14.12.1990, nach Festlegung des endgültigen Untersuchungsprogramms, ein Ergänzungsangebot ein. Zusätzlich sollten gegenüber dem Ursprungsangebot vom 22.05.1990 24 Rammkernsondierungen vorgenommen und 6 Grundwassermeßstellen eingerichtet werden. Ferner mußten die chemischen Analysen der Erstbewertung sowie Arbeitsschutzausrüstung und Erschwerniszulage beauftragt werden. Das Nachtragsangebot lag preislich knapp über dem Ursprungsangebot. Die Auftragssumme verdoppelte sich dadurch.

Erstellte Gutachten

Das Gutachten zur Gefährdungsabschätzung lag im Juli 1991 vor. Insgesamt wurden im Rahmen des Auftrages folgende Berichte erstellt:

1. Filterstäube, 3 Proben	15.08.1990
2. Erstbewertung, 8 RKS	22.10.1990
3. Grundwasser, 6 Meßstellen	26.03.1991
4. Gutachten, 68 RKS	07.07.1991
5. Grundwassermessung	19.08.1991
6. Untersuchung einer Wasserprobe (Tiefbunker)	10.02.1992
7. Bericht zum ersten Beprobungsdurchgang	17.12.1992
8. Grundwasseruntersuchung, gutachterliche Stellungnahme zu den Beprobungsdurchgängen	26.03.1993.

Sanierungsuntersuchung
Im Ergebnis stellte das Gutachten fest, daß eine Gefährdung nach § 28 Abfallgesetz geben war, wodurch die Förderfähigkeit durch den Altlastenverband möglich wurde. Die Durchführung einer Sanierungsuntersuchung wurde vorgeschlagen, um Schadstoffschwerpunkte einzugrenzen. Das Gutachterbüro wurde aufgefordert, ein Angebot für die Sanierungsuntersuchung mit Maßnahmenkatalog und Kostenschätzung einzureichen.

2.2 Altstandort "REME"

Das REME-Gelände liegt im Ortsteil Alt-Wetter, in unmittelbarer Zentrumsnähe in beengter Lage zwischen der Ruhr und dem Wohngebiet Schöntal. Es umfaßt eine Fläche von ca. 22 ha, die überwiegend mit Werkstattgebäuden überbaut ist.

Vor 1945 war das REME-Gelände Stahlstandort. Es ist einer der ältesten Industriestandorte Wetters. Bereits um 1830 wurde dort das erste Stahlwerk errichtet, bis 1945 war es Standort des Stahl- und Eisenwerkes Peter Harkort und Sohn. Seit Kriegsende wurde das Gelände durch die britischen Streitkräfte als Panzerreparaturwerkstatt, durch die "23 Base Workshop REME" genutzt. Der Standort wurde zum 31.03.1994 von den britischen Streitkräften endgültig aufgegeben.

2.2.1 Auftragsverfahren zur Erstbewertung

Festlegung des Verfahrens und des Untersuchungsumfanges

Im Februar 1993 fand ein Abstimmungsgespräch zwischen dem Bundesvermögensamt, den britischen Streitkräften und der Stadt Wetter (Ruhr) bez. der Vorgehensweise hinsichtlich der Altlastenproblematik statt. Der EN-Kreis und das STAWA Herten wurden zu dem Gespräch hinzugezogen. Alle Beteiligten kamen überein, daß zunächst eine Erstbewertung durchgeführt werden sollte. Diese sollte beinhalten: Aktenrecherche, Zeitzeugenbefragung und Auswertung von Karten und Luftbildern.

Es wurde eine Kostenteilung zu jeweils 1/3 durch die britischen Streitkräfte, den Bund und die Stadt Wetter vereinbart. Nach Vorlage dieser Erstuntersuchung sollten alle Beteiligten erneut über weitere Maßnahmen und evtl. Folgeuntersuchungen beraten. Das Ausschreibungs- und Vergabeverfahren sollte die Stadt Wetter (Ruhr) durchführen.

Die Briten wollten an dem Verfahren insoweit beteiligt werden, daß sie vor der Angebotsaufforderung den Ausschreibungstext zur Einsichtnahme und Stellungnahme vorgelegt bekommen. Ferner wollten sie an der Auswahl der zur Angebotsabgabe aufzufordernden Gutachter beteiligt werden. Eine Vorgabe seitens der Briten für die Erstbewertung war, deutlich zu unterscheiden, welche Belastungen auf die Nutzung vor 1945 zurückzuführen waren und welche nach 1945 durch die Nutzung der britischen Streitkräfte verursacht wurden.

Angebotsverfahren und Auftragsvergabe

Da bei der Stadt Wetter bisher keine Erfahrungen bez. militärischer Liegenschaften vorhanden waren und eine beprobungslose Erstbewertung in dieser Art und diesem Umfang noch nicht durchgeführt wurde, war es angezeigt, ein Fachbüro mit der Erstellung des Leistungsbildes zu beauftragen. Auf diese Weise konnte

eine sehr detaillierte Leistungsbeschreibung erstellt werden. Die Leistungsbeschreibung wurde in drei Pakete unterteilt:
A) Karten- und Luftbildauswertung
B) historisch deskriptive Aktenauswertung und Zeitzeugenbefragung
C) Bewertung und Aufstellung des Beprobungsplanes.

Ende April 1993 konnte schließlich der Ausschreibungstext in englischer Übersetzung an die Briten zur Stellungnahme verschickt werden. Die Ergänzungswünsche der Briten, es handelte sich um die Erstellung einer englischen Übersetzung des Gutachtens und die Übertragung der Daten und Karten auf Diskette, wurden in das Leistungsbild aufgenommen. Ferner wurde die Liste der aufzufordernden Firmen ergänzt.

Anfang Juni kam es zur Angebotsaufforderung, Anfang August wurde der Auftrag vergeben. Der Auftrag wurde gesplittet: Teil A (Karten- und Luftbildauswertung) wurde an ein anderes Büro vergeben als Teil B (Aktenrecherche), Teil C wurde wiederum gesplittet und sollte in Ergänzung von beiden Büros zusammengestellt werden. Handhabbar wurde das Projekt dadurch, daß die Federführung und Leitung an Gutachter A übertragen wurde. Die Auftragsvergabe wurde per Dringlichkeitsbeschluß herbeigeführt. Die Dringlichkeit begründete sich daher, daß die Briten nur bereit waren, bis zum 28.02.1994 die vereinbarten Kosten mitzutragen. Bis dahin mußte die Erstbewertung vollständig abgeschlossen sein. Ferner sollten bis zu dem Termin noch Neuverhandlungen über weitere Untersuchungen und die jeweilige Kostenbeteiligung stattfinden.

Für die Erstellung des Gutachtens war ein Zeitraum von drei Monaten vorgesehen. Der Bericht lag schließlich im Januar - nach fünf Monaten - vor. Ein Grund für die Verzögerung waren Schwierigkeiten bei der Aktenbeschaffung. Es war sehr schwierig, durch alle Institutionen zu kommen und einen Zuständigen zu finden, um eine Freigabe der REME-Akten zu erwirken. Ferner wurde der Digitalisierungsaufwand aufgrund der vielfältigen Nutzungsüberlagerungen erheblich höher als vorher geschätzt. Eine Nachbeauftragung über zusätzliche Digitalisierungsleistungen und Besprechungstermine wurde notwendig.

2.2.2 Weiteres Vorgehen nach Vorlage der Erstbewertung

Im Februar 1994, ein Jahr nach dem Beschluß, die Erstbewertung vorzunehmen, fand wieder ein gemeinsamer Termin aller Beteiligten statt.

Die Gutachter stellten die Ergebnisse der Erstbewertung und den aus den Ergebnissen der Akten- und Luftbildauswertung erstellten Beprobungsplan vor. Unstrittig war, daß eine Gefährdungsabschätzung aufgrund der vorliegenden Ergebnisse durchzuführen war.

Die Gutachter schätzten die Kosten der Maßnahmen auf ca. 370.000,00 DM bis 400.000,00 DM. Die Vertreter des Bundes (OFD Münster) machten deutlich, daß sie keine Gelder zur Verfügung haben und daß der Bund nur seinen ordnungsrechtlichen Verpflichtungen nachkommen werde. Die Briten waren nicht bereit, sich noch an den Kosten zu beteiligen. Somit lag die Mittelbeschaffung und die Durchführung der Gefährdungsabschätzung bei der Stadt Wetter, die aus Gründen der Stadtentwicklung tätig werden mußte, und zwar schnell.

Schon anläßlich dieser Besprechung war ein Vertreter der Firma, die einen Komplex von drei Hallen für ein Fahrzeugdemontagewerk mieten wollte, zugegen. Im Interesse dieser Firma und der Stadt wurde vereinbart, für diesen Hallenbereich die Gefährdungsabschätzung vorzuziehen und ein gesondertes Gutachten in Auftrag zu geben. Seitens der Firma war geplant, schon im Frühsommer 1994 mit der Errichtung des Werkes zu beginnen. Der Genehmigungsantrag konnte aufgrund der unklaren Altlastensituation nicht beschieden werden.

2.2.3 Angebotsverfahren zur Gefährdungsabschätzung

Zunächst war vorgesehen, die mit der Erstbewertung beauftragten Gutachterbüros weiterzubeauftragen. Ein entsprechendes Angebot lag bereits vor. Die Stadt Wetter (Ruhr) hatte am 12.11.1993 einen Förderantrag zum EG-Programm "Konver" gestellt. Aufgrund der Dringlichkeit - die Vermarktung des Geländes nach Räumung durch die britische Rheinarmee zum 31.03.1994 - wurde am 08.03.1994 ein Antrag auf vorzeitigen, förderungsunschädlichen Maßnahmenbeginn gestellt. Der vorläufige Zuwendungsbescheid wurde am 25.03.1994 erteilt. Der Bewilligungsbescheid enthielt nun die Auflage, den Auftrag nach Preisanfrage freihändig zu vergeben. Die Bewilligungsbehörde ließ Argumente seitens der Stadt nicht gelten. Jedes Büro könne aufgrund des Beprobungsplanes auch ohne das Vorwissen der Gutachter nach kurzer Einarbeitung die Gefährdungsabschätzung durchführen.

Daraufhin wurde in kürzester Zeit das Angebotsverfahren durchgeführt. Binnen 10 Tagen wurde ein Leistungsbild erstellt, alle sonstigen relevanten Informationen und notwendigen Unterlagen zusammengetragen und die Angebotsaufforderung verschickt. Acht Gutachterbüros wurden aufgefordert, innerhalb von 14 Tagen nach dem von der Umweltabteilung vorgegebenen Leistungsbild ein Angebot zu erstellen. Als Anlagen wurde der Beprobungsplan der Erstbewertung und die Gebäudeliste mit den ermittelten zu untersuchenden Schadstoffparametern beigelegt. Der Umfang der Bohrarbeiten wurde angegeben, der Umfang der Analytik sollte aufgrund der beigefügten Liste ermittelt werden.

Unter diesen Voraussetzungen sollten die aufgeforderten Büros ein Angebot für sämtliche Gutachterleistungen machen. Die Kosten für die Bohrarbeiten und die Analytik sollten geschätzt werden. Für die Hallen 5, 27 und 31 sollte evtl. eine vorgezogene Untersuchung durchgeführt werden. Die Gefährdungsabschätzung für das gesamte Gelände sollte zeitlich bis zum Herbst 1994 abgeschlossen sein.

2.2.4 Auftragsverfahren zur Gefährdungsabschätzung

Die Angebote für die Gutachterleistungen schwankten zwischen 26.000,00 DM und 110.000,00 DM. Alle acht aufgeforderten Büros gaben ein Angebot ab. Drei Angebote lagen in der unteren Preislage. Diese Büros wurden in die engere Wahl einbezogen. Die Gutachterbüros, die die Erstbewertung durchgeführt hatten und jetzt als Arbeitsgemeinschaft ein gemeinsames Angebot abgegeben hatten, waren in der engeren Wahl. Nach Nachtragsverhandlungen konnte der Auftrag an die Arbeitsgemeinschaft vergeben werden.

Da zwischenzeitlich feststand, daß für die Hallen der Fahrzeug-Demontage-Wetter (FDW) ein gesondertes Gutachten kurzfristig fertiggestellt werden mußte, wurde ein Nachtragsangebot für den zusätzlichen Aufwand (Bohrüberwachung und Erstellung des Gutachtens) angefordert.

Die beauftragten Büros führten zunächst das Angebotsverfahren für die Untersuchung FDW durch. Die Liste der Bohrfirmen und der Chemielabors wurde mit der Umweltabteilung abgestimmt. Die Auftragserteilung erfolgte durch die Stadt Wetter. Nach demselben Verfahren wurden die Aufträge für die Bohrarbeiten und die Analytik für die Hauptfläche des Geländes vergeben. Allerdings durften die Feldarbeiten nicht, wie beim Teilauftrag, durch das eine Gutachterbüro selbst durchgeführt werden (eindeutige Trennung zwischen Gutachterleistungen und Bohrarbeiten).

Der Vergabebeschluß für die Gutachterleistungen erfolgte in der Ratssitzung vom 10.05.1994. Die Auftragsvergabe für die Bohrarbeiten und die chemischen Untersuchungen erfolgten in der Ratssitzung am 21.06.1994. Die Aufträge für die Teiluntersuchung FDW mußten aufgrund der Auftragshöhe nicht durch die politischen Gremien vergeben werden. Das Gutachten für die FDW lag am 01.07.1994 vor. Am 05.09.1994 lag die Betriebsgenehmigung für die Werkshallen vor, nachdem die "Unbedenklichkeit" festgestellt wurde. Der Umbau der Werkshallen soll nun im Frühjahr 1995 erfolgen. Die Gefährdungsabschätzung für die Gesamtfläche wird Ende September 1994 vorliegen.

2.2.5 Auftragsbegleitende und ergänzende Maßgaben

Gerade bei der Gefährdungsabschätzung REME zeigte sich deutlich, daß das Auftragsverfahren mit Erteilung des Erstauftrages nicht abgeschlossen ist. Neue Konstellation und planerische Überlegungen waren während der Durchführung der Maßnahmen mitzuberücksichtigen (z. B. Voruntersuchung FDW).

Frühzeitig wurde erkannt, daß die Altlastenfrage nicht losgelöst von der zukünftigen Planung betrachtet werden kann und umgekehrt. Zur gegenseitigen Information wurde die Arbeitsgruppe REME gegründet. Ein erstes Treffen fand im März d. J. unter Beteiligung des Bundesvermögensamtes, des staatlichen Bauamtes und der verschiedenen betroffenen Abteilungen der Stadt Wetter (Planung, Wirtschaftsförderung, Umwelt) statt. Die Vertreter von Urbana Städtebau, die mit der Durchführung der Rahmenplanung für das Gelände beauftragt waren, stellten Arbeitsschritte und Zeitplanung ihrer Untersuchungen vor. Die städtebauliche Rahmenplanung verlief zeitlich mit der Altlastenuntersuchung.

Es fanden verschiedene Arbeitsgespräche statt, bei denen die jeweiligen Zwischenergebnisse diskutiert wurden. Drei städtebauliche Varianten werden derzeit verfolgt, darunter wird auch eine Wohnnutzung im Bereich der Panzerteststrecke angedacht.

Der Auftrag für die Altlastenuntersuchung, die bisher nur auf eine gewerbliche Nutzung ausgerichtet war, wird derzeit dahin gehend ergänzt, daß eine Bewertung hinsichtlich einer sensibleren Nutzung vorgenommen werden soll und der Sanierungsbedarf unter diesem Gesichtspunkt ermittelt werden soll.

3 Fazit und Ausblick:

- Nach fünf Jahren Altlastenbearbeitung in Wetter zeigen die beiden Beispiele, daß von einer relativen Konzeptionslosigkeit, die zu vielen Nachbeauftragungen und einer relativ unübersichtlichen Flut von Einzelgutachten führte, eine Entwicklung zu einer systematischeren Herangehensweise erfolgt ist. Sichtbar wird dies auch in der Verfahrensdauer. Bei Rheinform dauerte die Erstellung der Gefährdungsabschätzung ca. 2 Jahre, bei REME ca. 1 ½ Jahre. Wenn man bedenkt, daß bei der Gefährdungsabschätzung REME die Abstimmungsprozesse durch die Beteiligung des Bundes und der Briten aufwendiger und langwieriger waren, ist der Unterschied offensichtlich. Außerdem waren die Hindernisse bez. der Information, Aktenbeschaffung und Vorinformation aus Gründen der Geheimhaltung gravierender.

- **Aufgrund des Personalmangels** in der Altlastenbearbeitung konnte zumindest bei den vorgestellten Großprojekten letztendlich "nur" die Verfahrensabwicklung durchgeführt werden. Fachlich intensivere Sachbearbeitung, z. B. Erarbeitung des Leistungsbildes, konnte von der Umweltabteilung nicht durchgeführt werden. Die Mitbeauftragung des Leistungsumfanges, der zwar abgestimmt wurde, birgt die Gefahr, daß verdeckt Entscheidungen in die Hände des Gutachters gelegt werden und diese nicht ausreichend behördlich kontrolliert werden. Bei einer kreisangehörigen Gemeinde liegt allerdings die behördliche Kontrolle weitgehend beim Kreis bzw. dem Staatlichen Umweltamt (StUA). Da beim Kreis ebenfalls Personalmangel herrscht und das StUA sich gerade organisatorisch neu eingerichtet hatte, war zumindest im Falle REME wenig Hilfestellung möglich. Die beiden Behörden waren lediglich bei den beiden Behördenterminen anwesend. Eine inhaltliche Stellungnahme zum Untersuchungsprogramm bzw. Überarbeitung und Ergänzung, wie noch bei Rheinform, konnte vom StUA nicht durchgeführt werden.

- **Zur Veranlassung der Beauftragung** von Altlastenuntersuchungen ist grundsätzlich festzustellen, daß ein handfestes planerisches Interesse die Altlastenbearbeitung beschleunigt oder überhaupt erst veranlaßt. Die Altlastenproblematik wird von nicht unmittelbar fachlich Befaßten ausschließlich unter diesem Aspekt gesehen, falls nicht eine unmittelbare Gefahr vorliegt.
Erst bei Nutzungsänderung kommt zwangsläufig die Frage nach den Altlasten auf. Aus Sicht des Altlastenbearbeiters wäre ein systematischeres Vorgehen der Erfassung wünschenswert.

Auch in der Öffentlichkeit oder Politik spielt das Altlastenproblem m. E. eine nachrangige Rolle. Zum einen sind Altlasten nicht sichtbar und es kann nicht jeder mitreden, da fachliche Kenntnisse zumindest im gewissen Umfang erforderlich sind, auf der anderen Seite sind Altlasten auch ein Hindernis für die Wirtschaftsförderung und die städtebauliche Planung. Häufig wird dadurch die Beauftragung zu Altlastenuntersuchungen aus aktuellem Anlaß sehr kurzfristig durchgeführt. Die Gefahr dabei ist, daß die fachlich wünschenswerte Grundlagenermittlung und Ausarbeitung zu kurz kommt, sowohl von seiten der städtischen Bearbeitung als auch von seiten der Gutachter. Aufträge werden nicht nur an den kostengünstigsten, sondern auch an den in der Gutachtenerstellung schnellsten Gutachter vergeben. Auf diese Weise wird die Altlastenbearbeitung zu einer Gratwanderung zwischen fachlichem Anspruch und praktischer Notwendigkeit.

Verbesserungsmöglichkeiten sind darin zu sehen, daß
  - eine systematische Erfassung betrieben wird,
  - Leistungsverzeichnisse innerhalb der Verwaltung erstellt werden,
  - das Problembewußtsein geschärft wird,
  - die Kooperation zwischen den Beteiligten: Altlastenbearbeitern, Gutachtern und den beteiligten anderen Abteilungen, z. B. Planung, Bauaufsicht, Wirtschaftsförderung, intensiviert wird,
  - der Personalmangel, wenn nicht behoben, möglichst kompensiviert wird, durch EDV-Einsatz oder/und vorübergehende Einstellung von Personal mit Zeitverträgen, z. B. durch AB-Maßnahmen oder Praktikanten.

| Verfahrensschritte | Gutachten |

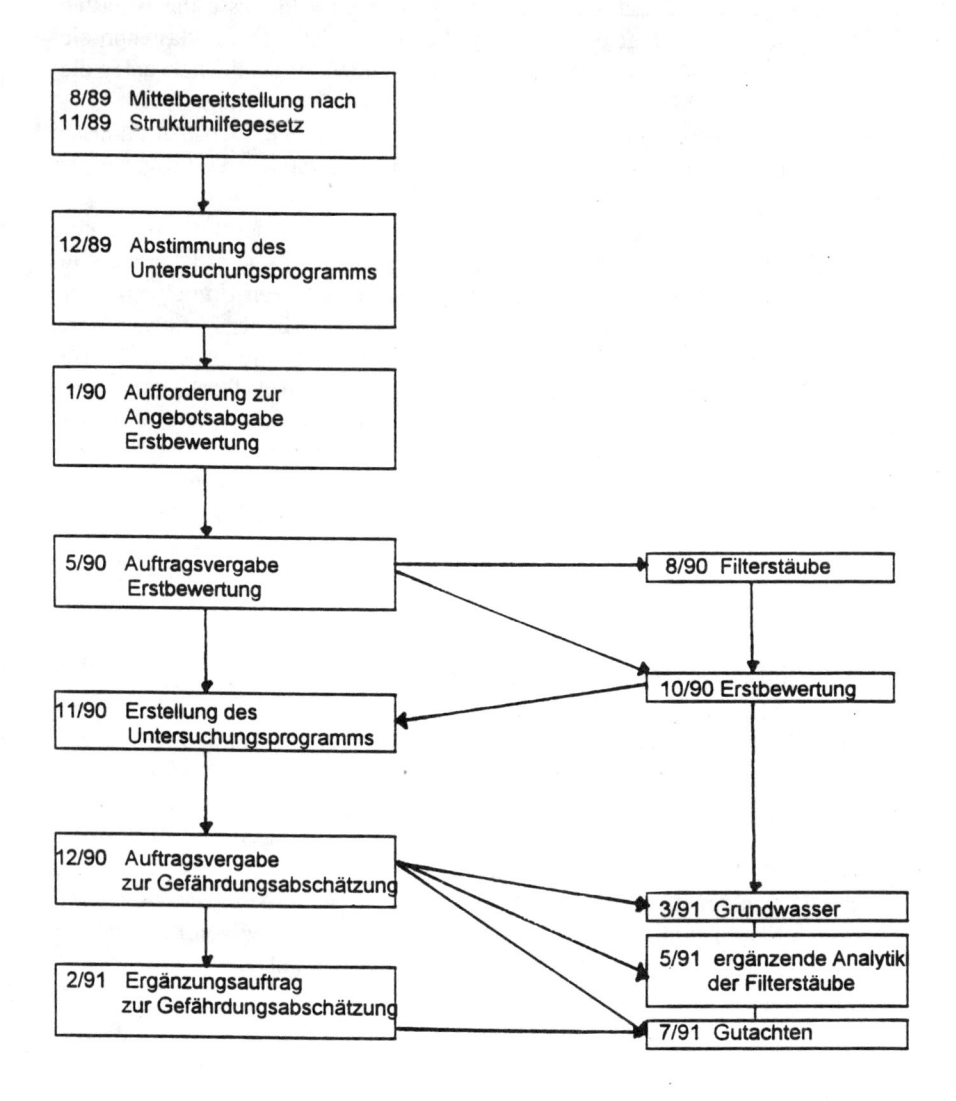

- 8/89 Mittelbereitstellung nach
- 11/89 Strukturhilfegesetz

- 12/89 Abstimmung des Untersuchungsprogramms

- 1/90 Aufforderung zur Angebotsabgabe Erstbewertung

- 5/90 Auftragsvergabe Erstbewertung

  - 8/90 Filterstäube
  - 10/90 Erstbewertung

- 11/90 Erstellung des Untersuchungsprogramms

- 12/90 Auftragsvergabe zur Gefährdungsabschätzung

  - 3/91 Grundwasser
  - 5/91 ergänzende Analytik der Filterstäube

- 2/91 Ergänzungsauftrag zur Gefährdungsabschätzung

  - 7/91 Gutachten

Abb.1: Rheinform - Vorgehensweise

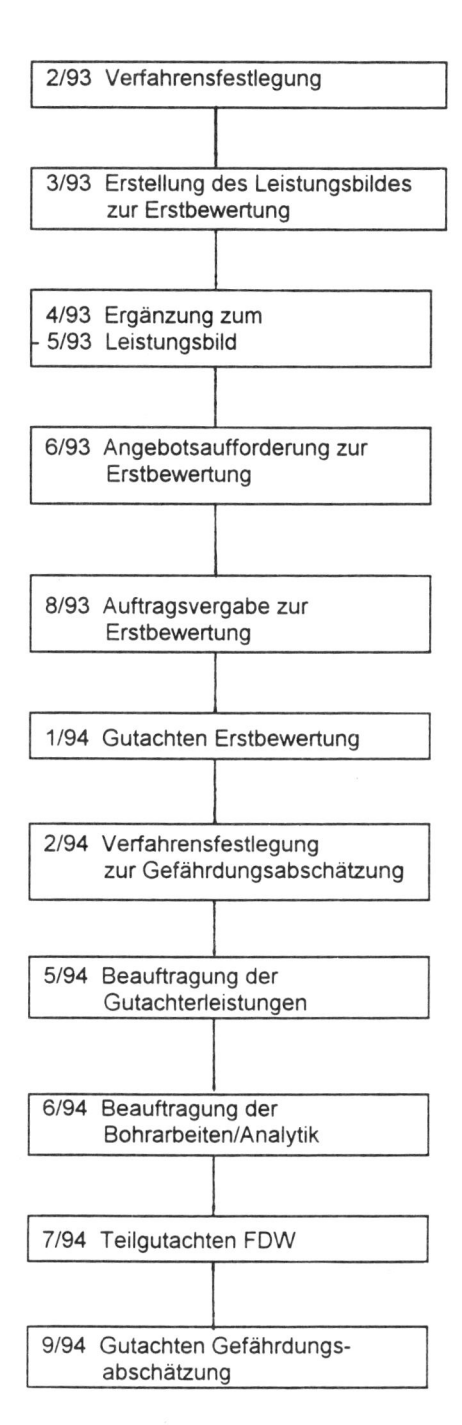

```
┌─────────────────────────────────┐
│ 2/93  Verfahrensfestlegung      │
└─────────────────────────────────┘
              │
┌─────────────────────────────────┐
│ 3/93  Erstellung des Leistungsbildes │
│       zur Erstbewertung         │
└─────────────────────────────────┘
              │
┌─────────────────────────────────┐
│ 4/93  Ergänzung zum             │
│ 5/93  Leistungsbild             │
└─────────────────────────────────┘
              │
┌─────────────────────────────────┐
│ 6/93  Angebotsaufforderung zur  │
│       Erstbewertung             │
└─────────────────────────────────┘
              │
┌─────────────────────────────────┐
│ 8/93  Auftragsvergabe zur       │
│       Erstbewertung             │
└─────────────────────────────────┘
              │
┌─────────────────────────────────┐
│ 1/94  Gutachten Erstbewertung   │
└─────────────────────────────────┘
              │
┌─────────────────────────────────┐
│ 2/94  Verfahrensfestlegung      │
│       zur Gefährdungsabschätzung│
└─────────────────────────────────┘
              │
┌─────────────────────────────────┐
│ 5/94  Beauftragung der          │
│       Gutachterleistungen       │
└─────────────────────────────────┘
              │
┌─────────────────────────────────┐
│ 6/94  Beauftragung der          │
│       Bohrarbeiten/Analytik     │
└─────────────────────────────────┘
              │
┌─────────────────────────────────┐
│ 7/94  Teilgutachten FDW         │
└─────────────────────────────────┘
              │
┌─────────────────────────────────┐
│ 9/94  Gutachten Gefährdungs-    │
│       abschätzung               │
└─────────────────────────────────┘
```

Abb. 2: REME - Vorgehensweise

Managementberatung bei der Sanierung von Altlasten, zusätzliche Kosten oder Effizienzsteigerung?

Erich Leitmann
Kurt Schneider

I. Managementbedarf bei Untersuchungs- und Sanierungsmaßnahmen von Altlasten

Untersuchungen von Verdachtsflächen oder anderweitig kontaminierten Flächen sowie Sanierungen von Altlasten stellen sehr komplexe Vorhaben mit umfangreichem Managementbedarf dar. Bei jedem Vorhaben gibt es viele Beteiligte, die sich aus z. B. Behörden, Privaten und Beauftragten zusammensetzen. Sie werden aufgrund von Vorschriften oder aus eigenem Interesse tätig und verfolgen unterschiedliche, oft gegensätzliche Ziele. Die Managementberatung hat sie entsprechend den Projektzielen einzubinden und vorausschauend zu verhindern, daß der Projektfortschritt wegen mangelhafter Koordination und Beteiligung verzögert wird.

Unter einem Oberbegriff Sanierungsmanagement können das Kostenmanagement, das Vertragsmanagement, das Vergabemanagement und das Organisationsmanagement zusammengefaßt werden.

1. Das Vertragsmanagement

Zwischen dem Sanierungspflichtigen und den anderen Beteiligten bestehen in der Regel vielfältige öffentlich rechtliche und privatrechtliche Beziehungen. Die Erfahrung zeigt, daß mit der Sanierungsdurchführung beauftragte Unternehmen häufig versuchen, Verträge über Untersuchungs-, Planungs- und Sanierungsleistungen so zu gestalten, daß sie den Sanierungspflichtigen als Auftraggebern möglichst viele Leistungen gesondert in Rechnung stellen können. Ein gekonntes **"Claim"-Management** gestaltet Verträge so, daß alle zu erbringenden Leistungen und deren Vergütung präzise und abschließend geregelt sind und auf den Sanierungspflichtigen als Auftraggeber somit keine unkalkulierbaren Nachforderungen mehr zukommen.

Eine Managementberatung umfaßt darüber hinaus die Mitwirkung an einer auf die Untersuchungs- und Sanierungsziele ausgerichteten fachlichen Gestaltung der Vertragsinhalte. Relevant sind hier insbesondere Verträge über Ingenieur-, Beratungs- und Bauleistungen nach Dienst- und Vertragsrecht unter Beachtung der HOAI und der VOB/VOL. Ein professionelles Vertragsmanagement kann somit Konflikte und Risikopotentiale bei der Übernahme kontaminierter Grundstücke, die Verzögerungen bewirken, schon im Vorfeld verhindern. So helfen bereits rechtliche Absicherungsstrategien beim Grundstückskauf, das Risiko vertraglich zu minimieren.

Aus Sicht des Grundstückserwerbers wäre es z. B. möglich, eine Vereinbarung eines Rücktrittsrechts, eine Vereinbarung einer Kostenerstattungszusage bei behördlicher Inanspruchnahme als Zustandsstörer oder einer Vereinbarung der Verlängerung der gesetzlichen Verjährungsfrist bzw. des **Zeitpunkts**, ab wann die Verjährungsfrist zu laufen beginnt, möglich.

Aus Sicht des Grundstücksveräußerers wäre im Vertrag z. B. möglich eine Vereinbarung eines Gewährungsleistungsausschlusses oder eine Vereinbarung einer Kostenerstattungszusage ("Freistellung zugunsten des Veräußerers zur Sanierung, Sanierungsbescheid").

Die beste vertragliche Absicherung jedoch nützt nichts, wenn der Anspruchsgegner und Vertragspartner zum Zeitpunkt der Inanspruchnahme leistungsunfähig wird (Konkurs).

2. Vergabemanagement

Dem Vergabemanagement kommt bei öffentlichen Auftraggebern, die den Bestimmungen der VOB/VOL unterliegen besondere Bedeutung zu.

Bei der Ausschreibung von Sanierungsmaßnahmen sind als spezifische Probleme zu nennen: fehlende oder unvollständige Unterlagen zum Standort, haushaltsrechtliche, finanzielle und terminliche Vorgaben, Festlegung von Grenzwerten, ungeklärte Eigentumsverhältnisse, Entsorgung von Abfall- und Reststoffen aus der Sanierung, Auswahl geeigneter Sanierungsverfahren bzw. Beurteilung von Verfahren, bei denen der Nachweis ihrer Eignung noch nicht vorliegt, sowie Arbeitsschutz- und Emissionsschutzmaßnahmen. Die Rahmenbedingungen bei der Vergabe sind nur bedingt mit denen der Ausschreibung konventioneller Baumaßnahmen (z. B. normierter Baugrund) vergleichbar. Planung und Ausschreibung erfordern fachlich interdisziplinäre Zusammenarbeit. Es ist nahezu unmöglich, alle Bereiche fachlich qualifiziert, z. B. durch ein einzelnes Ingenieurbüro, erbringen zu lassen.

Eine Ausschreibung ohne konzeptionelle Vorabauswahl potentieller Bieter mit anschließendem Preis- und Leistungswettbewerb ist wenig praktikabel, da Verfahren und Preise im Altlastenuntersuchungs- und -sanierungsbereich weithin kaum vergleichbar sind. Bei der Vergabe muß daher geprüft werden, ob das billigste Angebot für die vorgesehene Maßnahme geeignet ist oder ob es sich bei näherer Prüfung als undurchführbar erweist und somit nur scheinbar das kostengünstigste ist.

Ein professionelles Vergabemanagement ist eine wesentliche Voraussetzung, die Untersuchungs- und Sanierungsziele zu erreichen.

3. Organisationsmanagement

Das Organisationsmanagement bewirkt, daß der Sanierungspflichtige hinsichtlich eines optimalen Ablaufs beraten wird. Bei größeren Untersuchungs- und Sanierungsmaßnahmen gibt es zahlreiche Beteiligte und Handelnde (Sanierungspflichtiger, Genehmigungs- und Aufsichtsbehörden, Sachverständige, Ingenieurbüros, Labore, Bauunternehmen, Hersteller technischer Anlagen usw.). Sie verfolgen unterschiedliche, nicht selten auch gegensätzliche Interessen.

Durch das Organisationsmanagement erhält der Sanierungspflichtige oder sonstige Pflichtige eine Beratung hinsichtlich einer optimalen Organisation insoweit, daß der Sanierungspflichtige alle Beteiligten und Handelnde entsprechend den Untersuchungs-/ Sanierungszielen erfolgreich in das Projekt einbinden kann. Durch Organisationsmanagement wird vorausschauend und steuernd eine Koordinierung der Leistungen der einzelnen Beteiligten in der Weise erreicht, daß die jeweiligen Maßnahmen termingerecht und im abgesteckten Kostenrahmen durchgeführt werden. Es erfolgt
- eine Auswahl der Beteiligten
- eine Einbindung der Beteiligten entsprechend dem Zielsystem
- Verteilung von Aufgabeninhalten, -umfang, -verantwortung
- Delegation der Public-Relationsarbeit
- Regulierung von Vergütungsgrenzen
- Information und Dokumentation des Verfahrens

Besonders kritische Bürger erwarten eine umfangreiche, detaillierte und verständliche Aufklärung über Ziele und Durchführungsmaßnahmen der Sanierung. Unsensibles Vorgehen seitens der Untersuchungs-/Sanierungsverantwortlichen erzeugt meist unnötigen Kräfteeinsatz an der falschen Stelle. Der richtige Umgang mit dem Bürger macht ebenso wie der Umgang mit den Medien ein ausgewogenes Öffentlichkeitsmanagement (Public Relations) notwendig.

4. Kostenmanagement

Kosten und Finanzierungsfragen sind naturgemäß besonders wichtige Anliegen der Managementberatung, insbesondere dann, wenn der Untersuchungs-/Sanierungsverantwortliche sein Investitionsbudget limitiert hat. Die Kostenverantwortung liegt bei den beauftragten Ingenieurbüros. Die Managementberatung wird mit der Prüfung der Arbeitsergebnisse dieser beteiligten Büros beauftragt. Vielfach werden deshalb im Zuge des Kostenmanagement Parallelermittlungen auszustellen sein. Hierdurch wird eine zusätzliche Kostensicherheit im Projektablauf erzielt.

Projektbegleitend, d. h. planungs- und ausführungsbegleitend, hat sich das Kostenmanagement daneben zu fragen, ob und inwieweit noch Unsicherheiten und Unschärfen im Kosten- bzw. Mengengefüge enthalten sind, welche Schwankungsbreiten in Einzelbereichen noch auftreten und durch welche Maßnahmen und Vorkehrungen diese vermindert werden können. Wertvolle Hilfe leistet hierbei eine regelmäßige Überprüfung der voraussichtlichen Endabrechnungssummen vergebener Leistungen sowie der voraussichtlichen Kostenentwicklung noch nicht vergebener Leistungen im Zuge einer vorausschauenden Kostenkontrolle.

Eine enge Verknüpfung besteht zwischen dem Kosten- und dem Terminmanagement. Von größter Wichtigkeit hierbei ist die Steuerung der Finanzmittelbereitstellung, d. h. die Steuerung des Mittelabflusses im Sinne jährlicher Haushaltseinstellungen und die Frage der Bereitstellung erforderlicher Kapazitäten je Zeiteinheit, die allerdings auch über die Umsetzung von Kostengrößen je Zeiteinheit (Produktionsfunktionen) ermittelt werden können.

Die wichtigsten Potentiale zu einer Kostenminimierung bei einem komplexen Altlastenvorhaben sind z. B:
- eindeutige Definition der Sanierungsziele (Zielsystem)
- eine sorgfältige Sanierungsbedarfsfeststellung
- eine Hinnahme von Nutzungsbeschränkungen durch den Grundstückserwerber
- eine Nutzung bestehender Anlagen zur Sanierungsdurchführung
- die Integration von Sanierungsmaßnahmen in die Bauablaufplanung
- eine größtmögliche Flexibilität bei der Neunutzung bzw. Neubebauung des sanierten Altstandortes oder der sanierten Altablagerung.

5. Projektbezogene Managementberatung

Entscheidend für die Managementberatung ist der Startpunkt ihres Einsetzens. Exemplarisch hierfür sollen die in Abbildung 1 dargestellten Projekte betrachtet werden.

Entscheidend für die Managementberatung ist der Startpunkt ihres Einsetzens.		
Projekt 1	**Projekt 2**	**Projekt 3**
alle Genehmigungen liegen vor, Ing. Büro hat Vertrag über Sanierungsdurchführung	Gefährdungsabschätzung liegt vor, keine vertraglichen Bindungen	orientierende Untersuchung liegt vor, Kaufwille des Grundstücks
↓	↓	↓
Start 1	**Start 2**	**Start 3**

Abb. 1: Zeitpunkt des Einsetzens der Managementberatung

Das gesamte Sanierungsmanagement erfolgt somit parallel den Leistungsphasen der HOAI.

In Abbildung 2 sind Projekt 1, Projekt 2, Projekt 3 so eingebunden, daß ihre jeweilige Startphase parallel zu denen der HOAI verläuft.

```
Das Sanierungsmanagement erfolgt parallel den
         Leistungsphasen des HOAI

Grundlagenermittlung
Vorplanung                                              Proj. 3
Entwurfsplanung
Genehmigungsplanung                       Proj. 2
Ausführungsplanung
Vorbereitung der Vergabe
Mitwirkung bei der Vergabe    Proj. 1
Objektüberwachung
Objektbetreuung und Dokumentation
```

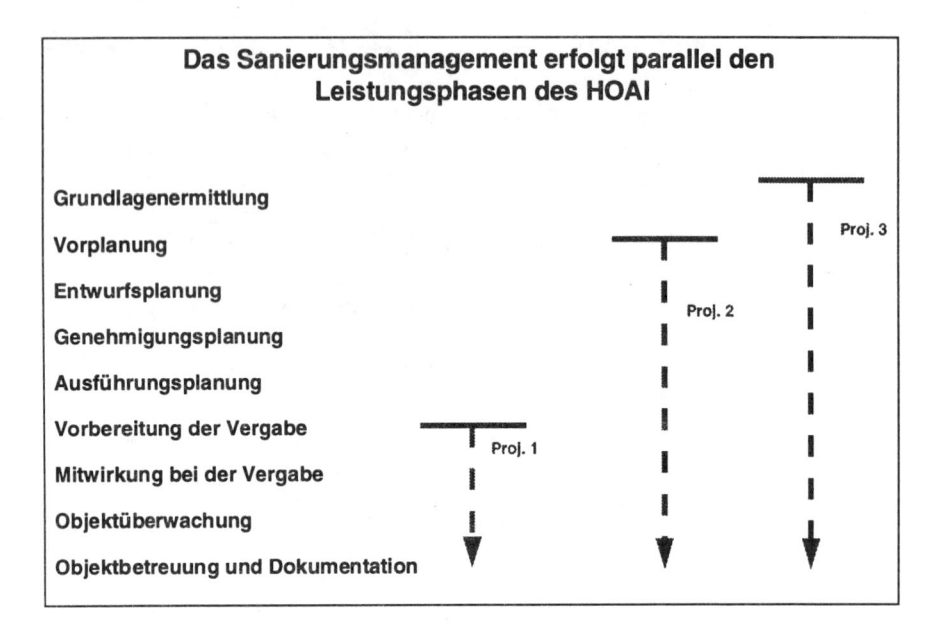

Abb.2: Eingliederung in die HOAI

Der Startpunkt des Projektes 1 zeigt bereits deutlich, welche Vorleistungen durch das jeweilige Ingenieurbüro bzw. den Sanierungspflichtigen erbracht wurden, bevor eine Steuerung durch die Managementberatung einsetzt. Hier ist ein erhöhter Abstimmungs- und Informationsbedarf in der Anfangsphase des Projektes erforderlich, der i. d. R. zusätzliche Kosten für den Sanierungspflichtigen mit sich bringt.

Ein wesentlich größerer Einfluß auf das Projektgeschehen ist bei Projekt 2 durch die Managementberatung möglich. Da hier zum Zeitpunkt der Erstellung der Gefährdungsabschätzung und den sich anschließenden behördlichen Abstimmungsgesprächen (Zielsystem) eine Managementberatung eingebunden wird, können Kosten, die im Projekt 1 unver-meidlich sind, minimiert werden.

Die Managementberatung in Projekt 3 leistet zudem mehr als nur die Begleitung der eigentlichen Sanierungsdurchführung. Es werden Aussagen hinsichtlich des Grunderwerbs, der Finanzierung der gesamten Maßnahme, des Flächenrecyclings (Wiedernutzung der Fläche für dieselben oder andere Zwecke) getroffen und es werden regional über-greifende Aspekte, z. B. die der Abfallwirtschaft beleuchtet.

So hilft die Managementberatung sicherzustellen, daß alle zwischen dem Sanierungspflichtigen und den Ingenieuren sowie Sonderfachleuten vertraglich vereinbarten Leistungen erbracht werden. Weiterhin bietet die Managementberatung integrierte Lösungen bei der Untersuchung von Verdachtsflächen sowie der Sanierung von Altlasten und sonstigen kontaminierten Flächen. Geeignete Managementansätze zur Beratung bei Altlastensanierung sind somit vor allem Steuerungsverfahren/Projektsteuerung. Sie sollten komplex, ganzheitlich, fachübergreifend sein selbst wenn sie, wie gezeigt, nur in Einzelschritten angefordert werden.

Die Ausschreibung kommunaler Umwelt-DV-Systeme

Günter W. Schmitt

Gesetzliche Umweltauflagen sowie interne Verwaltungs- und Betriebsabläufe bestimmen die Anforderungen an kommunale Umwelt-DV-Systeme.

Die Ausschreibung der Systeme selbst orientiert sich an der haushaltsrechtlich gebotenen Wirtschaftlichkeit und Sparsamkeit. Öffentliche Ausschreibung, beschränkte Ausschreibung oder freihändige Vergabe beeinflussen dabei das Vorgehen bei der Systemauswahl.

Im folgenden haben wir uns zwar schwerpunktmäßig an den Erfordernissen beschränkter Ausschreibungen orientiert. Das Vorgehen ist jedoch problemlos abwandelbar und übertragbar auf öffentliche Ausschreibung bzw. freihändige Vergabe.

Bei der praktischen Durchführung der Systemausschreibung empfehlen wir aus Gründen der Auswahlökonomie ein dreistufiges Vorgehen:

- parametergesteuerte Markterkundung
- bewerbereinbeziehende Grobauswahl
- nutzerdominierte Endauswahl

1. Parametergesteuerte Markterkundung

Bei der parametergesteuerten Markterkundung ist das geeignete Marktangebot unter den Gesichtspunkten von Fachkunde, Leistungsfähigkeit und Zuverlässigkeit möglichst vollständig zu erfassen und sind gleichzeitig alle an sich geeigneten Produkte von vornherein auszusortieren.

Neben der häufig praktizierten Auswahl handverlesener Unternehmen aufgrund der gerade vorhandenen Marktkenntnis empfehlen wir hier ergänzend eine kriterienorientierte Vorauswahl aus einem Software-Katalog.

Der Informationsgehalt des benützten Software-Katalogs steuert dabei die anzulegenden Kriterien. Bei vielen Kriterien im Katalog kann eine vergleichsweise detaillierte Vorauswahl erfolgen. Diese erlaubt es, von Anfang an die Zahl der weiter zu betrachtenden Umwelt-DV-Systeme sehr gering zu halten. Es erfordert jedoch im Gegenzug in der Vorauswahl einen vergleichsweise höheren Arbeitsaufwand.

Im Fall weniger Kriterien im Software-Katalog beschränkt sich die Vorauswahl auf diese, meist die erforderliche Hard- und Software betreffenden, Kriterien und auf bewerberspezifische Aussagen wie Entfernung zum nächsten Servicestützpunkt etc.. Aus Gründen der Auswahlökonomie muß dann jedoch mit entsprechendem Aufwand im zweiten Auswahlschritt die Zahl der Bewerber drastisch reduziert werden.

Nach unserer Erfahrung ist es dabei insgesamt günstiger, wenn die Zahl der Kandidaten möglichst frühzeitig effizient eingegrenzt werden kann. In jedem Fall ist jedoch durch die Festschreibung der Auswahlkriterien im Sinne von Revisionsfähigkeit eindeutig nachzuvollziehen, warum ein Umwelt-DV-System ins Ausschreibungsverfahren einbezogen wurde bzw. warum nicht.

2. Bewerbereinbeziehende Grobauswahl

Im Rahmen der bewerber-einbeziehenden Grobauswahl hat es sich bewährt, den in der Vorauswahl selektierten Bewerbern ein Anforderungsprofil des Umwelt-DV-Systems zuzusenden, in dem die relevanten Auswahlkriterien bezüglich gesetzlicher Auflagen und betrieblicher Erfordernisse aufgeführt sind. Dieses Anforderungsprofil kann von den Bewerbern im Multiple-Choice-Stil durch einfaches Ankreuzen ausgefüllt und vom Auswahlteam ebenso leicht ausgewertet werden.

Den Bewerbern unbekannt bleiben dabei, welche Kriterien sogenannte „KO-Kriterien" sind und nach welchem Gewichtungsverfahren die beantworteten Anforderungsprofile anschließend bewertet werden.

Das von uns empfohlene Gewichtungsverfahren zeichnet sich in diesem Zusammenhang durch seine Normierung aus, die es erlaubt, es auf beliebig viele Kriterien mit beliebiger selbst gewählter Gewichtung anzuwenden.

Dabei werden alle Kriterien zu Gruppen zusammen gefaßt, die einen festen Bezug zu bestimmten Auswahlzielen wie der Erfüllung bestimmter gesetzlicher Auflagen oder betriebsspezifischer Anforderungen haben.

Jeder Kriteriengruppe wird darüber hinaus ein spezifisches Eigengewicht zugewiesen. Dabei wird so verfahren, daß das Gesamtgewicht aller Untergruppen einer Gruppe jeweils 1.0 beträgt. Soweit für die Einzelkriterien einer Untergruppe keine Gewichtung explizit vorgenommen wird, gelten die Kriterien als gleichwertig. Der rechnerische Gewichtungsfaktor für die Einzelkriterien entspricht in diesem Fall dem Reziprokwert zur Anzahl der Einzelkriterien in der Gruppe.

Bei der Bewertung selbst ist dann pro Einzelkriterium nur noch der Erfüllungsgrad zu benennen. z. B.:

0 = nicht erfüllt   0,5 = teilweise erfüllt 1 = erfüllt
Durch den Bewertungsalgorithmus ergibt sich in der Folge eine mögliche Gesamtbewertung der Umwelt-DV-Systeme zwischen den Werten:

1.0 = alle Kriterien sind völlig erfüllt
und
0.0 = kein Kriterium ist erfüllt

Dieses Multiple-Choice-orientierte Vorgehen hält in diesem Stadium des Auswahlverfahrens, in dem man es ggf. noch mit vergleichsweise vielen Bewerbern zu tun hat, den Aufwand gering.

Um seinem Ziel, das Auswahlverfahren möglichst effizient abzuwickeln, treu zu bleiben, ist es allerdings spätestens jetzt erforderlich, eine sehr restriktive Auswahl zu treffen. Denn die verbleibenden Kandidaten müssen in der Endauswahl sehr genau unter die Lupe genommen werden. Dies ist vom Aufwand her nur dann zu vertreten, wenn die Zahl der Kandidaten sehr gering ist. Eine goldene Regel hierbei spricht von drei Kandidaten.

3. Nutzerdominierte Endauswahl

Bekanntermaßen ist dem wirtschaftlichsten Angebot der Zuschlag zu erteilen. Die niederste Geldforderung allein darf dabei bei der Entscheidung nicht ausschlaggebend sein. Deshalb kommen in die engere Wahl nur Produkte, welche die verwaltungstechnischen und betriebsbedingten Abläufe optimal unterstützen. Dies läßt sich jedoch nicht ausschließlich in Parametern und Bewertungskennziffern ausdrücken. Vielmehr wächst in diesem Auswahlstadium den subjektiven Eindrücken qualifizierter Mitarbeiter ergänzende Bedeutung zu. Dazu empfehlen wir in der Endauswahl nicht nur auf die Verifizierung der in der Grobauswahl von den Bewerbern gemachten Angaben abzustellen sondern ergänzend die bei qualifizierten Mitarbeitern zu erwartende Akteptanz des Umwelt-DV-Systems zu messen.

Praktisch integrieren wir dies in die üblichen Präsentationen des Umwelt-DV-Systems. Dabei hat es sich bewährt, jedem verbliebenem Bewerber vorab ein Beispiel aus der eigenen kommunalen Praxis zu übergeben, das bei der Systempräsentation vorgeführt werden muß. Durch das so für alle Bewerber gleiche Beispiel ist die Vergleichbarkeit der Angebote erheblich besser als wenn jeder Bewerber sein Standardbeispiel vorführt.

Bei den Vorführungen selbst wird ja an sich ein subjektiver Einduck von der Arbeitsweise mit den Systemen vermittelt. Diesen subjektiven Eindruck objektivieren wir jedoch im Auswahlteam durch eine sogenanntes „Stimmungsbarometer", daß nach jeder Präsentation von jedem Mitglied des Auswahlteams ausgefüllt wird. Es stellt auf subjektive Eindrücke bzgl. fachlicher Kompetenz der Bewerber, Systemreife, Benutzeroberfläche, Dokumentation etc. ab und wird ebenso systematisch ausgewertet wie die Bewerberangaben zum Anforderungsprofil.

4. Auswahlergebnis

Die Auswertung der Detailanforderungsprofile nach dem vorher festgelegten Gewichtungsverfahren und der Stimmungsbarometer zusammen mit den Preisangaben der Bewerber lassen dann eine Bewertung der Umwelt-DV-Systeme nach drei Gesichtspunkten zu:

- objektiver Systemnutzen anhand des Kriterienkatalogs
- Systemakzeptanz bei den qualifizierten Testpersonen des Auswahlteams
- Preiswürdigkeit

Die Reversionssicherheit des Verfahrens wird dadurch gewährleistet, daß jederzeit nachprüfbar ist,

- warum ein Umwelt-DV-System ins Auswahlverfahren gelangt ist (bzw. warum nicht),
- warum es aus dem Auswahlverfahren ausgeschieden ist (bzw. warum nicht) und
- warum das ausgewählte Produkt am Schluß zum Sieger gekürt wurde.

Die Effizienz des Auswahlverfahrens selbst wird durch die frühzeitige Konzentration auf wenige erfolgversprechende Produkte erreicht, die dann aber intensiv unter die Lupe genommen werden.

Ökonomische Notwendigkeiten bei der Ausschreibung von Leistungen im Rahmen der Altlastenbearbeitung- Betriebliches Altlastenmanagement

Hans-Jürgen Reichardt

Bei Problemen im betrieblichen Umweltschutz wird vom Management heute regelmäßig erwartet, daß die Unternehmensführung umweltbewußt handelt. Zur Erklärung umweltbewußten Unternehmensverhaltens werden eine Reihe von Definitionen bemüht. Vielen ist gemeinsam, daß die Orientierung an ökologischen Fragestellungen erfolgt. Dabei wird versucht, über die absolute Belastung der natürlichen Umwelt durch quantifizierbare Schadeinheiten hinaus eine Bewertung vorzunehmen. Die Mehrweg-Getränkeverpackung gilt als "ökologisch verträglich", die Einweg-Glasflasche als "ökologisch unverträglich". Eine Untersuchung des Fraunhofer-Institutes im Auftrag des Umweltbundesamtes dazu hat aufgezeigt, daß mit einem ausreichenden Einsatz an Zeit und finanziellen Mitteln für jedes Produkt ausreichend detaillierte Produkt- und Prozeßbilanzen mit den entsprechenden Schadeinheiten erstellt werden können, die Bewertung der dadurch hervorgerufenen Umweltschädigung aber eine Frage des gesellschaftlichen Konsenses ist.

Umweltorientierte Unternehmensführung heißt deshalb, über ökologische Fragestellungen hinaus mit betriebswirtschaftlichen Methoden und Arbeitsweisen die Implementierung aller Umweltaspekte in das Betriebsgeschehen zu erreichen und dabei den größten Nutzen für die Unternehmung durch Kostenminimierung zu erreichen.

Dies gilt gerade auch für das betriebliche Altlastenmanagement, das nicht die Sanierung unter ausschließlich ökologischen Gesichtspunkten zu betreiben hat, sondern die Sanierungsanforderungen unter betriebswirtschaftlichen Aspekten optimieren muß. Dieser Aufgabe widmet sich der folgende Beitrag. Er soll Denkanstöße zur Optimierung von Sanierungsvorhaben unter betriebswirtschaftlichen Gesichtspunkten geben.

Zum Thema Altlastensanierung in Deutschland sei zu Beginn dieser Abhandlung auf zwei Thesen von WICKE (1992) verwiesen, die für das "Betriebliche Altlastenmanagement" uneingeschränkt Geltung haben:

"Wir müssen weg von der teilweise vorhandenen Altlastenhysterie! Wer eine allumfassende Altlastensanierung verlangt, überfordert nicht nur die öffentlichen Haushalte und treibt viele Unternehmen in den finanziellen Ruin (Beleihungsfähigkeit der Grundstücke = Null), sondern erweist auch der Umwelt einen Bärendienst!

Die Altlastenhysterie, aus der auch die Forderung nach möglichst sofortiger Sanierung objektiv nachrangiger Altlasten resultiert, führt dazu, daß öffentliche und private Gelder im Umweltschutz vergleichsweise unwirksam eingesetzt werden. Nicht das tatsächliche Vorhandensein besonders giftiger Substanzen im Boden als solches kann und darf das Hauptkriterium von Sanierungspflichten sein, sondern die effektive Gesundheits- und Trinkwassergefährdung."

In der Tat wird dem Grenznutzen des für Umweltschutzmaßnahmen eingesetzten Kapitals entschieden zu wenig Bedeutung beigemessen. Dies gilt besonders in der Bundesrepublik, die bereits einen der höchsten Umweltstandards hat.

Betriebliches Altlastenmanagement gewinnt umsomehr an Bedeutung, je aufwendiger und kostenträchtiger Sanierungstechnologien aufgrund der umweltpolitischen Vorgaben werden und je mehr die Sanierungsabläufe in das Betriebsgeschehen eingreifen. Betriebliches Altlastenmanagement heißt deshalb Kostenminimierung und Optimierung des Altlastenprojektes.

Dieser Beitrag ergänzt die bekannten naturwissenschaftlich-technischen Vorgehensweisen um die betriebswirtschaftlichen Aspekte bei einer betrieblichen Altlastensanierung. Dabei werden verschiedene Bereiche, z. B. aus der Finanzierung und Bilanzierung angerissen, die im Rahmen eines betrieblichen Altlastenmanagements auf ihre Realisierbarkeit und ihren Nutzen für die Unternehmung geprüft werden sollten. Mit der Besprechung dieser betriebswirtschaftlichen Instrumente soll nicht die Aussage verbunden sein, diese Instrumente seien in jedem Fall und für jede Unternehmung sinnvoll. Effektives Management heißt aber Auswahl und Bewertung möglichst vieler relevanter Informationen. Dazu gehört hier auch die Implementierung betriebswirtschaftlicher Arbeitsweisen.

Die Altlastenproblematik wurde aktuell, als in den 70er Jahren in Grundwässern und Böden Schadstoffe nachgewiesen wurden. Die Ursachenforschung zeigte, daß kommunale Mülldeponien und industrielle Produktionsanlagen Ausgangspunkt für die Verunreinigungen waren.

Für die Beurteilung von Kontaminationen im Hinblick auf ihre Sanierungsbedürftigkeit ist die "Gefahr für die öffentliche Sicherheit" und damit eine Sanierungsverpflichtung für den Betrieb maßgebendes Kriterium. Dabei ist nicht nur die absolute Belastung in quantifizierbaren Schadeinheiten von Bedeutung, sondern auch die ubiquitäre und natürliche Belastung am betrachteten Standort. Ein Beispiel soll dies verdeutlichen: Eine radioaktive Belastung eines Ackerbodens in der Umgebung von Offenbach wäre außergewöhnlich und würde umfangreiche Erkundungs- und Sanierungsmaßnahmen nach sich ziehen. Dieselbe Belastung in Menzenschwand im Südschwarzwald müßte als natur-gegeben hingenommen werden.

Erkundungs- und Sanierungsmaßnahmen haben sich also an der ubiquitären und natürlichen Belastung und der geplanten Nachfolgenutzung zu orientieren. Grenzwerte, wie sie in der Hollandliste oder im neu entstehenden Bundesbodenschutzgesetz enthalten sind, müssen standortbezogen angepaßt werden. Die einer Sanierung zugrundegelegten Werte sind in jedem Fall ausschlaggebend für die Erkundungs- und Sanierungskosten.

1. Betriebliches Altlastenmanagement

1.1 Verantwortlichkeiten

Das Ziel eines betrieblichen Altlastenmanagements muß die Kostenminimierung für die erforderlichen Maßnahmen sein. In der Betriebspraxis steht am Beginn eines Altlastenprojektes fast immer die Frage nach der Verantwortlichkeit im Vordergrund. Häufig ist damit die Hoffnung verbunden, für die finanziellen Belastungen der Erkundungs- und Sanierungsmaßnahmen nicht aufkommen zu müssen. Verantwortlich und haftbar ist entweder der Handlungsstörer (Verursacher) oder der Zustandsstörer (Eigentümer des Grundstückes). Es liegt im Auswahlermessen der Behörden, wer in Anspruch genommen wird. Das öffentliche Recht greift schnell auf den von der Behörde Ausgewählten durch, der in der Regel keine realisierbare Möglichkeit hat, sich zu enthaften. Ansprüche muß er häufig auf dem zivilen Rechtsweg von früheren Verur-sachern oder Eigentümern in langwierigen Prozessen einzuklagen versuchen.

1.2 Betriebswirtschaftliche Instrumente

Die Chancen, der finanziellen Verantwortung bzw. Belastung einer Sanierungsmaßnahme entgehen zu können, sind für die Unternehmen also äußerst gering. Dies muß erkannt und akzeptiert werden. Das Management einer Unternehmung sollte deshalb einen Altlastenfall in Form einer Projektgruppe organisatorisch so zu bewältigen versuchen, daß das "notwendige Übel" kostenminimal abgewickelt werden kann.

Dabei sind für den Betrieb Fragen zu klären, die nicht nur den naturwissenschaftlich-technischen Ablauf betreffen, sondern die insbesondere betriebswirtschaftliche Aspekte berücksichtigen sollten. Wesentlich sind:
- Wie wird richtig ausgeschrieben (Preisvergleich)?
- Welche Sanierungstechnologie wird unter Kostengesichtspunkten bevorzugt?
- Welches Investitionsrechnungsverfahren kommt zum Ansatz bei der Technologieauswahl?
- Welche Finanzierung ist die günstigste?
- Welche bilanztechnischen Möglichkeiten sind denkbar und wie werden sie genutzt?

1.2.1 Ausschreibung /Preisvergleich

Das Verfahren sollte eine ausreichend genaue Kalkulationsgrundlage für den Auftraggeber ermöglichen. Dabei kann sich das Unternehmen an die Verfahren bei öffentlichen Ausschreibungen anlehnen und die VOB sowie die HOAI als

Grundlage für einen detaillierten Preisvergleich benutzen. Ingenieurleistungen, Bauleistungen, Geräte, chemische Analysen etc. müssen für Erkundung und Sanierung vom Auftraggeber hin-reichend genau aufgeschlüsselt und vom potentiellen Auftragnehmer in jeder Position angeboten werden. Ziel des Verfahrens muß die Preistransparenz in allen für Erkun-dung und Sanierung relevanten Einzelpositionen sein. Die betriebliche Praxis zeigt leider, daß durch ungenügende Ausschreibung/Preisvergleich Erkundungs- und Sanierungsleistungen zu teuer eingekauft werden. Fehlende oder ungenaue Leistungspositionen führen zu erheblichen Nachforderungen. Grundsätzlich empfiehlt es sich dabei, ein strikte Trennung von Erkundungs- und Sanierungsmaßnahmen vorzunehmen.

Erkundung: Die Kontaminationssituation ist vor Beginn des Verfahrens meist unbekannt. Für eine Ausschreibung/Preisvergleich bietet sich eine Unterteilung in Projektphasen an. Im allgemeinen wird die Berücksichtigung zweier Phasen ausreichend sein, wobei die zweite Phase der genaueren Abgrenzung von Schadensbereichen und der weiteren Erkundung von Unsicherheitsfaktoren dient.

Sanierung: Verlangen die Ergebnisse der Erkundung eine Sanierung, folgt die Ausarbeitung eines Sanierungskonzeptes. Dieses sollte stets von einem unabhängigen Ingenieurbüro durchgeführt werden, das nicht mit dem ausführenden Sanierungsunternehmen verbunden ist. Mit der Erstellung des Sanierungskonzeptes kann auch ein anderes Büro beauftragt werden, das keinen Anteil an den zuvor durchgeführten Erkundungsmaßnahmen hatte. Die Ausarbeitung des Sanierungskonzeptes erfordert reine Ingenieurleistungen.

Mit zunehmender Annäherung an einen konkreten Sanierungsweg wird sich möglicherweise der Kreis der leistungsfähigen Anbieter einschränken. Bei hochentwickelten und speziellen Sanierungstechnologien kann unter Umständen keine wettbewerbsneutrale Ausschreibung/Preisvergleich mehr möglich sein.

1.2.2 Sanierungstechnologie und Investitionsrechnung

Jedes betriebliche Vorhaben läßt sich mit Hilfe von Rechnungsverfahren mit alternativ zur Verfügung stehenden Investitionsobjekten unter Kosten- oder Renditegesichtspunkten vergleichen. Auch ein Sanierungsvorhaben erfolgt nahezu immer vor dem Hintergrund einer konkreten Entscheidungssituation. Dabei geht es um die Wahl zwischen mehreren Sanierungs- oder Technologiealternativen. Bei der Planung kann dabei nicht von sicheren Prognosen über zukünftige Kosten ausgegangen werden. Einige Gründe für die Unsicherheiten seien hier genannt:
- Verteuerung von Inputfaktoren (Roh- und Betriebsstoffe, Löhne)
- Verteuerungen der Finanzierungsmittel durch Zinssteigerungen
- Änderungen der gesetzlichen Grundlagen während des Sanierungszeitraumes

- Technische Probleme (unerwartet hohe Reparaturanfälligkeit von Aggregaten und Anlagenteilen)

Die Betriebswirtschaft unterscheidet statische und dynamische Investitionsrechnungsverfahren. Vorzuziehen sind grundsätzlich die dynamischen Verfahren, da sie die Investition über den gesamten Nutzungszeitraum beurteilen können. Ein Altlastensanierungsvorhaben unterscheidet sich grundsätzlich nicht von anderen betrieblichen Vorhaben, die mit betriebswirtschaftlichen Instrumenten optimiert werden. Dennoch ist in der betrieblichen Praxis eine kaufmännische Vorgehensweise bei Altlastenfällen eher die Ausnahme. Unter dem Gesichtspunkt der Kostenminimierung als Ziel des betrieblichen Altlastenmanagements ist der Einsatz dieser Rechnungsverfahren aber auch hier zu fordern. Vereinfacht dargestellt sind die Voraussetzungen dafür:
- Anschaffungskosten müssen bekannt sein
- Prognose des Sanierungszeitraumes
- Prognose sämtlicher Kosten
- Abzinsung aller Zahlungsreihen (Kosten) auf den Sanierungsbeginn
- Einbringen dieser Daten in ein Investitionsrechnungsverfahren Bewertung der Ergebnisse

Das Ergebnis des Investitionsrechnungsverfahrens (z. B. Kapitalwertmethode, Methode des internen Zinsfußes) gibt einen Anhalt für den Einsatz der betriebswirtschaftlich wünschenswerten Sanierungstechnologie. Die Problematik und damit zugleich die Begründung für den wenig verbreiteten Einsatz dieser Instrumente ist die Schwierigkeit der Prognose für die genannten Parameter.

1.2.3 Finanzierung

Betriebliches Altlastenmanagement bedeutet auch, für das notwendige Sanierungsverfahren die optimale Finanzierungsform zu finden. Dabei kann ein Unternehmen weder auf zinsverbilligte Darlehen noch auf nennenswerte Subventionen zurückgreifen. Unter Finanzierungsgesichtspunkten sind deshalb zu überprüfen: Finanzierung aus Gewinn, aus Darlehen, aus Rückstellungen und aus cash-flow.

1.2.3.1 Leasing

Dabei wird entscheidend sein, ob die Sanierungstechnologie über Kauf, Finanzkauf oder Leasing zur Verfügung gestellt wird. In der betrieblichen Praxis ist fast ausschließlich der Kauf der Sanierungsanlagen üblich. Andere Verfahren, insbesondere Leasing, werden bei der Entscheidung leider kaum durchgerechnet. Dabei kann Leasing eine Fülle von betriebswirtschaftlichen Vorteilen bieten. Betriebliches Altlastenmanagement heißt, auch hier Vor- und Nachteile zu erfassen, unter den gegebenen betrieblichen Verhältnissen zu bewerten und in die Entscheidungsfindung für das Sanierungsprojekt einzubringen.

Beim Leasing handelt es sich um eine besondere Vertragsform der Vermietung und Verpachtung von Investitions- und Konsumgütern. Das Leasingobjekt wird entweder von einer speziellen Leasinggesellschaft vom Hersteller gekauft und dann dem Leasingnehmer übergeben (indirektes Leasing) oder direkt vom Produzenten verpachtet (Herstellerleasing). Verbreitet und für den Sanierungsbereich geeignet ist das indirekte Leasing.

Eine Leasingfinanzierung scheidet aus rein rechnerischer Sicht oft aus, gerade auch bei Sanierungsvorhaben. Was die Leasingfinanzierung aber interessant machen kann, sind oft Gründe, die mit der relativ schwachen Eigenkapitalquote mancher Unternehmen zusammenhängen. Bei einer durchschnittlichen Kapitalquote von 18,3 % (Monatsberichte der Deutschen Bundesbank 1991) können Unternehmen darauf angewiesen sein, ihren Kreditspielraum für die Finanzierung zukünftiger Investitionen zu erhalten. Gerade hierfür leistet die Leasingfinanzierung einen besonderen Beitrag, weil die Bilanz keine Verlängerung erfährt und somit die Eigenkapitalquote konstant bleibt.

Die nachfolgende Übersicht stellt die wesentlichen Vor- und Nachteile der Leasingfinanzierung gegenüber:

Vorteile:
- Keine Belastung des vorhandenen Kreditspielraumes.
- Im Vergleich zur Eigenfinanzierung keine hohe Liquiditätsbelastung zum Zeitpunkt der Investitionsvornahme.
- Bei entsprechender vertraglicher Vereinbarung Umtauschmöglichkeit des Leasinggegenstandes, Ausschaltung des Überalterungsrisikos.
- Bei "full-service "- Vereinbarung werden anfallende Reparaturkosten vom Leasinggeber übernommen. Diese Kosten sind allerdings in der Leasingrate enthalten.
- Sichere Kalkulationsgrundlage, da gleichbleibende Kosten.

Nachteile:
- Wegen des Zins- und Verwaltungskostenanteils, der in den Leasingraten enthalten ist, kommt es zu hohen Liquiditätsabflüssen während der Grundmietzeit.
- Unkündbarkeit des Leasingvertrages während der Gruundmietzeit bewirkt eine geringere betriebliche Anpassungsfähigkeit.
- Hohe Fixkostenbelastung während der Grundmietzeit.
- Kein Eigentumserwerb während der Grundmietzeit.
- Bei rückläufiger Ertragslage kein Anpassung der Leasingrate möglich.

Der Gesetzgeber hat in mehreren Erlassen Leasingvorschriften verfügt. Die komplexe Materie kann im Rahmen dieser Abhandlung nur angerissen werden.

Die Auseinandersetzung mit Leasing im Zusammenhang mit Sanierungsvorhaben ist im Rahmen eines betrieblichen Altlastenmanagements aber unabdingbar. Das Einbringen der Vor- und Nachteile dieses Finanzierungsinstrumentes in die Entscheidungsfindung ist ein weiterer Schritt in Richtung auf eine optimale Sanierungsabwicklung.

1.2.3.2 Rückstellungen

Die Bildung von Rückstellungen ist nach dem HGB für bestimmte Situationen vorgeschrieben. Sie sollen dazu dienen, die Schulden eines Unternehmens richtig und vollständig darzustellen. Rückstellungen sind also Schulden, die dem Grunde nach bestehen, deren Höhe und Zeitpunkt der Inanspruchnahme aber ungewiß sind. Für diese ungewissen Verbindlichkeiten ist ein Betrag zurückzustellen. Der nach vernünftiger kaufmännischer Beurteilung notwendige Betrag ist zu schätzen. Im Sinne eines betrieblichen Altlastenmanagements ist entscheidend, daß Rückstellungen steuermindernd wirken. Dies gilt es unter den zeitlichen Aspekten einer Sanierung gezielt einzusetzen oder zumindest bei den betriebswirtschaftlichen Entscheidungen mit zu berücksichtigen.

Finanzierung aus Rückstellungen ist auch bei Altlastensanierungen grundsätzlich möglich. Problematisch wird es sein, den Finanzbehörden möglichst zeitnah am Sanierungsbeginn die öffentlich-rechtliche Verpflichtung und damit das Entstehen einer Schuld nachzuweisen, sowie die Höhe der Rückstellungsbildung zu begründen. Die Rückstellungsbildung ist überhaupt die einzige Möglichkeit, bei Altlastensanierungen einen "Zuschuß", hier in Form einer steuerlichen Wirkung, zu erhalten. Dabei ist eine entsprechende Ertragslage natürlich Voraussetzung.

An die Bildung von steuerlich wirkenden Rückstellungen sind strenge Bedingungen geknüpft. Rückstellungen in der Steuerbilanz für die Sanierung von Altlasten und allgemeinen Umweltschäden werden regelmäßig von den Finanzbehörden und offensichtlich auch von den Finanzgerichten nicht anerkannt, wenn keine Sanierungsanordnung vorliegt. Dies gilt selbst dann, wenn der Nachweis für vorhandene Bodenkontaminationen und für den zur Schadensbeseitigung notwendigen Aufwand geführt werden kann.

Nutzbar ist das Finanzierungsinstrument Rückstellungen bei Altlastensanierungen nur dann, wenn das Unternehmen durch die Kontamination eine Schuld, also eine Verpflichtung gegenüber einem Dritten hat. Diese Verbindlichkeit kann ihre Grundlage auch im Öffentlichen Recht haben. Sie kann sich unmittelbar aus einem Gesetz oder einer Verordnung ableiten. Eine Rückstellungspflicht ergibt sich nach der steuerlichen Rechtsprechung immer dann, wenn

1. der Inhalt der Verpflichtung und der Zeitpunkt ihrer Inanspruchnahme hinreichend genau konkretisiert ist und
2. an die Verletzung der Verpflichtung Sanktionen geknüpft sind.

Eine öffentlich-rechtliche Verpflichtung ist regelmäßig dann hinreichend genau konkretisiert, wenn ein Verwaltungsakt (z.B. Sanierungsanordnung) vorliegt. Für eine Berücksichtigung dieses Instrumentes ist außerdem der Zeitpunkt der Rückstellungsbildung von Bedeutung. Von Interesse ist der frühest mögliche Zeitpunkt für die Bildung. Grundsätzlich können folgende Zeitpunkte für die Bilanzierung einer Rückstellung bei Altlastensanierungen unterschieden werden:
1. Der Betrieb erkennt, daß eine Altlast vorliegt, für die er in Anspruch genommen werden könnte.
2. Die zuständige Behörde stellt Ermittlungen an, um festzustellen, ob eine sanierungsbedürftige Altlast vorliegt.
3. Die Behörde teilt dem Betrieb mit, daß sie beabsichtigt, ihn in Anspruch zu nehmen.
4. Gegen den Betrieb wird ein Verwaltungsakt erlassen.

Aus betrieblicher Sicht ist eine möglichst frühe Kenntnis der bilanziell nutzbaren Informationen wichtig. Im Rahmen eines betrieblichen Altlastenmanagements bedeutet dies gegenüber den Finanzbehörden den möglichst frühzeitigen Nachweis, daß eine Verpflichtung vorliegt und in welcher Höhe mit einer Inanspruchnahme zu rechnen ist. Die herkömmlichen Verfahren erlauben in der Regel erst nach der Erstellung des Sanierungskonzeptes eine hinreichend genaue Beurteilung der Gesamtkosten. Vom Erkennen einer Altlast, also dem Zeitpunkt, zu dem eine Rückstellung bereits möglich wäre, und dem Vorliegen hinreichend genauer Kostendaten können Monate und Jahre vergehen, in denen bereits Kosten für den Betrieb anfallen, eine Nutzung der Rückstellung jedoch unterbleiben muß.

Für eine Beschleunigung kann hier das Verfahren einer Altlastenschätzung alternativ herangezogen werden. Dabei handelt es sich um ein beprobungsloses Verfahren, das unter zeitlichen Aspekten den Vorteil hat , bereits ca. 1,5 Jahre früher als die klassische Arbeitsmethode erste verwertbare Informationen zur Bilanzierung zu liefern. Zu den Details dieses auch von den Finanzbehörden akzeptierten Verfahrens ist auf die angegebene Literatur verwiesen.

Betriebliches Altlastenmanagement heißt hier wiederum, alle verfügbaren Instrumente zur Optimierung des Verfahrens und zur Minimierung der Kosten zu prüfen und unter der gegebenen betrieblichen Situation zu bewerten.

Bei Berücksichtigung aller hier genannten Kostenminimierungspotentiale und Ausnutzung aller Finanzierungsmöglichkeiten können nach Erfahrungen aus der Beratungspraxis die vom Betrieb zu tragenden Sanierungskosten um bis zu 30 % gesenkt werden.

Betriebliches Altlastenmanagement heißt deshalb:
- Problem erkennen
- Konsequenzen bewerten
- Rahmenbedingungen selbst gestalten
- Notwendiges "Übel" kostenminimal lösen

Literatur

BÄCKER, Roland (1990): Altlastenrückstellungen in der Steuerbilanz. In. Der Betriebs-Berater, S. 2225ff.

BOLLOW, Thomas (7-8/1991): Ausschreibungen bei der Altlastenerkundung und -sanierung. In: Wasser, Luft und Boden, S. 60ff.

DEMBERG, Gisela (8/1993): Liquid durch Leasing. In: UmweltMagazin, S. 40ff.

EILERS, Stephan (24.03.1994): Rückstellungen für Altlasten und Umweltschutz-verpflichtungen im Steuerrecht. In: Blick durch die Wirtschaft.

FAATZ, Ulrich; SEIFFE, Eberhard (1993): Die Altlastenschätzung als Instrument bei der Bilanzierung kontaminierter Grundstücke. In: Der Betriebs-Berater, S. 2485ff.

KLOOß, Rolf-Dieter (1991): Risikominimierung durch rechtsgestaltende Maßnahmen vor einem Grundstückserwerb? Möglichkeiten durch Vertragsgestaltung. In: Handelskammer Hamburg (Hrsg.): Grundstücke mit Altlasten und ihre Rechtsprobleme, Hamburg.

KUPSCH, Peter (1992): Bilanzierung von Umweltlasten in der Handelsbilanz. In: Der Betriebs-Berater, S. 2320ff.

SANDER, Horst (10/1991): Wer muß das bezahlen?. In: UmweltMagazin, S. 60ff.

WICKE, Lutz (1/1992): Altlastensanierung in Deutschland. In: Oldenburgische Wirtschaft, Oldenburg.

Quellen

BUNDESFINANZHOF: Umweltschutzrückstellung, Urteil vom 19.10.1993-VIII R 14/92.

BUNDESMINISTER DER FINANZEN: Ertragssteuerliche Behandlung von Leasing-Verträgen über bewegliche Wirtschaftsgüter. 19.4.1971-IV B/2-S 2170-31/71.

UMWELTMINISTERIUM BADEN-WÜRTTEMBERG: Dritte Verwaltungsvorschrift des Umwelt-ministeriums zum Bodenschutzgesetz über die Ermittlung und Einstufung von Gehalten anorganischer Schadstoffe im Boden. GABl vom 29. September 1993.

Vergabe von Separierungs- und Entsorgungsleistungen im Zuge von Abbruchmaßnahmen

Michael Blesken

1. Grundlagen

Im Zuge der Aufbereitung von Altstandorten - hier spielt die LEG Landesentwicklungsgesellschaft Nordrhein-Westfalen GmbH aufgrund der treuhänderischen Tätigkeit für den Grundstücksfonds des Landes [1] eine führende Rolle - fällt eine Vielzahl besonders überwachungsbedürftiger Abfälle vor allem beim Abbruch ehemals industriell genutzter Gebäude und Anlagen an. Obgleich sich der Begriff der Altlast [2] nicht auf derartige Maßnahmen erstreckt, wird dieses Tätigkeitsfeld aufgrund gleichgearteter Abläufe nicht nur auf Auftraggeberseite vielfach von den gleichen Fachleuten besetzt, dieses gilt auch für die beauftragten Ingenieurbüros sowie in weiten Teilen für entsorgungs- und bauausführende Firmen.

Die breite Palette an anzutreffenden Schadstoffen, die unter der Prämisse eines wirksamen Arbeits- und Umgebungsschutzes einer gesonderten Behandlung bedürfen, ist nur allzu oft ein Spiegelbild der ehemaligen industriellen Nutzung. Zu berücksichtigen sind vor allem umweltgefährdende Baustoffe, schadstoffbelastete Bausubstanz, Produktionsreststoffe wie Schlämme und Stäube, Abfälle bestehend aus Fässern und Gebinden, Altanlagen wie Transformatoren und Tanks, aber auch Ver- und Entsorgungseinrichtungen (Abb.1).

Diese Problemstoffe sind nach Art und Umfang zu ermitteln sowie unter Berücksichtigung möglicher Entsorgungswege entsprechenden Analysen zu unterziehen. Auf dieser Grundlage ist eine detaillierte Planung der Abbruchmaßnahme zu erarbeiten, bevor die Leistungen ausgeschrieben und vergeben werden können.

2. Ermittlung von Schadstoffbelastungen

Die vorbereitenden Arbeiten beginnen - und hier sind besonders deutlich die Parallelen zur Altlastenthematik im engeren Sinne zu finden - mit der Rekonstruktion der Nutzungsgeschichte sowie der Dokumentation des Ist-Zustandes.

Ergeben sich hieraus gesicherte Kenntnisse oder aber Verdachtsmomente, ist ein detailliertes Untersuchungsprogramm hinsichtlich der Probenahme und der Analytik aufzustellen. Um im späteren Verlauf zeitliche Verluste zu vermeiden, ist die Parameterauswahl nicht nur auf vermutete Schadstoffe zu beschränken, vielmehr ist diese im Hinblick auf mögliche Entsorgungswege auszuweiten.

Zu klären ist des weiteren die Frage, ob insbesondere die schadstoffbelastete Bausubstanz durch vorlaufende Dekontaminierungsarbeiten ausreichend gereinigt werden kann oder aber eine - in aller Regel mechanische - Separierung erforderlich wird.

Liegen die Ergebnisse der chemischen Analysen vor und besteht insofern die Notwendigkeit, bestimmte Stoffe zu separieren, ist eine detaillierte Massenermittlung für die unterschiedlichen Belastungen vorzunehmen. Hieraus ist ein Bestandsplan zu entwickeln, der die problematischen Bereiche nach Art und Umfang unter dem jeweiligen Abfallschlüssel zusammenfaßt. Dies bedeutet, daß sowohl qualitative wie auch quantitative Aussagen unumgänglich sind (Abb. 2).

Diese Vorarbeiten stehen unter der Zielsetzung, einen reibungslosen konventionellen Abbruch durchführen zu können und damit einen großen Anteil der Abbruchmassen als Recycling-Material entsprechender Güte einer erneuten Verwendung zuzuleiten. Vor allem sollen jedoch bei den Abbrucharbeiten keine Schadstoffe freigesetzt und damit erneute Belastungen für Boden, Wasser und Luft wirksam verhindert werden. Insofern können sich Arbeitsschutzmaßnahmen [3] auf vorbereitende Arbeiten, zumindest aber auf einzelne Abschnitte beschränken.

3. Abbruch- und Entsorgungsplanung

Im Anschluß an die Vorlage der Untersuchungsergebnisse sind - analog zu den Arbeitsschritten Sanierungsuntersuchung und -planung - geeignete Entsorgungswege, vor allem jedoch detaillierte Abläufe festzulegen:
- Planung der Dekontaminierungs- und Separierungsmaßnahmen
- Konzept zur Separierung, Entsorgung und Wiederverwertung
- Festlegung von Arbeits- und Umgebungsschutzmaßnahmen
- Planung der räumlichen und zeitlichen Abläufe unter Berücksichtigung
- erforderlicher Genehmigungen.

Die möglichen Herangehensweisen sind hier ebenso vielfältig wie die in aller Regel anzutreffenden Problemstoffe. Insofern kann es den geeigneten Ablauf für den entsprechenden Problemstoff nicht geben; vielmehr ist in jedem Einzelfall zu prüfen, ob die Separierungs- und nachfolgend die Entsorgungsleistungen im Vorfeld durchzuführen und damit auch auszuschreiben und zu vergeben sind. Ein Vorlauf empfiehlt sich insbesondere dann, wenn aufwendige Arbeits- und Umgebungsschutzmaßnahmen erforderlich werden. Ist dies nicht oder nur in geringem Umfang der Fall, sollten die entsprechenden Arbeitsschritte als gesonderte Positionen in die Ausschreibung der Abbrucharbeiten [4] aufgenommen werden.

Vor allem bei der Separierung belasteter Bausubstanz ist im Zusammenhang mit der Erkundung möglicher Entsorgungswege frühzeitig festzulegen, ob die in Rede stehenden Materialien rückstandsfrei gelöst werden müssen oder beispielsweise geringe Putzanhaftungen in Kauf genommen werden. Abzuwägen ist hier des weiteren, ob mögliche Kosteneinsparungen bei der Entsorgung ein vollständiges Lösen von Anhaftungen rechtfertigen. Zu beachten sind auch weitere Vorgaben, die von seiten der Entsorger zu erwarten sind, wie die Einhaltung bestimmter Kantenlängen bzw. Korngrößen. Je nach Menge der anfallenden Materialien ist zu entscheiden, ob aus Gründen einer Kostenreduzierung der Brechvorgang vor Ort bzw. beim Entsorger durchgeführt wird.

Besonderes Augenmerk ist zu legen auf die Klärung der Entsorgungswege und den damit in aller Regel verbundenen Zeit- und Genehmigungsbedarf. Sind Entsorgung und damit verbunden Abfuhr der zu separierenden Stoffe unproblematisch, steht einer Ausschreibung und Vergabe nichts im Wege. Sind die Aussagen hinsichtlich der Entsorgung jedoch unsicher, ergibt sich die Notwendigkeit, ein Zwischenlager bzw. eine Bereitstellung für den Abtransport vorzusehen (Abb. 3). Im einfachsten Fall sind gedeckelte Mulden ausreichend; in Fällen mit besonders hohem Materialanfall, der nicht zeitgerecht entsorgt werden kann, wird die Planung und Errichtung eines Zwischenlagers nicht zu umgehen sein.

4. Ausschreibung und Vergabe

Grundlegende Voraussetzung für Ausschreibung und damit Vergabe entsprechender Arbeiten ist eine nach Maßgabe des Abbruch- und Entsorgungsplanes vorgenommene Aufstellung aller Leistungen, die zu kategorisieren sind nach:
  - Stoffen und Stoffklassen
  - Separierung, Abtransport bzw. Zwischenlagerung
  - Qualität der Endprodukte bei Behandlungsverfahren
  - Arbeits- und Umgebungsschutz

Für die Art der Vergabe - unter der Voraussetzung, daß öffentliche Mittel eingesetzt werden und damit die Verdingungsordnung für Bauleistungen zwingend vorgeschrieben ist - kann eine generelle Empfehlung nicht ausgesprochen werden. Hier ist im Einzelfall zu prüfen, ob besondere Umstände ein Abweichen von der öffentlichen Ausschreibung erforderlich machen [5].

Sind trotz detaillierter Bestandsaufnahme und Ablaufplanung im Einzelfall Unsicherheiten vorhanden, ist zunächst abzuwägen, ob die Ausführung der Arbeiten dennoch veranlaßt werden soll. In diesem Fall sind diese Unsicherheiten ebenfalls ausreichend zu dokumentieren und durch Alternativpositionen zu beschreiben.

Sofern eine Abfuhr belasteter Materialien zeitgerecht nicht möglich ist, muß im Einzelfall ein Zwischenlager genehmigt und errichtet werden. Zu klären ist, ob die zu erbringenden Entsorgungsleistungen - möglicherweise auch durch Alternativpositionen - ausreichend beschrieben werden können oder aber eine erneute Ausschreibung für die zusammengetragenen Massen erforderlich wird. Aufzunehmen sind ebenfalls die Kosten für die Zwischenlagerung je Zeiteinheit.

Von besonderer Bedeutung für eine gesicherte und zeitgerechte Entsorgung sind des weiteren Fristen, innerhalb derer die verantwortliche Erklärung vorzulegen bzw. die Materialien abzufahren und damit zu entsorgen sind. Im Einzelfall ist zu prüfen, ob dem Auftragnehmer die Lasten und Gefahren für beispielsweise in Mulden bereitgestellte Materialien übertragen werden.

5. Durchführung der Maßnahmen

Um der Vorgabe Rechnung tragen zu können, daß die Arbeiten tatsächlich im weiteren Verlauf entsprechend der Planung durchgeführt werden, ergibt sich auch hier die Notwendigkeit einer gutachtlichen Überwachung, die als Fachbauleitung insbesondere folgende Aufgaben wahrnimmt:
- Überwachung der Arbeits- und Umgebungsschutzmaßnahmen
- Aufmaße und Kontrolle der Massenströme
- Sicherstellung einer ordnungsgemäßen Handhabung, Verpackung und Lagerung der Problemstoffe
- Qualitätskontrolle
- Dokumentation der Maßnahmen

Wie bereits deutlich gemacht, kann es aufgrund der komplexen Randbedingungen eine generelle Vorgabe hinsichtlich der durchzuführenden Maßnahmen nicht geben. Vielfach wird sich jedoch ein Ablauf einstellen, der mit vorbereitenden und Reinigungsarbeiten beginnt, sodann eine Dekontamination der Bausubstanz - sofern möglich - vorsieht und mit der Separierung belasteter Baustoffe bzw. Bausubstanz weitergeführt wird (Abb. 4). Sofern alle Hindernisse ausgeräumt sind, kann der konventionelle Abbruch durchgeführt werden.

In der Praxis wird sich diese Vorgehensweise vielfach jedoch nicht einhalten lassen, da insbesondere belastete Baustoffe, die als Isolierung zwischen Betonlagen eingebracht wurden, unter dem wirtschaftlichen Einsatz finanzieller Mittel nur im Verlauf des allgemeinen Abbruchs separiert werden können. Gleiches gilt für eingemauerte Altanlagen wie Tanks und Transformatoren.

Die abschließende Dokumentation der Maßnahmen empfiehlt sich insbesondere sofern, als damit den Fach- und Ordnungsbehörden gegenüber ein zusammenfassender Nachweis über die ordnungsgemäße Umsetzung geführt werden kann. Zu fordern sind hier insbesondere eine differenzierte Darstellung der ermittelten bzw. tatsächlich vorgefundenen Belastungen sowie eine detaillierte Beschreibung des Vorgehens, die sinnvollerweise durch eine Fotodokumentation unterstützt werden sollte. Weiterhin ist ein Abfallkataster hinsichtlich der Klassifizierung anfallender Mengen sowie der beschrittenen Entsorgungswege zusammenzustellen. Unbeachtet dessen sind selbstverständlich die gesetzlichen Vorgaben hinsichtlich der Nachweisführung [6] zu beachten und einzuhalten.

Literatur:

ABFALLGESETZ FÜR DAS LAND NORDRHEIN-WESTFALEN: (Landesabfallgesetz - LAbfG -). SGV. NW 74
BERUFSGENOSSENSCHAFTEN DER BAUWIRTSCHAFT (Hrsg.)(1991): Gefahrstoffe beim Bauen, Renovieren und Reinigen. Abruf-Nr. 613.
DIEDERICHS, C.J.; RÜLLER, G. (1992): Arbeitshilfen zur Beauftragung von Planern, Gutachtern und Firmen mit der Sanierung von Altlasten. DVP-Verlag, Wuppertal.
INGENSTAU, A.; KORBIO, H. (1993): VOB - Teile A und B - Kommentar. Werner-Verlag, Düsseldorf.
MINISTER FÜR STADTENTWICKLUNG UND VERKEHR des Landes Nordrhein-Westfalen (Hrsg.)(1993): Rechenschaftsbericht Grundstücksfonds.
BGBl. I: Verordnung über das Einsammeln und Befördern sowie über die Überwachung von Abfällen und Reststoffen (Abfall- und Reststoffüberwachungs-Verordnung - AbfRest-ÜberwV). BGBl. I, S. 648.

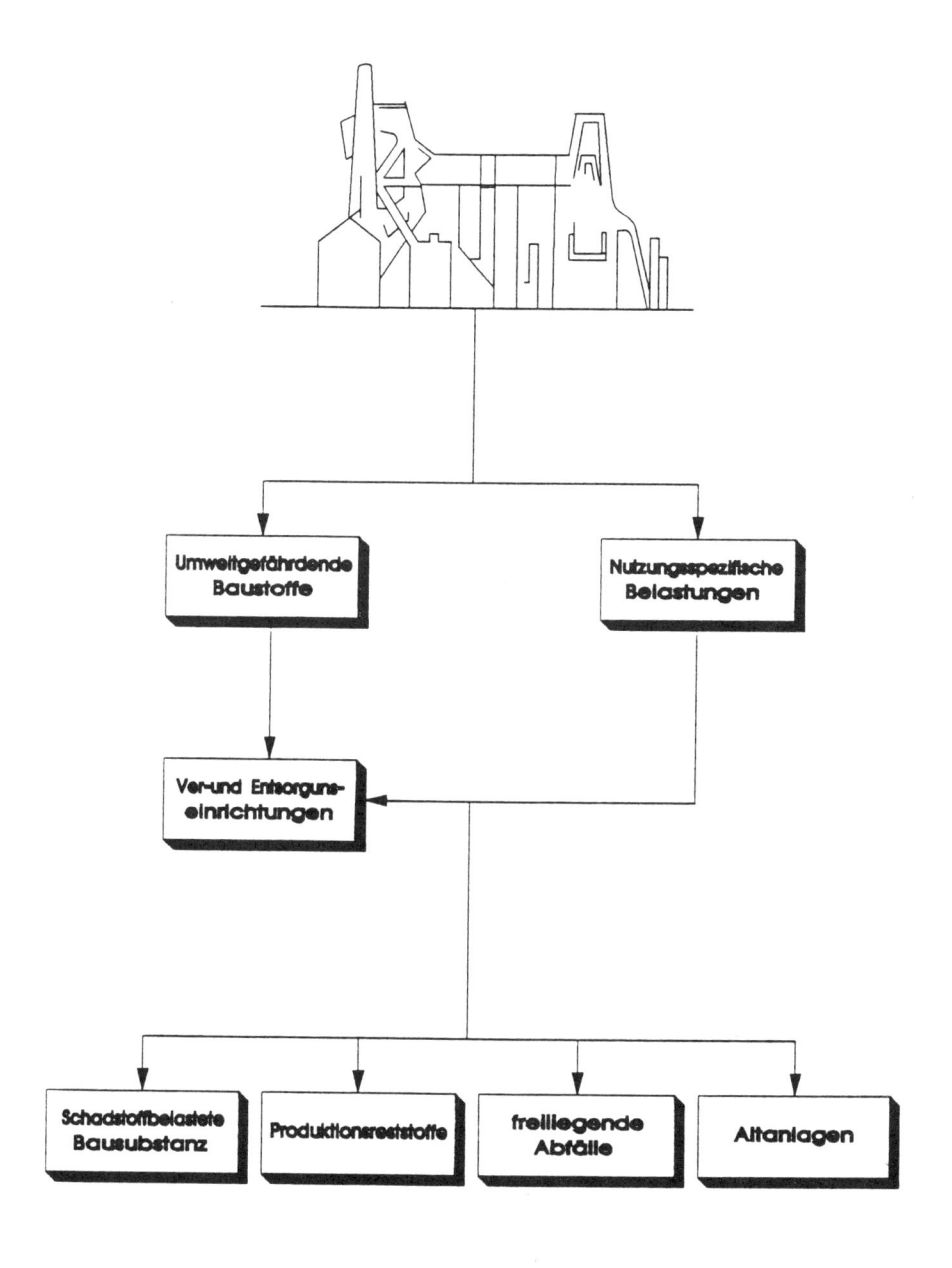

Abb. 1: Schadstoffbelastungen in industriellen Altanlagen

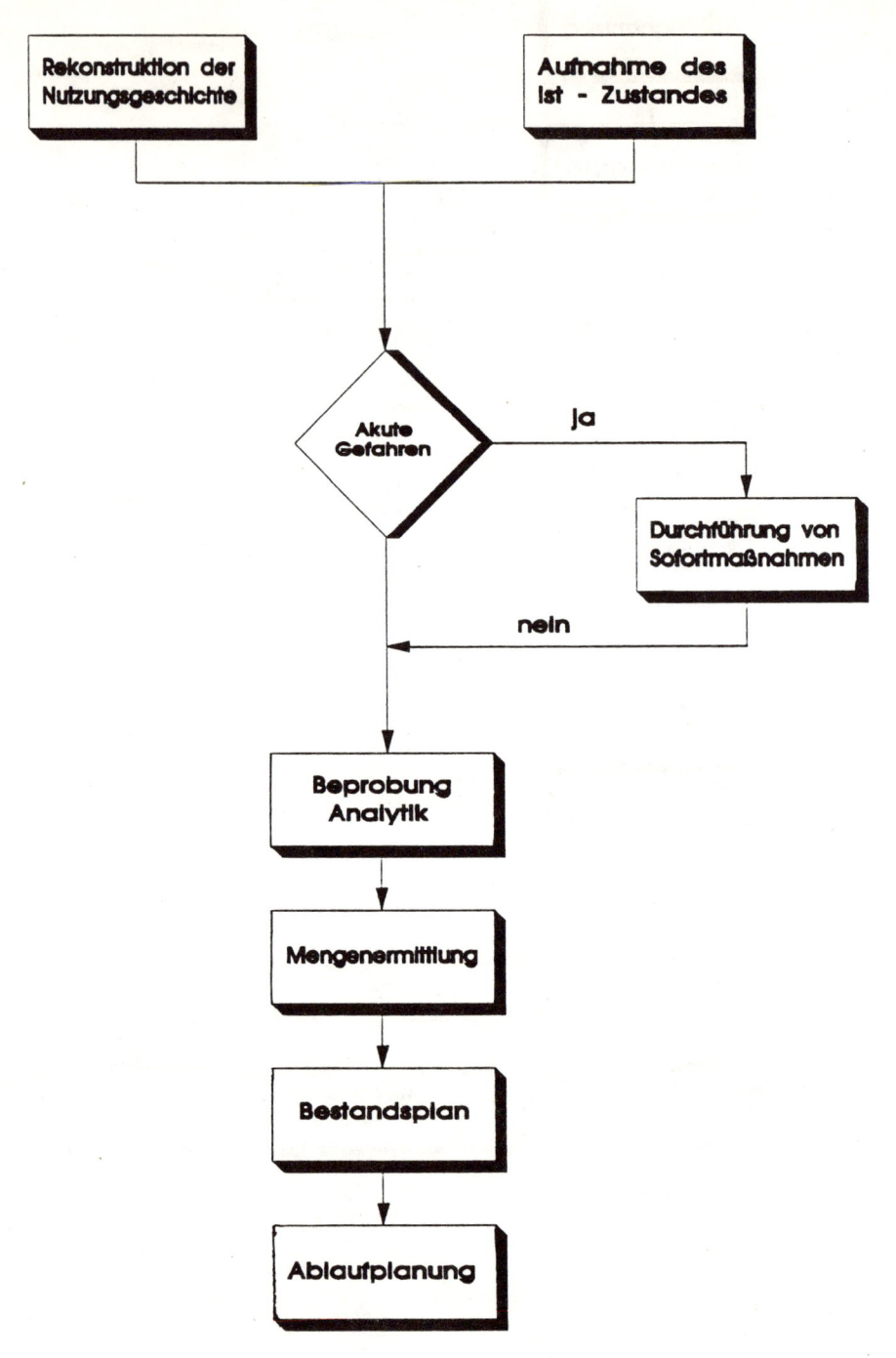

Abb. 2: Vorbereitende Untersuchungen und Ablaufplanung

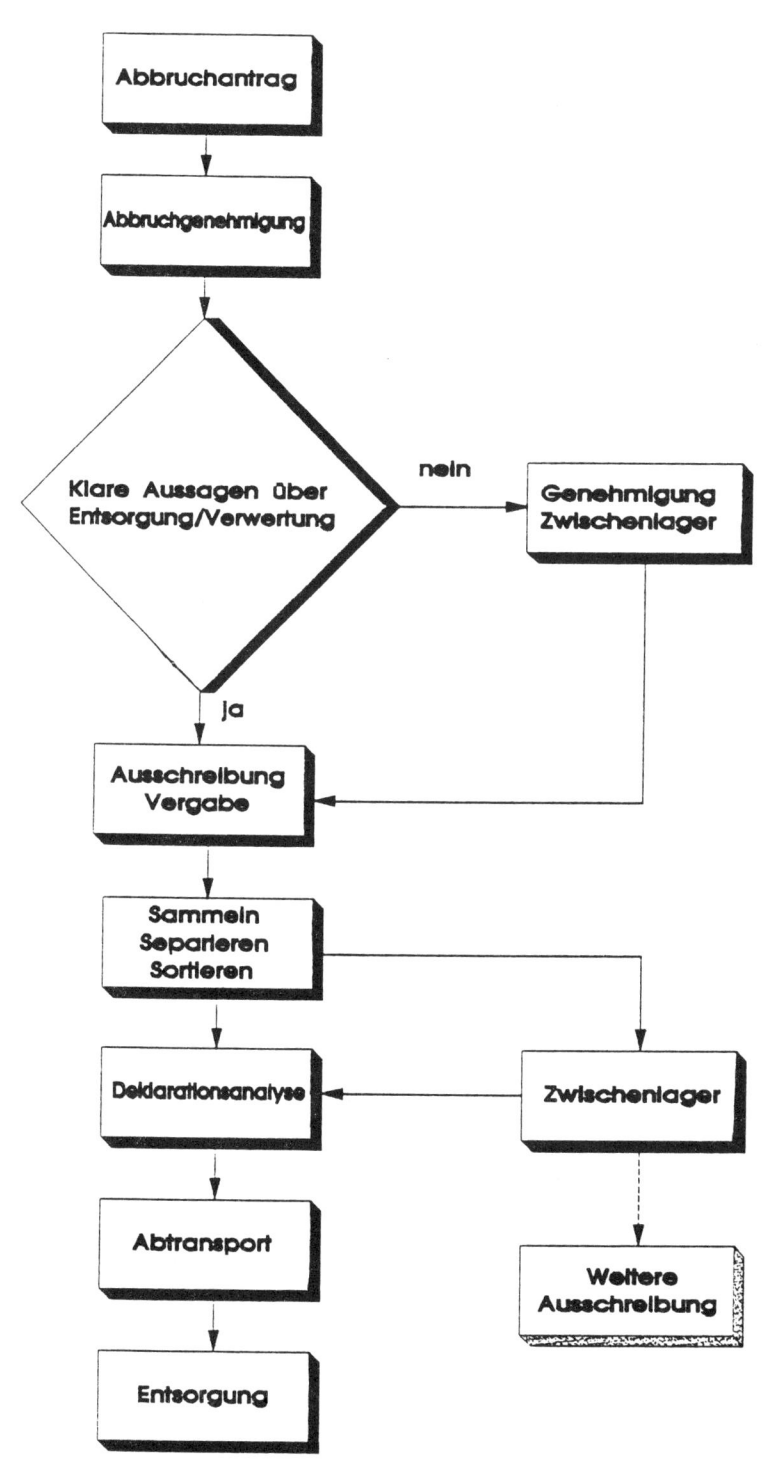

Abb. 3: Ausschreibung und Vergabe

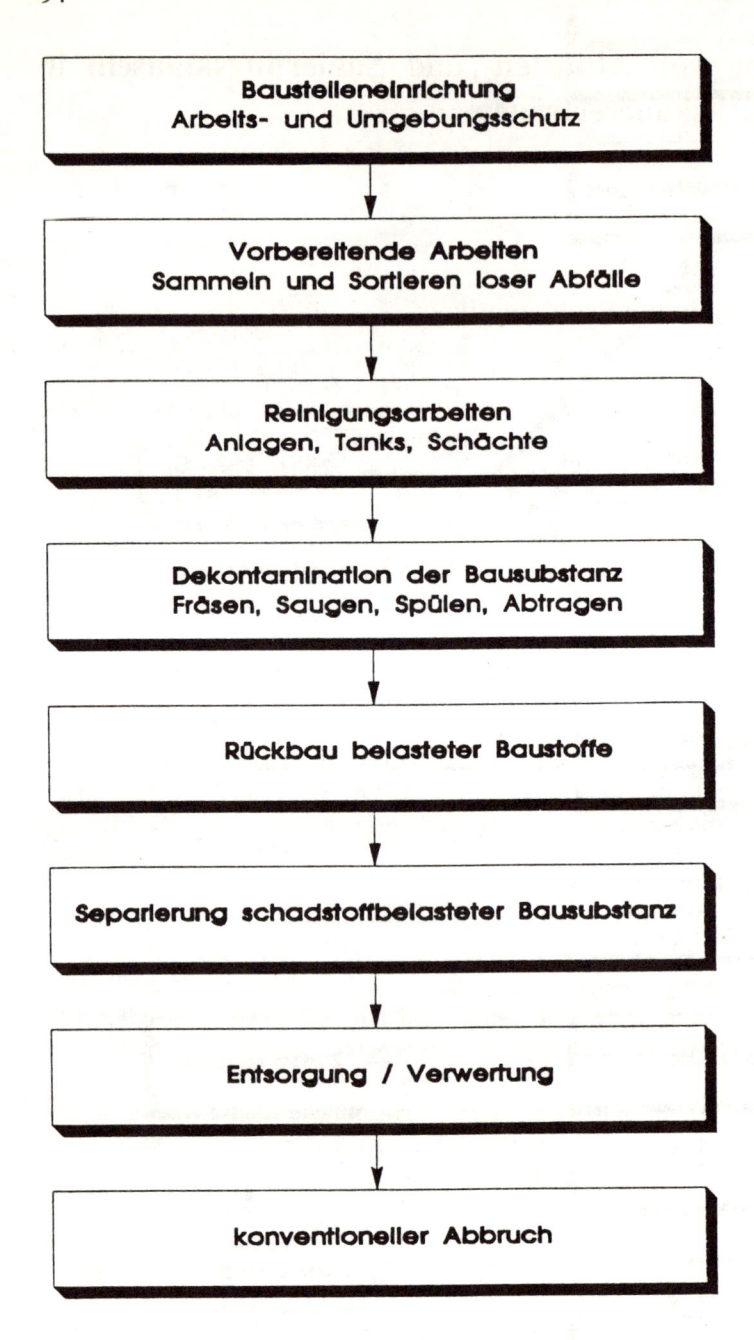

```
┌─────────────────────────────────────────┐
│         Baustelleneinrichtung           │
│     Arbeits- und Umgebungsschutz        │
└─────────────────────────────────────────┘
                    │
                    ▼
┌─────────────────────────────────────────┐
│         Vorbereitende Arbeiten          │
│    Sammeln und Sortieren loser Abfälle  │
└─────────────────────────────────────────┘
                    │
                    ▼
┌─────────────────────────────────────────┐
│           Reinigungsarbeiten            │
│        Anlagen, Tanks, Schächte         │
└─────────────────────────────────────────┘
                    │
                    ▼
┌─────────────────────────────────────────┐
│     Dekontamination der Bausubstanz     │
│      Fräsen, Saugen, Spülen, Abtragen   │
└─────────────────────────────────────────┘
                    │
                    ▼
┌─────────────────────────────────────────┐
│         Rückbau belasteter Baustoffe    │
└─────────────────────────────────────────┘
                    │
                    ▼
┌─────────────────────────────────────────┐
│   Separierung schadstoffbelasteter Bausubstanz │
└─────────────────────────────────────────┘
                    │
                    ▼
┌─────────────────────────────────────────┐
│          Entsorgung / Verwertung        │
└─────────────────────────────────────────┘
                    │
                    ▼
┌─────────────────────────────────────────┐
│          konventioneller Abbruch        │
└─────────────────────────────────────────┘
```

Abb. 4: Ablauf der Separierungs- und Entsorgungsmaßnahmen

Festlegung von Altlasten- und Sanierungsklauseln in Grundstückskaufverträgen

Dr. Wolfgang Habel

1. Einführung in die Problematik

Noch bis in die 70er Jahre war es in Deutschland durchaus üblich, Grundstücke unter Ausschluß jeglicher Gewährleistung für deren Beschaffenheit zu kaufen. Lediglich aufstehende Gebäude wurden kritisch betrachtet, eventuell untersucht und erkennbare Schwachstellen in einzelnen Fällen von dem Gewährleistungsausschluß ausgenommen. Hinsichtlich des Grundstücks spielte die Beschaffenheit des Erdreichs mit Ausnahme der Bodenqualität landwirtschaftlich genutzter Grundstücke für die Werthaltigkeit keine Rolle. Diese ergab sich allein unter Gesichtspunkten wie Lage, Bebaubarkeit oder ähnlichem.

Diese Sichtweise hat sich grundlegend gewandelt. Insbesondere bei gewerblich genutzten Grundstücken ist heute die Bodenbeschaffenheit, d. h.,, insbesondere die Freiheit von Kontaminationen oftmals der wichtigste Gesichtspunkt für Kaufentscheidung und Vertragsgestaltung. Die erschreckenden Erfahrungen mit Altlasten und den Kosten für ihre Beseitigung hat Altlasten- und Sanierungsklauseln in den Mittelpunkt des vertragsrechtlichen Interesses gerückt. Der Beitritt der neuen Bundesländer hat zu einer neuen quantitativen Dimension dieses Problems geführt.

Vor drei Jahren hat SCHLEMMINGER[1] beklagt, daß sich die Vertragspraxis auf dieses neue Problem noch nicht genügend eingestellt habe und auch die gängigen Formularbücher keine spezielle Hilfe böten. Während dies für die Formularbücher sicher auch heute noch weitgehend gilt, kann man inzwischen von einer Vielzahl von Gestaltungsmöglichkeiten berichten, die in die Vertragspraxis Eingang gefunden haben.

Der folgende Beitrag soll einige in der Praxis übliche Klauseltypen und ihre Bedeutung vorstellen. Der Erörterung einzelner Klauseltypen vorangestellt werden soll eine Betrachtung der besonderen Interessen- und Risikolage bei altlastenverdächtigen Grundstücken.

2. Risiko- und Interessenlagen

2.1 Käuferrisiken

Der Käufer eines Grundstücks läuft zunächst einmal das Risiko, daß das erworbene Grundstück durch eine Altlast im Wert gemindert ist oder auch, daß es für den von ihm vorgesehen Verwendungszweck nicht oder erst nach kostspieliger Beseitigung der Altlast verwendbar ist. Dieses mit jedem Kauf verbundene Risiko kann schnell die üblichen Dimensionen sprengen, wenn der Käufer öffentlich-rechtlich in Anspruch genommen wird, die entdeckte Altlast zu beseitigen. Die Kosten einer solchen Sanierung übersteigen oftmals den Wert des betroffenen Grundstücks bei weitem.

Dem Käufer ist zudem auch die Möglichkeit versperrt, durch einfache Aufgabe des Grundstücks seinen Verlust auf den Kaufpreis zu beschränken. Von aussergewöhnlichen Fallkonstellationen abgesehen, befreit nämlich die Aufgabe des Eigentums nicht von der öffentlich-rechtlich begründeten Sanierungspflicht.

Hat der Käufer das Grundstück zwischenzeitlich einer betrieblichen Nutzung zugeführt, stellen sich für ihn weitere Probleme. Die notwendigen Sanierungsarbeiten werden im günstigsten Fall seinen Betrieb behindern, im schlimmsten Fall aber auch zur Stillegung zwingen. Hat er zudem die Errichtung seines Betriebes in üblicher Form fremdfinanziert und den Kredit durch eine Grundschuld an dem erworbenen Grundstück gesichert, so läuft er nunmehr Gefahr, daß die Bank nach festgestellter Altlast den Kredit wegen Wertverfalls der Sicherheit fällig stellt.

2.2 Verkäuferrisiken

Auch für den Verkäufer einer altlastenbehafteten Liegenschaft kann der Verkauf weitreichende Risiken hervorrufen. Selbst wenn der Verkäufer sich nämlich zivilrechtlich wirksam von jeglicher Gewährleistung für Altlasten freigezeichnet hat, kann er unter Umständen auch noch lange nach dem Verkauf öffentlich-rechtlich für die Sanierung in Anspruch genommen werden.

Dies gilt zunächt nach dem allgemeinen Polizeirecht für denjenigen Verkäufer, der die Altlast durch eigenes Tun verursacht hatte, den sog. Verhaltensstörer. Nach den Altlastensanierungsgesetzen in Hessen[2] und Thüringen[3] gilt dies aber beispielsweise auch für jeden Verkäufer, sofern er nicht nachweisen kann, von der Altlast nichts gewußt zu haben.

Die Behörde mag sich zwar bei der Auswahl des polizeirechtlich Inanspruchzunehmenden an der in dem zivilrechtlichen Kaufvertrag getroffenen Haftungsregelung orientieren. Der optimistischen Auffassung von SCHLEMMINGER[4], die Behörden würden dies unter dem Einfluß der Rechtsprechung auch zunehmend tun, vermag ich allerdings aus eigener Erfahrung nicht beizutreten.

Man mag hier zunächst einwenden, für den Verkäufer realisiere sich in diesem Fall nur ein Risiko, das ohnehin auch ohne Verkauf des Grundstücks für ihn latent vorhanden gewesen sei.Dies ist theoretisch richtig. Aus praktischer Sicht kann jedoch nicht verkannt werden, daß die Wahrscheinlichkeit der Risikorealisierung durch den Verkauf deutlich steigt.

Solange der frühere Eigentümer das Grundstück im eigenen Besitz hatte, konnte er durch entsprechende Nutzung, respektive durch Nichtnutzung unter Umständen eine Entdeckung der Altlast vermeiden. Hat er nach erfolgtem Verkauf den Besitz an dem Grundstück aufgegeben, hat er dagegen hierauf keinen Einfluß mehr. Beabsichtigt der Käufer zudem eine intensive Nutzung des Grundstücks, beispielsweise auch durch Bebauung, so ist die Wahrscheinlichkeit der Entdeckung einer möglicherweise vorhandenen Altlast signifikant erhöht. Auch dieses Risiko sollte der Verkäufer bei einem Verkauf abwägen und nach Möglichkeit vertraglich begrenzen.

3. Einzelne Altlasten- und Sanierungsklauseln

3.1 Untersuchungsverpflichtung

Die offensichtlichste und scheinbar einfachste Lösung des Problems besteht darin, eine Vorvereinbarung des Inhalts zu schließen, daß ein von den Parteien beauftragter Gutachter eine Bodenuntersuchung durchführt und die Parteien sich erst nach Vorliegen des Ergebnisses endgültig verpflichten. Die Kosten des Gutachtens werden in solchen Vereinbarungen meist von beiden Parteien hälftig getragen.

Leider vermag eine solche Vereinbarung in der Praxis die Probleme meist nicht zu lösen oder wirft sogar zusätzliche Probleme auf. Zum einen sind Bodenuntersuchungen, insbesondere wenn sie nicht nach konkret vermuteten Altlasten suchen, sondern eine allgemeine Begutachtung eines Grundstücks anstreben, sehr aufwendig und teuer. Zudem ist die Aussagekraft derartiger Gutachten auch heute noch eher vorsichtig einzuschätzen.

Bei solchen vorbeugenden Untersuchungen wird meist aus Kostengründen nur ein sehr grobes Bohrraster angelegt werden können. Auch die Festlegung der zu untersuchenden Parameter ist mangels konkreter Anhaltspunkte nur sehr schwierig zu lösen. Derartige Begutachtungen können daher zwar unter Umständen zuverlässig bestätigen, daß eine bestimmte Altlast vorhanden ist. Dagegen wird ein Gutachten wohl niemals die Freiheit des gesamten Grundstücks von Kontaminationen aller Art bestätigen[5].

Gänzlich unpraktikabel wird der Weg der Untersuchung oftmals sein, wenn sich auf dem Grundstück eine von dem Käufer zu erhaltende Bebauung befindet. Darüberhinaus wird es den Parteien häufig auch garnicht daran gelegen sein, ein latent vorhandenes Altlastenrisiko durch eine derartige Untersuchung zum konkreten Sanierungsfall werden zu lassen.

In der Praxis spielen derartige Untersuchungsvereinbarungen daher eine eher geringe Rolle. Empfehlenswert sind sie m. E. nur in besonders gelagerten Ausnahmefällen, z. B. wenn eine Weiterführung der bisherigen Nutzung durch den Käufer beabsichtigt ist, um bereits vorhandene Belastungen gegen neue abgrenzen zu können.

3.2 Definition der Altlast

Es existiert keine allgemeingültige Definition des Begriffs "Altlast". Eine Altlasten- und Sanierungsklausel, die unreflektiert mit diesem Begriff arbeitet, ist daher nicht geeignet, die Fragestellung einer hinreichend rechtssicheren Lösung zuzuführen. Wichtiger Bestandteil einer jeder vertraglichen Regelung der Gewährleistung für Altlasten muß daher eine exakte Definition dessen sein, wofür gewährleistet werden soll[6]. Zuweilen finden sich Formulierungen wie "die Freiheit des Bodens von Verunreinigungen aller Art". Hier stellt sich dann in der Tat die Frage, welche Stoffspuren bei einem solch komplexen Stoffgemisch, wie es der natürliche Boden nun einmal darstellt, als Verunreinigungen anzusehen sind. Selbst wenn man aber weiter einschränkt und nur anthropogene Verunreinigungen in die Gewährleistung nimmt, dürfte es schwerfallen, in unseren durch dichte Besiedlung und intensive Zivilisation gekennzeichneten Ballungsräumen nicht verunreinigte Grundstücke zu finden[7].

Eine solch weitgehende Formulierung würde auch über den Sinn jeglicher Gewährleistung hinausgehen und dem Käufer unter Umständen auf Kosten des Verkäufers sog. Luxussanierungen ermöglichen. Ein hierauf gerichtetes Interesse des Käufers wird ein gut beratener Verkäufer sicher nicht anerkennen.

Es bietet sich daher an, eine Gewährleistungsregelung an konkreten Erscheinungsformen der "Altlast" festzumachen. Dies ist zum einen die Tauglichkeit für die vom Käufer beabsichtigte Nutzung und zum zweiten die öffentlich-rechtliche Inanspruchnahme:

a) Nutzungstauglichkeit

Bei dieser Vertragsgestaltung muß zunächst einmal klar und eindeutig in den Vertrag hineingeschrieben werden, welche Nutzung der Käufer beabsichtigt. Auf dieser Grundlage kann geregelt werden, welche Ansprüche dem Käufer zustehen sollen, wenn sich herausstellt, daß anthropogene Belastungen die Tauglichkeit des Grundstücks für diesen Nutzungszweck einschränken oder aufheben. Diese Klausel schützt den Käufer in seinem berechtigten Interesse, das Grundstück für den Zweck verwenden zu können, für den er es erworben hat. Zugleich schützt sie den Verkäufer vor dem Risiko, daß bei einer Änderung der Nutzungsart hin zu einer besonders sensiblen Nutzung seine Haftung in unvorhersehbarer Weise ausufert.

Eine Anknüpfung an die Nutzungstauglichkeit bietet sich oftmals beim Erwerb eines Grundstücks von der Treuhandanstalt an. Die beabsichtigte Nutzung wird hier ohnehin meist in den Vertrag aufgenommen und sogar als Verpflichtung des Käufers ausgestaltet.

b) Öffentlich-rechtliche Inanspruchnahme

Besonders beliebt ist die Anknüpfung an eine öffentlich-rechtliche Inanspruchnahme des Käufers. Wird dann auch noch klar und deutlich in die Gewährleistungsregel hineingeschrieben, daß der Käufer nur für Kosten einzustehen hat, die durch eine behördliche Anordnung verursacht sind, so meinen viele Verkäufer und ihre Berater, sich vor einer willkürlichen Inanspruchnahme glänzend geschützt zu haben, indem sie gewissermaßen einen objektiven Dritten in Form der Behörde eingeschaltet haben.

Bei näherem Hinsehen vermag diese Klausel die in sie gesetzten Erwartungen allerdings nicht zu erfüllen. Erfahrungsgemäß werden Sanierungen immer dann ganz besonders teuer, wenn sie durch behördliche Anordnungen gesteuert werden. Jeder der sich im Sanierungsgeschehen auskennt, wird daher immer versuchen, Sanierungen im Einvernehmen mit der Behörde, aber auf "freiwilliger" Basis ohne behördliche Anordnungen durchzuführen. Dieser regelmäßig kostengünstigere Weg wäre dem Käufer hier zu Lasten des Verkäufers versperrt.

Diese Klausel mag sogar im Einzelfall dazu führen, daß ein Käufer, der im eigenen Interesse eine Sanierung wünscht, von sich aus an die Behörde herantritt und sie auf das Problem aufmerksam macht. Erreicht er damit eine behördliche Anordnung, kann er die Kosten eventuell auf den Verkäufer abwälzen.

Diese Überlegungen zeigen, daß die hier vorgestellte Regelung niemals in dieser Form isoliert getroffen werden sollte. Sie ist einzubetten in ein Regelwerk, das auch im Falle einer "freiwilligen" Sanierung ohne behördliche Anordnungen nicht zum Nachteil des Käufers gereicht und sie sollte zumindest ergänzt werden durch eine Kostenbeteiligung des Käufers (siehe hierzu unten 3.3).

c) Erhöhte Entsorgungskosten

Ein weiterer Ansatz für die inhaltliche Definition, des mit der Gewährleistung zu erfassenden Risikos sind die erhöhten Entsorgungskosten. Hier findet sich oft die Regelung, daß bestimmte Kostenerstattungen seitens des Verkäufers vorgesehen sind, wenn der Käufer im Falle des Abbruches von Gebäuden oder des Erdaushubs im Rahmen von Bebauungsmaßnahmen wegen der Kontamination des Bauschutts respektive des Erdaushubs erhöhte Entsorgungskosten zu tragen hat.

d) Wertminderung

Als weiterer Ansatzpunkt für eine Altlastengewährleistung wird gelegentlich der Gesichtspunkt der Wertminderung herangezogen. Stellt sich nach Erwerb eines Grundstücks heraus, daß dieses eine Kontamination aufweist, die zwar der Tauglichkeit für die vorgesehene Nutzung nicht entgegensteht und auch keine behördlichen Maßnahmen auslöst, so kann dennoch der Wert des Grundstücks, d. h. der Wiederverkaufspreis gemindert sein. Von besonders gelagerten Fällen abgesehen, empfiehlt sich jedoch meines Erachtens nicht, hierfür eine Verantwortlichkeit des Verkäufers zu begründen. Eine derartige Klausel wäre notwendigerweise mit unkalkulierbaren Imponderabilien behaftet.

3.3 Quotenklauseln

Um eine angemessene Aufteilung des Altlastenrisikos zwischen Verkäufer und Erwerber zu erreichen, haben sich in der Praxis abgestufte Quotenklauseln entwickelt. Diese Klauseln bieten sich an, wenn eine gewisse Belastung bekannt ist oder vermutet wird, das tatsächliche Ausmaß aber im ungewissen liegt und auch nicht beabsichtigt ist, noch vor der Veräußerung eine eingehende Untersuchung durchzuführen.

Da die Parteien bei dieser Situation vom Vorliegen einer gewissen Belastung ausgegangen sind, ist diese regelmäßig bereits im Kaufpreis berücksichtigt. Dementsprechend ist festzuschreiben, daß der Erwerber die Sanierungskosten bis zu einer bestimmten Höhe allein zu tragen hat. Für den Fall, daß entgegen der Erwartung beider Parteien der Sockelbetrag zur Sanierung nicht ausreicht, sind die darüberhinaus gehenden Kosten bis zu einer bestimmten Höhe von den Parteien gemeinsam zu tragen[8].

Stellt sich der Schaden als so exzessiv heraus, daß auch dieser zweite Höchstbetrag nicht ausreichend ist, so wird es regelmäßig angemessen sein, den darüber hinausgehenden Sanierungsaufwand dem Verkäufer zuzuordnen. Es empfiehlt sich aber auch in diesen Fällen eine gewisse Beteiligung des Erwerbers an diesen weitergehenden Kosten, zu denken ist beispielsweise an eine 10-20%ige Beteiligung. Hiermit soll sichergestellt werden, daß der Erwerber, der regelmäßig Träger der Sanierung ist, nicht auf Kosten des Verkäufers eine Luxussanierung durchführen läßt.

In den Standardverträgen der Treuhandanstalt begegnet man häufig solchen Quotenklauseln. Insoweit diese allerdings vorsehen, daß der Käufer für die Sanierungskosten in der dritten Stufe allein aufkommt, kann hierin nur eine unbillige Risikoverlagerung gesehen werden.

3.4 Nichtwissenserklärungen

Kann sich der Verkäufer mit einem Gewährleistungsausschluß für Altlasten durchsetzen, so wird er meist die Erklärung in den Vertrag aufnehmen müssen, daß ihm bis zum Zeitpunkt des Vertragsabschlusses keine Altlasten bekannt geworden sind. Diese Erklärung läßt sich bei gewerblichen Betrieben auch auf die Nichtkenntnis von Mitarbeitern erstrecken.

Für den Käufer liegt der Wert einer derartigen Nichtwissenserklärung darin, daß er, wenn später doch Altlasten auftauchen, unter Umständen die Arglist des

Verkäufers nachweisen kann[9]. Bei nachgewiesener Arglist aber entfällt der Gewährleistungsausschluß und der Verkäufer haftet gemäß § 476 BGB zwingend.

Da die Arglist unter Umständen bereits begründet werden kann, wenn der Verkäufer ihm bekannte frühere Grundstücksnutzungen, die erkennbar für eine Bewertung des Altlastenrisikos von Bedeutung sein können, verschweigt, sollte der Verkäufer gegebenenfalls diesem Risiko vorbeugen. Dies kann dadurch erreicht werden, daß er in dem Vertrag aufnimmt, daß dem Käufer die konkrete frühere Grundstücksnutzung bekannt ist.

Umgekehrt läßt sich die Nichtwissenserklärung zugunsten des Käufers verstärken, indem dem Verkäufer die Beweislast dafür auferlegt wird, daß er keine Kenntnis von eventuellen Altlasten hatte.

5. Freistellung des Verkäufers

Wie anfangs bereits angesprochen, kann der Verkäufer auch viele Jahre nachdem er das Grundstück veräußert hat, noch als sog. Verhaltensstörer bzw. in Hessen und Thüringen auch als früherer Eigentümer in Anspruch genommen werden. Während die Altlastengesetze Hessens und Thüringens zugleich eine Ausgleichspflicht gegenüber anderen Sanierungsverantwortlichen zumindest im Ansatz normieren, hat der Verhaltensstörer grundsätzlich keinen Ausgleichsanspruch gegenüber anderen Störern, die bei der Ermessensauswahl der Behörde verschont geblieben sind. Diese zu Recht immer wieder als willkürlich kritisierte Rechtslage ist durch die eindeutige höchstrichterliche Rechtsprechung zementiert und auch legislatorisch sind bis auf die beiden erwähnten Altlastengesetze keine Ansätze einer Korrektur erkennbar[10].

Aus diesem Grund empfiehlt der Autor eine Freistellungsklausel dergestalt, daß der Käufer verpflichtet wird, den Verkäufer von allen gegen ihn gerichteten Ansprüchen freizustellen, sofern diese nach dem vertraglichen Risikoausgleich vom Verkäufer nicht zu tragen wären[11].

Zieht die Behörde dann den Verkäufer als Zustandsstörer für die Sanierung einer Altlast heran, die nach dem vertraglichen Risikoausgleich zu Lasten des Käufers ginge, kann sich der Verkäufer im Wege des Rückgriffs bei diesem schadlos halten.

Es wird dabei nicht verkannt, daß auch diese Klausel dem Verkäufer nur begrenzten Schutz gewähren kann. Nach den üblichen Kriterien bei der Ermessensauswahl zwischen mehreren Störern greift die Behörde bekanntlich gerade dann auf den Verhaltensstörer zurück, der sich bereits vor vielen Jahren von dem Grundstück getrennt hat, wenn der jetzige Besitzer als Zustandsstörer zwar rechtlich haftbar, angesichts seiner Finanzkraft für die Sanierung jedoch nicht oder nur bedingt geeignet ist. In solchen Fällen kann der Verkäufer dann durchaus mit Schwierigkeiten bei der Durchsetzung seines Freistellungs- oder Erstattungsanspruches rechnen.

3.6 Verjährung

Die gesetzliche Verjährungsfrist für Gewährleistungsansprüche der hier behandelten Art beträgt ein Jahr. Es ist offenbar allgemein anerkannt, daß dies bei Altlasten unangemessen kurz ist. Die Empfehlungen gehen von 3 über 5, 10 bis zu 20 Jahren[12].

Meines Erachtens ist hier eine allgemein gültige Empfehlung nicht zu geben. Die Länge der Verjährungsfrist sollte vielmehr in jedem einzelnen Fall sorgfältig austariert werden.

Je länger die vertraglich vereinbarte Verjährungsfrist ist, umso dringender bedarf eine andere Frage eindeutiger vertraglicher Regelung. Die Tauglichkeit eines Grundstücks für einen vorgesehenen Zweck ist nur für den Zeitpunkt der Übergabe des Grundstücks zu gewährleisten. Stellt sich innerhalb der Verjährungsfrist heraus, daß das Grundstück Belastungen aufweist, die die Tauglichkeit für den vorgesehenen Zweck bereits im Zeitpunkt der Übergabe ausgeschlossen oder gemindert hätten, wenn sie zu diesem Zeitpunkt bekannt gewesen wären, so ist ein Gewährleistungsanspruch zu begründen. Entfällt jedoch die Tauglichkeit des Grundstücks während der Verjährungsfrist aufgrund zwischenzeitlich verschärfter gesetzlicher Bestimmungen oder gewandelter naturwissenschaftlich-technischer Ansichten, so gehört dies in die Risikosphäre des Käufers.

Gleiches gilt für die öffentlich-rechtliche Inanspruchnahme. Erfolgt eine solche innerhalb der Verjährungsfrist, so sollte sie bei richtiger Gestaltung der Gewährleistungsklausel nur dann den Verkäufer erstattungspflichtig werden lassen, wenn diese Anordnung bereits durch das im Zeitpunkt der Übergabe des Grundstücks geltende Recht begründet gewesen wäre. Stützt sich die Anordnung dagegen auf während der Verjährungsfrist eingetretene Verschärfungen der Gesetzeslage oder der Rechtsprechung, so sollte dies nicht den Verkäufer belasten. Gleiches gilt meines Erachtens für erhöhte Entsorgungskosten aufgrund nachträglich verschärfter Bestimmungen.

Um den gewünschten Effekt zu erreichen, bedarf es einer besonders sorgfältigen Arbeit bei der Ausformulierung der Gewährleistungsbestimmungen. Dabei wird nicht verkannt, daß hieraus außerordentlich schwierige Haftungsfragen resultieren können, wenn beispielsweise bereits im Zeitpunkt der Übergabe des Grundstücks öffentlich-rechtliche Anordnungen gerechtfertigt gewesen wären, die später ergangenen Anordnungen aber aufgrund zwischenzeitlich geänderter Rechtsgrundlagen weitergehende Sanierungsanforderungen enthalten, als sie im Zeitpunkt der Übergabe des Grundstücks möglich gewesen wären. Dennoch ist es meines Erachtens gerade bei sehr langen Verjährungsfristen sachgerecht, das Risiko nachträglicher Rechtsänderungen und gewandelter naturwissenschaftlich-technischer Anschauungen, demjenigen aufzulasten, der während dieser Entwicklung Eigentümer des Grundstücks ist, und dies ist der Käufer[13].

4. Resümee

Mit den vorstehenden Beispielen ist die Liste der möglichen Gestaltungen lange nicht erschöpft. Auch kommen häufig noch auf den Einzelfall bezogene Detailregelungen hinzu. Diese verbunden mit einer Kombination mehrerer der vorstehend geschilderten Klauseln führen in der Praxis häufig zu Altlasten- und Sanierungsklauseln, die mehrere Schreibmaschinenseiten füllen. Angesichts der Komplexität dieser Materie, fehlender klarer Rechtsgrundlagen in Gesetz oder Rechtsprechung und den außerordentlich hohen Risiken ist dieser Aufwand unbedingt gerechtfertigt.

Der Rückgriff auf bewährte Standardklauseln, wie er ansonsten im Grundstücksverkehr verbreitet ist, scheitert allerdings daran, daß solche Standardklauseln noch nicht vorliegen, aber auch an der außerordentlichen Komplexität dieser Problematik, welche Regelungen im Einzelfall erfordert. Die Vertragspraxis hat in den letzten Jahren eine Fülle von Gestaltungen entwickelt, durch deren Kombination und richtigen Einsatz in den meisten Fällen sachgerechte Lösungen möglich sein sollten.

Vor einem ungeprüften Übernehmen von Altlasten- und Sanierungsklauseln aus anderen Verträgen kann angesichts der Vielfalt der möglichen Risikolagen nur gewarnt werden. Altlastenbewältigung ist Maßarbeit: Dies gilt nicht nur für die technische, sondern auch für die rechtliche Bewältigung.

Fußnoten

1) SCHLEMMINGER, Die Gestaltung von Grundstückskaufverträgen, BB 1991, 1434, 1435.
2) HESS. ABFALLWIRTSCHAFTS- UND ALTLASTENGESETZ in der Fassung vom 26. Febr. 1991 (GVBl. I S. 106), zuletzt geändert durch Gesetz vom 15. Dezember 1992 (GVBl. I S. 634), 421 (1) 6.
3) THÜRINGER ABFALLWIRTSCHAFTS- UND ALTLASTENGESETZ vom 31.07.1991 (GVBl. 1991, S. 273), § 20 (1) 5.
4) aaO., S. 1433 f.
5) Zu optimistisch, wohl MICHEL, der sich "letzte Sicherheit" verspricht (Grundstückserwerb und Altlasten, S. 25).
6) Vgl. auch BRANDT, Altlastenrecht, S. 387.
7) Völlig realitätsfern daher die Formulierungsvorschläge von MICHEL, aa0., S. 56f.
8) Ansatzweise findet sich der Gedanke einer hälftigen Teilung auch bei SCHLEMMINGER, aa0., S. 1435.
9) Vgl. auch BRANDT, aa0., S. 389f., KNOPP, Altlastenrecht in der Praxis, S. 87.
10) Siehe aber § 21 (1) S. 4,5 HESSABFAG, sowie § 20 (1) S. 4,5, THÜABFAG (vgl. zur Frage möglicher Verfassungswidrigkeit dieser Regelung, SCHLEMMINGER, aaO., S. 1436).
11) Vgl. auch KNOPP, aa0., S. 87.
12) BRANDT, aaO., S. 395.
13) Anders MICHEL, aaO., S. 54: "... nach jeweils geltendem Recht ...", der diese Empfehlung allerdings nicht begründet.

Neue Kriterien für nationale und internationale Regelwerke für Ausschreibungen

Siegfried Stockhorst

1. Das System der Auftragsberatungsstellen

Als Beratungsdienst oder Serviceeinrichtung zum Thema "Öffentliches Auftragswesen" sind Auftragsberatungsstellen (ABSt'n) zu qualifizieren. ABSt'n, manchmal tragen sie auch die Bezeichnung "Landesauftragsstellen", sind in der Regel Gemeinschaftseinrichtungen der Industrie- und Handelskammern und Handwerkskammern in den jeweiligen Bundesländern. Einige von diesen ABSt'n werden auch von Länderwirtschaftsministerien und vom Bund getragen und finanziert.

ABSt'n ist von den Wirtschaftsverwaltungen der Länder und den sie tragenden Kammern die Aufgabe übertragen worden, die gewerbliche Wirtschaft des jeweiligen Bundeslandes in Fragen des deutschen und internationalen öffentlichen Auftragswesens zu betreuen und zu beraten.

Hinsichtlich des Aufgabenkatalogs lassen sich drei Schlagworte bilden:
- Beraten
- Informieren (reine Serviceleistung)
- Benennen (leistungsfähig, fachkundig, zuverlässig)

Eine ähnliche Aufgabenstellung ist allen 16 ABSt'n im Bundesgebiet zugewiesen.

Eigene Beschaffungen/Ausschreibungen werden von den ABSt'n nicht durchgeführt. Unternehmen, die an öffentlichen Aufträgen interessiert sind, sollten sich an die ABSt wenden, in deren Bundesland sich der Hauptsitz des Unternehmens befindet. Ausländische Unternehmen nutzen den Beratungsdienst dieser Serviceeinrichtung in der Regel schlicht dadurch, daß sie über einen deutschen Vertriebspartner die Beratungsleistung in Anspruch nehmen.

Aber auch öffentliche Auftraggeber können diesen Beratungsdienst in Anspruch nehmen. (Beispiel "Süd-Hessen").

2. Integration der internationalen Regelwerke in die nationalen Regelwerke Umsetzung der EG-Richtlinien zum öffentlichen Auftragswesen in deutsches Recht

Das entscheidende Kriterium für die Anwendung der supranationalen Vergabevorschriften ist der sogenannte Schwellenwert. Übersteigt das Beschaffungsvolumen den von der EU-Kommission festgelegten Schwellenwert, ist die Beschaffung, was das Prozedere angeht, zwingend nach den EG-Richtlinien durchzuführen. Gleichwohl sind nationale und internationale Regelwerke keine getrennten Werke. Vielmehr ist es gelungen, die internationalen Richtlinien der EU in die nationalen Regelwerke zu integrieren.

Folgende Richtlinien, die europaweit in Kraft gesetzt worden sind, kennen Sie:

BKR - Baukoordinierungsrichtlinie der EG - 5 MIO ECU
LKR - Lieferkoordinierungsrichtlinie der EG - 200.000 ECU
DLR - Dienstleistungsrichtlinie der EG - 200.000 ECU
SKR - Sektorenrichtlinie der EG - 400.000/600.000 ECU/ 5 MIO
RMR - Rechtsmittelrichtlinie der EG

So sind die Bestimmungen der **Lieferkoordinierungsrichtlinie (LKR),** anzuwenden ab einem Auftragswert von 200.000 ECU, also ca. DM 400.010,-, als a-Paragraphen in die VOL/A eingearbeitet.

Die **Baukoordinierungsrichtlinie (BKR),** Schwellenwert 5 Mio ECU, ist in die a-Paragraphen der VOB/A überführt.

Die **Dienstleistungsrichtlinie (DLR),** als Auffangrichtlinie für alle nicht der LKR oder BKR zuzuordnenden Beschaffungen konzipiert, wird entweder ihren Niederschlag in den a-Paragraphen der VOL/A, soweit es sich um gewerbliche Dienstleistungen handelt, oder in der noch zu schaffenden VOF finden. Obwohl ihre Umsetzung ins nationale Recht in Deutschland noch nicht abgeschlossen ist, haben ausschreibende Stellen Aufträge, die als Dienstleistungsaufträge zu qualifizieren sind und die den Schwellenwert von 200.000,- ECU überschreiten, gleichwohl schon international auszuschreiben. (In Hessen ist sie per Erlaß direkt in Kraft gesetzt.)

Die Bestimmungen der **Sektorenrichtlinie (SKR),** im EG-Deutsch als "Richtlinie des Rates zur Koordinierung der Auftragsvergaben durch Auftragnehmer im Bereich Wasser, Energie- und Verkehrsversorgung sowie im Telekommunikationssektor" bezeichnet, sind als b-Paragraphen in die Abschnitte 3 bzw. in die Abschnitte 4 der Verdingungsordnungen eingearbeitet. Sie erfassen neben den staatlichen Behörden auch privatrechtliche Unternehmen (öffentliche und verbundene Unternehmen), die ihre Beschaffungsvorhaben ebenfalls öffentlich bekanntzumachen und dem internationalen Wettbewerb zu unterwerfen haben. Es handelt sich hierbei einmal um Unternehmen, auf die der Staat mittelbaren oder unmittelbaren beherrschenden Einfluß ausübt, soweit sie ihre Tätigkeiten auf den Gebieten Trinkwasser-, Energie-, Verkehrsversorgung und Telekommunikation ausüben sowie um Privatunternehmen, die auf diesen vier Gebieten tätig sind.

Die Einarbeitung der EG-Richtlinien in die Verdingungsordnungen alleine reicht aber für die Verbindlichkeit gegenüber den privaten Auftraggebern aus dem Sektorenbereich nicht aus. Nur ein Gesetz bietet die Möglichkeit, auch private Unternehmen zur Anwendung der Verdingungsordnungen zu zwingen.

Im Herbst 1993 hat deshalb die Bundesregierung durch Änderung des § 57 Haushaltsgrundsätzegesetzes (HGrG) die gesetzliche Grundlage geschaffen. In Verbindung mit der seit 1. März 1994 in Kraft gesetzten Vergabeverordnung bedeutet dies schlicht, daß VOL/A, VOB/A und VOF indirekt Gesetzescharakter erhalten, wenngleich dies auch nur für Aufträge oberhalb der Schwellenwerte gilt. Im § 57 a des HGrG wird der durch die Richtlinien der EG betroffene Kreis der Auftraggeber definiert, der die Verdingungsordnung anzuwenden hat.

Frage: Wie erfahren Sie überhaupt etwas über Ausschreibungen von öffentlichen Aufträgen in der EU?

Alle Aufträge, die die eben erwähnten Schwellenwerte überschreiten, müssen im Supplement zum Amtsblatt der EG veröffentlicht werden, und zwar anhand eines einheitlichen Musters (Bekanntmachungsmuster für öffentliche Aufträge in VOL enthalten).

Der Inhalt der Bekanntmachungen ist von der EG-Kommission genau festgelegt. Er kann sich aber ändern, je nachdem, ob ein Auftrag in Form eines offenen, nicht offenen oder Verhandlungsverfahrens vergeben wird.

Egal welches Verfahren angewandt wird, als Mindestangabe muß die Bekanntmachung z. B. enthalten: (Siehe Anhänge in VOL und VOB)

- die Art des gewählten Verfahrens
- Art und Menge der zu liefernden Waren, ausführliche Leistungsbeschreibung
- Ort der Lieferung und Lieferfristen
- nähere Angaben des öffentlichen Auftraggebers
- Tag, bis zu dem die Angebote beim öffentlichen Auftraggeber eingehen müssen (ein besonders wichtiger Punkt)
- Zahlungsbedingungen
- eventuell geforderte Auskünfte zu den Lieferanten (Mindestbedingung)
- Vergabekriterien, die nicht in den Verdingungsordnungen genannt sind

- Angaben über die Möglichkeit von losweisen Angeboten bzw. für die Gesamtheit der angeforderten Lieferungen etc.
- den Zeitpunkt der Absendung zum Zwecke der Veröffentlichung im Amtsblatt

Wichtig: Rechtsmittel angeben/Beispiel BMVg

Derzeit werden immerhin mehrere Hundert Ausschreibungen pro Arbeitstag im Supplement der EG veröffentlicht. Neben der Datenbank TED, die ich jetzt näher erläutern werde, ist das Supplement zum Amtsblatt der EU für Unternehmen die Quelle schlechthin für öffentliche Aufträge. Das Supplement erscheint in mehreren Landessprachen der EU.

Was ist TED, was kann TED und wie können Sie es nutzen?

Wie ist ein Auftrag zu vergeben?

Grundsätzlich gilt: der öffentliche Auftraggeber darf sich seine Lieferanten nicht willkürlich auswählen bzw. Lieferanten nicht bevorzugen. Die Richtlinien legen eindeutig Auswahlkriterien fest, die der Auftraggeber bei der Vergabe von Aufträgen zu beachten hat. Unternehmen können sich um jeden ausgeschriebenen Auftrag mit einem Angebot bewerben oder einen Teilnahmeantrag stellen, wenn sie gewisse Bedingungen erfüllen. Diese können sich orientieren an
- der beruflichen Eignung,
- der technischen Eignung und
- der finanziellen und wirtschaftlichen Leistungsfähigkeit des Lieferanten.

Für den öffentlichen Auftraggeber von besonderer Bedeutung ist die Fachkunde, Leistungsfähigkeit und Zuverlässigkeit des Unternehmens.

Wer kann sich beteiligen?

Generell kann sich jeder Unternehmer, der über die notwendigen Qualifikationen und Eignungskriterien verfügt, an öffentlichen Aufträgen beteiligen. In der Regel darf kein Bewerber oder Bieter von den Verfahren zur Vergabe öffentlicher Aufträge ausgeschlossen oder in irgendeiner Art und Weise diskriminiert werden.

Der Markt soll also wirklich offen sein, und für jeden sollen die gleichen Bedingungen gelten.

Zur Feststellung der Eignung eines Unternehmens kann der öffentliche Auftraggeber verlangen, daß bestimmte Unterlagen beigebracht werden. Um die berufliche Eignung nachzuweisen, muß der Unternehmer in der Regel den Nachweis über die Eintragung in das Berufsregister des Ursprungslandes vorweisen können.

Mindestbedingungen/Nachweise nach Artikel 20 - 23 LKR bzw. VOL/A § 7 a.

Als Nachweis der finanziellen, wirtschaftlichen und technischen Leistungsfähigkeit kann der Auftraggeber von Unternehmen verschiedene Unterlagen verlangen. In der Bekanntmachung im Supplement zum Amtsblatt der EG, spätestens aber in den Verdingungsunterlagen gibt der öffentliche Auftraggeber an, welche Nachweise vorzulegen sind.

Erteilung des Zuschlages

Problematisch bleibt bei den EG-Richtlinien die Regelung der Erteilung des Zuschlages auf einen öffentlichen Auftrag. Entweder wird der Zuschlag ausschließlich aufgrund des niedrigsten Preises oder nach dem Kriterium des wirtschaftlich günstigsten Angebotes erteilt.

Der niedrigste Preis läßt sich zugegebenermaßen sehr leicht feststellen. Anders sieht dies bei dem wirtschaftlichsten Angebot aus. Hier sind Faktoren wie der Preis, die Lieferfrist, die Qualität, die Ästhetik, die Zweckmäßigkeit der Ware, der Kundendienst etc. zu berücksichtigen.

Bei der Umsetzung der LKR hat man sich in der VOL/A § 25 allerdings auf den Begriff des "wirtschaftlichsten Angebots" geeinigt.

3. Vergabeüberwachung

Wie sieht die Vergabeüberwachung im nationalen Bereich aus?

Die VOL/A meldet für ihre Basisparagraphen Fehlanzeige. Die VOB/A hat immerhin den § 31, in dem es heißt: In der Bekanntmachung und den Vergabeunterlagen ist die Stelle anzugeben, an die sich der Bewerber oder Bieter zur Nachprüfung behaupteter Verstöße gegen die Vergabebestimmungen wenden kann.

Solange die Schwellenwerte der EU nicht überschritten sind, haben Ihre Beschwerden den Charakter einer Dienstaufsichtsbeschwerde. Ihnen wird zwar eine Antwort erteilt, in der Konsequenz fallen vielleicht innerdienstliche Entscheidungen, von denen Sie in der Regel aber nichts haben und auch wenig merken. Letztendlich versanden diese Beschwerden.

Natürlich gibt es auch **interne** Kontrollen bei den Beschaffungsstellen, die durch Rechts- und Fachaufsicht vorgesetzter oder dafür eingerichteter Stellen durchgeführt werden.

Daneben existiert eine **externe** Kontrolle wie:
- VOB-Stellen der Länder, die im Verlauf eines Vergabeverfahrens oder danach schiedsgerichtsähnlich eingreifen
- durch Rechnungshöfe/Vorprüfstellen, die die Mittelausgabe (in der Regel im nachhinein) überprüfen
- durch Gerichte: die schwierige Konstruktion des Rechtsinstituts "culpa in contrahendo" (dem Verschulden bei Vertragsschluß) kann zu negativen Schadensersatz führen.

Für den internationalen Bereich sieht dies wesentlich komfortabler aus.

Justiziabilität/Vergabeüberwachung

Um die Durchsetzung der Anwendung der EG-Richtlinien abzusichern und die oft zu beobachtende Diskriminierung ausländischer Anbieter zu unterbinden, wurde die **Rechtsmittelrichtlinie (RMR) der EG,** auch als Überwachungsrichtlinie bezeichnet, entwickelt. Sie ist seit Dezember 1991 in Kraft. Hinsichtlich ihrer Umsetzung stellte sie die Bundesrepublik Deutschland vor große Probleme, da das bestehende Vergaberecht die Justiziabilität der Vergabeentscheidungen weitgehend ausschließt. Die Rechtsmittelrichtlinie der EG räumt aber jedem interessierten Unternehmen ein subjektives Recht hinsichtlich der Überprüfung des Vergabeverfahrens und der Vergabeentscheidung ein. Um nun ein spezielles Vergabegesetz zu vermeiden, hatte die Bundesregierung schon während ihrer Verhandlungen über die EG-Richtlinien eine deutsche Option mit in die Verträge aufnehmen lassen, die das bewährte deutsche Vergabesystem bewahren helfen und ein spezielles Vergabegesetz überflüssig machen sollte.

Der zu erreichenden Justiziabilität der Vergabeverfahren haben Bundestag und Bundesrat nun dadurch Rechnung getragen, daß sie den § 57 a HGrG noch um die § 57 b und § 57 c ergänzten.

Durch § 57 b wird die Überprüfung der Vergabeverfahren sichergestellt. Sowohl der Bund als auch die Länder haben jeweils für ihre Zuständigkeitsbereiche sogenannte Vergabeprüfstellen (1. Instanz) einzurichten, die den von interessierten Unternehmen vorgetragenen Einwendungen/Beschwerden nachzugehen haben.

In Hessen ist im Augenblick die OFD Frankfurt, Ref. Lb II 5, die zuständige Vergabeprüfstelle für bestimmte Auftraggeber (Rest noch in Arbeit).
- Verwaltungsakt (mit Rechtshilfebescheid, der auf Vergabeüberwachungsausschuß hinweist)
- Vergabeüberwachungsausschuß ist in Hessen noch nicht eingerichtet (Kein Problem für Unternehmen, da die Vergabeprüfstelle dies mitteilen muß.).

Der § 57 c regelt die Einsetzung und die Kompetenz des Vergabeüberwachungsausschusses.

Diese für das deutsche Vergabewesen völlig neue Situation führt nun zur Einrichtung eines zweistufigen Überprüfungssystems. Die erste Instanz ist die **Vergabeprüfstelle**. Eine oder mehrere der Vergabeprüfstellen können/werden in den jeweiligen Instanzenzügen jetzt auf Bundes- und Landesebene angesiedelt. Sie werden in der Regel bei den dienstaufsichtsführenden Ministerien eingerichtet. Die jeweils zuständige Beschwerdestelle, an die die Eingaben zu richten sind, ist schon in der Veröffentlichung der Ausschreibungsbekanntmachung - für den VOL-Bereich, Offenes Verfahren, z. B. unter Ziffer 14 - bekanntzugeben. Für die Durchsetzung ihrer Entscheidungen kann die Vergabeprüfstelle alle Maßnahmen treffen, um Mängel abzustellen. Sie kann selbst in das Verfahren eingreifen. Insgesamt gesehen ist das Handeln dieser 1. Instanz als Verwaltungshandeln zu qualifizieren.

Ist der Beschwerdeführer mit der Entscheidung der ersten Instanz nicht einverstanden, kann er den **Vergabeüberwachungsausschuß** (2. Instanz) anrufen, der als Revisionsinstanz ausgelegt ist. Die 2. Instanz wird durch ein Dreiergremium gebildet. Neben zwei beamteten und zum Richteramt befähigten Juristen aus der Verwaltung ist auch ein Vertreter der Wirtschaft als ehrenamtlicher Beisitzer dort tätig. Die Mitglieder dieser Kammern sind unabhängig und nur dem Gesetz unterworfen. Die Entscheidungen dieser zweitinstanzlichen Spruchkammern sind für die 1. Instanz bindend. Sollten sie zugunsten des Beschwerdeführers ausfallen, und ist der Mangel nicht mehr behebbar, vielleicht weil der Auftrag schon vergeben ist, bleibt möglicherweise lediglich die Feststellung einer Rechtswidrigkeit übrig mit der Folge, daß der Schaden vor einem Zivilgericht eingeklagt werden kann. Während der Bund seinen aus dem Gesetz resultierenden Verpflichtungen nachgekommen ist und beim Bundeskartellamt einen Vergabeüberwachungsausschuß eingerichtet hat, der auch schon erste Entscheidungen fällte, tun sich die Bundesländer noch etwas schwer mit der Umsetzung.

Neben diesen als interne Kontrolle zu bezeichnenden Überprüfungsverfahren bleiben als externe Kontrolle:
- Rechnungshöfe mit ihren Vorprüfstellen
- Anrufung des beratenden Ausschusses bei der EG-Kommission durch einen Interessenten
- Im SKR-Bereich das Schiedsverfahren bei der EU
- Die Einklagung von Schadensersatz bleibt davon unberührt

Allgemein zeichnete sich das nationale Regelwerk dadurch aus, daß die A-Teile der Verdingungsordnungen sich weitgehend einer Justiziabilität entzogen. Man konnte zwar eine Dienstaufsichtsbeschwerde einreichen oder einen "Spezialweg" einschlagen. Das Ergebnis blieb aber weitgehend unbefriedigend. Mit der Einführung der RMR hat sich dies grundlegend geändert. Die nationale Vergabe bleibt zwar weiter von der Justiziabilität ausgenommen. Sobald der Schwellenwert überschritten ist, also die EG-Richtlinien wirken, folgt zwingend, daß auch die RMR wirkt; d. h. nichts anderes, als daß ein Rechtsanspruch auf eine Überprüfung der Vergabeverfahren durch Betroffene gewährleistet wird. Jedes interessierte Unternehmen kann diesen Rechtsanspruch geltend machen. In der Regel geschieht dies durch Anrufung des entsprechenden Gremiums, der Vergabeprüfstelle. Gesetzlich geregelt ist dies heute im § 57 b des HGrG (Vergabeprüfstelle) sowie in § 57 c (Vergabeüberwachungsausschuß).

4. VOF Verdingungsordnung für freiberufliche Leistungen - VOF

Was sind freiberufliche Leistungen?

Die VOF findet Anwendung auf die Vergabe von Leistungen, die im Rahmen einer freiberuflichen Tätigkeit erbracht oder im Wettbewerb mit freiberuflich Tätigen angeboten werden.

Anwendungsbereich:

- Vergabe von Leistungen, wie sie im Anhang I A und I B genannt sind
- 200.000 ECU
- wenige Ausnahmen (wenn allerdings, eindeutig und erschöpfend beschreibbar
  --> VOL)
- Aufträge an fachkundige, leistungsfähige und zuverlässige Unternehmen zu vergeben!
- soweit erforderlich befugte Bewerber

Vergabeverfahren:

- Verhandlungsverfahren
- "Vergabebekanntmachung"

Bekanntmachungen:

- sogenannte Vorinformationen
- Verhandlungsverfahren
- Auftragsvergabe
- Bekanntmachung über Wettbewerbe
- Ergebnis von Wettbewerben

Anzahl der Bewerber: Nicht unter drei Bewerbern
Fristen: 37 Tage/15 Tage

5. Die Sektorenrichtlinie der EG

Grundsätzlich wirken EG-Richtlinien auch direkt, wenn sie nicht umgesetzt sind.
DLR hat z. B. per Erlaß direkte Wirkung in Hessen.
SKR erfuhr ihre Umsetzung einmal durch Einarbeitung der Bestimmungen in VOL und VOB sowie durch das HGrG und die Vergabeverordnung.

Auftraggeberbegriffe nach der VOL/A-SKR

In der SKR wird der Begriff des öffentlichen Auftraggebers wesentlich ausgedehnt und indirekt über das Tätigkeitsfeld definiert.

Abgeleitet aus der VOL:
§ 1 Nr. 1 SKR: Lieferaufträge sind
§ 1 Nr. 2 SKR:
Die Bestimmungen der SKR-Paragraphen sind für Lieferaufträge im Sinne der Nr. 1 anzuwenden, deren geschätzter Wert ohne Umsatzsteuer mindestens beträgt:

§ 1 Nr. 2 a):
400.000 ECU im Falle von Lieferaufträgen, die im Zusammenhang mit folgenden Tätigkeiten vergeben werden:
a c):
das Betreiben von Netzen zur Versorgung der Öffentlichkeit im Bereich des Verkehrs per Schiene, ..., Bus oder Kabel.

Definition also über den Tätigkeitsbereich/Tätigkeitsfeld.
Nun kann die VOL/VOB viel definieren. Rechtsverbindlich werden die Verdingungsordnung erst durch Erlaß für die mit Erlassen zu steuernden staatlichen Stellen. Für alle anderen ist die Verbindlichkeit nur per Gesetz zu erreichen..

Im einzelnen definiert werden die Auftraggeber_im HGrG § 57 a und einer ergänzenden Vergabeverordnung (VgV).

Es lassen sich zwei Typen für die SKR aus den Bestimmungen ableiten:

Typ 1: § 57 a Abs. 1 Nr. 1 bis 3 Auftraggeber sind staatliche

Mit öffentlichen Unternehmen sind juristische Personen des Privatrechts unter finanzieller oder funktionaler Mehrheitsbeteiligung der Öffentlichen Hand gemeint. Solche Unternehmen findet man typischer Weise in den Bereichen Verkehrsbetriebe, Straßenversorgung, Abfallentsorgung usw.

In den Anhängen I bis X der SKR lassen sich beispielhaft die Tätigkeitsgebiete für diese Auftraggeber nachlesen.
Im Anhang VII steht z.B. für Deutschland:
"Unternehmen, die Omnibusverkehrsleistungen im öffentlichen Personennahverkehr im Sinne des Personenbeförderungsgesetzes vom 21. März 1961 erbringen. Einfacher: HGrG § 57a (1)1 bis 3

Typ 2: Auftraggeber sind aber auch Einrichtungen bzw. Unternehmen des Privatrechts, sofern sie eine der in § 1 SKR Nr. 2 genannten Tätigkeiten kraft eines besonderen oder ausschließlichen Rechts ausüben (gekorene öffentliche Auftraggeber).
Einfacher: HGrG §57a (1) 4 + 5

Als weitere Verweisungsvorschrift benötigt man noch die VgV.

Lieferaufträge sind entgeltliche Verträge	400.000 ECU
Bauaufträge	5.000.000 ECU
Dienstleistungsaufträge	400.000 ECU

Berechnung der Werte (§ 1 Nr. 3 SKR)
- 12 Monate (befristete Aufträge) - Haushaltsjahr/Geschäftsjahr
- die ersten 4 Jahre (unbefristete Aufträge)
- unter Einbeziehung von Optionsrechten (größtmöglicher Umfang)
- Nicht statthaft ist die Aufteilung des Beschaffungsvolumens zum Zwecke des Unterlaufens der Bestimmungen

Arten der Vergabe: § 3 VOL/A - SKR

Welche Vergabearten gibt es, was versteht man darunter und welche Wertigkeit haben sie?

Im internationalen Bereich gibt es ähnliche Ausschreibungsarten wie im nationalen. Sie sind lediglich etwas anders betitelt:

"Offenes Verfahren"
"Nicht Offenes Verfahren"
"Verhandlungsverfahren"

Wie sind diese nun zu qualifizieren?

"**Besonders wichtig**": Wahlfreiheit für Sektorenaufträge nach Abschnitt 4 der VOL und VOB. Voraussetzung ist allerdings, daß ein Aufruf zum Wettbewerb gemäß § 8 VOL/SKR durchgeführt wird. Der Aufruf (kann auch im Bundesausschreibungsblatt erfolgen oder sonst wo) hat auf jeden Fall beim Amt für amtliche Veröffentlichungen (siehe VOL/A Seite 99) zu erfolgen. Die Kosten werden vom AAVEG übernommen. Was veröffentlicht werden muß, kann z. B. den Anhängen der SKR (Seite 104-106) entnommen werden. Zur besseren Steuerung der Veröffentlichungen hat die Kommission Formblätter (S 252 A) entwickelt, die bei aller Kritik an ihrem Aufbau, sicher aber eine Hilfe sind. Wir kommen später noch auf die Formblätter zu sprechen. (BKR/LKR = S 217 E)

Welche Formen des Aufrufs zum Wettbewerb § 8 SKR kennen wir nun (3 Formen)?

a) Veröffentlichung einer Bekanntmachung nach den Anhängen A, B und C der SKR.

b) Veröffentlichung einer regelmäßigen Bekanntmachung (mindestens einmal im Jahr die beabsichtigten Beschaffungen für die nächsten 12 Monate, deren Wert mindestens 750.000 ECU beträgt/Baubereich 5 Mio. ECU ohne MWSt) - Vorabinformation
- Mit Aufruf zum Wettbewerb, dann: a), b), c) § 8 VOL/SKR

c) Veröffentlichung über das Bestehen eines Prüfsystems/ Präqualifikation nach § 5 SKR Nr. 5
- Auswahl der Bieter im Nicht Offenen Verfahren bzw. Verhandlungsverfahren

Verfahren ohne Aufruf zum Wettbewerb nur zulässig in den angebebenen Fällen des § 3 SKR Nr. 3.

Fristen (Angebotsfrist/Bewerbungsfrist), § 9 SKR
(keine Erläuterung von Sonderfristen)

Offenes Verfahren 52 Tage/36 Tage bei regelmäßiger Bekanntmachung
        6 Tage für weitere Unterlagen nach Antrag
        6 Tage bis Angebotsschlußtermin

Nicht Offenes Verfahren

Verhandlungsverfahren mit Aufruf zum Wettbewerb
(2stufiges Verfahren) 5 Wochen für Teilnahmeanträge

Frist für Angebote kann einvernehmlich festgesetzt werden, sonst mindestens 3 Wochen. Auf keinen Fall weniger als 10 Tage.

Der Tag der Absendung der Bekanntmachung muß nachgewiesen werden (12 Tage für Veröffentlichungen).
Vergabeunterlagen werden beim NO und VV am gleichen Tag an die ausgesuchten Unternehmen versandt.

Anträge können über alle Medien gestellt werden, solange die Form gewahrt ist.

Wertung der Angebote § 10 SKR

Der Auftrag ist an das wirtschaftlich günstigste (VOL) bzw. annehmbarste, wirtschaftlich günstigste (VOB) Angebot zu erteilen.

Aber was ist nun das wirtschaftlich günstigste Angebot?

Unter Berücksichtigung auftragsbezogener Kriterien wie etwa:
- Lieferfrist
- Betriebskosten (Kosten unter Betriebsbedingungen, unter denen üblicher weise der ÖPVN durchgeführt wird)
- Rentabilität, Qualität usw. bis hin zum Preis

Wichtigste Bedingung, das Angebot muß den Ausschreibungsbedingungen entsprechen. Entspricht das Angebot nicht den Forderungen z. B. technischen Vorgaben, so ist es auszusondern.

Wichtig: In den allgemeinen Vertragsbedingungen z. B. die Forderung nach Ausschaltung der Allgemeinen Geschäftsbedingungen der Anbietenden.

Frage: Was ist mit Nebenangeboten/Änderungsvorschlägen?
Wenn sie nicht ausgeschlossen sind, sind sie immer zugelassen und zu werten. Sind Mindestanforderungen an Nebenangebote gestellt, darf der Zuschlag nur erteilt werden, wenn diese erfüllt sind.
Weitere, aus Sicht des Vortragenden denkbare Wertungskriterien:
- die Konformität und Kompatibilität mit vorhandenen Fuhrparks
- bestehende Vorräte an spezifischen Ersatzteilen
- Sonderwerkzeuge und Prüfgeräte sowie Ausbildungsstand bzw. Ausbildungsbedarf des vorhandenen Fachpersonals
- Kundendienstsystem und Einrichtungen für schnelle Hilfe vor Ort
- Ersatzteilversorgungssystem und Versorgungssicherheit über einen Zeitraum von mindestens 10 Jahren

- Verwendung FCKW-freier Schäume- und Arbeitsstoffe, lösungsmittelfreier/-armer Lacke bei der Herstellung und Reparatur
- Rücknahme gebrauchter Produkte

TIP: Schauen Sie einmal in archivierte "Supplements"!

Vergabunterlagen § 7 SKR

Auch hinsichtlich der Vergabeunterlagen und deren Aufbau sagt die VOL/A - SKR einiges aus.
- Anschreiben (Aufforderung zur Angebotsabgabe)
- Verdingungsunterlagen

Im Anschreiben (Muster BBMI) sind besonders anzugeben:

- Nebenangebote zugelassen/oder nur mit Hauptangebot
- Mindestanforderungen an Nebenangebot
- Unterauftragnehmer (Angabe der UA)

Leistungsbeschreibung § 6 SKR

- Technische Anforderungen
Bei der Beschreibung der Leistung sind die technischen Anforderungen unter Bezugnahme auf europäische Spezifikationen festzulegen. Auf die Ausnahmen will ich hier nicht eingehen. Besonders wichtig ist aber, daß sie die Gründe für die Ausnahme von der Anwendung europäischer Spezifikationen entweder bekanntmachen oder in den Vergabeunterlagen festhalten. Auf Anfrage müssen diese Gründe den Mitgliedsstaaten oder der EG-Kommission übermittelt werden.

- Bezeichnungen für bestimmte Erzeugnisse oder Verfahren (Markennamen) dürfen ausnahmsweise nur mit dem Zusatz "oder gleichwertiger Art" benutzt werden.
- Abweichungen nur bei nachgewiesenem gleichwertigen Schutzniveau

Das Präqualifikationsverfahren (Teilnehmer am Wettbewerb)

Offenes Verfahren (Jeder, der sich um Teilnahme bewirbt)

Förmliches Verfahren, Verbot des Verhandelns
Bei Ausschreibungen im Öffentlichen Verfahren ist eine äußerst präzise Ausformulierung der Anforderung sowohl technisch als auch bei den Auftragsvergabekriterien erforderlich. Verhängnisvoll hierbei ist jedoch, daß nach Angebotsabgabe der Dialog zwischen Anbieter und Ausschreibendem abreißt und die Auftragsvergabe nach den einzuhaltenden Ausschreibungsformalismen u. U. zu

einem Anbieter führt, der weder in den Betrieb paßt noch die geringsten Lebenswegkosten hat. Zusammengefaßt hat es sich als günstig erwiesen, daß nach Angebotsabgabe besonders bei hochkomplizierten Omnibussen keine "Sprachlosigkeit" zwischen Anbieter und Betreiber herrscht. (Das Offene Verfahren allerdings eignet sich hervorragend für die Beschaffung von Normgütern = Schienen, Schotter, Dieseltreibstoff etc.)

— Die Bekanntmachung der Ausschreibungsergebnisse § 11 SKR innerhalb von 2 Monaten.
— Aufbewahrungspflicht nach § 12 SKR mindestens 4 Jahre, damit die Punkte a, b, c, d des § 12 nachzuweisen sind.
— Berichtspflichten § 12 SKR.

Anmerkung: Für alle anderen Richtlinien gibt es auch Berichtspflichten. Formulare können bei der ABSt angefordert werden.

Wenn kein internationaler Auftrag vergeben wurde, entfällt diese Berichtspflicht. Sonst wird der Bundesregierung der Gesamtwert der Aufträge unterhalb des Schwellenwertes mitgeteilt.

Wichtig: - Wissen, daß es ein zweistufiges Verfahren gibt
- Welche Stelle dies ist (Nachfrage bei ABSt)
- In der Veröffentlichung ist dies mit anzugeben nach Anhang SKR (Ziffer 15 oder 13 oder Ziffer 14)

- Checkliste für Ausschreibungen anfertigen
- Ausschluß der allgemeinen Geschäftsbedingungen für Lieferanten
- SIMAP
 - Eingabe
 - Ausgabe/TED
 - zwei weitere Punkte
- Formblätter

Berücksichtigung des Umweltrechnungswesens bei der Beurteilung von Sanierungsverfahren und Sanierungszielen

Franz-Josef Follmann, Thomas Schröder

Verfügt ein Sanierungsanbieter über die erforderliche Fachkunde, Leistungsfähigkeit und Zuverlässigkeit, so ist es aus rechtlicher und marktwirtschaftlicher Sicht vollkommen korrekt, ihm den Auftrag zu erteilen, wenn er das kostengünstigste Angebot abgegeben hat. Die „ökologischen Nebenwirkungen", die die Anwendung der angebotenen Verfahren hat, werden dabei in der Regel nicht berücksichtigt.

Im Hinblick auf zunehmende Umweltzerstörung, Klimaveränderung und Ressourcenverknappung ist es erforderlich, alle Bereiche menschlichen Handelns auf deren ökologische Auswirkungen hin zu untersuchen. Hierzu zählen auch Aktivitäten, deren grundsätzliches Ziel es ist, die Qualität der Umwelt zu verbessern. Ein prägnantes Beispiel hierfür ist der Bereich der Altlastensanierung. Es kann z. B. ein Sanierungsziel so formuliert sein, daß der Energieaufwand für das eingesetzte Verfahren so hoch ist, daß die daraus resultierende Klimaveränderung aufgrund des CO_2-Ausstoßes eine größere Gefährdung für Mensch und Schutzgüter darstellt als eine gewisse Restkontamination. In den Verfahrenskosten würde sich dieser Aspekt z. B. durch die Einführung einer CO_2-Steuer wirksam niederschlagen.

Um die ökologischen Auswirkungen global zu erfassen, ist es erforderlich, die bestehende Volkswirtschaftliche Gesamtrechnung (VGR) zu ergänzen und zu einer Umweltökonmischen Gesamtrechnung (UGR) weiterzuentwickeln.

1. Umweltökonomische Gesamtrechnung

Die Umweltökonomische Gesamtrechnung ist ein Instrument, das sich noch im Aufbau befindet. Damit sollen die Beziehungen zwischen Ökonomie und Ökologie in drei unterschiedlichen Betrachtungsweisen dargestellt werden:
- die quantitative Bilanzierung der einzelnen Ressourcen,
- die qualitativ-räumliche Betrachtung von Umweltveränderungen und
- die monetär ausgelegte Buchführung über Veränderungen im „Natur vermögen".

Die monetär ausgelegte Buchführung über Veränderung im Naturvermögen setzt die Erfassung grundlegender Daten voraus. Aus diesem Grund ist die UGR beim Statistischen Bundesamt angesiedelt. Dort wurde ein statistisches Umweltberichtssystem (STUBS) entwickelt, das zehn Bausteine vorsieht [nach BMU(1992)]:

1. Angaben über Abbau und Verbrauch von biotischen und abiotischen Primär- und Sekundärrohstoffen und Elementargütern (wie Sonnenenergie, Wasser, Luft u. ä.)
2. Angaben über Emissionen und deren Zusammenhang mit Produktions- und Verbrauchsprozessen mit dem Ziel der Ermittlung einer „Emissionsmenge pro Outputeinheit"
3. Ergänzung von Baustein 2 um Angaben über den Verbleib der Emissionen und der Gebrauchsgüter
4. Aufzeigen, wie die Natur durch den Menschen genutzt wird, z. B. als Standort für menschliche Aktivitäten oder als Lebensraum
5. Aufzeigen des qualitativen Zustands der Umweltmedien und deren Veränderung im Zeitablauf anhand bestimmter Umweltmeßwerte für Boden, Wasser, Luft, Strahlungen, Lärm u. ä.
6. Zusammenstellung von Extrembelastungen der Immissionslage, Ergänzung des Bausteins 5 um die Angaben über Art, Ort, Ausmaß und Häufigkeit von Spitzenbelastung und Belastungskombinationen
7. Aufstellung eines Kalendariums für außergewöhnliche Störungen (z. B. Hochwasser, Erdbeben, Chemie- oder Nuklearunfälle) und Abschätzung der quantitativen Auswirkungen
8. Aufstellung der monetären Aufwendungen für Umweltschutz (Luftreinhaltung, Abfallbeseitigung, Abwasserbehandlung etc.)
9. Expertenmodell I: Ermittlung eines Index` zur Erfassung der Veränderung des Umweltzustands anhand der mengenmäßigen Entwicklung ausgewählter Emissionen zur Ergänzung der Daten aus den Bausteinen 1-7

Expertenmodell II: Beurteilung ausgewählter Umweltindikatoren zur Ergänzung der Daten aus den Bausteinen 1-7

Basierend auf dem Modell dieser zehn Bausteine und auf einem UNO-Modell - „System for Integrated Environmental and Economic Accounting" (SEEA) -, das auf den Zusammenhängen der volkswirtschaftlichen Gesamtrechnung aufbaut, sieht das vom Statistischen Bundesamt vorgeschlagene Grundprogramm monetäre Bewertungen zunächst nur an folgenden Stellen vor:

- Ressourcenabbau und -verbrauch (Bewertung mit Marktpreisen),
- Emissionen (Bewertung mit Emissionsvermeidungskostenansätzen),
- Immissionen (Bewertung mit Schadensbeseitigungskostenansätzen).

Um diese Bewertung durchführen zu können, ist eine umfassende Datenerhebung, die zur Zeit noch nicht abgeschlossen ist, notwendig.

Praktikabel ist die Bewertung von Produkten, Verfahren und Unternehmen hinsichtlich ihrer ökologischen Auswirkungen auch jetzt schon. Es gibt viele Methoden, die auf Produkt/Verfahrens- oder Unternehmensebene Untersuchungen anstellen, deren Ergebnisse sich jedoch im wesentlichen nicht in Geldeinheiten ausdrücken lassen.

2. Ökobilanzen

Bei der Erarbeitung der Bewertungsverfahren für die Umweltbeeinflussung ist eine Vielzahl an Bezeichnungen entstanden. Diese Begriffsvielfalt hat insofern ihre Berechtigung, als bei den unterschiedlichen Ansätzen der Untersuchungsumfang nicht derselbe ist. Z. B. bezieht eine Produktlinienanalyse im Vergleich zu einer Ökobilanz zusätzlich soziale Aspekte in die Betrachtung ein, während Prozeßkettenanalysen nur den stofflichen Teil betrachten. Als problematisch erweist sich lediglich, daß selbst die Verfahren, die denselben Namen tragen, so unterschiedlich verstanden werden, daß eine Diskussion darüber häufig zu Mißverständnissen führt.

Grundsätzlich wird zur Zeit die Beurteilung der Umweltverträglichkeit auf zwei Ebenen vollzogen:
- Produkt-/Verfahrensebene
- Unternehmensebene

Auf der Produktebene werden Daten über den Lebenszyklus eines Produktes oder - in bezug auf die Altlastenbearbeitung - eines Verfahrens gesammelt und bewertet. Mit Erfassung von Betriebsdaten und deren Auswertung im Hinblick auf Umwelteinflüsse beginnen die Ansätze auf Unternehmensebene. Neben diesen Ebenen sind die Einflüsse des Staates oder anderer regulativ eingreifender Institutionen zu beachten. Denn oft sind es gesetzliche Auflagen, Grenzwerte oder mangelnde Akzeptanz, die den Anstoß zur Veränderung von Produkten, Verfahren und Unternehmenspolitik geben. Darüber hinaus orientieren sich auch die Gesetzgeber an den Erkenntnissen, die auf den genannten Ebenen gewonnen werden.

In Bild 1 sind die Verflechtungen zwischen den Ebenen, den Verfahren, die der Beschreibung ihrer Umweltauswirkungen dienen, und den daran beteiligten Institutionen dargestellt. Dieses Schema soll in erster Linie einen Überblick über die Vielfalt der im Zusammenhang mit der ökologischen Bewertung von Produkten oder Unternehmen vorkommenden Begriffe verschaffen. Besonderes Augenmerk gilt der Ökobilanz, weil diese relativ weit entwickelt ist. Um die Anwendbarkeit zu standardisieren, wird eine DIN-Norm im Arbeitsausschuß 3 „Produkt-

Ökobilanzen" des „Normungsausschusses Grundlagen des Umweltschutzes" (NAGUS) erarbeitet. Zur Vermeidung eines nationalen Alleingangs orientiert sich die Arbeit des NAGUS am internationalen Standard (ISO/TC 207/SC 5 „Life Cycle Assessment") und es wird angestrebt, diesen auf nationaler Ebene umzusetzen.

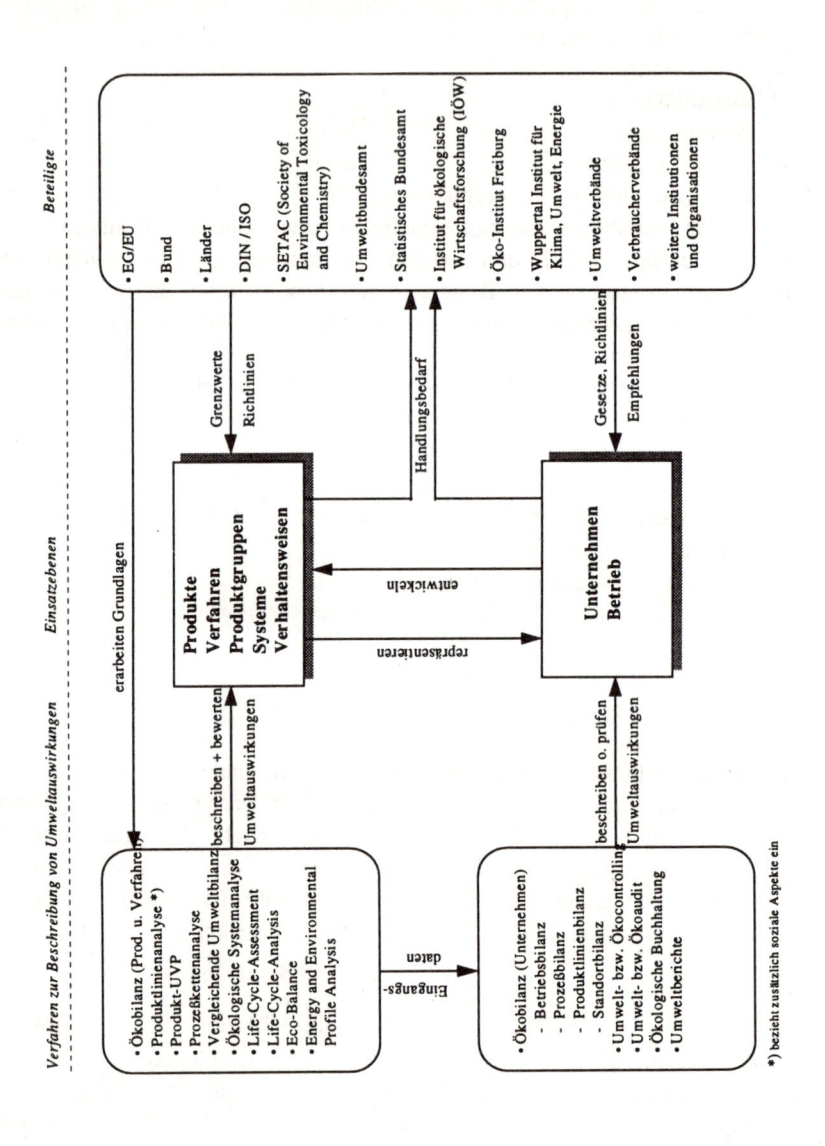

Abb. 1: Verfahren, Beteiligte und Zusammenhänge bei der Erfassung von Umweltauswirkunnge

Konzipiert wurde die Ökobilanz in erster Linie für Produkte, deren gesamter Lebensweg von der Rohstoffgewinnung bis zum Recycling bzw. zur Entsorgung betrachtet wird. Per definitionem kann die Ökobilanz über den Produktbegriff hinaus angewendet werden. Hinsichtlich der Anwendbarkeit besteht kein Unterschied zwischen der Untersuchung eines Produktstadiums und der eines Verfahrensschrittes. Das in vom Normungsausschuß [DIN (1994)] vorgeschlagene Prozeßschema sieht vier Bausteine vor:
1. Zieldefinition
2. Sachbilanz
3. Wirkungsbilanz
4. Bilanzbewertung

Die darin enthaltenen Definitionen sind überwiegend auf Produkt-Ökobilanzen ausgerichtet. Für den Bereich der Altlastensanierung ist es notwendig, konzentriert die Sanierungs- und Sicherungsverfahren zu betrachten. Die folgenden Begriffserklärungen und Darstellungen sind daher auf diese spezielle Thematik abgestimmt.

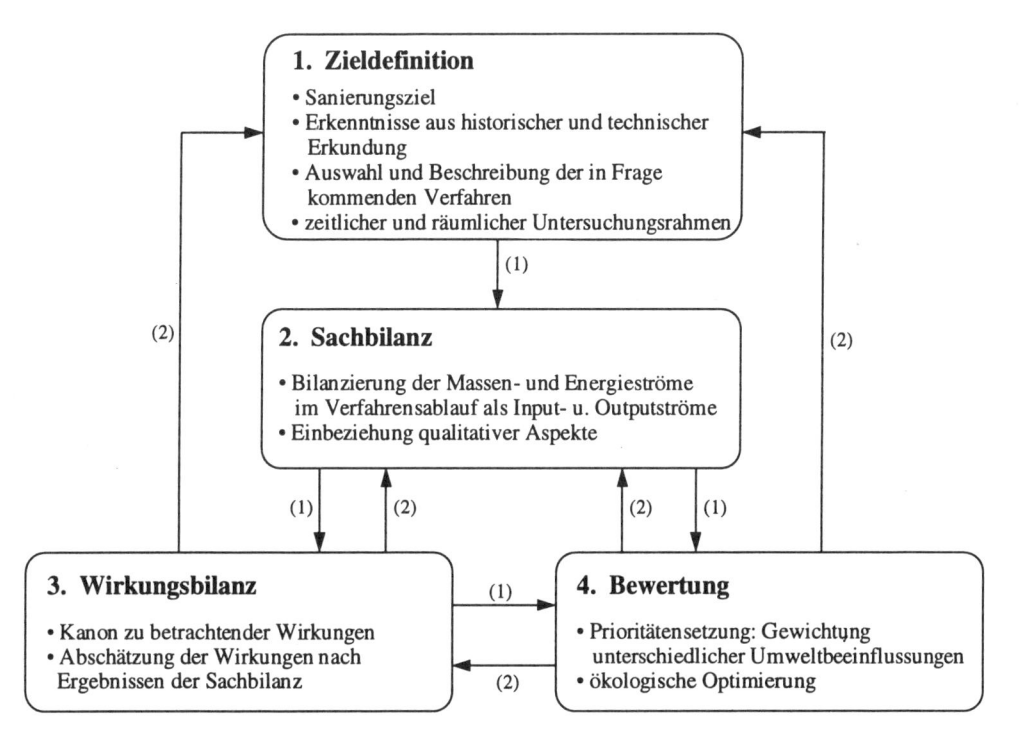

1. Zieldefinition
- Sanierungsziel
- Erkenntnisse aus historischer und technischer Erkundung
- Auswahl und Beschreibung der in Frage kommenden Verfahren
- zeitlicher und räumlicher Untersuchungsrahmen

2. Sachbilanz
- Bilanzierung der Massen- und Energieströme im Verfahrensablauf als Input- u. Outputströme
- Einbeziehung qualitativer Aspekte

3. Wirkungsbilanz
- Kanon zu betrachtender Wirkungen
- Abschätzung der Wirkungen nach Ergebnissen der Sachbilanz

4. Bewertung
- Prioritätensetzung: Gewichtung unterschiedlicher Umweltbeeinflussungen
- ökologische Optimierung

(1) Weitergeben von Erkenntnissen
(2) Untersuchungsrahmen überprüfen bzw. korrigieren

Abb. 2: Prozeßschema einer Ökobilanz [nach DIN (1994)]

2.1 Zieldefinition

Der erste Baustein zur Erstellung einer Ökobilanz ist die Formulierung des Bilanzirungszieles. Darin soll die funktionale Äquivalenz gesichert werden. Gemeint ist, daß die verglichenen Produkte bzw. Verfahren denselben Nutzen (Sanierungsziel) erbringen. Im internationalen Sprachgebrauch hat sich der Begriff „like products" durchgesetzt.

Die Beschreibung des Bilanzierungsziels soll zusätzlich folgende Fragen klären:
- Welche Verfahren werden untersucht?
- Welche Aspekte können bei der Untersuchung vernachlässigt werden?
- Auf welchen Zeitraum wird die Untersuchung begrenzt?
- Wo liegen die räumlichen Grenzen der Bilanzierung?

Sind diese Fragen beantwortet, ist der Untersuchungsrahmen abgesteckt und auch für Außenstehende transparent.

2.2 Sachbilanz

Die Sachbilanz ist das Kernstück der Ökobilanz, sie dient der Datenbeschaffung und ist deshalb auch im Sinne einer Umweltökonomischen Gesamtrechnung bedeutsam. Im Hinblick auf eine spätere Auswertung ist es sinnvoll, im Rahmen der Sachbilanz festzulegen, welche Merkmale eines Verfahrens untersucht werden sollen und welche explizit ausgeklammert werden. Mit der Festlegung dieser sogenannten „Abschneidekriterien" verfolgt die Bilanzierung das Ziel der Vergleichbarkeit und Durchführbarkeit.

Ein wesentliches Problem bisher durchgeführter Ökobilanzierungen ist, daß „Äpfel mit Birnen" verglichen wurden, indem von unterschiedlicher Datengrundlage und unterschiedlichem zeitlichen oder räumlichen Randbedingungen ausgegangen wurde. So konnte z. B. der Fall eintreten, daß allein durch die Tatsache, daß mehr oder andere Kriterien untersucht wurden, ein Produkt mit geringen Umweltauswirkungen in der Bilanzierung als ökologisch schlechter bewertet wurde als ein funktional gleiches Erzeugnis mit erheblicher Umweltbeeinträchtigung.

Mit steigender Zahl der zu analysierenden Parameter vergrößert sich der Aufwand in der Bilanzierung bei gleichzeitig abnehmender Übersichtlichkeit. Bei der Festlegung der „Abschneidekriterien" ist jedoch zu verhindern, daß wesentliche Umweltauswirkungen vernachlässigt werden. Zu diesem Zweck empfiehlt es sich, die ökologischen Folgen vorher abzuschätzen und mit Hilfe einer ABC-

Analyse zu entscheiden, welche Wirkungen nicht berücksichtigt werden. Die ABC-Analyse muß auf zwei Ebenen durchgeführt werden:
- Die **quantitative ABC-Analyse** gibt Auskunft über die Mengen, die im Produktlebenszyklus durchgesetzt werden.
- In einer **qualitativen ABC-Analyse** wird nach Art der Umweltauswirkungen, z. B. Toxizität der Stoffe, gegliedert.

In der Kategorie A sollen dann die Stoffe aufgeführt werden, die in besonders großen Mengen eingehen oder die sich besonders schädlich auf die Umwelt auswirken. Die Kategorien B und C stellen die Abstufung zu weniger problematischen Stoffen dar.

Ein geeignetes Mittel zur vollständigen Erfassung der ökologischen Auswirkungen ist die Untersuchung der Prozeßkette, die während der Anwendung eines Verfahrens durchlaufen wird. Ein Sanierungsverfahren wird also in eine Abfolge von Verfahrensschritten zerlegt (Vertikalanalyse). Jeder dieser Einzelschritte wird dann einer Input-Output-Analyse unterzogen, aus der Kenntnisse über Art und Menge der ein- und ausgehenden Stoffe auf der jeweiligen Prozeßstufe resultieren (Horizontalanalyse). Auf diesem Weg können Schwachstellen eines Verfahrens erkannt und Ansätze für Optimierungen gefunden werden.

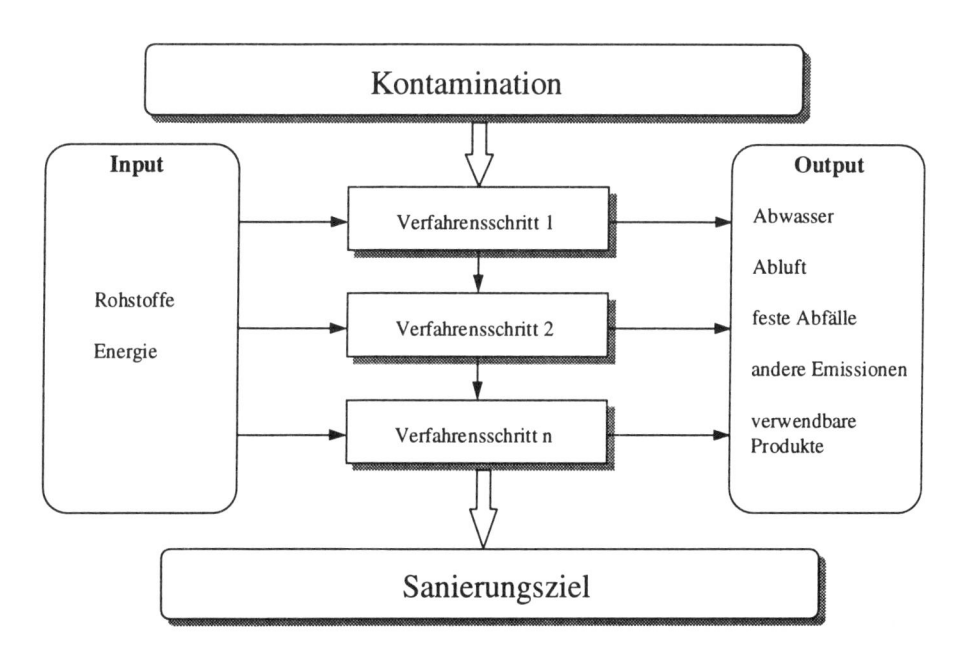

Abb. 3: Verfahrensanalyse

2.2.1 Vertikalanalyse

In der Vertikalanalyse wird der Übergang von einem Verfahrensschritt in den nächsten betrachtet. Jede Prozeßstufe hat eigene Ein- und Ausgänge, die unter Berücksichtigung der oben genannten Abschneidekriterien quantitativ und qualitativ erfaßt werden. Zusätzlich ist der Ausgang einer Stufe gleichzeitig der Eingang der nächsten. Die Summe der über den gesamten Prozeß ein- und ausgehenden Stoffe ist die Grundlage einer Gesamtbilanz.

2.2.2 Horizontalanalyse

Die Seitenein- und -ausgänge charakterisieren jeden Verfahrensschritt hinsichtlich seines Rohstoff- und Energiebedarfs einerseits und bezüglich seiner Emissionen und sonstigen Outputs andererseits. So läßt sich ermitteln, in welchem Prozeßstadium ein Verfahren die größte Umweltbeeinflussung besitzt.

2.2.3 Auswahl der Daten

Zur Zeit sind die Daten wegen unterschiedlicher Vorgehensweise bei der Ermittlung selten miteinander vergleichbar. Oft sind die Quellen nicht nachvollziehbar. Praktisch wird im Einzelfall entschieden, welche Informationen in die Betrachtung einbezogen werden. Die Liste derer sollte jedoch offen bleiben, um Korrekturen angesichts des zu beachtenden Datenumfangs vornehmen zu können.

Für eine spezielle Ökobilanz sind darüber hinaus prozeßspezifische Auskünfte erforderlich, die oft den Bereich von Betriebsgeheimnissen tangieren. Die Datenauswahl muß flexibel an die jeweiligen Erfordernisse angepaßt werden.

Vergleiche von Sanierungsverfahren, die zwar dasselbe Ziel verfolgen, sich aber hinsichtlich ihres Verfahrenstechnik sehr unterscheiden, bedingen, daß unterschiedliche Datensätze zusammengestellt werden. Hier hat die Wahl der Abschneidekriterien einen erheblichen Einfluß auf die Qualität der gesamten Ökobilanz.

2.3 Wirkungsbilanz

Im Rahmen der Sachbilanz werden die Stoffströme im wesentlichen mengenmäßig ermittelt. Wie sich die einzelnen Stoffe auf die Umwelt auswirken, wird qualitativ im dritten Baustein, der Wirkungsbilanz, erfaßt. Hier werden die möglichen Einflüsse auf ausgewählte globale, regionale und lokale ökologische Wirkungen wie z. B. Treibhauseffekt, Wirkungen auf Menschen, Tiere und Pflanzen, Deponieraumverknappung oder Ressourcenbeanspruchungen beschrieben oder abgeschätzt. D. h., während in der Sachbilanz Emissionen auf der Output-Seite zusammengestellt werden, beschreibt die Wirkungsbilanz die dadurch verursachten Immissionen.

Besondere Probleme ergeben sich hier beim Vergleich von Sanierungs- und Sicherungsverfahren. Die Erstellung eines Sicherungsbauwerks kann zwar das Ziel „Ausschluß von Gefahr für Mensch und Schutzgüter" erfüllen, führt jedoch zu Belastungen in der Ökosphäre, ohne daß die eigentliche Kontamination geringer wird.

2.4 Bilanzbewertung

Die Auswertung der in Sach- und Wirkungsbilanz gewonnenen Erkenntnisse führt i.d.R. dazu, daß beim Vergleich verschiedener Verfahren nicht feststellbar ist, welches die geringsten negativen Umwelteinflüsse verursacht. Vielmehr ist es so, daß ein Verfahren in einer Hinsicht geringere, in anderer Hinsicht größere Umweltauswirkungen im Vergleich mit anderen Techniken mit sich bringt. In der Bilanzbewertung werden Maßstäbe festgelegt, die eine Gewichtung der verschiedenen ökologischen Wirkungen vornehmen. Diese Maßstäbe müssen revidierbar bleiben für den Fall, daß neue Erkenntnisse zu einer Verlagerung der Schwerpunkte führen.

Die Objektivität einer Ökobilanz hängt also im wesentlichen von der Unabhängigkeit der Institution ab, die sie aufstellt. Bei der Erstellung der Datenbasis ist die Informationsbereitschaft und -qualität der Sanierungsanbieter ausschlaggebend. Das Sammeln der umweltrelevanten Daten ist jedoch nicht nur für eine Ökobilanz und eine mögliche Umweltökonomische Gesamtrechnung empfehlenswert, sondern kann im Zuge einer ökologischen Steuerreform auf kostenträchtige Verfahren oder Verfahrensteile hinweisen.

3. Zuordnung in den Leistungsstufen der Altlastensanierung

Bei der Ökobilanzierung von Sanierungsverfahren lassen sich gewonnene Erkenntnisse nur schwer verallgemeinern. Jede Altlast stellt ein spezielles Problem mit speziellen Randbedingungen dar. Technische Ausrüstung der Anlage und Erfahrungen, die beim Einsatz gesammelt wurden, können jedoch zumindest überschlägige Daten für Input und Output liefern. So besteht die Möglichkeit, Datenbanken anzulegen, die in Abhängigkeit von Bodenkennwerten und Schadstoffinventar Rückschlüsse auf den zu erwartenden Energie- und Stoffbedarf sowie die Emissionen bestimmter Sanierungsverfahren zulassen.

Die Unterteilung der Altlastensanierung in die fünf Leistungsstufen [DIEDERICHS (1994)]

I. Historische Erkundung von kontaminationsverdächtigen Flächen
II. Technische Erkundung von kontaminationsverdächtigen Flächen
III. Sanierungsuntersuchung
IV. Sanierungsplanung und -überwachung
V. Oberleitung der Sanierung

ist auch als Basis für eine Ökobilanzierung geeignet. Die gutachterlichen Leistungen, die in den Phasen I und II erbracht werden, enthalten im wesentlichen die Informationen, die zur Zieldefinition der Ökobilanz dienen. Hierzu zählen insbesondere Angaben über das Schadstoffinventar, Boden- und Grundwasserverhältnisse, Entfernungen zu Deponie oder Aufbereitungsanlage.

Im Rahmen der Sanierungsuntersuchung ist es sinnvoll, neben der technischen und finanziellen Durchführbarkeit gerade auch die ökologische Vertretbarkeit der möglichen Sanierungsverfahren zu untersuchen und das Ergebnis in die Leistungsphase „Vergleichende Bewertung der Alternativen" einzubeziehen. Als Mittel dafür kann die unter Kap.2 erläuterte Ökobilanz dienen.

Für das formulierte Sanierungsziel werden Verfahrensalternativen gegenübergestellt und ebenso wie man zu dem Schluß kommen kann, daß alle Verfahren den finanziellen Rahmen sprengen, kann sich herausstellen, daß der ökologische Schaden durch den Einsatz der Sanierungsverfahren größer ist als der Vorteil eines weitgehend unbelasteten Standorts. An dieser Stelle gilt es dann, das Sanierungsziel und evtl. die geplante Nutzung zu revidieren. Wird das Reinigungsziel z. B. von 99 % Dekontamination auf 90 % herabgesetzt, kann dies zur Folge haben, daß eine Sanierung dann durchaus ökologisch und wirtschaftlich vertretbar ist. Die Ökobilanz entscheidet dann, welches Verfahren das ökologisch günstigste ist.

Ungeachtet der vielen Unsicherheiten, die die Verfahren zur Beurteilung der Umweltbeeinflussung bergen, ist deren Einsatz notwendig, um innovativ und umweltschonend zu wirtschaften. Eine wirkliche Chance werden Ökobilanzen allerdings erst dann haben, wenn damit finanzielle Anreize verbunden sind. In jedem Fall können die dabei gewonnenen Erkenntnisse bei der Schaffung einer Umweltökonomischen Gesamtrechnung wertvolle Beiträge liefern.

Literatur:

BMU-Bundesminister für Umwelt (Hrsg.)(1992): Umweltpolitik - Umweltökonomische Gesamtrechnung, Eigendruck, Bonn.

DEUTSCHES INSTITUT FÜR NORMUNG - DIN (1994): Grundsätze produktbezogener Ökobilanzen NAGUS-AA 3/UA 2, DIN-Mitteilungen 73, Nr.3.

DIEDERICHS, C.J. (1994): Neue Erkenntisse aus dem Forschungsprojekt Arbeitshilfen Altlasten II - Arbeitshilfen zur Beauftragung von Planern, Gutachtern und Firmen mit der Sanierung von Altlasten, Eigendruck, Wuppertal.

FRIEND, A.M. (1991): Evolution of macroinformation systems for sustainable development. In: Ecological Economics 3/1991, S 59ff.

GEBLER, Wolfgang (1990): Ökobilanzen in der Abfallwirtschaft, Erich Schmidt Verlag, Bielefeld.

SCHMIDT-BLEEK, Friedrich (1994): Wieviel Umwelt braucht der Mensch?: MIPS-das Maß für ökologisches Wirtschaften, Birkhäuser Verlag, Berlin.

SETAC - Society of Environmental Toxicology and Chemistry (1991): A Technical Framework for Life-Cycle Assessments, Eigendruck, Washington DC.

STATISTISCHES BUNDESAMT (Hrsg.)(1992): Umweltökonomische Gesamtrechnungen - Basisdaten und ausgewählte Ergebnisse (Umwelt: Fachserie 19, Reihe 4), Verlag: Hermann-Leins, Kusterdingen.

UBA-Umweltbundesamt (1992): Ökobilanzen für Produkte - Bedeutung, Sachstand, Perspektiven (UBA-Texte 38/92), Eigendruck, Berlin.

Neue Erkenntnisse aus dem Forschungsprojekt Arbeitshilfen Altlasten II - Arbeitshilfen zur Beauftragung von Planern, Gutachtern und Firmen mit der Sanierung von Altlasten

Prof. Dr. C. J. Diederichs

An der Bergischen Universität Gesamthochschule Wuppertal werden seit 1990 Probleme bei der Beauftragung von Planern, Gutachtern und Firmen mit der Sanierung von Altlasten erforscht und Lösungsansätze entwickelt. Durch die Ausrichtung von mittlerweile 12 Workshops "Altlasten" wurde der unmittelbare Kontakt zur Fachöffentlichkeit hergestellt.

Die Ergebnisse der ersten beiden Projektjahre wurden als **Arbeitshilfen Altlasten** (DIEDERICHS, RÜLLER, 1992) veröffentlicht. Schwerpunkte dieser Veröffentlichung sind:

- **Leistungsbilder, Vertragsmuster und Honorarregelungen für Ingenieurleistungen sowie**
- **Arbeitshilfen zur Erstellung von Verdingungsunterlagen und zur Beauftragung von Sanierungsmaßnahmen**

Im Forschungsprojekt Arbeitshilfen Altlasten II konnte der Praxisbezug durch Kooperationsprojekte mit der AEW-Plan GmbH (Köln), dem Büro DMU (München), den Stadtwerken Worms, der Landesentwicklungsgesellschaft NRW und dem Umweltamt Düsseldorf weiter vertieft werden.

Die verbindende Grundfragestellung war und ist: Wie können die Risiken bei der Einschaltung von Gutachtern, Planern und Firmen im Bereich Altlastensanierung erkannt und derart gesteuert werden können, daß größtmögliche Kreativität freigesetzt und Ausführungsfehler vermieden werden. Zielvorstellung ist eine der Kontamination und Nutzung angemessene, durch optimiertes Zusammenspiel aller Beteiligten effiziente Sanierung.

In der Praxis kristallisierten sich die folgenden Problemfelder heraus:

1. **Unsicherheiten bei der Beauftragung von Planer- und Gutachterleistungen,**
2. **Die Gefahr erheblicher Kostensteigerungen und Sanierungszeitverlängerungen,**
3. **Koordination der Sanierung mit Abbruch- oder Baumaßnahmen,**
4. **Gefahr von Sekundärschäden durch die Sanierung.**

Da die Problemfelder 2 und 4 bereits durch den folgenden bzw. den vorherigen Vortrag angesprochen werden, konzentrieren sich die weiteren Ausführungen auf die Punkte 1 und 3.

1. Unsicherheiten bei der Beauftragung von Planer-/und Gutachterleistungen

Für den Abbau der Unsicherheiten ist entscheidend, daß Leistungsbilder und Honorarregelungen für den Bereich Altlastensanierung vereinheitlicht und durch Einbeziehung in die Honorarordnung für Architekten und Ingenieure HOAI abgesichert werden.

Der Lehrstuhl Bauwirtschaft führte deshalb die Fachkreise, die sich bisher auf dem Gebiet Honorarfragen für Planer- Gutachterleistungen bei der Sanierung von Altlasten engagierten, unter dem Dach einer AHO-Fachkommission[1] zusammen.

Die AHO-Fachkommission "Kontaminierte und kontaminationsverdächtige Standorte
- Altlasten, Rückbau, Wiederverwendung" konstituierte sich am 30.09.'93 mit dem Ziel, zunächst eine Leistungs- und Honorarordnung für die Bereiche Gutachter- und Planerhonorare bei der Altlastensanierung auszuarbeiten und in der grünen Schriftenreihe des AHO zu veröffentlichen. Dieser Vorschlag soll später mit dem Bundesministerium für Wirtschaft verhandelt werden, um ihn in die 6. Novelle der HOAI einzubringen.

Bei der Kommissionssitzung vom 15.09.'94 wurden die Leistungsbilder für 5 Leistungsstufen (Abb.1) verabschiedet. Die Leistungsgliederung Altlastensanierung sieht eine gestufte Beauftragung nach eindeutigen und erschöpfenden Leistungsbildern vor:

Leistungsgliederung Altlastensanierung

Das Leistungsbild **Technische Erkundung von kontaminationsverdächtigen Flächen** kann dabei mehrmals durchlaufen werden. Es hat sich als vorteilhaft erwiesen, eine **orientierende Erkundung** und eine **Detailerkundung** mit verdichtetem Beprobungsraster durchzuführen.

Den Leistungsstufen **Sanierungsuntersuchung** sowie **Sanierungsplanung und -überwachung** kommt besondere Bedeutung zu, da insbesondere die Kostenrisiken bei der Sanierung von Altlasten höher ausfallen als bei der Errichtung von Ingenieurbauwerken. Planungsfehler, wie Fehleinschätzungen bei der Mengenermittlung des belasteten Erdreichs, von Altfundamenten im Untergrund oder abzureinigenden Grundwassers, führen zu erheblichen Mehrkosten.

---

[1] AHO = Ausschuß der Ingenieurverbände und Ingenieurkammern für die Honorarordnung e.V.

I Historische Erkundung von kontaminationsverdächtigen Flächen
1. Grundlagenermittlung für die Historische Erkundung
2. Material- und Datenrecherche
3. Auswertung und Erstbewertung
4. Dokumentation und Präsentation der Ergebnisse der Historischen Erkundung

II Technische Erkundung von kontaminationsverdächtigen Flächen
1. Grundlagenermittlung für die Technische Erkundung
2. Aufstellen des Untersuchungsprogramms
3. Vorbereiten der Vergabe
4 Mitwirken bei der Vergabe
5. Untersuchungsüberwachung
6 Oberleitung
7. Auswertung, Dokumentation und Präsentation

III Sanierungsuntersuchung
1. Grundlagenermittlung für die Sanierungsuntersuchung
2. Entwickeln von Sanierungsalternativen
3. Vergleichende Bewertung der Alternativen
4. Technische Erprobung der Sanierungsalternativen
5. Vorplanung
6. Dokumentation und Präsentation

IV Sanierungsplanung und -überwachung
1. Grundlagenermittlung für die Sanierungsplanung
2. Fortschreiben der Vorplanung
3. Entwurfsplanung
4. Genehmigungsplanung
5. Ausführungsplanung
6. Vorbereiten der Vergabe
7. Mitwirken bei der Vergabe
8. Überwachung und Dokumentation der Sanierung

V Oberleitung der Sanierung
1. Fachgutachterliche Begleitung
2. Oberleitung der Sanierung
3. Abschließende Dokumentation

Abb. 1: Leistungsgliederung Altlastensanierung

Der Vorschlag der AHO-Fachkommission sieht im Regelfall eine Sanierungsuntersuchung vor. Die Sanierungsplanung und -überwachung baut auf dieser erweiterten Vorplanung auf.

Das Leistungsbild V, **Oberleitung und Dokumentation**, wurde geschaffen, um die Funktionen Oberleitung und Überwachung zu trennen. Ziel ist die Schaffung einer zweiten Fachinstanz, die das Erreichen des Sanierungsziels kontrolliert und dies dem Auftraggeber und Fachbehörden gegenüber dokumentiert. Die kompletten Leistungsbilder wurden als Anhang beigefügt.

Honorarregelungen

Die Honorarregelungen wurden noch nicht abschließend behandelt. Anhand von Fragebogenaktionen und eigenen Kalkulationen sollen die bisher diskutierten Einflußparameter validiert werden. Folgende Ansätze werden verfolgt (Abb. 2):

Historische Erkundung von kontaminationsverdächtigen Flächen	Honorartafeln, die den jeweiligen Schwierigkeitsgrad in Honorarzonen erfassen und den Aufwand nach Volumeninhalt (Altablagerung) und Fläche (Altstandorte) bemessen.
Technische Erkundung von kontaminationsverdächtigen Flächen	Honorartabellen nach anrechenbaren Kosten (Feldarbeiten und Analytik) oder Honorartabellen auf Basis "erstellungs-kostenunabhängiger" Einflußgrößen
Sanierungsuntersuchung	Nach Aufwand mit Höchstpreisvereinbarung
Sanierungsplanung und -überwachung	Prinzip der anrechenbaren Kosten nach § 55 HOAI und später analog in einem neu zu schaffenden HOAI-Teil Altlastensanierung. Phase 8 nach § 57 HOAI
Oberleitung und Dokumentation	Prinzip der anrechenbaren Kosten, nach § 55 HOAI und später analog in einem neu zuschaffenden HOAI-Teil Altlastensanierung

Abb. 2: Honorierung von Planer- und Gutachterleistungen bei der Altlastensanierung

2. Koordination mit Abbruch oder Baumaßnahmen

Die vorgestellte Leistungsgliederung Altlastensanierung geht von dem idealisierten Fall aus, daß die Sanierung einer Altlast als isolierte Maßnahme durchgeführt wird. Altlastensanierungen werden jedoch in vielen Fällen vor oder während Baumaßnahmen und im Anschluß oder parallel zu Abbrucharbeiten durchgeführt.

Bei der Planung der Freimachungsmaßnahmen und der Altlastensanierung ist eine zeitliche und organisatorische Abstimmung erforderlich:

☐ Durch angepaßte Bebauung können Eingriffe in belastete Bodenbereiche reduziert und Versiegelungen an geeigneter Stelle geschaffen werden.
☐ Die gemeinsame Behandlung der unterschiedlichen Planungsziele (z. B. Baumaßnahme und Altlastensanierung) mindert Zielkonflikte und Kosten.
☐ Unmittelbarer Handlungsbedarf muß erkannt werden. Z. B. Entfernung des Wetterschutzes für einen belasteten Bodenbereich durch Abbruch von Gebäuden oder Gebäudeteilen.

Es ist folglich sinnvoll, schon während der Planungsphase die Schnittstellen zwischen Bau- und Sanierungsplanung zu schaffen oder ggf. die Planung gemeinsam zu vergeben.

Als Beispiel sollen die **Freimachungsarbeiten auf dem Gelände des ehemaligen Flughafens München-Riem** dargestellt werden.

Der Flughafen wurde im Mai 1992 außer Dienst gestellt. Zur Zeit laufen die Abbrucharbeiten für 223 Gebäude mit einem Bruttorauminhalt von 1.300.000 m³ sowie von Verkehrsflächen mit ca. 1.400.000 m² Fläche. Die Technische Erkundung etwaiger Altlasten, die Sanierungsuntersuchung sowie die Planung der Sanierung mußten zwischen der Einstellung des Flugverkehrs und der Ausschreibung der Abbruchmaßnahmen erfolgen, also innerhalb eines Jahres. Der Zeitdruck ergab sich aus dem Wiedernutzungskonzept. Auf der Fläche soll die neue Messe München bereits 1996 mit ihrem ersten Abschnitt in Betrieb gehen. Zeitgleich ensteht ein neuer Stadtteil für ca. 16.000 Einwohner mit entsprechender Infrastruktur, z. B. einer U-Bahnanbindung.

Die Stadt München beauftragte deshalb die Ingenieurgemeinschaft DNM (DIEDERICHS/NICKOL/MÖBIUS) Ende 1991 zur Erstellung und später zur Umsetzung eines ganzheitlichen Freimachungskonzeptes, das eine genehmigungsfähige, termingerechte und umweltverträgliche Abwicklung sicherstellt.

Auf Basis zweier Voruntersuchungen (1989 und 1990) und einer umfangreichen Luftbildauswertung wurde ein Erkundungsprogramm entwickelt und im Sommer 1992 umgesetzt. Als Kontaminationsverdachtsflächen galten:
- Altablagerungen auf dem Gelände (Deponien und verfüllte Bombentrichter)
- 44 Flugzeugabstellpositionen (Tankverluste, harnstoffhaltige Enteisungsmittel)
- die Umgebung der Unterflurbetankungssysteme und des Entwässerungsnetzes
- Werkstätten und Flugzeughallen
- "Schneedeponien"
- Havarieplätze, Löschübungsstellen
- Trafo- und Batterieladestationen

Bei der Technischen Erkundung mit ca. 1.300 Kleinbohrungen, 50 Trockenbohrungen (DN 200) und über 52.000 Analysedaten konnte das Vorliegen unmittelbarer Gefährdungen bis auf einen lokalen Ölschaden mit Grundwasserkontamination ausgeschlossen werden. Mit Hilfe der Erkundung wurden jedoch große Mengen mit MKW belasteten Materials abgegrenzt.

Im Rahmen der parallelen Planung von Abbruchmaßnahmen und Altlastensanierung entwickelte die Ingenieurgemeinschaft eine **Verwertungs- und Entsorgungskonzeption**. Es wurden Vorkehrungen für den Umgang mit kontaminierten Materialien bzw. die Arbeiten in kontaminierten Bereichen getroffen. So mußten vor dem eigentlichen Abbruch erhebliche Mengen von Spritzasbest von dem Stahlfachwerk zweier Flugzeughallen entfernt werden. Belasteter Beton wurde abgefräst oder abgespitzt, um einen möglichst großen Anteil der mineralischen Bausubstanz bei den späteren Bauarbeiten verwenden oder kostensparend als unbelasteten Bauschutt ablagern zu können. Wiederverwendbare Baustoffe wurden beim Abbruch möglichst sortenrein gewonnen.

Durch Koordination der Altlastensanierung mit den übrigen Freimachungsmaßnahmen wurden Zielkonflikte und Wartezeiten vermieden. Die interaktive Planung erlaubte die Einhaltung des Zeitplans und die Minimierung der Kosten. Die Erfüllung dieser komplexen Planungsaufgabe konnte nur durch ein Höchstmaß an Flexibiltät der beteiligten Ingenieurbüros erreicht werden.

Es ist zu erwarten, daß Altlastensanierungsmaßnahmen mit erhöhtem Koordinationsaufwand zunehmen werden. In dieser Entwicklung liegt die Chance, daß Altlastenerkundungen - und wenn notwendig Sanierungen - auf Dauer zum selbstverständlichen, plan- und kalkulierbaren Bestandteil von Freimachungs- oder Wiedernutzungsmaßnahmen im Sinne von Ganzheitlichem Flächenmanagement (GFM) werden.

Leistungsbild I: Historische Erkundung von kontaminationsverdächtigen Flächen

Grundleistungen	Besondere Leistungen

1. Grundlagenermittlung für die Historische Erkundung
- Klären der Aufgabenstellung
  - Ermitteln des Leistungsumfanges
  - Ermitteln der zu beachtenden Randbedingungen
- Ortsbesichtigung
  - Aufnahme von für die Erstbewertung relevanten Sachverhalten, ggf. in mehreren Schritten
  - Prüfung der Zugänglichkeit des Grundstückes
- Zusammenstellen aller bereits vom Auftraggeber zur Verfügung gestellten Unterlagen, Daten und Informationen
- Ermitteln der vorhandenen Randbedingungen räumlicher, zeitlicher, nutzungsspezifischer und intensitätsmäßger Art
- Zusammenfassen der Ergebnisse in Berichtsform

Besondere Leistungen:
- Prüfen und Korrigieren von vorhandenem Karten- und anderem Datenmaterial
- Erstellen eines Arbeitsplanes (Sicherheitsplan) für die Begehung
- Erstellen von Betriebsanweisungen

2. Material- und Datenrecherche
- Anfordern, Beschaffen, Sichten und Zusammenstellen von Unterlagen, Daten und Informationen der historischen Erkundung über
  - Eigentumsverhältnisse,
  - Geologie, Hydrogeologie,
  - Nutzung,
  - Bebauung,
  - vorangegangene Untersuchungen
  - umweltrelevante Ereignisse

Besondere Leistungen:
- Einbeziehen von Unterlagen, deren Beschaffung im Einzelfall mit besonderem Aufwand verbunden ist
- Zurverfügungstellen von Unterlagen aus eigenem Archiv
- Auswerten von Spezialkarten (z. B. Sielleitungspläne, geophysikalische Karten, Kriegsschadenkarten)
- Befragen von Anwohnern, Zeitzeugen und/oder Betriebsangehörigen
- Berücksichtigen zusätzlicher Ämter, Archive oder behördlicher Institutionen

3. Auswertung und Erstbewertung
- Auswerten und Erstbewerten der vorliegenden Unterlagen, Daten und Informationen
- Dokumentieren der verwerteten Unterlagen, Daten und Informationen
  - Auswerten und Informationsverknüpfung bezüglich allgemeiner Angaben, Standort-/Umgebungskriterien, Stoffinventar, Vorkommnissen und bisherigen Maßnahmen
  - Bewertung der Ergebnisse im Hinblick auf die Aufgabenstellung
  - Hinweise auf weiteren Handlungsbedarf

4. Dokumentation und Präsentation der Ergebnisse der historischen Erkundung
- Dokumentieren der Ergebnisse in geeigneter schriftlicher, graphischer und zeichnerischer Form unter Angabe der jeweiligen Quelle
- Erläutern und einmaliges Präsentieren der Ergebnisse vor einem Gremium des Auftraggebers

Besondere Leistungen:
- Weitere Präsentationen vor verschiedenen Gremien auf Anordnung des Auftraggebers

Leistungsbild II: Technische Erkundung von kontaminationsverdächtigen Flächen

Grundleistungen	Besondere Leistungen

1. Grundlagenermittlung für die Technische Erkundung

- Klären der Aufgabenstellung
  - Abgrenzen des Untersuchungsbereichs
  - Ermitteln des Leistungsumfanges
  - Ermitteln der zu beachtenden Randbedingungen inkl. Arbeitssicherheit bei der Ortsbesichtigung
- Ortsbesichtigung
  - Aufnahme von für die Technische Erkundung relevanten Sachverhalten, ggf. in mehreren Schritten
  - Prüfen der Zugänglichkeit und der Probenahmemöglichkeiten sowie sonstiger auf die Ausführung der geplanten Erkundungsmaßnahmen einwirkender Standortgegebenheiten
- Zusammenstellen aller dem Auftragnehmer vom Auftraggeber übergebenen/übermittelten Unterlagen, Daten und Informationen inkl. der Ergebnisse der historischen Erkundung
- Auswerten, Zusammenstellen und Bewerten dieser Unterlagen, Daten und Informationen im Hinblick auf Vollständigkeit und Aktualität
- Formulieren von Entscheidungshilfen für die Auswahl anderer an der Planung fachlich Beteiligter
- Dokumentieren der Ergebnisse in Berichtsform

Besondere Leistungen:
- Vervollständigen und ggf. Aktualisieren der vorhandenen Unterlagen, Daten und Informationen
- Durchführen von Beweissicherungsverfahren

2. Aufstellen des Untersuchungsprogramms

- Vorschlagen der Untersuchungsparameter in Abstimmung mit dem Auftraggeber
- Aufstellen und Begründen des Untersuchungsprogramms mit Aufschluß- und Analyseverfahren, erforderlichen Meßgenauigkeiten und Bestimmungsgrenzen in Abstimmung mit dem Auftraggeber und den fachlich Beteiligten
- Erstellen einer Kostenberechnung
- Zusammenfassen des Untersuchungsprogramms in Berichtsform

Besondere Leistungen:
- Erstellung eines Arbeitsplans (Sicherheitsplan) für die Technische Erkundung
- Erstellen von Betriebsanweisungen
- Erstellen eines Projektablaufplans für die Technische Erkundung
- Erarbeiten der Unterlagen für die erforderlichen öffentlich-rechtlichen Verfahren einschließlich der Anträge auf Ausnahmen und Befreiungen

3. Vorbereitung der Vergabe

- Mengenermittlung und Aufgliederung nach Einzelpositionen
- Aufstellen der Verdingungsunterlagen, insbesondere Anfertigen der Leistungsbeschreibungen mit Leistungsverzeichnissen sowie den Besonderen Vertragsbedingungen
- Festlegen der wesentlichen Ausführungsphasen

Grundleistungen	Besondere Leistungen

4. Mitwirkung bei der Vergabe
- Einholen von Angeboten
- Prüfen und Werten der Angebote einschließlich Aufstellen eines Preisspiegels für die Feldarbeiten
- Mitwirken bei Verhandlungen mit den Bietern
- Fortschreiben der Kostenberechnung
- Mitwirken bei der Auftragserteilung

5. Untersuchungsüberwachung
- Überwachen der Ausführung auf die Einhaltung des Untersuchungsprogramms
- Festlegen der Aufschlußpunkte und des Meßstellenausbaus
- Führen eines Bautagebuchs
- Gemeinsames Aufmaß mit den ausführenden Unternehmen
- Abnahme von Leistungen und Lieferungen im Hinblick auf die Einhaltung des Untersuchungsprogramms
- Rechnungsprüfung
- Mitwirken bei behördlichen Abnahmen

- Fachtechnische Betreuung mit ständiger Anwesenheit inkl. Probenahme

6. Oberleitung
- Koordination aller fachlich Beteiligten
- Sicherheitstechnische Koordination

- Einschalten der Fachbauleitung
- Hinzuziehen eines Sicherheitsingenieurs

7. Auswertung, Dokumentation und Präsentation
- Auswerten, Darstellen und Bewerten der Ergebnisse der Technischen Erkundung
- Abschätzen der schutzgut- und nutzungsbezogenen Risiken
- Beschreiben des weiteren Handlungsbedarfs

- Erstellen einer Kostenschätzung im Sinne einer KVM-Bau
- Erstellen von hydraulischen Modellen
- Erstellen und Erläutern von Zwischenberichten
- Fallstudien (Sensitivitätsanalysen)
- Erstellen von Gefährdungsabschätzungen z. B. nach Richtlinien des BMBau

- Dokumentieren der Technischen Erkundung und ihrer Ergebnisse sowie einmaliges Präsentieren der Ergebnisse vor Gremien des Auftraggebers
- Abrechnen der Gesamtmaßnahme und Kostenfeststellung

- Weitere Erläuterungen zur Technischen Erkundung

Leistungsbild III: Sanierungsuntersuchung

Grundleistungen	Besondere Leistungen

1. Grundlagenermittlung für die Sanierungsuntersuchung
• Klären der Aufgabenstellung
  o Abgrenzen des Untersuchungsbereichs
  o Ermitteln der zu beachtenden Randbedingungen
  o Abfrage des Sanierungsziels
• Ortsbesichtigung
  o Aufnahme von für die Sanierungsunter-suchung relevanten Sachverhalten, ggf. in mehreren Schritten
  o Prüfen der Zugänglichkeit sowie sonstiger für die Sanierungsalternativen relevanter Standortgegebenheiten
• Zusammenstellen aller dem Auftragnehmer vom Auftraggeber übergebenen/übermittelten Unterlagen, Daten und Informationen inkl. der Ergebnisse aus den vorangegangenen Untersuchungen
• Bewerten der Zielvorstellungen im Hinblick auf Aktualität und Durchführbarkeit
• Dokumentieren der Ergebnisse in Berichtsform
	• Vervollständigen und ggf. Aktualisieren der vorhandenen Unterlagen, Daten und Informationen

2. Entwickeln der Sanierungsalternativen
• Untersuchen alternativer Lösungsmöglichkeiten im Hinblick auf
  o die Erreichbarkeit der Sanierungsziele,
  o Entwicklungsstand, Verfahrenstechnik und Sicherheit (Betriebssicherheit, Überwachbarkeit, Empfindlichkeit gegen äußere Einflüsse, Langzeitverhalten, Arbeits- und Nachbarschaftsschutz)
  o Durchführbarkeit bei den im einzelnen vorliegenden örtlichen Randbedingungen *,
  o Auswirkungen auf die Umwelt,
  o Reststoffbehandlung und Entsorgung,
  o rechtliche Belange,
  o Sanierungskosten.
	• Vorverhandeln mit Behörden und anderen an der Planung fachlich Beteiligten über die Erteilung der erforderlichen Genehmigungen, Erlaubnisse, Planfeststellungen und weiterer behördlicher Zulassungen
	• Mitwirken bei der Beantragung von Bezuschussungen und Kostenbeteiligungen durch Dritte

3. Vergleichende Bewertung der Alternativen • Vergleichende Bewertung der Alternativen im Hinblick auf die in Phase 2 untersuchten Parameter • Kostenberechnung und Kostenwirksamkeitsbetrachtung • Ermitteln des geeignetsten Sanierungsverfahrens	

* Erläuterung im Kommentar

Grundleistungen	Besondere Leistungen
4. Technische Erprobung der Sanierungsalternativen	• Vorbereiten der erforderlichen Vorversuche für die Durchführbarkeit von Sanierungsalternativen • Vergabe der Vorversuche an Dritte • Durch Dritte durchgeführte Vorversuche überwachen und fachlich begleiten
5. Vorplanung • Erarbeiten des geeignetsten Sanierungskonzepts mit zeichnerischer Darstellung und unter Einarbeitung der Beiträge anderer an der Planung fachlich Beteiligter • Klären und Erläutern der wesentlichen fachspezifischen Zusammenhänge, Vorgänge und Bedingungen • Darstellen genehmigungsrelevanter Sachverhalte	
6. Dokumentation und Präsentation • Dokumentieren der Ergebnisse der Sanierungsuntersuchung und einmaliges Präsentieren der Ergebnisse vor Gremien des Auftraggebers	• Abspeichern ermittelter Daten auf Datenträger • Weitere Erläuterungen zur Sanierungsuntersuchung, z. B. auf Bürgerversammlungen

Leistungsbild IV: Sanierungsplanung und -überwachung

Grundleistungen	Besondere Leistungen

1. Grundlagenermittlung für die Sanierung
- Klären der Aufgabenstellung

2. Fortschreiben der Vorplanung
- Fortschreiben des Planungskonzeptes im Hinblick auf Aktualität und Zielvorstellungen sowie Überarbeiten nach Bedenken und Anregungen des Auftraggebers
- Erarbeiten eines begleitenden Beprobungskonzepts einschließlich der Planung der Abnahme- und Erfolgskontrollen
- Aufstellen eines Sicherheitsplanes gemäß der TBG-Richtlinie (ZH 1/183) "Arbeiten in kontaminierten Bereichen"
- Planen der Nachsorge bzw. Langzeitüberwachung
- Überprüfen der Kostenberechnung

  - Überprüfen und Bewerten der Ergebnisse der Sanierungsuntersuchung

3. Entwurfsplanung
- Durcharbeiten des Planungskonzeptes unter Berücksichtigung aller fachspezifischen Anforderungen und unter Verwendung der Beiträge anderer an der Planung Beteiligter
- Eräuterungsbericht
- Fachspezifische Berechnungen, soweit nicht außerhalb von Teil VII der HOAI geregelt bzw. soweit es sich nicht um Verkehrsanlagen nach § 51 Abs. 2 HOAI handelt
- Zeichnerisches Darstellen des Gesamtentwurfs
- Finanzierungsplan, Sanierungs- und Kostenplan, Ermitteln und Begründen der zuwendungsfähigen Kosten sowie Vorbereiten der Anträge auf Finanzierung
- Erarbeiten und Darstellen des Arbeitsverfahrens und Bewerten der Notwendigkeit eines Sicherheitsplans
- Verhandeln mit Behörden und anderen an der Planung fachlich Beteiligten über die Genehmigungsfähigkeit
- Mitwirken beim einmaligen Erläutern des vorläufigen Entwurfs gegenüber Bürgern und politischen Gremien
- Einmaliges Überarbeiten des vorläufigen Entwurfs aufgrund Bedenken und Anregungen
- Fortschreiben der Kostenberechnung
- Zusammenfassen aller Entwurfsunterlagen

  - Erarbeiten eines Sicherheitsplans inklusive Betriebsanweisungen, Meßprogrammen, Immissionsschutzkonzepte etc.
  - Mehrmaliges Erläutern des Entwurfs gegenüber Bürgern und politischen Gremien
  - Mehrmaliges Überarbeiten des vorläufigen Entwurfs aufgrund Bedenken und Anregungen

4. Genehmigungsplanung
- Erarbeiten der Unterlagen für die erforderlichen öffentlich-rechtlichen Verfahren einschließlich der Anträge auf Ausnahmen und Befreiungen
- Einreichen dieser Unterlagen
- Grunderwerbsplan und Grunderwerbsverzeichnis
- Verhandeln mit Behörden
- Vervollständigen und Anpassen der Planungsunterlagen

  - Aufstellen des Bauwerksverzeichnisses unter Verwendung der Beiträge anderer an der Planung Beteiligter
  - Mehrmalige Teilnahme an Erörterungsterminen
  - Mehrmaliges Abfassen von Stellungnahmen zu Bedenken und Anregungen

Grundleistungen	Besondere Leistungen

- Beschreibungen und Berechnungen unter Verwendung der Beiträge anderer an der Planung fachlich Beteiligter
- Mitwirken beim einmaligen Erläutern gegenüber Bürgern
- Mitwirken im Planfeststellungsverfahren einschließlich einmaliger Teilnahme an Erörterungsterminen sowie Mitwirken bei der einmaligen Abfassung der Stellungnahmen zu Bedenken und Anregungen

5. Ausführungsplanung

- Durcharbeiten der Ergebnisse der Leistungsphasen 3 und 4 unter Berücksichtigung aller fachspezifischen Anforderungen und Integrieren der Beiträge anderer an der Planung fachlich Beteiligter bis zur ausführungsreifen Lösung
- Zeichnerisches und rechnerisches Darstellen der Sanierung mit allen für das Ausführen notwendigen Einzelangaben einschließlich Detailzeichnungen in den erforderlichen Maßstäben
- Fortschreiben der Ausführungsplanung während der Sanierung

6. Vorbereiten der Vergabe

- Ermitteln und Aufgliedern der Mengen nach Einzelpositionen unter Verwendung der Beiträge anderer an der Planung fachlich Beteiligter
- Vorbereiten der Entsorgung anfallender Reststoffe
- Vorbereiten des Entsorgungs- und Verwertungsnachweises
- Aufstellen der Verdingungsunterlagen, insbesondere Anfertigen der Leistungsbeschreibungen mit Leistungsverzeichnissen und der Besonderen und Zusätzlichen Technischen Vertragsbedingungen für die auszuschreibenden VOB- und VOL-Leistungen
- Festlegen der wesentlichen Ausführungsphasen

  - Fortschreiben des Sicherheitsplans
  - Sicherheitstechnische Koordination

7. Mitwirken bei der Vergabe

- Zusammenstellen der Verdingungsunterlagen für alle Leistungsbereiche
- Einholen von Angeboten
- Prüfen und Werten der Angebote einschließlich Aufstellen des Preisspiegels
- Abstimmen und Zusammenstellen der Beratungsleistungen der fachlich Beteiligten, die an der Vergabe mitwirken
- Mitwirken bei Verhandlungen mit Bietern
- Fortschreiben der Kostenberechnung
- Mitwirken bei der Auftragserteilung

  - Prüfen und Werten von Nebenangeboten und Änderungsvorschlägen

Grundleistungen	Besondere Leistungen
8. Überwachung und Dokumentation der Sanierung • Überwachen und Dokumentieren der Ausführung der Sanierung im Hinblick auf Übereinstimmung mit den zur Ausführung genehmigten Unterlagen, dem Bauvertrag sowie den allgemein anerkannten Regeln der Technik und den einschlägigen Vorschriften • Abstecken der Hauptachsen des Sanierungsobjekts von objektnahen Festpunkten sowie Herstellen von Höhenfestpunkten im Sanierungsbereich, soweit Leistungen nicht mit besonderen instrumentellen und vermessungstechnischen Verfahrensanordnungen erbracht werden müssen; Sanierungsbereich örtlich kennzeichnen • Führen eines Bautagebuchs • Gemeinsames Aufmaß mit den ausführenden Unternehmen • Mitwirken bei der Abnahme von Leistungen und Lieferungen • Rechnungsprüfung • Mitwirken bei behördlichen Abnahmen • Mitwirken beim Überwachen der Prüfungen der Funktionsfähigkeit der Anlagenteile und der Gesamtanlage • Überwachen der Beseitigung der bei der Abnahme der Leistungen festgestellten Mängel	• Prüfen der Funktionsfähigkeit der Anlagenteile und der Gesamtanlage

Leistungsbild V: Oberleitung der Sanierung

Grundleistungen	**Besondere Leistungen**

1. Fachgutachterliche Begleitung
- Sichten und Bewerten der für die fachgutachterliche Begleitung erforderlichen Unterlagen
- Regelmäßiges Überwachen und Auswerten der Sanierung und Dokumentieren des Sanierungserfolges
- Aufzeigen von Abweichungen von den Zielvorgaben, Entwickeln, Vorschlagen und Abstimmen von Anpassungsmaßnahmen

2. Oberleitung der Sanierung
- Aufsicht über die örtliche Überwachung der Sanierung, Koordinieren der an der Objektüberwachung fachlich Beteiligten, insbesondere Prüfen auf Übereinstimmung und Freigeben von Plänen Dritter
- Aufstellen, Überwachen und Fortschreiben eines Zeitplans
- Inverzugsetzen der ausführenden Unternehmen
- Abnahme von Leistungen unter Mitwirkung der Überwachung der Sanierung und anderer fachlich Beteiligter unter Anfertigung einer Niederschrift über das Ergebnis der Abnahme
- Antrag auf behördliche Abnahmen und Teilnahme daran
- Zusammenstellen und Übergeben der erforderlichen Unterlagen, z. B. Abnahmeniederschriften und Prüfungsprotokolle
- Zusammenstellen von Wartungsvorschriften für die Sanierung
- Überwachen der Prüfungen der Funktionsfähigkeit der Anlagenteile und der Gesamtanlage
- Auflisten der Verjährungsfristen der Gewährleistungsansprüche
- Kostenfeststellung
- Kostenkontrolle

3. Abschließende Dokumentation
- Objektbegehung und Feststellen der Mängel vor Ablauf der Verjährungsfristen der Gewährleistungsansprüche gegenüber den ausführenden Unternehmen
- Überwachen der Beseitigung von Mängeln, die innerhalb der Verjährungsfristen auftreten
- Mitwirken bei der Freigabe von Sicherheitsleistungen
- Systematisches Zusammenstellen der zeichnerischen Darstellung und rechnerischen Ergebnisse des Objekts
- Umsetzen der Nachsorge bzw. Langzeitüberwachung
- Zusammenstellen und Darstellen der begleitenden Beprobungsergebnisse
- Dokumentieren des Sanierungsablaufes anhand von Berichten, Zeichnungen, Fotos etc.
- Zusammenstellen des Nachsorge- bzw. Langzeitüberwachungskonzeptes mit Zeitplan

Verminderung von Auftraggeberrisiken bei der Beauftragung und Durchführung von Sanierungsmaßnahmen

Lothar Breitenborn

1. Einleitung

Bei der Auswertung von Altlasten- und Grundwassersanierungsmaßnahmen durch das Lehr- und Forschungsgebiet Bauwirtschaft der BUGH Wuppertal konnten die Auftraggeberrisiken bei Altlastensanierungen in die folgenden Hauptgruppen untergliedert werden:
1) (erhebliche) Kostensteigerungen
2) (erhebliche) Bauzeitverlängerungen
3) überhöhte Kosten einzelner Teilleistungen
4) mangelnder Sanierungs- bzw. Aufbereitungserfolg
5) Sekundärschäden

Treten erhebliche Kostensteigerungen und Bauzeitverlängerungen ein oder bleibt der Sanierungserfolg aus, weicht die Sanierungsdurchführung von der Planung ab. Die Diskrepanz kann auf eine unrealistische Planung oder aber auf die unvollständige Umsetzung der Planung in die Leistungsbeschreibung zurückzuführen sein.

2. Leistungsbeschreibung bei Altlastensanierungsmaßnahmen

Die Leistungsbeschreibung ist das entscheidende Instrument zur wirtschaftlichen Umsetzung der Planungsaufgabe. Werden hier beispielsweise Leistungen vergessen oder stark unterbewertet, sind Kostensteigerungen und Nachtragsverhandlungen vorprogrammiert. Leistungsbeschreibungen müssen .
- die erforderlichen Leistungen der Bau- bzw. Sanierungsaufgabe umfassend beschreiben,
- durch Beschränkung auf die notwendigen Leistungspositionen kostendämpfend wirken und
- durch Trennung von zeitabhängigen und zeitunabhängigen Leistungen die Basis für sachliche Nachtragsvereinbarungen schaffen.

Das Aufstellen von Leistungsbeschreibungen ist im Leistungsbild Objektplanung für Ingenieurbauwerke § 55 HOAI als Aufgabe der planenden Ingenieure definiert und wird im Rahmen der Phase 6, Vorbereitung der Vergabe, erbracht. Die VOB/A sieht im § 9 als Regelfall die Leistungsbeschreibung mit Leistungsverzeichnis vor. Zusätzlich zu dem in Teilleistungen gegliederten Leistungsverzeichnis wird die Bauaufgabe als Baubeschreibung allgemein dargestellt.

2.1 Informationspflicht des AG über Gefahrstoffe

Bei der Altlastensanierung kommt der Baubeschreibung eine wichtige Aufgabe zu. Hier muß der Auftraggeber seiner Informationspflicht gegenüber den ausführenden Firmen nachkommen. Dazu sind Art und Umfang von Schadstoffbelastungen der Gewässer, der Luft, der Stoffe und Bauteile, vorliegende Fachgutachten o. ä. anzugeben (Hinweise für das Aufstellen von Leistungsbeschreibungen 0.1.16 VOB/C).

2.2 Mustergliederung LV

Für die Gliederung des Leistungsverzeichnisses (Abb. 1) wird folgende Unterteilung vorgeschlagen (DIEDERICHS, RÜLLER, 1992)[1]:

Abb. 1: Gliederung Leistungsverzeichnis

Titel 1:	Baustelleneinrichtung
Titel 2:	Emissionsreduzierung, Arbeits- und Nachbarschaftsschutz
Titel 3:	Herrichten des Baufeldes
Titel 4:	Erd- und Verbauarbeiten
Titel 5:	Abbrucharbeiten
Titel 6:	Bohrarbeiten
Titel 7:	Wasserhaltungsarbeiten
Titel 8:	Bodenbehandlung
Titel 9	Entsorgung
Titel10:	Probenahme und Analytik
Titel11:	Stundenlohnarbeiten
Titel12:	Stillstandszeiten
Titel13:	Leistungs- und Bauzeitenveränderung

Weil sich bei Sanierungsmaßnahmen der Arbeits- und Nachbarschaftsschutz erheblich auf die Preisgestaltung auswirken kann, sollten die entsprechenden Leistungen nicht als Nebenleistung in andere Positionen einbezogen werden, sondern explizit ausgeschrieben werden.

---

[1]DIEDERICHS, RÜLLER (1992): Arbeitshilfen Altlasten. DVP-Verlag Wuppertal

2.3 Risiko Bauzeitverlängerung

Maßnahmen der Flächenentwicklung bergen ein hohes Risiko der Bauzeitverlängerung. Dies muß durch Aufsplittung der Hauptpositionen in zeitabhängige und zeitunabhängige Positionen (Abb. 2) berücksichtigt werden.

Abb. 2: Zeitabhängige und zeitunabhängige Positionen

1.1 **Einrichten** der Baustelleneinrichtung	**Pauschalpreis**
1.2 **Räumen** der Baustelleneinrichtung	**Pauschalpreis**
1.3 **Vorhalten** der Baustelleneinrichtung	**Kosten/Monat**
1.4 **Betreiben** der Baustelleneinrichtung	**Kosten/Monat**

2.4 Risiko Mengenmehrung

Das Risiko einer Abweichung von der Mengenermittlung ist bei der Altlastensanierung aus zwei Gründen besonders gravierend. Zum einen sind die Mengenermittlungen für belastete Bereiche eine Schätzung, deren Genauigkeit von der Erkundungsdichte abhängt. Zwischen oder unterhalb der Probenahmepunkte verbleiben stets Unsicherheitsbereiche. Zum anderen wirken sich Mengenfehler bei der Abschätzung des kontaminierten Materials extrem auf die Gesamtkosten der Sanierung aus, da die Entsorgungs- bzw. Behandlungskosten der kostenbestimmende Faktor Nummer 1 sind.

Die möglichen Mengenmehrungen müssen durch den Einsatz von Eventualpositionen berücksichtigt werden. Bei einer Eventualposition behält sich der Auftraggeber vor, die betreffende Leistung später nicht zu beauftragen. Bei einer Alternativposition verpflichtet sich der Auftraggeber, zum Beauftragungszeitpunkt zu entscheiden, ob die regulären Positionen oder eine Alternativposition beauftragt wird. Bedarfs- und Alternativpositionen finden bei der Auswertung der Angebote Berücksichtigung, indem für die möglichen Beauftragungsalternativen die entsprechenden Auftragssummen gebildet werden.

2.5 Unsicherheiten bei der Mengenermittlung

Bei Positionen mit unklarem Mengenbedarf, wie z. B. Pumpleistungen für Tagwasser, sollten trotz Unsicherheiten Mengen angesetzt werden. Nur so wird die Preisgestaltung in dieser Position einem Wettbewerb unterworfen. Die Gefahr, daß bei Unterschreitung des Mengenansatzes die Gesamtauftragssumme unterschritten wird und damit fehlende Deckungsbeiträge für Gemeinkosten ausgeglichen werden müssen, ist zu beobachten. Minderkosten in einer Position gleichen sich allerdings häufig durch Mehrkosten in anderen Positionen aus.

3. Die Leistungsbeschreibung von Grundwassersanierungsmaßnahmen

Die Ausschreibung von Grundwassersanierungsmaßnahmen stellt einen Sonderfall dar, weil im Gegensatz zu Altlastensanierungen oder Hochbau die späteren Betriebskosten der baulichen Anlage deren Erstellungskosten in kurzer Zeit übersteigen. GW-Sanierungen müssen daher betriebskostenoptimierend ausgeschrieben werden. Dies wird durch die weitgehende Einbeziehung der Betriebskosten in die Angebotspreise und damit in den Preiswettbewerb erreicht.

Bei der Ausschreibung von Grundwassersanierungen ist es oftmals zweckmässig, nicht die detaillierte Maschinentechnik - z. B. die genaue Bemessung eines Adsorbers - sondern die erwünschte Funktion zu beschreiben. Die VOB/A regelt die Leistungsbeschreibung mit Leistungsprogramm (funktionale Leistungsbeschreibung - FLB) in § 9. Die Leistung kann danach durch ein Leistungsprogramm sowie ein Musterleistungsverzeichnis, in das der Bieter Maßangaben einsetzen kann, beschrieben werden.

Die FLB darf jedoch nicht als Alternative zur Ausführungsplanung durch das planende Ingenieurbüro verstanden werden. Defizite bei der Festlegung der zu fordernden Anlageneigenschaften führen zu Streitfällen bei der Sanierungsdurchführung. Hat der Auftraggeber z. B. die Einhaltung eines Grenzwertes für den Anlagenablauf vorgeschrieben, so kann er nicht eine weitergehende Reinigung kostenneutral verlangen.

Die folgenden Punkte müssen bei der Ausschreibung von Grundwassersanierungen u.a. geklärt und in der Leistungsbeschreibung vermerkt werden:

☐ **Wasserdurchsatz**
Es kann sich während der Sanierungsmaßnahme als zweckmäßig erweisen, die Anlagenleistung zu variieren, um z. B. die Verschmutzungsfahne exakt zu erfassen. Bei der Ausschreibung muß die erforderliche Variationsbreite und Maximalleistung, ggf. auch die Sicherstellung einer flexiblen Pumpensteuerung festgelegt werden.

☐ **Zulaufbelastung**
Die Zulaufkonzentration einer Kontaminante kann nach kurzer Zeit die im Pumpversuch oder Beobachtungsbrunnen gemessenen Belastungen weit unterschreiten, da unbelastetes Wasser aus den Randbereichen mit angesogen wird. Ist die Anlage auf die höheren Eingangskonzentrationen ausgelegt, kann sich der Wirkungsgrad drastisch verschlechtern. Es sollten deshalb zusätzliche Frachtbetrachtungen angestellt werden, um die wahrscheinliche

Eingangsfracht abschätzen zu können. Sanierungsanlagen müssen jedoch generell auch bei fallenden Konzentrationen effektiv funktionieren, da die GW-Belastungen mit zunehmendem Reinigungserfolg asymptotisch abnehmen.

☐ **Grenzwerte für Reinwasser und ggf. Reinluft**
Neben den einzuhaltenden Grenzwerten sind auch Mindestwirkungsgrade einzuhalten. Der Reinigungsgrad wird so am technisch Möglichen und nicht an einem Grenzwert ausgerichtet (Minimierungsgebot).

☐ **Beschaffenheit des Grundwassers**
Werden bei der Ausschreibung nicht alle die GW-Aufbereitung störenden Grundwasserparameter (z. B. Fe-Gehalt, Mn-Gehalt, gestörtes Kalk-Kohlensäure-Gleichgewicht) angegeben, kann der Auftragnehmer bei darauf zurückzuführenden Problemen Mehraufwand geltend machen.

☐ **Reststoffe**
Es muß gewährleistet werden, daß insbesondere die aus dem Grundwasser entfernten Schadstoffe nachhaltig zerstört oder ordnungsgemäß entsorgt werden.

☐ **Kauf, Miete, Miete mit Kaufoption**
Da die Dauer von Grundwassersanierungen nicht exakt berechnet werden kann, kommt es oft zu einer Verlängerung der Sanierungsmaßnahme. Der Ausschreibende sollte deshalb die Weiterführungskonditionen und den Kaufpreis mit dem Erstangebot abfragen.

☐ **Zahlungsbedingungen**
Anlagenbetreiber fordern von der VOB abweichende Vergütungsregelungen (z. B. 33 % bei Auftragbestätigung, 33 % bei Montagebeginn, 33 % nach Fertigstellung und Abnahme. Das widerspricht dem System der VOB, die Bezahlung nach Erstellung vorsieht. Sollten die Firmen auf ihrem Zahlungsmodus bestehen, ist zumindest der Rohrleitungsbau nach VOB abzurechnen.

☐ **Instandhaltung**
Durch eine Instandhaltungsposition kann die Funktion der Anlage gewährleistet werden. Instandhaltung beinhaltet die Inspektion, Wartung und Instandsetzung (DIN 31051)[*]. Es sollten Ausfalltage definiert werden dürfen.

☐ **Betriebsstoffe, Energie**
Die Kosten für Betriebsstoffe und Energie werden oftmals auf Nachweis vergütet. Speziell bei der energieintensiven Grundwassersanierung kann es zweckmäßig sein, die Kosten für Betriebsstoffe und Energie in die Angebotspreise mit einbeziehen zu lassen. Der Auftragnehmer wird motiviert, die Anlage auf geringen Betriebsstoff- und Energieeinsatz hin zu optimieren.

---

[*] Normenausschuß Instandhaltung im DIN Institut für Normung e.V. (1985): DIN 31051, Instandhaltung - Begriffe und Maßnahmen

Flächenrecycling durch Immobilisierung am Beispiel konkreter Projekte

Dr. Ludger Werning

Altablagerungen und Altlasten verhindern in vielen Fällen die weitere Nutzung ehemaliger Industriestandorte. Investoren machen um solche Grundstücke möglichst einen großen Boden, weil das Ausmaß der Kontamination häufig nicht hinreichend bekannt ist. Unter Investoren hat das Wort Altlasten zugleich auch eine psychologisch abschreckende Wirkung, weil man solche Flächen bezüglich Sanierungsdauer und -kosten kaum kalkulieren kann.

Aufgabe von Ingenieurbüros und geeigneten Sanierungsfirmen ist es, Konzepte zu entwickeln, wie auf preiswerte und berechenbare Art eine Wiedernutzbarmachung möglich wird.

In der Praxis wurden bereits mehrfach Immobilisierungsverfahren im Zusammenhang mit Flächenrecyclingmaßnahmen eingesetzt. Dabei werden den kontaminierten Materialien (Boden, Abfälle, Bauschutt) Stoffe zugesetzt, die verfestigend wirken und gleichzeitig die Mobilität von Schadstoffen herabsetzen. In diesem Zusammenhang wurden Branntkalk, Zement, Bitumen, Wasserglas, Tone, Polyacrylate etc. alleine bzw. in Kombination mit weiteren Additiven und Hilfsstoffen eingesetzt. Nach Zugabe der Stoffe wird das Material entweder am Standort bzw. auf einer Deponie wieder eingebaut und verdichtet. Mit Zugabe von Reaktionsmitteln zum behandelnden Stoff ändert sich zwangsläufig auch der Chemismus. Je nach Art und Menge der gewählten Reaktionsmittel kann damit zusätzlich zur Verfestigung auch eine chemische bzw. sorptive Immobilisierung erreicht werden. Der jeweils erreichte Grad einer Immobilisierung ist einzelfallabhängig, wobei das Schadstoffspektrum sowie Form und Menge der verwendeten Mittel Einfluß nehmen.

In der Praxis kommen Verfestigungs- und Immobilisierungsverfahren vor allem dann zum Einsatz, wenn extraktive Methoden auf technische bzw. ökonomische Grenzen stoßen. Bei Mischkontaminationen mit Schwermetallen, PAK und Kohlenwasserstoffen läge zum Beispiel ein möglicher Anwendungsfall für Immobilisierungsverfahren vor.

Aus einer Vielzahl bislang geprüfter Fälle wurde versucht, bestimmte Eignungskriterien für Immobilisierungsverfahren zu nennen. Mit dem nachstehend gezeigten Schema wird nach den übergeordneten Kriterien Kontamination, Boden, Nutzung und Ausdehnung unterschieden. Die verschiedenen Punkte sind dabei nicht separat, sondern in Kombination untereinander zu sehen. Bevorzugte Anwendungsgebiete sind Industrieflächen, die anschließend wieder bebaut werden.

Kontamination	Boden	Nutzung	Ausdehnung
LHKW, BTX	Kies	Spielplatz	lokaler Unfall,
Phenole, MKW	Sand	Wohngebiet	Kleinstfläche
PAK			
Schwermetalle	Schluff	Straße, Parkplatz	Gewerbeflächen
Mischkontamination z.B. MKW, PAK, Phenol, Schwermet.	Ton	Industriegebiet	großflächige Industriebrachen

Eignung für Immobilisierung nimmt zu

Abb. 1: Eignungskriterien für Immobilisierung

Vorversuche:

Vor Einsatz eines Immobilisierungsverfahrens sind sorgfältige und strenge Prüfungen erforderlich. Dabei wird die Aufmerksamkeit vorwiegend auf die Eluierbarkeit der vorhandenen Schadstoffe gelegt.

Das derzeitige Standardverfahren für die Bestimmung der Eluierbarkeit von Stoffen ist der Versuch nach DIN 38414 S4. Dabei wird das zu untersuchende Material auf eine Korngröße unter 10 mm zerkleinert und anschließend 24 Stunden lang in destilliertem Wasser geschüttelt.

Für die Bestimmung an verfestigtem und immobilisiertem Material erscheint diese Methode nur bedingt geeignet zu sein. Die durch Verfestigung erreichte Reduzierung der Elutionsoberfläche wird durch das Einbringen mechanischer Energie (zerkleinern und schütteln) wieder zerstört. Somit bekommt man gegenüber dem später verfestigten Material eine unrealistisch große Oberfläche für die Elution. Für verfestigtes Material, das auf Deponien abgelagert wird, gibt es zwischenzeitlich andere Testverfahren. Bei Anwendung der TA-Abfall wird ein zylindrischer Prüfkörper mit einer Länge und einem Durchmesser von je 70 mm für Elutionsversuche geformt. Dabei wird der Körper in destilliertes Wasser getaucht, welches mit Magnetrührern bewegt wird. Das Feststoff-/Flüssigkeitsverhältnis beträgt 1:10.

Für den Verbleib außerhalb von Deponien, zum Beispiel Wiedereinbau am Standort gibt es kein vorgeschriebenes Verfahren. GRADL, CORDES und WERNING führen eine sequenzielle Elutionsmethode an verfestigtem und immobilisiertem Bodenmaterial durch, wobei Medien unterschiedlicher Acidität die Qualität der Einbindung prüfen sollen. Je nach Gefährdungspotential des behandelten Stoffes reichen eventuell auch Prüfungen in destilliertem Wasser aus. In der Sanierungspraxis greift man beim Elutionsmedium gern auf destilliertes Wasser zurück, weil damit eine Vergleichbarkeit zu den in den verschiedenen Listen aufgeführten Richtwerten herzustellen ist. Begleitend zu den Elutionsversuchen werden gelegentlich auch bautechnische Parameter bestimmt. Hierzu zählen Druckfestigkeit und Durchlässigkeit. Bei Verfahren, die primär auf die mechanische Verfestigung zielen, werden zum Teil recht hohe Druckfestigkeitswerte angestrebt. Andere Verfahren, die mit der Zugabe von Reaktionsmitteln primär eine Immobilisierung verfolgen, arbeiten mit geringeren Druckfestigkeitswerten (etwa um 1.000 KN/m^2).

Nach Durchführung entsprechender Vorversuche kann eingeschätzt werden, ob das ausgewählte Verfahren für den jeweiligen Standort geeignet ist. Das großtechnisch behandelte Material wird zu Prüfkörpern geformt und anschließend nach dem unter Vorversuche beschriebenen Verfahren auf die Einhaltung der Sanierungsziele überprüft. Neben der Prüfung auf Elutionsverhalten wird beim Wiedereinbau auch laufend die bautechnische Belastbarkeit des Geländes überprüft. Hierbei kommen Lastplattendruckversuche und im Bedarfsfall auch weitere Untersuchungen zum Einsatz.

Ausführung der Sanierung

Der Ablauf eines Immobilisierungsverfahrens wird hier anhand des patentierten PBS-Verfahrens beschrieben.

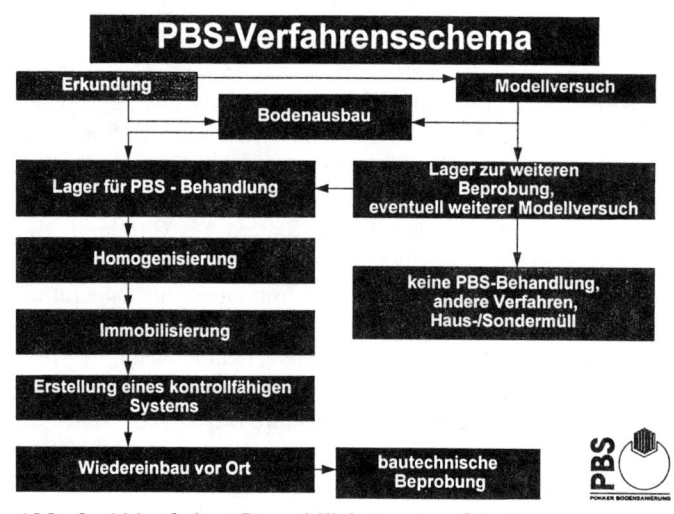

Abb. 2: Ablauf eines Immobilisierungsverfahrens

Nach vorangegangener Erkundung stehen die Kontaminationsschwerpunkte fest, so daß der Boden gezielt ausgebaut werden kann. Dabei können im Boden vorhandene Altfundamente, Auffüllmassen und kontaminierte Schuttmaterialien so aufbereitet werden, daß sie ebenfalls zusammen mit dem Feinboden immobilisiert werden können. Nach Homogenisierung von Grob- und Feinanteilen werden die im Vorversuch gefundenen Reaktionsmittel in einem Doppelwellenzwangsmischer zugegeben. Nach ausreichend langer Mischzeit kann der Boden am Standort bzw. auf einer Deponie wieder eingebaut werden. Soweit der Boden am Standort verbleibt, kann zusätzlich zur Immobilisierung auch ein kontrollfähiges System erstellt werden.

Dieses kann zum Beispiel aus einer Tonschicht bzw. HDPE-Folie bestehen. Dabei wird in der Baugrube ein Gefälle zu einem Tiefpunkt geführt. In dem Tiefpunkt können Kontrollschächte errichtet werden. Diese Schächte erlauben auch nach Abschluß der Behandlung einen Zugriff sowie weitere Beobachtungsmöglichkeiten. Das immobilisierte Material wird schichtweise eingebaut und verdichtet. Während des Einbauprozesses werden Proben zwecks Überprüfung des Sanierungszieles aus dem laufenden Materialstrom genommen. Diese werden wieder zu Prüfkörpern geformt und anschließend einem Elutionstest zugeführt.

Praxisbeispiele

Das vorgenannte Verfahren wurde bereits mehrfach großtechnisch in der Praxis eingesetzt. Bei allen bislang eingesetzten Projekten wurde das Ziel verfolgt, nach Immobilisierung den Standort wieder zu bebauen. Die nachstehende Übersicht gibt einen Überblick über die größeren Maßnahmen.

Maßnahme/Projekt Immobilisierung:	Parameter	Umfang/Jahr	Arbeitstage
1. BMW, Nürnberg	Pb, Zn, Cu, PAK	50.000 t/1990	50
2. Klärwerk, Nürnberg	Zn, Cu, Pb	8.000 t/1992	15
3. Chemie AG, Bitterfeld	PCDD/F, Ti, W, Mo V, Cr, Hg, Ni, Pb,	60.000 t/1993	120
4. BUL, Senftenbergv	As, PAK, Phenole, KW	6.000 t/1993	10
5. Werkstoff Union,	Pb, Ni, Cr, Mn,	120.000 t/1994	150

| Lippendorf | PA, EOX, | | |
| 6. Chemie GmbH, Bitterfeld | PCDD/F, Ti, W, V, Cr, Hg, Ni, Pb Mo | 30.000 t/1994 | 30 |

Die vorstehende Tabelle zeigt das breite Spektrum der bislang immobilisierten Schadstoffe. Darüberhinaus wird deutlich, daß das PBS-Verfahren mit einer Tagesleistung von bis zu 2.000 t täglich auf großflächige Sanierungsmaßnahmen spezialisiert ist.

Die Angaben über die Behandlungsdauer beinhalten die gesamte Ausführungszeit einschließlich Bodenaushub, das Brechen von Bauschutt, Vorbehandlung, Immobilisierung, Qualitätssicherung und -überwachung, Wiedereinbau. Das PBS- Verfahren hat inzwischen einen derartigen Qualitätsstandard erreicht, daß bei entsprechender Vorerkundung die Sanierungskosten und die Sanierungsdauer exakt abzuschätzen sind.

Projekt Bitterfeld

Auf dem Gelände des ehemaligen Chemiekombinates Bitterfeld wurden auf einer 10,5 ha großen Fläche die Bebauung mit einer Sonderabfallverbrennungsanlage geplant. Ein Großteil der Flächen war breit gestreut mit Dioxinen verunreinigt, lokal wurden auch die Schwermetalle Blei, Molybdän, Chrom, Nickel, Quecksilber, Vanadium, Wolfram und Titan angetroffen. Nach Prüfung verschiedener Sanierungsmethoden verblieb als Behandlungsmethode mit hinreichender Wirkungssicherheit, Machbarkeit und Bezahlbarkeit die Immobilisierung. Beim Aushub wurden umfangreiche Mengen an Altfundamenten ausgehoben, die größtenteils auch kontaminiert waren. Der Bauschuttanteil betrug ca. 55 %. In zwei Losen wurde die Immobilisierung nach dem PBS- Verfahren durchgeführt. Insgesamt wurden ca. 90.000 t behandelt und am Standort wieder eingebaut. Die vom Investor vorgegebenen Termine wurden dabei peinlich genau eingehalten.

Nachstehend zu dem Projekt Bitterfeld einige Daten und Fakten:

Bearbeitete Grundfläche:	30.000 m^2
Boden und Bauschutt immobilisiert und eingebaut:	90.000 t
davon Bauschutt:	ca. 55 %
Volumenminderung:	ca. 5 %

Ausgesonderte Wertstoffe und Abfall:

Eisenschrott:	500 t	
Boden:	130 t	ca. 0,1 %
Holz:	10 t	ca. 0,01 %
Kunststoffe:	10 m^3	ca. 0,01 %

Arbeitszeit: 180 Arbeitstage

Ferrolegierungswerk Lippendorf

Auf dem Gelände des ehemaligen Ferrolegierungswerkes Lippendorf im Süden von Leipzig wurden im Oberboden Kontaminationen mit Mineralöl und Schwermetallen aus Filterstäuben angetroffen. Das Material wurde zunächst auf ein geordnetes Zwischenlager verbracht, damit die dort laufenden Baumaßnahmen für das neue Ferrolegierungswerk nicht behindert wurden.

Als Alternative zur Entsorgung des Materials auf Deponien wurde seitens PBS eine Immobilisierung des mischkontaminierten Bodens vorgeschlagen. In Absprache mit den zuständigen Genehmigungsbehörden wurde das behandelte Material laufend beprobt und im Bereich der Fundamente wieder eingebaut. Neben der sicheren Einbindung der Schadstoffe wurde gleichzeitig eine Verbesserung der Bodenstandfestigkeit erreicht. Dies war insbesondere deshalb gefordert, weil ohne Bodenbehandlung die Standsicherheit des neuen Ferrolegierungswerkes nicht hinreichend gesichert war. Dank der hohen Behandlungsleistung kam es bei dem Bauvorhaben zu keiner Verzögerung im Ablauf.

Ausblick

Wie am Beispiel von zwei Projekten gezeigt, können Immobilisierungsverfahren dank ihrer hohen Behandlungsleistung recht wirksam im Rahmen von Flächenrecyclingmaßnahmen eingesetzt werden. Neben dem sicheren Einschluß von Schadstoffen können bei richtiger Planung auch bautechnische Anforderungen erfüllt werden.

Stand der Bodenreinigung bei der Altlastensanierung

Detlef Grimski

1. Einführung

Nach der deutschen Einheit hat sich die Anzahl der Altlastverdachtsflächen in den neuen Bundesländern von 28.877 Verdachtsflächen (Oktober 1990) auf 69.693 mehr als verdoppelt. In den alten Bundesländern nahm die Anzahl der erfaßten Verdachtsflächen um ca. 50 % von 48.377 (Dezember 1988) auf 73.559 zu. Insgesamt sind z. Z. also ca. 143.252 Flächen in der Bundesrepublik Deutschland als altlastverdächtig eingestuft (Stand: August 1994). Davon sind 85.939 altlastverdächtige Altablagerungen und 57.313 altlastverdächtige Altstandorte.

Die in den neuen Bundesländern erfaßten Altlastverdachtsflächen weisen mit über 80 % bereits einen hohen Erfassungsgrad auf. Bundesweit wird der Erfassungsgrad wegen der in einigen alten Bundesländern noch nicht so weit fortgeschrittenen Erfassung von Altstandorten auf ca. 60 % geschätzt. Hochrechnungen hinsichtlich des tatsächlichen Bestandes lassen auf Basis dieses Erfassungsstandes folglich mehr als 240.000 Altlastverdachtsflächen bundesweit erwarten. Hinzu kommen noch militärische Altlastverdachtsflächen und Rüstungsaltlastverdachtsstandorte. In den neuen Bundesländern ist von mehr als 1.026 Liegenschaften, die von der Westgruppe der ehemals sowjetischen Truppen (WGT) genutzt wurden sowie von ca. 3.000 Liegenschaften aus dem Bereich der ehemaligen Nationalen Volksarmee der DDR (NVA) auszugehen. Für die Altbundesländer geht man im Bereich der Bundeswehr von rd. 7.000 Liegenschaften aus. Konkrete Zahlen über die von Alliierten sowie NATO-Streitkräften genutzten Liegenschaften liegen nicht vor. Der Anteil der bundesweit militärisch genutzten Flächen beträgt mit ca. 1 Mio. ha 2,8 % der Gesamtfläche der Bundesrepublik, was der Größe des Saarlandes entspricht.

2. Stellung der Bodenreinigung bei der Altlastensanierung

Nach der Definition des Entwurfes zum Bundesbodenschutzgesetz sind Altlasten „Altablagerungen und Altstandorte von denen schädliche Bodenveränderungen oder sonstige Gefahren für den Einzelnen oder die Allgemeinheit hervorgerufen werden können."[3]

Die Einstufung einer Fläche als Altlast ist also unmittelbar an die Feststellung des Gefahrentatbestandes geknüpft.

Zur Sanierung bzw. Gefahrenabwehr kommen dann entsprechend den zu erwartenden Regelungen des Bundesbodenschutzgesetzes Maßnahmen zur Unterbrechung der relevanten Kontaminationspfade (gleichwertige Sicherungsmaßnahmen) oder Maßnahmen zum Entfernen der Schadstoffe aus dem kontaminierten Boden (Dekontaminationsmaßnahmen) in Betracht.

Die Stellung der Bodenreinigungsverfahren im Bereich Altlastensanierung ist somit durch eine gewisse Konkurrenzsituation zu den sogenannten Sicherungsverfahren gekennzeichnet. Wurden Sicherungsverfahren in der Vergangenheit im wesentlichen für die Sanierung von Altablagerungen entwickelt bzw. aus anderen Anwendungsbereichen an diese Zwecke angepaßt und optimiert, so wird ihnen in Fachkreisen für die Zukunft ein höherer Anteil auch bei der Sanierung von Altstandorten prognostiziert. Ohne die Ursachen für diesen prognostizierten Trend im einzelnen analysieren zu wollen, scheinen vorliegende Bestandsaufnahmen durchgeführter Sanierungsmaßnahmen dies zu bestätigen.

Eine Auswertung des Landesumweltamtes Nordrhein-Westfalen über den Stand der Anwendung von Sanierungsmaßnahmen auf 430 Altstandorten (Stand: Dezember 1993) ergab, daß von insgesamt 510 Anwendungen Umlagerungen mit 259 Anwendungen am häufigsten durchgeführt wurden. [9] 98 Anwendungen bezogen sich auf passive hydraulische oder pneumatische Sicherungsmaßnahmen (9) bzw. Grundwasserreinigungsmaßnahmen (89). Die restlichen 153 Anwendungen bezogen sich auf Dekontaminations- und Sicherungsverfahren, wobei die Anzahl durchgeführter Sicherungsmaßnahmen (Einschließung/Immobilisierung) mit 77 Anwendungen gegenüber der Anzahl durchgeführter Bodendekontaminationsmaßnahmen (thermische Behandlung, Bodenwäsche, Biologie, Bodenluftabsaugung) mit 76 Anwendungen bereits leicht dominant ist.

Zieht man von den letztgenannten 76 Dekontaminationsanwendungen die darin enthaltenen 39 Bodenluftabsaugungen ab, die als nicht in direkter Konkurrenz zur Sicherung einzustufen sind, so entfällt auf die klassischen Bodenreinigungsverfahren gerade mal ein Anteil von ca. 7 % aller in Nordrhein-Westfalen durchgeführten Altlastensanierungsmaßnahmen. Eine Korrelation bezüglich der dabei erfaßten Mengenpotentiale ist zwar nicht möglich; allerdings belegen vorliegende Rechercheergebnisse auch hier kein signifikant verändertes Bild über die Stellung der Bodenreinigung bei der Altlastensanierung.

Zwar hat der Abfallentsorgungs- und Altlastensanierungsverband Nordrhein-Westfalen in einem Forschungsvorhaben recherchiert, daß von 1987-1993 immerhin ca. 12 % des angefallenen kontaminierten Bodens/Bauschutts der Dekontamination zugeführt wurde. [2] Gleichzeitig wurde allerdings auch deutlich, daß die großen Mengenanteile aus wenigen Großsanierungsmaßnahmen stammten. Insgesamt bestätigte auch diese Analyse eine deutliche Dominanz von Sicherungs- gegenüber Dekontaminationsmaßnahmen.

Bundesweite Erhebungen zur Bestätigung dieser Entwicklung liegen nicht vor. Jedoch lassen auch die vorliegenden Arbeitsergebnisse aus den neuen Bundesländern im Zusammenhang mit der Erarbeitung von Sanierungsrahmenkonzepten für Großprojekte gemäß der Finanzierungsregelung „Ökologische Altlasten" erwarten, daß Sicherungsmaßnahmen gegenüber Dekontaminationsmaßnahmen qualitativ und quantitativ dominieren werden.

3. Stand der Bodenreinigung

Vor dem Hintergrund der nationalen und internationalen Dimension der Altlastenproblematik wurden Bodenreinigungstechnologien seit Anfang der 80er Jahre in der Bundesrepublik Deutschland, aber auch in den USA und den Niederlanden entwickelt. Für das Gebiet der Bundesrepublik Deutschland hat allein das Bundesforschungsministerium in den vergangenen 17 Jahren ca. 155 Mio. DM für die Entwicklung und Erprobung von Bodenreinigungsverfahren bereitgestellt. Die Gesamtinvestitionen für Bodenreinigungsanlagen in den zurückliegenden 5 Jahren dürften in der Bundesrepublik Deutschland die Größenordnung von 800-900 Mio. DM betragen.

Mit Ausnahme spezieller Bodenreinigungstechnologien, wie der Extraktion mit überkritischen Gasen und biologischen in-situ Verfahren, haben die klassischen Dekontaminationsverfahren in der Bundesrepublik Deutschland mittlerweile das Stadium der großtechnischen Anwendungsreife auf hohem technologischen Niveau erreicht. Eine Übersicht über die Verfahrensanbieter auf dem Sektor der thermischen Bodenreinigungsverfahren und der Bodenwaschverfahren ist den Tabellen 1 und 2 zu entnehmen.[4]

Einen guten Überblick über sämtliche Aktivitäten im Bereich Bodensanierung gibt ein Anfang 1993 in der Zeitschrift „TerraTech" erschiedener Artikel. [7] Demnach befinden sich bundesweit 153 Bodenreinigungsanlagen in Betrieb, im Bau, im Genehmigungsverfahren oder in der Planung. Würden sämtliche Anlagen realisiert, ergäbe sich eine Jahreskapazität von mehr als 3 Millionen Tonnen. Darin enthalten sind allerdings auch Anlagen, die für Standortsanierungen im on-site Betrieb vorgesehen sind und nur Standortböden behandeln.

Praxis und Perspektiven der Bodenreinigung lassen sich aber insbesondere auch anhand von ortsfesten Bodenbehandlungsanlagen darstellen, in denen Altlastböden off-site behandelt werden sollen.

Eine von der Landesanstalt für Umweltschutz in Baden-Württemberg durchgeführte Recherche ergab, daß sich zum Zeitpunkt September 1993 47 stationäre Bodenbehandlungsanlagen mit einer Jahreskapazität von ca. 1,25 Millionen Tonnen in Betrieb befanden. [8] Davon entfallen 34 Anlagen mit einer Jahreskapazität von 700.000 Millionen Tonnen auf die biologische Bodenbehandlung und 12 Anlagen mit einer Jahreskapazität von 500.000 Tonnen auf die Bodenwäsche. Der Anteil der thermischen Bodenbehandlung fällt mit einer Anlage und einer Jahreskapazität von 35.000 Tonnen eher gering aus.

Eine kürzlich durchgeführte Recherche ergab, daß sich mittlerweile 69 stationäre Bodenbehandlungsanlagen in Betrieb befinden. [5] Der Tabelle 3 ist zu entnehmen, daß davon 50 Anlagen auf biologische, 16 Anlagen auf chemisch/physikalische und 3 Anlagen auf thermische Verfahren entfallen. Die damit verfügbare Behandlungskapazität dürfte in der Größenordnung von 1,5 Millionen Jahrestonnen liegen.

4. Perspektiven für die Bodenreinigung bei der Altlastensanierung

Darstellungen über die vorliegende Situation auf dem Sanierungssektor lassen alles andere als rosige Perspektiven für die Bodenreinigung erwarten:
– Bestehende Bodenreinigungsanlagen werden nicht ausgelastet. Überkapazitäten bewirken einen Preisverfall.
– Der Anteil von Dekontaminationsmaßnahmen bei der Altlastensanierung ist rückläufig (s. o.).
– Die öffentlichen Kassen sind leer. Es werden weniger Flächen „angegangen" („Flächenerschließung auf der grünen Wiese").
– Es fehlen klare rechtliche Vorgaben wann und wie zu sanieren ist.

In der Tat fällt es zur Zeit schwer, das Potential dekontaminationsbedürftiger Böden für die Zukunft zu prognostizieren. Der Abfallentsorgungs- und Altlastensanierungsverband Nordrhein-Westfalen hat auf der Basis der Ergebnisse einer Recherche über das Aufkommen von verunreinigtem Boden und Abfall aus der Altlastensanierung in den Jahren 1987-1993 die Erarbeitung eines Prognosemodells für Nordrhein-Westfalen in Auftrag gegeben. [2]

Zur Prognose der zukünftig zu dekontaminierenden Bodenmengen wurden die folgenden Kriterien als einflußbestimmend ermittelt:
– Wirtschaftsentwicklung allgemein
– Flächenbedarf
– Umweltgesetzgebung
– Finanzmittel
– Akzeptanz (Stellenwert der Umweltsanierung in der Öffentlichkeit/Politik)
– Gefahrenbewertung (Maßstäbe und Vollzugsvoraussetzung)
– Kostenstruktur auf dem Entsorgungssektor
– Behandlungskapazitäten/Konkurrenzsituation
– Deponiekapazitäten/Möglichkeiten zur Ablagerung

Durch Verknüpfung dieser Kriterien bei gleichzeitiger Entwicklung von pessimistischen, realistischen und optimistischen Prognoseszenarien wurden die Entwicklungsverläufe der zu dekontaminierenden Bodenmengen in Nordrhein-Westfalen abgeleitet. Das Aufkommen dekontaminationsbedürftiger Böden bis zum Jahre 2000 war bei optimistischer Betrachtung immerhin fünf mal höher als bei einem pessimistischen Prognoseansatz. Bei realistischem Betrachtungsansatz wurde bis zum Jahre 2000 ein Rückgang der dekontaminationsbedürftigen Bodenmengen um ca. 20 % prognostiziert.

Legt man die o. g. Kriterien als Maßstab für die gesamte Bundesrepublik an, so ist zumindest theoretisch nicht unmittelbar ein negativer Trend abzuleiten:

– Die Wirtschaftsentwicklung wird allgemein als günstig eingestuft.

– Die Umweltgesetzgebung wird den Altlastenbereich durch ein Bundesbodenschutzgesetz und untergesetzliche Regelungen konkret erfassen.

– Maßstäbe zur bundeseinheitlichen Gefahrenbewertung (und damit sanierungsauslösend) werden z. Z. erarbeitet.

– Die Ablagerungsmöglichkeiten für kontaminierte Böden sind gemäß den Anforderungen der TA Abfall tendenziell rückläufig.

Sicherlich werden die Perspektiven für die Bodenreinigung in hohem Maße von der inhaltlichen Ausgestaltung des untergesetzlichen Regelwerkes zum Bundesbodenschutzgesetz abhängen.

Von Bodenbehandlungsanlagenbetreibern wird z. B. häufig kritisiert, daß im Gesetzesentwurf die Abwehr des Gefahrentatbestandes und damit die Gleichstellung von Sicherungsmaßnahmen auf einer qualitativen Maßnahmenebene mit Bodenreinigungsverfahren erfolgt.

Insoweit bleibt in der Tat abzuwarten, welche konkreten Anforderungen letztendlich an gleichwertige Sicherungsmaßnahmen gestellt werden und wie sich diese auf den „Marktanteil" von Reinigungsverfahren bei der Altlastensanierung auswirken.

Da der Gesetzgeber jedoch schon in der Begründung zum vorliegenden Entwurf des Bundesbodenschutzgesetzes Dekontaminationsverfahren als in der Regel höherwertig einstuft, werden aus Sicht des Verfassers Bodenreinigungsverfahren auch in Zukunft einen wichtigen Beitrag bei der Altlastensanierung leisten.

Ob sich daraus in Anbetracht der bereits verfügbaren Behandlungskapazität i. H. von ca. 1,5 Mio. Jahrestonnen jedoch auch die Notwendigkeit weiterer

Anlagen ergibt, kann pauschal aufgrund des Erfassungsstandes an Altlastverdachtsflächen sicherlich nicht beantwortet werden.

Interessant sind in diesem Zusammenhang die Ergebnisse eines vom Umweltbundesamt in Auftrag gegebenen und von der Arbeitsgemeinschaft Umweltberatung Fischer & Köchling, Hamburg und Institut Fresenius, Dortmund durchgeführten Forschungsvorhabens. [10] Ziel dieses Projektes war die Ermittlung des Bedarfes an Bodensanierungszentren in den neuen Bundesländern. Für die Zugangsprognose von Böden aus dem Altlastenbereich wurde von folgenden, zum Teil statistisch belegten, Annahmen ausgegangen:

- 20 % der erfaßten Altlastverdachtsflächen erweisen sich letztendlich als sanierungsbedürftig (wobei diese Annahme Neue-Länderspezifisch ist - im Bundesdurchschnitt ist eher von 10-15 % auszugehen).

- Die Durchschnittsmenge kontaminierter Böden beträgt 10.000 Tonnen pro Altlast.

- Nur 50 % dieser Böden werden tatsächlich der Dekontamination angedient (die anderen 50 % werden durch Sicherungsmaßnahmen, on-site Maßnahmen oder Umlagerungen erfaßt).

- Die erforderliche Jahreskapazität ergibt sich aus der Annahme eines 15jährigen Abschreibungszeitraumes pro Anlage.

Für die neuen Länder wurde auf Basis dieser Annahmen ein potentieller Bedarf zur Dekontamination von ca. 4,9 Mio. t/a ermittelt. Abzüglich der als verfügbar in Ansatz gebrachten Kapazität von ca. 1,7 Mio. t/a (incl. der geplanten Anlagen) ergaben sich somit noch ca. 3,2 Mio. t/a Bedarf an zusätzlichen Kapazitäten.

Volks- und betriebswirtschaftliche Betrachtungen haben jedoch gleichzeitig ergeben, daß die Grenze der Finanzierbarkeit bereits bei 750.000 t/a erreicht wird; d. h. der prognostizierten wirtschaftlich tragbaren Kapazität von 750.000 t/a stehen bereits jetzt schon ca. 1,7 Mio. t/a an vorhandenen oder geplanten Behandlungskapazitäten gegenüber. Ob dieses Mißverhältnis auch bei einer bundesweiten Betrachtung so deutlich ausfällt, kann ohne bundesweit ganzheitliche und systematische Betrachtung unter Berücksichtigung aller Einflußfaktoren nicht bewertet werden. Es scheint jedoch wahrscheinlich.
Betreibt man nämlich o. g. Zahlenspiel aufgrund des bundesweiten Erfassungsstandes für Altstandorte (57.313), so ergibt sich bei einem Altlastenanteil von 15 % und einem Abschreibungszeitraum von 15 Jahren pro Anlage eine potentielle Dekontaminationsmenge von ca. 2,9 Mio. t/a. Abzüglich der bereits

verfügbaren 1,5 Mio. Jahrestonnen bliebe bundesweit ein theoretischer Markt für neue Anlagen von lediglich ca. 1,4 Mio. a übrig.

Die Recherche der Zeitschrift „TerraTech" (s. o.) hat aber schon ergeben, daß - sämtliche Planungen einbezogen - bundesweit ca. 3 Mio. Jahrestonnen verfügbar wären, d. h., die betriebenen und geplanten Anlagen ausreichen würden.

Unter Berücksichtigung der wirtschaftlichen Aspekte im Hinblick auf die marktwirtschaftliche Lebensfähigkeit der Betreiber von Bodenreinigungsanlagen liegt man dann wahrscheinlich nicht falsch, wenn man, wie die Zeitschrift „TerraTech" bei der Betitelung vorgenannter Rechercheveröffentlichung feststellt: „Die Jagt nach dem Boden hat begonnen".

5. Schlußbemerkung

Die bisher relativ kurze Phase im Altlastenbereich hat durch gemeinsame Anstrengungen von Verwaltung, Wissenschaft und Industrie in kürzester Zeit eine rasante Entwicklung genommen. Methoden und Technologien zur Bodenreinigung stehen nach aufwendigen Forschungs- und Entwicklungsarbeiten nicht nur in beachtlichem Umfang zur Verfügung, sondern sind auch schon großtechnisch installiert.

Die wirtschaftliche Rezessionsphase der letzten Jahre hat zwar zu gebremster Euphorie im Bereich Bodenreinigung geführt. In Anbetracht der auf Bundesebene nach wie vor noch nicht abschließend diskutierten und festgelegten Beurteilungskriterien und -maßstäbe zur Lösung der Altlastenproblematik ist die kürzlich kreierte Formulierung einer „Trendwende zum Sanierungsminimalismus" jedoch sicherlich aus gutem Grunde mit einem Fragezeichen versehen worden.[6]

Es gilt nun durch Schaffung einheitlicher Rahmenbedingungen im Altlastenbereich dafür zu sorgen, daß Sanierungsabläufe sowohl im Hinblick auf Altlastenbewertungsmaßstäbe als auch im Hinblick auf die Art durchzuführender Sanierungsmaßnahmen transparent und nachvollziehbar werden. Dies schafft nicht nur Rechtssicherheit für Sanierungspflichtige, sondern auch die Grundlage für Bodenreinigungsanbieter zur zukünftigen Marktermittlung für weitere Bodenreinigungskapazitäten.

Die Arbeiten an einem Bundesbodenschutzgesetz sowie einem untergesetzlichen Regelwerk geben in diesem Zusammenhang Anlaß optimistisch in die Zukunft zu blicken.

6. Literatur

[1] ABFALLENTSORGUNGS- UND ALTLASTENSANIERUNGSVERBAND Nordrhein-Westfalen (AAV), Bericht (1993): „Ermittlung von verunreinigtem Boden und Abfall aus der Altlastensanierung nach Art, Menge und Anfallraum", Hattingen.

[2] ABFALLENTSORGUNGS- UND ALTLASTENSANIERUNGSVERBAND Nordrhein-Westfalen (AAV), vorläufiger Bericht (1994): „Das Aufkommen an verunreinigten Böden und Abfällen in NRW aus Maßnahmen zur Altlastensanierung, Baumaßnahmen und Schadensfällen bis zum Jahr 2000", Hattingen, (unveröffentlicht).

[3] BUNDESMINISTERIUM FÜR UMWELT, NATURSCHUTZ UND REAKTORSICHERHEIT (Februar 1994): Gesetz zum Schutz des Bodens vor schädlichen Bodenveränderungen und zur Sanierung von Altlasten - Bundesbodenschutzgesetz, Referentenentwurf.

[4] FRANZIUS, V. (1993): Verfahren zur Bodenreinigung, Sonderdruck „Altlastensanierung" der Tiefbau-Berufsgenossenschaft (TBG), 2. überarbeitete Auflage.

[5] GRIMSKI, D.: Bodenbehandlungszentren in: Neumaier / Weber (Hrsg.), Altlasten - Erkennen, Bewerten, Sanieren, 3. Auflage 1994 (in Vorbereitung)

[6] HOLZWARTH, F.: Trendwende zum Sanierungsminimalismus ?, Editorial „Altlasten-Spektrum" 4/94, S. 185/186.

[7] KIELBERGER, G., SCHMITZ, H.-J. (1993): „Bodenbehandlungszentren - Die Jagd nach dem Boden hat begonnen", TerraTech 3, S. 46-57.

[8] LANDESANSTALT FÜR UMWELTSCHUTZ Baden-Württemberg (Hrsg.) (1994): „Stationäre Bodenreinigungsanlagen in der Bundesrepublik Deutschland", In: Handbuch Abfall, Karlsruhe.

[9] LANDESUMWELTAMT Nordrhein-Westfalen: Jährliche Statistik über den Stand der Altlastenbearbeitung, (Veröffentlichung in Vorbereitung).

[10] UMWELTBUNDESAMT: F+E-Vorhaben 103 40 106, Entwurf des Abschlußberichtes „Bedarfsanalyse für Bodensanierungszentren in den neuen Bundesländern" der ARGE BFUB/IF.

Verfahren	Betreiber Konzeption	Kurzbeschreibung	Leistung (t/h)	Stand Betriebsform	
AB-Umwelttechnik	AB-Umwelttechnik, Lägerdorf	Waschverfahren mit geschlossenem Wasserkreislauf, Reststoffentsorgung in Zementwerk	40	Anlagen seit Mai 1989 in Lägerdorf, München und Coswig; Hanau geplant	m s
ASRA ®	Krupczik Umwelttechnik, Hamburg	Hydroaktives Trennverfahren zur Aufbereitung von Schlämmen, Baggergut und Sanden, Gesamtentsorgungskonzept	ca. 10	Anlage seit 1. 9. 1987 im Klärwerk „Stellinger Moor"	m
Baresel-ÖkoChem	Baresel, Stuttgart	Chemisch-biologisches Erdwaschverfahren mit Tensideinsatz	ca. 16	Anlage in Dresden 1992	m
Baur	Inst. Dr. Baur, Fernwald	Aufbereitung schwermetallbelasteter Böden mittels Mineralsäuren	1 m³/h	F + E-Vorhaben	m
B + B Suspensions- Strip-Verfahren	Bilfinger + Berger, Mannheim	Kombiniertes Suspensions- und Strip-Verfahren zur Entfernung von CKW aus bindigen Böden	20	Anlage 1993, Karlsruhe	m
Biologisch-physikalische Bodenreinigung	ContraCon, Cuxhaven	Waschverfahren mittels Freifallmischern, Wirk-substanzen, Wasser und Bakterien	max. 18	Pilotanlage 1987, mehrere mobile Anlagen, u. a. Heidenheim, Hamburg und Gütersloh, 4 ortsfeste Anlagen geplant	m,s
Bodenwaschverfahren System Züblin	Ed. Züblin AG, Stuttgart	2 Waschkreisläufe mit mechanischer Wirbelschicht (Wasser, Detergentien), Gegenstromnachspülung, thermischer Reststoffentsorgung	bis 20	Technikumsversuche, Anlagenkonzept 1989	m
BOWA 20	WU-Walter Umwelt-technik, Augsburg	Diskontinuierlicher Intensivwäscher mit hydro-mechanischem Rührwerk, Extraktionsmittel Wasser mit geschlossenem Wasserkreislauf	20	Anlage seit 1992, weitere Anlage geplant	m
Bremer Vulkan	Bremer Vulkan	Waschverfahren und Feinkornextraktion mit organischen Lösungsmitteln	18	Pilotanlage, Großanlage geplant	u

Verfahren	Betreiber Konzeption	Kurzbeschreibung	Leistung (t/h)	Stand Betriebsform	
CBBR	Possehl Umweltschutz, Hamburg	Chemisch-biologisches Bodenreinigungsverfahren, Druckluft-Wirbelbett	ca. 12	8 Anlagen an unterschiedlichen Standorten in Betrieb	m
CONTAMEX	CONTAMEX Industrieanlagen, Bremen-Stuhr	Physikal.-chem. Waschverfahren für Gleisschotter und Böden mit integriertem Naßbioreaktor	30	Anlage Kriebitzsch Betrieb Mai 1994 (als Weiterentwicklung der Anlage Trebbin)	m
DJS	Dr. Joachim Schilling, Apolda	Physikalisch-biologische Behandlung in Drei-Kammer-Horizontalsiloanlage, Tensid- und Nährstoffzugabe		Anlage (30.000 t/a) in Apolda / Wormstedt	u
DSU	Duisburger Schlackenaufbereitung	Bodenwäsche durch intensive Attrition mit Extraktionsmitteln, Waschtrommel	30	Technikumsanlage	s
DYWINEX	D & W AG, Hauptverwaltung München	Separierung mit Wasser ohne Extraktionsmittel, variable Containerbauweise	ca. 5	1989 Hamburg Probebetrieb 1992 großtechnischer Betrieb	m
ECO TECH	CB-Chemie und Biotechnologie, Verl	Chemisch-physikalische Wäsche mit integrierter Wasser- und Wertstoffaufbereitung (Solid Cycle Process)	8	Anlagen 1992	s,m
EUR	EUR, Emmerich	Bodenwaschanlage zur Behandlung ölverunreinigter Böden und Schotter		Anlage (größer 40.000 t/a) in Emmerich in Betrieb	s
FERMENTA-TEC	Peter Neumann, Eckernförde	Chemisch-physikalische und biologische Behandlung in Trommelmischern	150 - 200 t/d	seit 1990 an mehreren Standorten in Betrieb	m
Franken	Franken Umwelttechnologie, Breitscheid	Chemisch-physikalische Bodenwaschanlage, Verwendung von Additiven	> 20	Anlage 1993	m
Gegenstrom-Extraktion	Rethmann,Selm/Weßling, Altenb.	Gegenstrom-Extraktionsprinzip, Einsatz leicht verdampfbarer Extraktionsmittel	5	Pilotanlage Essen, Großanlage geplant	m

Verfahren	Betreiber Konzeption	Kurzbeschreibung	Leistung (t/h)	Stand	Betriebsform
GESU CP 4	Gesellschaft für saubere Umwelt, Berlin	Rührwerke und Extraktoren, Strömungsenergie, Einsatz von Waschflüssigkeiten	3 30	Pilotanlage 1987, Großanlage geplant	m u
GHU / AKW	GHU Berlin/AKW Hirschau	Naßwaschverfahren mittels Waschtrommel, Multihydrozyklon, Containerbauweise	30	Großanlage geplant	m
Hafemeister	Hafemeister, Berlin / Hochtief	Physikalische Trennung und chemische Aufbereitung in 2 Behandlungsstufen	5 m³/h 15	Pilotanlage Februar 1989, Anlage Berlin-Reinickendorf, Juni 1992	m sm
Harbauer	Harbauer, Berlin	Naßextraktionsverfahren, Energieeintrag mittels Vibrationswaschschnecke	20	Anlage 1986-1991 in Berlin (Pintsch-Gelände), Folgeanlage Wien	sm
			25 - 30	Anlage Berlin - Gradestraße in Betrieb Juli 1993	s
		Kombinierte Bodenwasch- und Destillationsanlage (Niedertemperatur-Vakuumdestillation - TERRA-VAC)	25	Anlage in Martredwitz in Betrieb Juni 1993	s
Heijmans / Preussag	Preussag, Kiel	Physikalisch-chemisches Verfahren (Attritionswäsche), Containerbauweise / ortsfeste Anlage	10 - 30 12	2 Anlagen seit 1984 in NL, Neuanlage 1992, Kiel	u / sm
Hochdruck-Waschverfahren	NORDAC-Gruppe / Afu, Berlin	Hochdruckwasserstrahl-Verfahren, 250 bar, Wasser als Extraktionsmedium	15 - 40	Anlage seit 1986 in Berlin	u
	NORDAC-Gruppe, Hamburg	Oecotec-Hochdruck-Bodenwaschanlage 2000, Neuentwicklung, 2. bzw. 3. Generation	45	Anlage seit April 1989 in Düsseldorf / Hamburg / Stuttgart, München, Thale (Verkauf an GFA Thale), 2. Anlage NORDAC-Entsorgungszentrum Februar 1991	u

Verfahren	Betreiber Konzeption	Kurzbeschreibung	Leistung (t/h)	Stand	Betriebsform
System HUBER	Gebr. Huber, München	Kombinationsanlage zur mechanischen, biologischen Aufarbeitung von Mineralölkontaminationen	20	Pilotanlage seit September 1991, München	m / u
In situ-Bodenwaschverfahren	Arge Bodensanierung (Keller Grundbau, WUE, S+I, Hamburg)	In situ-Hochgeschwindigkeits-Wasserstrahl-Bodenwäsche und on site-Boden-/Wasser-Behandlung, auch unterhalb von Bebauung einsetzbar	15	Probeanlage 1988, Einsatz 1991 in Hamburg geplant	m
In situ-Hoch-druck-Wasch-verfahren	Philipp Holzmann AG, Düsseldorf	Hochdruck-Bodenwaschverfahren für in situ- und on site-Einsatz, Extraktionsmedium Wasser, 500 bar, mikrobiol. Schlammbehandlung	ca. 12	Anlage seit April 1989 erstmalig in Bremen im Einsatz	m
ISA-Wasserdampfextraktion	RWTH Aachen, Bonnenberg und Drescher	Behandlung organisch- und schwermetall-kontaminierter Böden mittels Wasserdampfextraktion (FE-Vorhaben)	-	Versuchsanlage seit März 1993	u
KRC	KRC, Würzburg	Bodenwaschverfahren mittels HD-Sprühwäscher und HD-Bedüsung (Feinkornwäsche)	-	-	
LGA	Landesgewerbeanstalt Bayern	Gegenstromreaktoren mit Extraktionslösung, speziell für Schwermetalle	-	Laborversuche, Anlagen-konzept 1988 (s. SMEA)	
LRS Terrasteam	Lurgi-Renner, Regensburg	Naßmechanische Bodenbehandlung mit nachgeschalteter thermischer Stufe (Wasserdampf-destillation)	0,5 40	Technikumsanlage in Regensburg Großanlage seit Juli 1992 in Regensburg	m m
LURGI (Deconterra)	LURGI (L. H. F.), Frankfurt	Naßmechanische Aufbereitung mittels Attritions-Waschtrommel, Extraktionsmittel Wasser	1 20	Demonstrationsanlage 2 Großanlagen	u
MCT-Verfahren nach Teufert	MCT GmbH Umwelttechnologie, Berlin, i. G.	Mechanisch-chemisch-thermisches Bodenwasch-verfahren, Gegenmischtrommel mit oberflächenaktiven Substanzen und Sattdampf	15	Anlage 1992 in Berlin geplant Großanlage in Bayern geplant	m s

167

Verfahren	Betreiber Konzeption	Kurzbeschreibung	Leistung (t/h)	Stand Betriebsform	
Verfahren nach Prof. Müller	ROM, Hamburg	Säureaufschluß aquat. Sedimente mit kombinierter Hydroxid-Karbonatfällung zur Schwermetallabtrennung	260 kg/h mit 30% Festst.	Versuchsanlage Hamburg 1991	m
Preussag Noell Wassertechnik	Preussag Noell, Darmstadt	Chemisch-physikalisches Verfahren: Schwerme-tallextraktion mit Säuren, Attritionswäsche mit Tensiden	1	Technikumsanlage	m
SAN-O-CLEAN	SAN, Bremen	Mehrstufiges Waschverfahren, Extraktionsmittel SAN-O-CLEAN, vorrangig für ölverunreinigte Böden	10-15	Laborversuche und Anlage seit 1985 auf verschiedenen Standorten	m
Schauenburg	Schauenburg, Mühlheim	Anlage zur Aufbereitung ölverunreinigter Sande, Konzept zur Weiterentwicklung	-	Pilotanlage in Mühlheim	m
SEG	SEG, Lübeck	Dekontamination von ölverunreinigten Böden, Schotter und Bauschutt, Wäsche mit Tensiden	10	Pilotanlage 1989, Kornwestheim	m
SMEA	Bauer und Mourik, Schrobenhausen	Dekontamination von schwermetallbelasteten Böden mittels Salpetersäure	0,1	Technikumsanlage in Kornstein (LGA-Lizenz) 1990	m
TerraCon	Arge W & F/TEREG/Eggers Hamburg	Trommelwäscher mit waschaktiven Substanzen, insbesondere für MKW-kontaminierte Böden	120 t/d	Anlage in Hamburg, 1989, großtechnischer Betrieb 1992	m
Weiss	L. Weiss, Crailsheim	Extraktion von Schadstoffen mittels Hochdruckstrahlrohr	10-25	Großanlage mit Kooperationspartner	u

m = mobil, sm = semimobil bzw. u = umsetzbar, s = stationär

Tabelle 1: Anlagen und Verfahren zur extraktiven Behandlung kontaminierter Böden (Bodenwaschverfahren)

Verfahren	Betreiber Konzeption	Kurzbeschreibung	Leistung (t/h)	Stand	Betriebsform
B + D	Bonnenberg und Drescher, Aldenhoven	Direkt beheizter Drehrohrofen, 900° C, thermische Nachverbrennung, 900-1000° C	< 10	Anlage in Betrieb	s
BORAN	BORAN Bodenreinigung Berlin	Wirbelschicht-Bodenreinigungsanlage, Zwangs-zirkulation, 900-1200° C	10	Anlage in Berlin Inbetriebnahme 1994	m
DEKONTA	DEKONTA, Mainz	Therm. Desorption (Strahlungswärme) und Zersetzung von Schadstoffen (Prometheus)	5-8	Pilotanlage Ingelheim, Dez. 1988, Umsetzung Hamburg	u
DEUTAG	DEUTAG von Roll	Drehrohrofen 650-1200° C, TNV bis 1300° C	4	Pilotanlage	u
EFEU	Lizenznehmer Schwelm Anlagen-und Apparatebau	Spülgasdestillation mit variablen Temperaturen bis 800° C	5	Pilotanlage 1989 Großanlage geplant	m m
HOCHTIEF	HOCHTIEF Umwelt, Essen	Indirekt beheizter Drehrohrofen mit Nachverbrennung	7	Versuchsanlage in großtechn. Maßstab in Herne seit Mitte 1992 in Betrieb	u
HOLZMANN	HOLZMANN AG/Deutsche Asphalt	Therm. Verfahren mit nachgeschalteter Staub-abscheidung und Brüdenverbrennung	5	Anlage 1991 Frankfurt	u
LURGI	LURGI, Frankfurt	Direkt beheizter Drehrohrofen, Temperaturen von 800-1200° C	bis 12,5	Versuchsanlage	s
NOELL	NOELL, Würzburg	Indirekt beheizter Drehrohrofen bis 850° C, TNV bis 1250° C	ca. 0,1	Versuchsanlage in Hannover	u
O & K	GTD, Dortmund	Flugstromapparat	0,5-10	Pilotanlage geplant	u
KVM	Kettenbauer, Murg	Therm. Behandlung mittels Sinterbandverfahren bei 800-1200° C	5	Anlage 1991 in Neumarkt, Großanlage in Magdeburg geplant	m
KWU	KWU-Umwelttechnik	Indirekt beheizte Schweltrommel, Temperaturen bis 650° C	ca. 20	KEA in Essen geplant	s

Verfahren	Betreiber Konzeption	Kurzbeschreibung	Leistung (t/h)	Stand Betriebsform	
PHYTEC	PHYTEC, Düsseldorf	Vakuumbehandlung, dünne Schichten über vibrierte, beheizte Flächen kontinuierlich gefördert, niedrige Temperatur	2	Laborversuche abgeschlossen Pilotanlage in Vorbereitung	m
RAG	RAG, Deutsche Babcock	Pyrolyseverfahren, 500-600° C, TNV bis 1200° C	7	Anlage 1988-1992 in Unna-Boenen	s
RUT	RUT/Ecotechniek	Direkt beheizter Drehrohrofen bis 600° C, TNV bis 1200° C (Terra-Therm-Verfahren)	30 + 50	2 Anlagen in den Niederlanden seit 1981	s
			40	1 Anlage im Bodensanierungszentrum Bochum in Genehmigung	s
			40	1 Anlage in Brandenburg in Genehmigung	s
RUT / FUT	RUT / Fresenius Umwelttechnik	Evaporator zur Behandlung leicht bis mittel flüchtiger organischer Bodenkontaminationen sowie flüchtiger organischer Bestandteile	- 7 - 10	Versuchsanlage 1992, Großanlage geplant	m
TAA	Thyssen / Still Otto, Bochum	Direkte zweistufige Behandlung 800-1200° C	10	Schwimmende Anlage geplant	m
VEBA	VEBA OEL, Gelsenkirchen	Pyrolyseverfahren mit nachgeschalteter Kondensationseinheit	0,5	Pilotanlage 1991	u
ZÜBLIN	ZÜBLIN, Stuttgart	Drehrohrofen bis 1200° C mit TNV bis 1200° C	0,2-0,4 5	Versuchsanlage seit 1986, Pilotanlage Dortmund, Inbetriebnahme 1994	m m

m = mobil   u = umsetzbar   s = stationär

Tabelle 2: Anlagen und Verfahren zur thermischen Behandlung kontaminierter Böden

Bundesland	Standort	Verfahrensstrang			Einzugsbereich		Betreiber
		thermisch	chem./phys.	biologisch	bundesweit	regional	
Baden-Württemberg	Schlat (Kreis Göppingen)			X	X		Leonhard Weiss
	Tettnang			X		X	Bodenreinigung Oberschwaben
Bayern	Marktoberdorf			X	X		BORAG
	München		X		X		Gebr. Huber [1]
	München-Freimann		X		X		AB-Umwelttechnik
Berlin	Berlin		X		X		afu
	Berlin		X		X		Hafemeister
	Berlin		X			X		Harbauer
	Berlin-Köpenick			X	X		Umweltschutz Ost
	Berlin-Tiergarten	X			X		BORAN
Brandenburg	Groß Kreutz			X		X	BRZ Großkreuz
Bremen	Bremen			X	X		Umweltschutz Nord
Hamburg	Hamburg-Peute		X		X		TerraCon
	Hamburg-Wilhelmsberg		X	X	X		Hansatec [2]
	Hamburg-Veddel		X		X		NORDAC
	Hamburg-Waltershof			X	X		Umweltschutz Nord
Hessen	Neu-Isenburg			X	X		hutec
Mecklenburg-Vorpommern	Carpin			X	X		Lobbe
	Langhagen			X	X		Umweltschutz Nord
	Poppendorf / Rostock			X			M. B. R.

[1] Biologische Nachbehandlung des Feinstkornes im Bioreaktor
[2] Chemisch / physikalische Behandlung von Straßenkehricht (Dekantierprozeß)
-Behandlung der organischen Fraktion im Biobeet
-Verwertung der anorganischen Fraktion

Bundesland	Standort	Verfahrensstrang			Einzugsbereich		Betreiber
		thermisch	chem./ phys.	biologisch	bundesweit	regional	
Niedersachsen	Ahnsen			x	x		biodetox
	Baltje-Hörne			x	x		GRT
	Bardowick			x	x		GRT
	Barenburg		x		x		GAA
	Ganderkesee			x	x		Umweltschutz Nord
	Northeim			x	x		Umweltschutz Mitte
Nordrhein-Westfalen	Deponie Haus Forst			x			Trienokens
	Dortmund		x				Züblin
	Emmerich		x				Entsorgung, Umweltschutz und Recycling
	Essen-Vogelheim			x		x	Hochtief Umwelt
	Gladbeck / Brauck			x	x		Umweltschutz Ruhr
	Herne	x			x		Hochtief Umwelt
	Münster			x			BSM
	Münster		x				Fa. Greitens
	Rheine		x		x		RGR
	Siegen (Zentraldeponie Fludersbach)			x			Fa. Kölsch
	Werl			x			Kreis Soest
	Wesel			x			Terra Entsorgung und Recycling
Rheinland-Pfalz	Germersheim			x	x		IMA
	Marbach			x	x		Umweltschutz Südwest
	Mutterstadt			x		x	Zeller
Sachsen	Altenbernsdorf			x			Dierichs & Hagedorn
	Borna	x					Broerius
	Böhlen			x			ContraCon
	Espenhain			x		x	ESBO
	Freiberg			x	x		PD Umweltschutz
	Freiberg			x			Bauer + Mourik
	Grumbach			x	x		Umweltschutz Grumbach

Bundesland	Standort	Verfahrensstrang			Einzugsbereich		Betreiber
		thermisch	chem./ phys.	biologisch	bundesweit	regional	
Sachsen	Leipzig			X			gefus
	Niederau			X			Gröbener Deponie Betriebsges.
	Oelzschau			X			PD Umweltschutz
	Pohritzsch			X			S.D.R.
	Pohritzsch			X			S.D.R.
	Rodewisch			X			Umweltschutz Grumbach
	Schildau			X	X		Dierichs & Hagedorn
	Seifersbach			X		X	Dierichs & Hagedorn
	Zschopau			X			Bodenbehandlungszent. Zschopau
	Zschortau			X			Anlagenbau Umweltprojekt
	Zwickau			X			Umweltschutz Zwickau
Sachsen-Anhalt	Bad Lauchstadt			X	X		Umweltschutz Mitte
	Coswig		X		X		AB-Umwelttechnik
	Magdeburg			X		X	GRT
	Halle			X			MUEG
Schleswig-Holstein	Flensburg			X	X		GSU
	Kiel		X		X		Preussag
	Lägerdorf		X		X		AB-Umwelttechnik
Thüringen	Großbreitenbach			X	X		SGDA
	Merkers			X	X		SGDA
	Wormstedt			X		X	Dr. Schilling

Tabelle 3: In Betrieb befindliche stationäre Bodenbehandlungsanlagen in der Bundesrepublik Deutschland

173

Orientierungswerte für die Altlastensanierung in Hessen

Guntram Finke

1. Aktuelle Rechtsgrundlage für die Altlastensanierung

Mit Inkrafttreten des Hessischen Abfallwirtschafts- und Altlastengesetzes (HAbfAG) 1989 wurde die Altlastensanierung in Hessen auf eine spezielle rechtliche Grundlage gestellt [1].

Der in § 16 HAbfAG formulierte Zweck der Altlastensanierung als Beitrag zur nachhaltigen Sicherung der natürlichen Lebensgrundlagen erfordert eine Vorgehensweise, die sich an einem grundsätzlich multifunktionalen Charakter von Flächen zu orientieren hat.

Für Altstandorte bedeutet dies, daß solche Grundstücke nach einer Sanierung allen am Ort grundsätzlich möglichen Nutzungen wieder zur Verfügung stehen müssen. Die tatsächlichen oder geplanten Nutzungen bleiben bei der Festlegung der Sanierungsziele außer Betracht.

Für Altablagerungen folgt, daß diese nach einer Sanierung ihrem widmungsgemäßen Zutand, d. h., „sicherer Einschluß der Schadstoffe", entsprechen müssen. Dieses Sanierungsziel wird in der Regel durch nachträgliche Sicherungsmaßnahmen erreicht.

Das altlastenrechtliche Verwaltungsverfahren läuft in 2 Stufen ab:

1. Erfassung, Untersuchung und Überwachung der altlastenverdächtigen Flächen
   Eine altlastenverdächtige Fläche ist dann gegeben, wenn ein hinreichender Verdacht besteht, daß von der Fläche Auswirkungen ausgehen, die das Wohl der Allgemeinheit wesentlich beeinträchtigen oder künftig beeinträchtigen werden.

2. Feststellung als Altlast und Durchführung der Sanierung.
   Eine Altlast ist dann gegeben, wenn von der Fläche eine wesentliche Beeinträchtigung des Wohls der Allgemeinheit ausgeht.

2. Praxis der Altlastenverfahren

Eine Beeinträchtigung bzw. bei entsprechendem Ausmaß wesentliche Beeinträchtigung des Wohls der Allgemeinheit im Sinne des § 16 Abs. 2 HAbfAG liegt vor, wenn mindestens eine der nachfolgenden Voraussetzungen gegeben ist:
   a) Das Grundwasser ist nach den in der Verwaltungsvorschrift zu § 77 des Hessischen Wassergesetzes [2] (GW-VwV) dargelegten Kriterien belastet und dies rührt von der zu beurteilenden Fläche her.
   b) Der Boden ist mit Stoffen belastet, die eine Belastung des Grundwassers nach den in der GW-VwV dargelegten Kriterien erwarten lassen.
   c) Der Oberboden ist so mit Stoffen belastet, daß bei einer allgemeinen Nutzung eine Beeinträchtigung der menschlichen Gesundheit, der Flora und der Bodenfauna nicht auszuschließen ist.
   d) Die Bodenluft ist so mit Stoffen belastet, daß bei einer allgemeinen Nutzung eine Beeinträchtigung der menschlichen Gesundheit, der Flora oder Bodenfauna nicht auszuschließen ist.
   e) Aus einer Deponie tritt Sickerwasser aus, dessen Stoffbelastung die Sanierungsschwellenwerte der GW-VwV überschreitet.
   f) Im Rahmen der Überwachung nach § 11 Abs. 4 Abfallgesetz (AbfG) werden Gaskonzentrationen festgestellt, die einen Gaspumpversuch als erfolgversprechend erscheinen lassen.
   g) Der Oberboden ist mit Stoffen belastet, die die Umgebung oder den Rekultivierungserfolg gefährden.

Die Punkte e) bis g) treffen nur für Altablagerungen zu und werden hier nicht weiter behandelt.

Für Altstandorte sind die Punkte a) bis d) zu beachten.

Zur Beurteilung von Belastungen im Grundwasser wird im Altlastenrecht auf die Orientierungswerte in der einschlägigen GW-VwV zurückgegriffen.

Bei der Beurteilung von Belastungen im Boden und in der Bodenluft [Punkte b) bis d)] haben sich beim Verwaltungsvollzug des Hessischen Altlastenrechtes Orientierungswerte herausgebildet. Diese Orientierungswerte wurden in dem Entwurf der Leitlinien für die Feststellung und Sanierung von Altlasten [3] zusammengefaßt.

Entsprechend dem im Hessischen Altlastenrecht verankerten multifunktionalen Charakter von Flächen liegt den Orientierungswerten ein Begriff der allgemeinen Nutzbarkeit zugrunde.
Die allgemeine Nutzbarkeit von Grundstücken umfaßt eine Nutzung als Gelände für Wohnbebauung sowie ähnlich sensible Nutzungen. Besonders sensible

Nutzbarkeiten wie z. B.. Kinderspielplätze sind nicht enthalten und bedürfen einer gesonderten Bewertung.

Die allgemeine Nutzbarkeit ist nicht nur auf die menschliche Nutzung zu beziehen. Auch die natürliche standortgerechte Flora und Fauna gilt als Nutzung in diesem Sinne. Bauplanungsrechtliche Festlegungen oder sonstige (z. B. landwirtschaftliche) Nutzungsabsichten sowie tatsächliche aktuelle Nutzungen bleiben außer Betracht. Vielmehr ist die grundsätzlich mögliche Nutzung maßgeblich. Dabei ist in der Regel von der Möglichkeit der Umwandlung von Industriegeländen in Wohngebiete auszugehen. Bei der Bestimmung der Nutzbarkeit haben diejenigen Grundstücke in der Umgebung außer Betracht zu bleiben, die wegen ihrer anthropogen verursachten Belastung selbst bereits sanierungsbedürftig sind. Die allgemeine Nutzbarkeit bezieht sich in der Regel auf den obersten, biologisch relevanten Teil des Bodens. Besteht darüberhinaus eine mögliche Gefährdung des Grundwassers, sind auch tieferliegende Bodenbereiche einzubeziehen.

3. Orientierungswerte

Die Orientierungswerte für die Altlastenbewertung und -sanierung beruhen auf der bisherigen Praxis der für Altlasten zuständigen Hessischen Behörden. Sie wurden nicht im einzelnen hergeleitet und wissenschaftlich begründet, sondern stellen den Konsens der hessischen Altlastenbehörden unter Einbeziehung des bundesweiten Diskussions-standes dar.

Die Orientierungswerte dienen der Transparenz und der Einheitlichkeit im Vollzug des Altlastenrechts. Sie gelten für anthropogen verursachte Belastungen. Geogen bedingte Hintergrundbelastungen sind keine Belastungen im altlastenrechtlichen Sinne.

Die Orientierungswerte für die Medien Boden, Bodenluft und Grundwasser sind zahlenmäßige Vorgaben zur Beurteilung von Altlasten bzw. altlastenverdächtigen Flächen. Es handelt sich dabei nicht um Grenzwerte.

Die Orientierungswerte sollen grundsätzlich in jedem Einzelfall überprüft werden. Der Einzelfall ist anhand der Menge und Gefährlichkeit der Stoffe, der Verfügbarkeit und der örtlichen Verhältnisse zu bewerten. Vor allem die hydrogeologische Beschaffenheit, die Schutzbedürftigkeit des belasteten Bereichs, eingetretene oder zu befürchtende Beeinträchtigungen sowie andere dort möglicherweise vorhandene Belastungen sind bei der Beurteilung der örtlichen Verhältnisse zu berücksichtigen. Dabei ist u. a. zu ermitteln, welche Schutzgüter durch die Belastung beeinträchtigt oder bedroht werden oder in welchem Maße und welchem zeitlichen Rahmen sie durch die Bearbeitung und eine Sanierung der Altlast gesichert werden können.

Die Orientierungswerte sind in 3 Stufen gegliedert:

I. Prüfwert (N-Wert)

Werte, bei deren Einhaltung in der Regel keine weiteren Untersuchungen zur Ausräumung des Altlastenverdachts erforderlich sind.
  Die Überschreitung der Prüfwerte begründet noch keinen Altlastenverdacht. Die Überschreitung ist ein Hinweis auf die Zweckmäßigkeit weiterer Untersuchungen im Rahmen der allgemeinen Gefahrerforschung, die von den allgemeinen Ordnungsbehörden veranlaßt werden.

II. Sanierungsschwellenwert (E-Wert, Eingriffswert)

Werte, bei deren Überschreitung an einer Stelle des untersuchten Geländes in der Regel der Altlastenverdacht gegeben ist und bei deren flächenhafter Überschreitung in der Regel eine Sanierung erforderlich ist.
  Da schon zu Beginn des Altlastenverfahrens die Zuständigkeit der Behörde feststehen muß, ist der Sanierungsschwellenwert auf jeden Fall insoweit verbindlich, als bei einer Überschreitung eines Wertes die Zuständigkeit der Altlastenbehörde für die weitere Aufklärung des Sachverhaltes nach § 17 Abs. 2 HAbfAG gegeben ist, wenn nicht wegen der Kleinräumigkeit der Kontamination eine Sanierung im altlastenrechtlichen Sinne offensichtlich ausscheidet.
  Soweit die Substanzen keine Gefahr für das Grundwasser darstellen, gelten die Sanierungsschwellenwerte in der Regel für die oberste, biologisch relevante Bodenzone des Grundstücks. Unterhalb dieser Zone sind Maßnahmen erforderlich, wenn der Grundwasserschutz dies erfordert oder bei möglichen Baumaßnahmen in der Zukunft mit Gefährdungen der mit den Aushubmaßnahmen Beschäftigten zu rechnen ist. Die Altlastenbehörde kann im Einzelfall aufgrund der örtlichen Gegebenheiten (Nähe zu Trinkwassergewinnungsanlagen) auch geringere Kontaminationen für die Einleitung eines Verfahrens als ausreichend erachten. Maßgeblich ist die Prognose, daß die bereits gefundenen Werte auf eine wahrscheinliche Sanierungsbedürftigkeit hinweisen.

III. Sanierungszielwert (S-Wert)

Werte, die in der Regel durch Dekontaminationsverfahren zu erreichen sind. Sie sind aufgrund technischer Einschränkungen bei Dekontaminationsverfahren teilweise höher als die Prüfwerte. Sie gelten unter den für die Sanierungsschwellenwerte genannten Randbedingungen hinsichtlich Grundwasserschutz und Arbeitsschutz in der Regel für die oberste, biologisch relevante Bodenzone des Grundstückes. Dies ist zu beachten, wenn eine Einzelfallprüfung in tieferliegenden Bodenzonen höhere Sanierungszielwerte zuläßt. Ggf. ist ein Aufbringen von unbelastetem Boden erforderlich.

Die Sanierung von Bodenluftkontaminationen kann grundsätzlich auch durch Ausheben der betroffenen Bodenbereiche erfolgen. Die Notwendigkeit einer vorherigen Bodenluftabsaugung ist auf der Grundlage von § 3 Abs. 1 Satz 1 der Hessischen Bauordnung zu bewerten. Danach darf die Errichtung baulicher Anlagen die örtliche Sicherheit oder Ordnung auch nicht durch unzumutbare Nachteile und Belästigungen gefährden.

Die Sanierungszielwerte sind dem Sanierungsbescheid zugrunde zu legen, wenn der Sanierungswillige aus Zeitgründen auf einer sofortigen Vorgabe von Sanierungszielen besteht, ohne daß die für eine individuelle Festlegung von Sanierungszielen erforderlichen genaueren Untersuchungen abgewartet werden sollen. Im übrigen sind die Sanierungszielwerte aus Gründen der Gleichbehandlung im Vollzug grundsätzlich einzuhalten. Die Grundstücksbereiche, in denen die Sanierungszielwerte erreicht werden müssen, sind von der Behörde vorzugeben.

In der Praxis wird der Sanierungsschwellenwert nicht auf dem gesamten Altlastengrundstück überschritten sein, sondern nur in Teilbereichen. Die Sanierung - Dekontamination auf die Sanierungszielwerte oder Aushub des Bodens - muß mindestens die Grundstücksbereiche umfassen, in denen die Sanierungsschwellenwerte erreicht sind. Ein darüber hinausgehender Sanierungsumfang ist unter Beachtung der Verhältnismäßigkeit festzulegen, dabei sind insbesondere die Größe des Schadensherdes in Relation zur Grundstücksgröße sowie die nach einer Mindestsanierung noch im Grundstück verbleibenden Restkontaminationen zu berücksichtigen. Mit den Anlagen 1 bis 3 wird eine informelle Übersicht über die Orientierungswerte gegeben.

4. Vergleich der Hessischen Orientierungswerte mit wissenschaftlich begründeten nutzungs- und schutzgutbezogenen Bodenprüfwerten

Die 34. Umweltministerkonferenz hat die Länderarbeitsgemeinschaft Abfall (LAGA) beauftragt, einheitliche, nutzungs- und schutzgutbezogene Prüfwerte für altlasten-relevante Stoffe zu erarbeiten. Der Altlastenausschuß der LAGA hat daraufhin eine Arbeitsgruppe „Prüfwerte" eingesetzt, die das Hygiene-Institut des Ruhrgebiets in Gelsenkirchen mit der Erstellung von Vorschlägen für Prüfwerte beauftragt hat.

Das Gesamtwerk umfaßt folgende 3 Einzelwerke:

1. Bestandsaufnahme der vorliegenden Richtwerte zur Beurteilung von Bodenverunreinigungen und synoptische Darstellung der diesen Werten zugrunde liegenden Ableitungskriterien und - modelle, Sept. 1993 [4]

2. Ableitung von wissenschaftlich begründeten nutzungs- und schutzgut bezogenen Prüfwerten für Bodenverunreinigungen, Aug. 1994 [5]

3. Erarbeitung und Zusammenstellung von Hinweisen zur Entnahme und Untersuchung von Bodenproben, Dez. 1993 [6]

Die Arbeiten haben in Teil 2 nach verschiedenen Nutzungen differenzierte Prüfwerte für Bodenverunreinigungen zum Gegenstand, dabei wurde die Inkorporation von schadstoffbelastetem Boden durch den Menschen bei verschiedenen Nutzungsszenarien untersucht. Die für die hessischen Orientierungswerte definierte allgemeine Nutzbarkeit entspricht etwa einem dortigen Nutzungsszenario als Wohngebiet.

Die Orientierungswerte (N-Werte) liegen in der Tendenz unterhalb der Ergebnisse dieser Arbeiten. Dies ist gerechtfertigt, da mit den Orientierungswerten eine einfache und für viele unterschiedliche Standortgegebenheiten sichere Entscheidungshilfe gegeben werden soll. Darüber hinaus soll mit den Orientierungswerten auch dem Grundwasserschutz Rechnung getragen werden.

5. Ausblick auf die Weiterentwicklung des Hessischen Altlastenrechts

Bei der Altlastensanierung läuft die Diskussion und Sanierungspraxis verstärkt auf eine nutzungsbezogene Sanierung hinaus. Dabei werden die Sanierungsziele in Abhängigkeit von der Nutzung der betroffenen Flächen festgelegt. Die Beeinträchtigung eines Schutzgutes (z. B. Mensch, Grundwasser) durch im Boden vorhandene Schadstoffe kann entscheidend durch die Nutzung einer Fläche bestimmt werden, da die Nutzung den möglichen Transport der Schadstoffe zum Schutzgut beeinflußt. Die nutzungsbezogene Sanierung von Altlasten ist aktueller Gegenstand der politischen Diskussion in Hessen. Im Hessischen Landtag wurde von den Fraktionen SPD und Bündnis 90/Die Gründen im Sep. 1994 ein Gesetzentwurf für ein eigenständiges Hessisches Altlastengesetz eingebracht, das die nutzungsbezogene Sanierung in den Vordergrund stellt [7]. Das Gesetzgebungsverfahren läuft z. Zt..

Das geplante Hessische Altlastengesetz wird den Begriff der Altfläche einführen; dieser umfaßt Altablagerungen und Altstandorte. Die Altflächen werden wie im Verfahren nach dem HAbfAG als

- altlastenverdächtige Flächen und
- Altlasten

behandelt. Die Bewertung, Feststellung und Sanierung ist dann allerdings unter Berücksichtigung der vorhandenen oder geplanten Nutzung vorgesehen.

Die Grundsätze des Verwaltungsverfahrens nach dem HAbfAG bleiben beim neuen Altlastenrecht erhalten, jedoch wird die derzeitige alleinige Nutzungsklasse „Allgemeine Nutzbarkeit" duch differenzierte weitere Nutzungsklassen zu ergänzen sein.

In einem 1. Schritt erscheint nach Auffassung des Verfassers ein System aus vier Klassen für eine nutzungsorientierte Vorgehensweise denkbar:

1. Wohnbebauungsflächen
2. Park- und Freizeitflächen
3. Gewerbe- und Industrieflächen
4. Flächen mit Altablagerungen

Für die Nutzungsklasse „Wohnbebauungsflächen" können die Orientierungswerte der allgemeinen Nutzbarkeit herangezogen werden, wobei auch gleichzeitig der Grundwasserschutz mit berücksichtigt ist.

Für die Nutzungsklassen „Park- und Freizeitflächen" und „Gewerbe- und Industrieflächen" wäre zu prüfen, ob hier in Anlehnung an die Arbeiten des Hygiene-Instituts des Ruhrgebiets Erhöhungsfaktoren für die Orientierungswerte von 2,5 bzw. 5 gegenüber den Orientierungswerten für Wohnbebauungsflächen angesetzt werden können. Dabei wäre der Schutz des Grundwassers jedoch jeweils noch gesondert zu prüfen.

Neben den vorliegenden Arbeiten des Hygiene-Instituts des Ruhrgebiets im Auftrag des Altlastenausschusses der LAGA werden für die Festlegungen solcher Orientierungswerte auch die laufenden Arbeiten beim Umweltbundesamt von Interesse sein. Das Umweltbundesamt arbeitet im Zusammenhang mit dem geplanten Bundesbodenschutzgesetz an Orientierungswerten.

Literaturhinweise

[1] HESSISCHES ABFALLWIRTSCHAFTS- UND ALTLASTENGESETZ (HAbfAG) i. d. F. vom 26.02.1991 (GVBl. I 91, S. 105), zuletzt geändert 25.02.1993 (GVBl. I 93, S. 49).

[2] HESSISCHES WASSERGESETZ, Verwaltungsvorschrift zu § 77 des Hessischen Wassergesetzes für die Sanierung von Grundwasser- und Bodenverunreinigungen (Gw-VwV) StAnz 26/94, S. 1590, geändert mit Erlaß vom 30.08.1994,
StAnz 40/94, S. 2839.

[3] HESSISCHES ABFALLWIRTSCHAFTS- UND ALTLASTENGESETZ, Entwurf vom 04.10.1994 der Leitlinien für die Feststellung und Sanierung von Altlasten auf der Grundlage des Hessischen Abfallwirtschafts- und Altlastengesetzes, nicht veröffentlicht.

[4] HYGIENE-INSTITUT DES RUHRGEBIETS, Bestandsaufnahme der vorliegenden Richtwerte zur Beurteilung von Bodenverunreinigungen und synoptische Darstellung der diesen Werten zugrundeliegenden Ableitungskriterien und -modelle, September 1993, Veröffentlichung durch das Umweltbundesamt,
UBA-TEXT 35/94.

[5] HYGIENE-INSTITUT DES RUHRGEBIETS, Ableitung von wissenschaftlich begründeten nutzungs- und schutzgutbezogenen Prüfwerten für Bodenverunreinigungen, August 1994, Veröffentlichung durch das Umweltbundesamt vorgesehen.

[6] HYGIENE-INSTITUT DES RUHRGEBIETS, Erarbeitung und Zusammenstellung von Hinweisen zur Entnahme und Untersuchung von Bodenproben, Dezember 1993, Veröffentlichung durch das Umweltbundesamt vorgesehen.

[7] HESSISCHER LANDTAG, Gesetzentwurf der Fraktionen der SPD und Bündnis 90/DIE GRÜNEN zum Gesetz zur Neuordnung des Altlastenrechts,
Drucksache 13/6495.

Anhang

Informelle Übersicht [1] über die Orientierungswerte für die Bewertung von Schadstoffbelastungen in Böden im Rahmen von Altlastenverfahren

Lfd. Nr.	Parameter	N-Wert mg/kg TS	E-Wert mg/kg TS	S-Wert mg/kg TS
1.	Polycyclische aromatische Kohlenwasserstoffe (PAK) 16 Stoffe entspr. EPA-Liste	5	20	10
	Benzo[a]pyren	-	1	x^2
	Naphthalin	-	5	x^2
2.	Aromatische Kohlenwasserstoffe / BTEX			
	Benzol	-	1	x^2
	∑ aus Aromaten ohne Benzol	5	10	5
3.	Leichtflüchtige chlorierte Kohlenwasserstoffe (LCKW)			
	∑ aus 6 altlastenrelevanten Einzelstoffen	1	5	1
	Vinylchlorid	-	1	x^2
4.	Mineralölkohlenwasserstoffe (KW) (modifiziert DIN 38409, Teil 17 bzw. Teil 18)			
	1. Schritt: H 17			
	2. Schritt: H 18	300	1000	500
5.	Polychlorierte Biphenyle (PCB) Summe der 6 Indikator-PCB aus charakteristischen Peakmustern:	-	1	0,2

6.	**PCDD, PCDF**	5 ng/kg	1000 ng/kg	100 ng/kg
7.	**Phenole** Phenol-Index nach Destillation		5	
8.	**Cyanid (gesamt)** Gesamtcyanid leichtfreisetzbares Cyanid	10 1	50 5	25 1

[1] Eine sachgerechte Anwendung der Orientierungswerte ist nur unter Beachtung der verfahrensmäßigen Randbedingungen und Bemerkungen des Entwurfes der Leitlinien

für die Feststellung und Sanierung von Altlasten möglich.

[2] deutliche Unterschreitung des E-Wertes

Informelle Übersicht [1] über die Orientierungswerte für die Bewertung von Schadstoffbelastungen in Böden im Rahmen von Altlastenverfahren

Lfd. Nr.	Parameter	N-Wert Originalprobe mg/kg TS	Eluat mg/l	E-Wert Originalprobe mg/kg TS	Eluat mg/l	S-Wert Originalprobe mg/kg TS	Eluat mg/l
9.	Metalle und Arsen						
	Arsen	30	0,04	50	0,2	30	0,04
	Blei	100	0,04	600	0,5	100	0,04
	Cadfmium	1	0,005	5	0,01	1	0,005
	Chrom ges.	100	0,05	500	0,5	100	0,05
	Kupfer	60	0,1	300	0,5	60	0,1
	Nickel	50	0,1	300	0,5	50	0,1
	Quecksilber	1	0.001	5	0,01	1	0,001
	Zink	150	0,5	100	1,0	150	0,5

[1] Eine sachgerechte Anwendung der Orientierungswerte ist nur unter Beachtung der verfahrensmäßigen Randbedingungen und Bemerkungen des Entwurfes der Leitlinien für die Feststellung und Sanierung von Altlasten möglich.

Informelle Übersicht [1] über die Orientierungswerte für die Bewertung von Schadstoffbelastungen in Bodenluft im Rahmen von Altlastenverfahren

Lfd. Nr.	Stoff	N-Wert mg/m3	E-Wert mg/m3	S-Wert mg/m3
1.	BTEX	-	10	2
2.	LHKW	-	10	2

[1] Eine sachgerechte Anwendung der Orientierungswerte ist nur unter Beachtung der verfahrensmäßigen Randbedingungen und Bemerkungen des Entwurfes der Leitlinien für die Feststellung und Sanierung von Altlasten möglich.

Aktuelle Rechtsgrundlage für die Altlastensanierung

Der in § 16 HAbfAG formulierte Zweck der Altlastensanierung als Beitrag zur nachhaltigen Sicherung der natürlichen Lebensgrundlagen erfordert eine Vorgehensweise, die sich an einem grundsätzlich multifunktionalen Charakter von Flächen zu orientieren hat.

Für Altstandorte bedeutet dies, daß solche Grundstücke nach einer Sanierung allen am Ort grundsätzlich möglichen Nutzungen wieder zur Verfügung stehen müssen. Die tatsächlichen oder geplanten Nutzungen bleiben bei der Festlegung der Sanierungsziele außer Betracht.

Für Altablagerungen folgt, daß diese nach einer Sanierung ihrem widmungsgemäßen Zutand d. h. „sicherer Einschluß der Schadstoffe" entsprechen müssen. Dieses Sanierungsziel wird in der Regel durch nachträgliche Sicherungsmaßnahmen erreicht.

Orientierungswerte für die Altlastensanierung in Hessen   *Blatt 1*

Das altlastenrechtliche Verwaltungsverfahren läuft in 2 Stufen ab:

1. Erfassung, Untersuchung und Überwachung der altlastenverdächtigen Flächen

Eine altlastenverdächtige Fläche ist dann gegeben, wenn ein hinreichen der Verdacht besteht, daß von der Fläche Auswirkungen ausgehen, die das Wohl der Allgemeinheit wesentlich beeinträchtigen oder künftig beeinträchtigen werden.

2. Feststellung als Altlast und Durchführung der Sanierung

Eine Altlast ist dann gegeben, wenn von der Fläche eine wesentliche Be einträchtigung des Wohls der Allgemeinheit ausgeht.

Orientierungswerte für die Altlastensanierung in Hessen   *Blatt 2*

Eine Beeinträchtigung bzw. bei entsprechendem Ausmaß wesentliche Beeinträchtigung des Wohls der Allgemeinheit im Sinne des § 16 Abs. 2 HAbfAG liegt vor, wenn mindestens eine der nachfolgenden Voraussetzungen gegeben ist:

a) Das Grundwasser ist nach den in der Verwaltungsvorschrift zu § 77 des Hessischen Wassergesetzes [2] (GW-VwV) dargelegten Kriterien belastet und dies rührt von der zu beurteilenden Fläche her.

b) Der Boden ist mit Stoffen belastet, die eine Belastung des Grundwassers nach den in der GW-VwV dargelegten Kriterien erwarten lassen.

c) Der Oberboden ist so mit Stoffen belastet, daß bei einer allgemeinen Nutzung eine Beeinträchtigung der menschlichen Gesundheit, der Flora und der Bodenfauna nicht auszuschließen ist.

d) Die Bodenluft ist so mit Stoffen belastet, daß bei einer allgemeinen Nutzung eine Beeinträchtigung der menschlichen Gesundheit, der Flora oder Bodenfauna nicht auszuschließen ist.

e) Aus einer Deponie tritt Sickerwasser aus, dessen Stoffbelastung die Sanierungsschwellenwerte der GW-VwV überschreitet.

f) Im Rahmen der Überwachung nach § 11 Abs. 4 Abfallgesetz (AbfG) werden Gaskonzentrationen festgestellt, die einen Gaspumpversuch als erfolgversprechend erscheinen lassen.

g) Der Oberboden ist mit Stoffen belastet, die die Umgebung oder den Rekultivierungserfolg gefährden.

Orientierungswerte für die Altlastensanierung in Hessen   *Blatt 3*

Allgemeine Nutzbarkeit

Die allgemeine Nutzbarkeit von Grundstücken umfaßt eine Nutzung als Gelände für Wohnbebauung sowie ähnlich sensible Nutzungen. Besonders sensible Nutzbarkeiten wie z. B. Kinderspielplätze sind nicht enthalten und bedürfen einer gesonderten Bewertung.

Die allgemeine Nutzbarkeit ist nicht nur auf die menschliche Nutzung zu beziehen. Auch die natürliche standortgerechte Flora und Fauna gilt als Nutzung in diesem Sinne. Bauplanungsrechtliche Festlegungen oder sonstige (z. B. landwirtschaftliche) Nutzungsabsichten sowie tatsächliche aktuelle Nutzungen bleiben außer Betracht. Vielmehr ist die grundsätzlich mögliche Nutzung maßgeblich. Dabei ist in der Regel von der Möglichkeit der Umwandlung von Industriegeländen in Wohngebiete auszugehen.

Die allgemeine Nutzbarkeit bezieht sich in der Regel auf den obersten, biologisch relevanten Teil des Bodens. Besteht darüberhinaus eine mögliche Gefährdung des Grundwassers, sind auch tieferliegende Bodenbereiche einzubeziehen.

Orientierungswerte für die Altlastensanierung in Hessen   *Blatt 4*

Orientierungswerte

Die Orientierungswerte für die Altlastenbewertung und -sanierung beruhen auf der bisherigen Praxis der für Altlasten zuständigen Hessischen Behörden. Sie wurden nicht im einzelnen hergeleitet und wissenschaftlich begründet, sondern stellen den Konsens der hessischen Altlastenbehörden unter Einbeziehung des bundesweiten Diskussionsstandes dar.

Die Orientierungswerte für die Medien Boden, Bodenluft und Grundwasser sind zahlenmäßige Vorgaben zur Beurteilung von Altlasten bzw. altlastenverdächtigen Flächen. Es handelt sich dabei nicht um Grenzwerte.

Die Orientierungswerte sollen grundsätzlich in jedem Einzelfall überprüft werden. Der Einzelfall ist anhand der Menge und Gefährlichkeit der Stoffe, der Verfügbarkeit und der örtlichen Verhältnisse zu bewerten.

Orientierungswerte für die Altlastensanierung in Hessen *Blatt 5*

I. Prüfwert (N-Wert)

Werte, bei deren Einhaltung in der Regel keine weiteren Untersuchungen zur Ausräumung des Altlastenverdachts erforderlich sind.

Die Überschreitung der Prüfwerte begründet noch keinen Altlastenverdacht.

Die Überschreitung ist eine Hinweis auf die Zweckmäßigkeit weiterer Untersuchungen im Rahmen der allgemeinen Gefahrerforschung, die von den allgemeinen Ordnungsbehörden veranlaßt werden.

Orientierungswerte für die Altlastensanierung in Hessen *Blatt 6*

II. Sanierungsschwellenwert (E-Wert, Eingriffswert)

Werte, bei deren Überschreitung an einer Stelle des untersuchten Geländes in der Regel der <u>Altlastenverdacht</u> gegeben ist und

bei deren <u>flächenhafter Überschreitung</u> in der Regel eine <u>Sanierung</u> erforderlich ist.

Da schon zu Beginn des Altlastenverfahrens die Zuständigkeit der Behörde feststehen muß, ist der Sanierungsschwellenwert auf jeden Fall insoweit verbindlich, als bei einer Überschreitung eines Wertes die Zuständigkeit der Altlastenbehörde für die weitere Aufklärung des Sachverhaltes nach § 17 Abs. 2 HAbfAG gegeben ist, wenn nicht wegen der Kleinräumigkeit der Kontamination eine Sanierung im altlastenrechtlichen Sinne offensichtlich ausscheidet.

Soweit die Substanzen keine Gefahr für das Grundwasser darstellen, gelten die Sanierungsschwellenwerte in der Regel für die oberste, biologisch relevante Bodenzone des Grundstücks. Unterhalb dieser Zone sind Maßnahmen erforderlich, wenn der Grundwasserschutz dies erfordert oder bei möglichen Baumaßnahmen in der Zukunft mit Gefährdungen der mit den Aushubmaßnahmen Beschäftigten zu rechnen ist.

Orientierungswerte für die Altlastensanierung in Hessen   *Blatt 7*

III. Sanierungszielwert (S-Wert)

Werte, die in der Regel durch Dekontaminationsverfahren zu erreichen sind. Sie sind aufgrund technischer Einschränkungen bei Dekontaminationsverfahren teilweise höher als die Prüfwerte.

Die Sanierung von Bodenluftkontaminationen kann grundsätzlich auch durch Ausheben der betroffenen Bodenbereiche erfolgen. Die Notwendigkeit einer vorherigen Bodenluftabsaugung ist auf der Grundlage von § 3 Abs. 1 Satz 1 der Hessischen Bauordnung zu bewerten. Danach darf die Errichtung baulicher Anlagen die örtliche Sicherheit oder Ordnung auch nicht durch unzumutbare Nachteile und Belästigungen gefährden.

Die Sanierungszielwerte sind dem Sanierungsbescheid zugrunde zu legen, wenn der Sanierungswillige aus Zeitgründen auf einer sofortigen Vorgabe von Sanierungszielen besteht, ohne daß die für eine individuelle Festlegung von Sanierungszielen erforderlichen genaueren Untersuchungen abgewartet werden sollen.

In der Praxis wird der Sanierungsschwellenwert nicht auf dem gesamten Altlastengrundstück überschritten sein, sondern nur in Teilbereichen. Die Sanierung - Dekontamination auf die Sanierungszielwerte oder Aushub des Bodens - muß mindestens die Grundstücksbereiche umfassen, in denen die Sanierungsschwellenwerte erreicht sind.

Soweit die Substanzen keine Gefahr für das Grundwasser darstellen, gelten auch die Sanierungszielwerte in der Regel für die oberste, biologisch relevante Bodenzone des Grundstücks. Unterhalb dieser Zone sind Maßnahmen erforderlich, wenn der Grundwasserschutz dies erfordert oder bei möglichen Baumaßnahmen in der Zukunft mit Gefährdungen der mit den Aushubmaßnahmen beschäftigten zu rechnen ist.

Orientierungswerte für die Altlastensanierung in Hessen   *Blatt 8*

Ausblick auf die Weiterentwicklung des Hessischen Altlastenrechts

Die nutzungsbezogene Sanierung von Altlasten ist aktueller Gegenstand der politischen Diskussion in Hessen.

Im Hessischen Landtag wurde von den Fraktionen SPD und Bündnis 90/Die Gründen im Sep. 1994 ein Gesetzentwurf für ein eigenständiges Hessisches Altlastengesetz eingebracht, das die nutzungsbezogene Sanierung in den Vordergrund stellt.

In einem ersten Schritt der Umsetzung eines nutzungsbezogenen Altlastengesetzes erscheint nach Auffassung des Verfassers ein System aus vier Klassen für eine nutzungsorientierte Vorgehensweise denkbar:

1. Wohnbebauungsflächen
2. Park- und Freizeitflächen
3. Gewerbe- und Industrieflächen
4. Flächen mit Altablagerungen

Für die Nutzungsklasse „Wohnbebauungsflächen" können dabei die Orientierungswerte der allgemeinen Nutzbarkeit herangezogen werden, wobei auch gleichzeitig der Grundwasserschutz mit berücksichtigt ist.

Orientierungswerte für die Altlastensanierung in Hessen   *Blatt 9*

Umweltbilanzierung von Altlastensanierungsverfahren

Dr. Wolfgang Kohler

1. Einführung

In den vergangenen 20 Jahren wuchs die Bedeutung des Umweltschutzes beständig, da die Auswirkungen der vielfältigen Aktivitäten der Menschen, wie z. B. industrielle Produktion, Landwirtschaft und Transport, auf die Natur immer deutlicher zu Tage trat und dieses auch von der Öffentlichkeit und Politik zunehmend wahrgenommen wurde. Mit einer Vielzahl von Maßnahmen versucht man daher die hier angesprochenen negativen Auswirkungen auf die Natur zumindest zu verringern. Die Verringerung von Luftemissionen durch die Vorgabe von Grenzwerten in den unterschiedlichsten Bereichen sei hier als Beispiel angeführt.

Darüber hinaus nahm man auch die Reparatur bereits entstandener Schäden in der Umwelt in Angriff. Die Sanierung von Altlasten und Umweltschadensfällen unterschiedlichster Art ist hierunter einzuordnen.

Ziel einer solchen Sanierung ist es, die Gesamtsituation hinsichtlich der Umwelt zu verbessern, wobei Schutzgüter wie der Mensch oder Grundwasser hierbei von besonderer Bedeutung sind. In der Anfangsphase der Sanierung von Altlasten und Schadenfällen stand der zu erreichende Sanierungserfolg im Zentrum des Interesses. Die Sanierungsverfahren wurden danach beurteilt, welche Sanierungsergebnisse zu erwarten sind und welche Kosten hierbei auftreten.

Mit der Zeit jedoch wurde deutlich, daß auch Sanierungsvorhaben nicht zu vernachlässigende Auswirkungen auf die Umwelt haben können. So belasten thermische Bodenreinigungsanlagen durch ihre Abgase die Atmosphäre. Mit leistungsfähigen Rauchgasreinigungsanlagen läßt sich diese Belastung zwar stark minimieren, was wiederum hinsichtlich der Umwelt nicht zum Nulltarif geschieht, jedoch die hierbei anfallenden Reststoffe der Rauchgasreinigung bzw. Stäube aus der Staubabscheidung müssen wiederum - in der Regel sogar als Sondermüll - entsorgt werden.
In Einzelfällen wurde sogar die Sinnhaftigkeit von Sanierungsvorhaben - meist hinter vorgehaltener Hand - geäußert. In der Praxis hatte dies jedoch in der Regel keine Konsequenzen, da ein Instrumentarium, die mehr subjektiven Zweifel quantitativ und nachvollziehbar darzustellen, bis heute nicht zur Verfügung steht.

Als Lösungsmöglichkeit für diese Problematik wird der Einsatz von sogenannten Ökobilanzen bzw. Umweltbilanzen vorgeschlagen. Hauptsächlich im Bereich der industriellen Produktion versucht man hiermit sowohl die eigentliche Produktion ökologischer zu gestalten als auch die Endprodukte hinsichtlich ihrer Umweltbelastung zu bewerten. Für das Letztere kann als Beispiel die mit großer Hingabe geführte Diskussion, ob die Einkaufstragetasche aus Kunststoff oder Papier die umweltfreundlichere Lösung sei, angeführt werden.

An diesem scheinbar doch so einfachen Beispiel wird jedoch schon klar, wie problematisch der Einsatz von Ökobilanzen ist. Der Begriff Bilanz täuscht zunächst ein naturwissenschaftlich exaktes Ergebnis vor, was in der Realität jedoch nicht zutreffend ist. Die noch einigermaßen objektiv erhebbaren Daten müssen einer Bewertung unterzogen werden, wobei dann selbstverständlich auch subjektive Aspekte einfließen. Eine Ökobilanz und die daraus abgeleiteten Ergebnisse können daher nur Bestand haben, wenn hinsichtlich dieser subjektiven Aspekte ein gesellschaftlicher Konsens besteht.

Die Definition der Begriffe und Methoden im Bereich der Umweltbilanzierung sind international noch im Gange. Einzelne Methoden werden immer weiter verfeinert, zusätzliche Methoden werden entwickelt, so daß zum gegenwärtigen Zeitpunkt eine recht große Anzahl unterschiedlicher Methoden mit unterschiedlichem Entwicklungstand zur Verfügung stehen [1].

Nachfolgend werden einige dieser Methoden namentlich aufgeführt:

- Immissionsgrenzwertmethode
- Stoffflußmethode
- auswirkungsorientierte Klassifizierung
- Umweltrechnungsmethode
- ABC-Methode
- handlungsorientierte Ökobilanz

Bei näherer Beschäftigung mit diesen Methoden wird deutlich, daß die Vorgehensweise teilweise recht unterschiedlich ist. Gemeinsam allen Methoden jedoch ist, je objektiver und vollständiger diese Bilanzierungen durchgeführt werden sollen, desto größer wird der hierzu notwendige Aufwand, was zu Lasten der Einsatzfähigkeit dieser Methode geht. Auch in diesem Bereich wird man in Zukunft, wenn Ökobilanzen ein breiteres Einsatzfeld finden sollen, Kompromisse eingehen müssen. Als wesentliche Begriffe für die Erstellung einer Ökobilanz haben sich folgende Begriffe herausgebildet:

- Zieldefinition
- Sachbilanz
- Wirkungsbilanz
- Bilanzbewertung

Umsetzbare Ansätze zur Erstellung einer Ökobilanz im Zusammenhang mit der Sanierung von Altlasten und Schadensfällen stehen bisher noch nicht zur Verfügung. Rein formal kann eine Sanierung als eine technische Dienstleistung betrachtet werden, die neben ihrer positiven Auswirkung auf die Umwelt auch Belastungen zur Folge hat. Eine Ökobilanz in diesem Zusammenhang muß es ermöglichen, einen nachvollziehbaren Abwägungsprozeß zwischen Nutzen und Belastung der Umwelt vorzunehmen.

2. Bisherige Berücksichtigung von Umweltaspekten bei der Sanierung von Altlasten und Schadensfällen

Obwohl gegenwärtig keine Methodik für die Erstellung von Ökobilanzen in Zusammenhang mit Sanierungsmaßnahmen zur Verfügung steht, werden dennoch bereits heute übergreifende Umweltaspekte bei einer Sanierung berücksichtigt. Da die Bearbeitung von Altlasten und Schadensfällen nicht ländereinheitlich geregelt ist, beziehen sich die nachfolgenden Ausführungen nur auf die Vorgehensweise in Baden-Württemberg. Hierbei wird bei der Bearbeitung von Altlasten stufenweise vorgegangen. In den ersten beiden Stufen wird die technische Erkundung der Altlast durchgeführt. In der dritten Bearbeitungsstufe, der sogenannten "Eingehenden Erkundung für Sanierungsmaßnahmen/Sanierungsvorplanung (E $_{3\text{-}4}$)" werden die Sanierungsziele und ein Sanierungskonzept erarbeitet, die dann bei der Bewertung aus Beweisniveau 4 eingebracht werden. Abbildung 1 stellt das Ablaufschema für diese Bearbeitungsstufe dar [2].

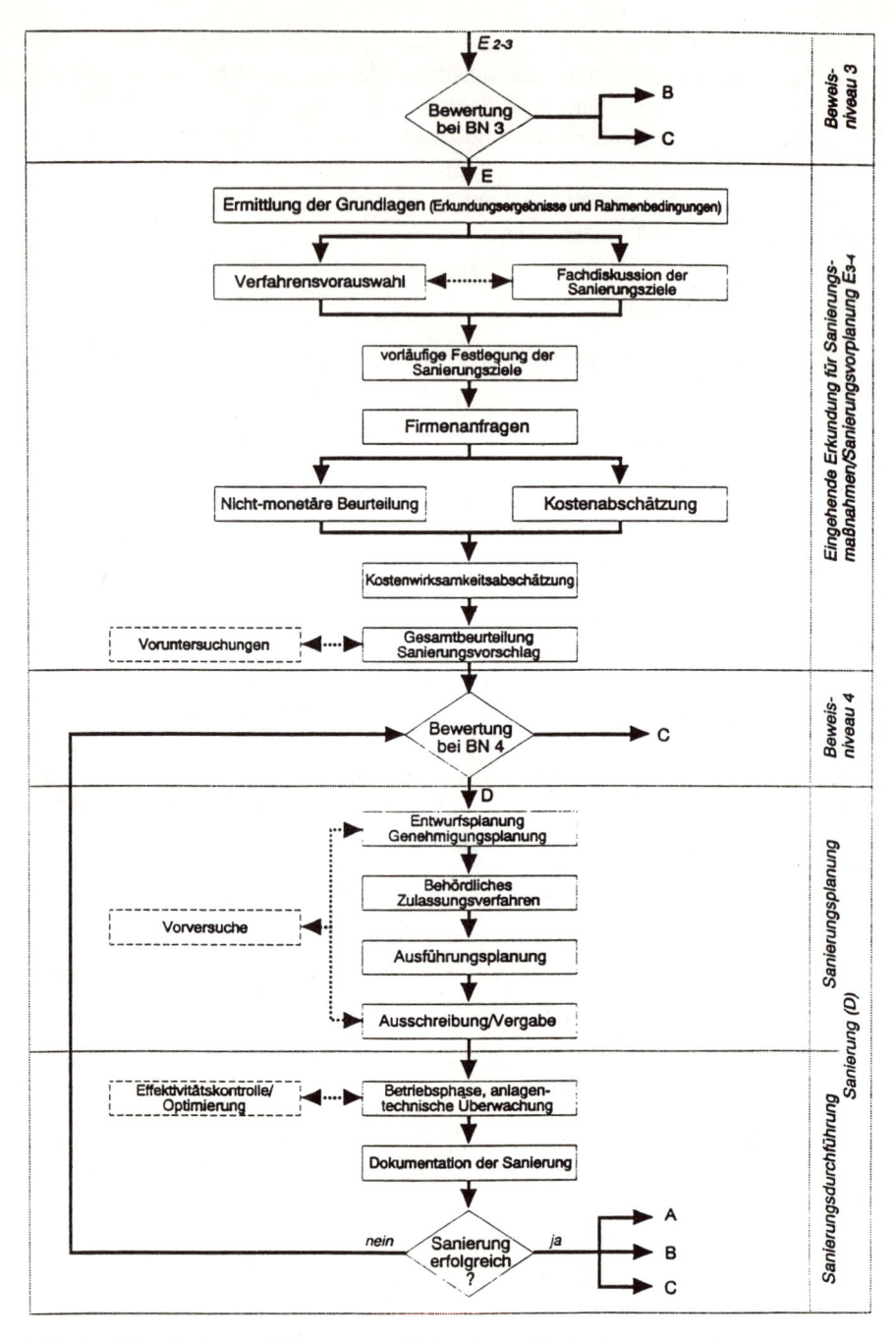

Abb. 1: Ablaufschema "Eingehende Erkundung für Sanierungsmaßnahmen/ Sanierungsvorplanung (E $_{3-4}$)" [2]

Innerhalb von zwei Bearbeitungsstufen werden hierbei Aspekte hinsichtlich der Auswirkungen einer Sanierungsmaßnahme auf die Umwelt berücksichtigt:

- Bei der Erarbeitung des Sanierungsziels wird in Baden-Württemberg entsprechend der Verwaltungsvorschrift "Orientierungswerte für die Bearbeitung von Altlasten und Schadensfällen" vorgegangen. Die Festlegung von Sanierungszielen wird hierbei als Abwägungsprozeß verstanden, wobei auch ausdrücklich darauf hingewiesen wird, daß eine ungünstige Umweltbilanz infolge negativer Sekundärfolgen einer Sanierung vermieden werden soll.

- Bei der Auswahl eines oder mehrerer geeigneter Sanierungsverfahren werden neben deren grundsätzlichen Eignung und den zu erwartenden Kosten auch sogenannte "Nicht-monetäre Kriterien" für die Entscheidungsfindung herausgezogen (Abbildung 2). Neben den technischen und organisatorischen Kriterien sind hierbei auch eine Anzahl von Aspekten berücksichtigt, die die Umweltauswirkungen bzw. die Umweltverträglichkeit von Sanierungsvorhaben berücksichtigen sollen.

Für den konkreten Einzelfall müssen die zutreffenden "Nicht-monetären Kriterien" identifiziert und einer Bewertung unterzogen werden. Ein Beispiel für die Beurteilung von Sanierungsverfahren nach "Nicht-monetären Kriterien" ist in Abbildung 3 dargestellt.

Die hier dargestellte Vorgehensweise bei der Erarbeitung der Sanierungsziele bzw. bei der Erstellung eines Sanierungskonzepts macht deutlich, daß die Notwendigkeit ein Sanierungsprojekt auch gesamtökologisch zu betrachten durchaus anerkannt wird. In der Praxis jedoch haben diese Gesichtspunkte im Zusammenhang mit der Sanierungsentscheidung leider meist nur eine untergeordnete Bedeutung. Dies liegt darin begründet, daß zum gegenwärtigen Zeitpunkt kein Instrumentarium zur Verfügung steht, eine Umweltbilanz, die insbesondere auf die spezielle Problematik der Sanierung von Altlaten und Schadensfällen zugeschnitten ist, in überzeugender Weise durchzuführen. Insbesondere bei dem Teil der "Nicht-monetären Bewertung", der Umweltaspekte betrifft, geht die Beurteilung über qualitative Aspekte in der Regel nicht hinaus.

Technische Kriterien

- Entwicklungstand/Referenzen
- Betriebssicherheit
- Verfügbarkeit
- Reparatur-/Wartungsfreundlichkeit
- Regelbarkeit der Inputschwankungen
- Kompatibilität zu anderen Maßnahmen

- Komplexität
- Felxibilität

- Arbeitsschutzmaßnahme
- Automatisierbarkeit

Organisatorische Kriterien

- öffentliche /politische Akzeptanz

- Flächenbedarf
- Infrastrukturbedarf
- zusätzliche Verkehrsbelastung

- Genehmigungsanforderungen
- Koordinationsbedarf

Umweltauswirkungen/-verträglichkeit

- Dauer bis Erreichen der vollen Wirksamkeit
- Dauer der vollen Wirksamkeit/Langzeitverhalten

- Kontroll-/Reparaturmöglichkeit
- Auswirkungen auf Biotop und Landschaft
- Emission Lärm
- Emission Abgas, Staub, Geruch
- Emission Abwasser
- Emission Schadstoffkonzentrat

- Eingriff in den Untergrund/Störung der Untergrundverhältnisse
- Energieverbrauch
- Bilanz: Schadstoffaufkonzentrierung, -vernichtung, -verdünnung, -verlagerung, -metabolisierung
- Restprodukte: Anfall und Verwertbarkeit

- Störfallsicherheit

Abb. 2: "Nicht-monetäre Kriterien" bei der Auswahl von Sanierungsverfahren, [2]

nicht-monetäre Kriterien	Verfahren I	Verfahren II	Verfahren III	Verfahren IV
Dauer bis Erreichen der vollen Wirksamkeit	+	-	+	+
Restprodukte	-	+	-	o
Entwicklungsstand	+	-	+	+
Verfügbarkeit	o	o	+	+
öffentliche/politische Akzeptanz	o	+	+	-
Flächenbedarf	-	-	+	+
Genehmigungsanforderungen	o	o	+	+
Summe „+"	2	2	6	5
Summe „-"	2	3	1	1
Bilanz	0	-1	+5	+4

Abb. 3: Beispiel einer Beurteilung nach "nicht-monetären Kriterien", [2]

In der Praxis hat sich hierbei ein gewisser Konsens herausgebildet, wie einzelne Sanierungstechniken einzuschätzen sind. Thermische Bodenreinigungsverfahren werden in diesem Zusammenhang meist sehr schlecht eingestuft. Dies wird in der Regel mit hohem Energieverbrauch und möglichen Emissionsbelastungen begründet. Bodenwaschverfahren werden hierbei meist erheblich besser eingestuft, obwohl bei diesen Verfahren keine tatsächliche Schadstoffvernichtung stattfindet, sondern hier eine erhebliche Menge an Reststoffen in Form von hoch kontaminierten Schlämmen anfällt, deren Weiterbehandlung bzw. Entsorgung ohne Zweifel nicht umweltneutral ist.

Die im Regelfall ökologisch sehr hoch eingeschätzten mikrobiologischen Bodenbehandlungsverfahren weisen bei näherer Betrachtung diesbezüglich auch Nachteile auf. Die mikrobiologischen Verfahren können in der Regel nur eine Teilreinigung der kontaminierten Böden erzielen, während thermische Verfahren eine nahezu 100prozentige Reinigungsleistung aufweisen. Vielfach wird bei sogenannten mikrobiologischen Bodenreinigungen von Mineralölkohlenwasserstoffen mit hohem Dampfdruck wie z. B. Diesel oder Kerosin infolge der langen Behandlungszeiten ein erheblicher Teil durch Verdunstung in die Atmosphäre verlagert.

Die hier nur oberflächlich skizzierte Problematik zeigt deutlich, auf welch unsicheren Füßen die ökologische Einschätzung der unterschiedlichen Sanierungsverfahren steht. Eine aussagekräftige Ökobilanz wurde in diesem Zusammenhang nie erarbeitet.

Abbildung 4 veranschaulicht die obigen Ausführungen noch einmal bildlich.

Thermische Verfahren	☹
Bodenwaschverfahren	😐
Mikrobiologie	☺
Sicherungsverfahren	☹

Abb. 4: Bewertung von Sanierungsverfahren

Die Landesanstalt für Umweltschutz Baden-Württemberg hat diese Problematik aufgegriffen und ist im Begriff in Zusammenarbeit mit dem Umweltbundesamt, des Landesgesundheitsamt Baden-Württemberg, dem Amt für Wasserwirtschaft und Bodenschutz Heidelberg, dem Ingenieurbüro TGU und der Gesellschaft und Consulting und Analytik im Umweltbereich C.A.U. ein einsatzfähiges Instrumentarium hierfür zu entwickeln.

Folgende Vorgaben hierzu wurden festgelegt:

- Das Instrumentarium Ökobilanz muß sich in die Vorgehensweise, die in Baden-Württemberg zur Bearbeitung von Altlasten und Schadensfällen vorgegeben ist, einfügen.
- Der Aufwand zur Bearbeitung eines Einzelfalls sollte sich nicht im überproportionalen Maße erhöhen, d. h., es sollte dem Einzelfall angemessen sein.
- Die Komplexität bei der Erstellung von Ökobilanzen muß überschaubar sein, so daß das zu entwickelnde Instrumentarium von Fachpersonal sowohl seitens der Behörden als auch von Ingenieurbüros angewendet werden kann. Ein Spezialist für Ökobilanzen im Sanierungsbereich darf hierzu nicht notwendig sein.

- Bei der Anwendung des Instrumentariums Ökobilanz sollte man zu eindeutigen und nachvollziehbaren Ergebnissen gelangen. Erst hierdurch wird sichergestellt, daß sich eine Bereitschaft entwickelt, dieses Instrumentarium auch anzuwenden.

Es ist geplant, das im Jahr 1994 begonnene Projekt "Ökobilanzen" 1996 abzuschließen.

3. Vorgehensweise und spezielle Problematiken bei der Erstellung von Öko-/ Umweltbilanzen bei der Sanierung von Altlasten und Schadensfällen

3.1 Datenerhebung für die Einzelverfahren

Wichtige Voraussetzung für die Durchführung einer Ökobilanz ist eine solide und für alle Verfahren einheitliche Datenbasis. Am Beispiel der Bodenwaschverfahren soll dies kurz näher erläutert werden.

Wesentliche Aspekte hierbei sind Umweltauswirkungen beim Betrieb der Anlage.

Hierbei stehen in erster Linie
- Energieverbrauch
- Emissionen

im Vordergrund.

Daneben muß der Verbrauch an sonstigen Ressourcen grundsätzlich in die Bilanzierung miteinbezogen werden. In vielen Fällen, insbesondere wenn sich die Behandlungsanlagen als langlebig einstufen lassen, kann vermutlich auf die Miteinbeziehung dieses Aspektes verzichtet werden, wodurch die Bilanzierung erheblich übersichtlicher wird.

Für eine systematische Erhebung des Energiebedarfs und der Emissionen ist es sinnvoll, ein Verfahrensfließbild bereitzustellen. Hiermit lassen sich die Bereiche im Verfahren, wo Emissionen auftreten bzw. wo mit Energiebedarf zu rechnen ist, näher identifizieren.

Abbildung 5 stellt ein typisches Verfahrensfließbild für ein Bodenwaschverfahren dar. Durch die Teilarbeit sind dann im einzelnen die Emissionen quantitativ erhoben werden. Ebenso muß dies für den Energiebedarf der Anlage geschehen. Sinnvoll hierbei ist es, die Ergebnisse auf 1 t behandelten Boden zu beziehen, um somit eine Vergleichbarkeit zu anderen Anlagen zu ermöglichen.

Wesentliche Emissionen einer Bodenwaschanlage sind:
- Abwasser
- Abluft
- Restschlämme

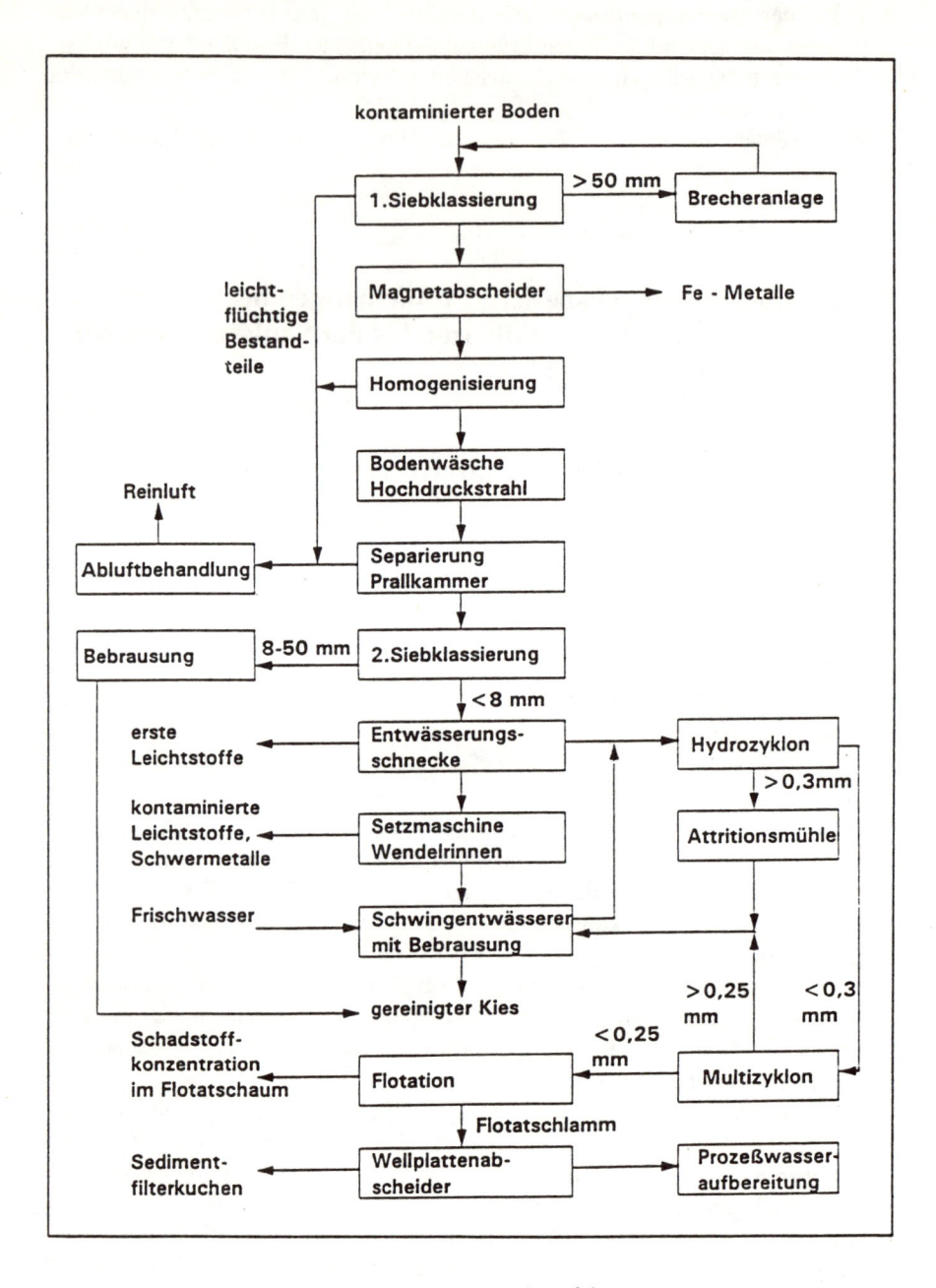

Abb. 5: Verfahrensfließbild eines Bodenwaschverfahrens (Klöckner Oecotec), [3]

Es können jedoch im Einzelfall auch weitere ökologisch relevante Faktoren, wie z. B. Lärmemissionen und Landschaftsverbrauch, von Interesse sein.

Bodenwaschanlagen weisen heute in der Regel eine integrierte Behandlung von Abluft und Abwasser auf. Es muß jedoch berücksichtigt werden, daß auch hierbei wieder Reststoffe anfallen können, die als Emissionen zu werten sind. Eine Abluftbehandlung, z. B. mit Aktivkohle fordert eine regelmäßige Entsorgung oder Regenerierung der beladenen Kohle. Diese Behandlung hat an meist anderer Stelle wiederum Emissionen zur Folge. Eine vollständige Emissionsbetrachtung darf sich daher nicht nur auf die Emissionen vor Ort beschränken, sondern muß auch die Emissionen, die an anderer Stelle im Zusammenhang mit dem Einsatz des Verfahrens auftreten, berücksichtigen.

In Abbildung 6 sind tabellarisch für die wichtigsten Bodenwaschanlagen umweltrelevante Kenndaten zusammengestellt. Für eine aussagekräftige Ökobilanz sind diese Daten jedoch noch im oben genannten Sinne zu ergänzen.

3.2 Systematisierung und Strukturieren von ökologisch relevanten Daten

Aufgrund der großen Anzahl von Sanierungsverfahren und deren unterschiedlichen Varianten könnte zunächst vermutet werden, daß eine sehr umfangreiche und daher unübersichtliche Menge an Daten als Grundlage für eine Ökobilanz notwendig ist. Bei näherer Betrachtung der Verfahrensvielfalt wird schnell deutlich, daß auch unterschiedliche Verfahren Gemeinsamkeiten aufweisen. Allen off-site Verfahren ist z. B. gemeinsam, daß ein Transport des kontaminierten Bodens zu der Behandlungsanlage notwendig ist. Da dieser Transport als Umweltbelastung einzustufen ist, muß er bei der Erstellung einer Ökobilanz berücksichtigt werden, wobei unerheblich ist, ob der Boden anschließend in einer thermischen Bodenreinigungsanlage oder in einer Bodenwaschanlage behandelt wird. Der umweltrelevante Aspekt "Bodentransport" kann daher unabhängig behandelt werden und in ein sogenanntes "Modul" Bodentransport eingebracht werden.

Marktübersicht: Weitere Leistungsdaten

Anbieter	Spezifischer Wasserverbrauch	Spezifische Reinigungskosten (DM/t)	Elektrischer Anschlußwert
ContraCon Umwelttechnik, Cuxhaven	0,4 m³/t	180 - 250	50 kW
Possehl GmbH, Lübeck	0,5 m³/t	250 - 400	125 kW
Dywidag Umwelttechnik, München	100 l/t	ab 150	250 kW
WU-Walter Umwelttechnik, Augsburg	50 - 200 l/t	150 - 350	200 - 400 kW
Klöckner Oecotec GmbH, Duisburg	70 l/t	ab 260	7 kWh/t
Harbauer GmbH & Co., Berlin	200 - 500 l/t	180 - 250	480 kW
AB-Umwelttechnik, München/Lägerdorf	3 m³/t	150 - 250	200 kW
Hafemeister GmbH & Co., Berlin	0,06 m³/t	250 - 450	350 kW
Preussag Anlagenbau, Kiel	0,5 m³/t	180 - 300	180 kW
Lurgi GmbH, Frankfurt/Main	0,1 - 0,3 m³/t	160 - 300	750 kVA
SAN GmbH, Bremen	0,5 m³/t	80 - 350	100 kW
TerraCon, Hamburg	40 l/t	250 - 500	350 kW
R.E.T. Recycling- und Entsorgungstechnologie GmbH & Co. KG, Regensburg	3,5 m³/t	170 - 270	200 kW
NORDAC GmbH & Co. KG, Hamburg	70 l/t	ab 260	7 kWh/t
Philipp Holzmann AG, Düsseldorf	3,2 m³/t	220 - 260	500 - 600 kW
Keller GmbH, Offenbach	2,5 m³/t	ab 250	250 kW

Abb. 6: Umweltrelevante Kenndaten von Bodenwaschanlagen, [3]

Ebenso ist die Behandlung von kontaminierter Abluft mit Hilfe von Aktivkohle geeignet, in ein solches Modul eingebracht zu werden. Ziel sollte es daher sein, die einzelnen Verfahren durch "Module" zu charakterisieren. Eine off-site Bodenreinigung mit Hilfe eines Bodenwaschverfahrens könnte sich unter diesen Gesichtspunkten vereinfacht wie folgt darstellen:

- Modul 1: Bodentransport zur Anlage

  Modul 2: Bodenvorbereitung durch Absiebung von großen Steinen, Entfernung von Metallen

- Modul 3: Bodenwäsche

- Modul 4: Abluftbehandlung durch Aktivkohle

- Modul 5: Entsorgung von Reststoffen aus der Abwasserbehandlung

- Modul 6: Entsorgung bzw. Behandlung der kontaminierten Restschlämme

Modul " Abluftbehandlung durch Aktivkohle " kann auch im Zusammenhang mit anderen Sanierungstechniken genutzt werden. Bodenluftabsaugmaßnahmen oder Abluft im Zusammenhang mit mikrobiologischen Sanierungen sollen hier beispielhaft angeführt werden.

Mit der hier vorgeschlagenen Methodik erscheint es möglich, die komplexen Sachverhalte im Zusammenhang mit Ökobilanzen bei der Sanierung übersichtlich zu strukturieren und somit für die Anwendung zugänglich zu machen.

3.3 Ökobilanzen bei in-situ Sanierungen

Die im vorgehenden Abschnitt dargestellten Überlegungen zur Erstellung von Ökobilanzen betreffen on-site bzw. off-site Sanierungstechniken. Für die wichtige Verfahrensgruppe der in-situ Techniken müssen diese Überlegungen modifiziert bzw. neue Ansätze gewählt werden.

Bei den unter dem Sammelbegriff ex-situ Verfahren zusammenfaßbaren on-site und off-site Techniken läßt sich der Gesamtaufwand an Energie und sonstigen Ressourcen bei entsprechendem Aufwand erheben und bilanzieren. Bei in-situ Sanierungsverfahren ist dies weitaus schwieriger, da Erfolgsprognosen und insbesondere der notwendige Zeitaufwand für das Sanierungsvorhaben sich nur mit sehr großen Unsicherheiten angeben läßt. Als Beispiel sei hierzu die weit verbreitete in-situ Sanierungstechnik "Bodenluftabsaugung" angeführt. Sanierungszeiten von wenigen Wochen bis hin zu 10 Jahren sind in der Praxis beobachtet worden, wobei Prognosen - sofern man überhaupt den Mut hierfür besessen hat -, sich in den seltensten Fällen als zutreffend erwiesen haben.

Die für ex-situ Verfahren sehr gut geeignete Normierungsgröße "Gewichtseinheit Boden" erscheint bei in-situ Verfahren auch nur bedingt geeignet, da hierbei die Menge des zu behandelnden Bodens nicht mit gleicher Präzision bestimmt werden kann wie bei den erstgenannten Verfahren.

Darüber hinaus muß bei in-situ Verfahren berücksichtigt werden, daß sich die Effektivität des betreffenden Verfahrens mit zunehmender Zeit verringert. Am Beispiel einer Bodenluftabsaugmaßnahme soll dies näher erläutert werden.

Zu Anfang einer Bodenluftabsaugung können zumeist sehr hohe Konzentrationen der Schadstoffe in der Abluft festgestellt werden. Mit zunehmender Sanierungsdauer nimmt die Konzentration stark ab. Abbildung 7 zeigt schematisch den zeitlichen Verlauf einer Bodenluftabsaugmaßnahme. Der Energieaufwand für die Bodenluftabsaugung bleibt jedoch konstant, da in der Regel der Volumenstrom der abgesaugten Luft und der Unterdruck konstant gehalten werden. Der Energieaufwand, um eine Gewichtseinheit Schadstoff aus dem Boden auszutragen, nimmt daher bei fortschreitendem Sanierungsverlauf deutlich zu. Abbildung 8 illustriert dieses Phänomen anhand einer typischen Bodenluftabsaugmaßnahme näher. Wie bereits oben erwähnt, steigt der Energieaufwand um 1 /kg CKW aus dem Boden auszutragen je geringer die Abluftkonzentration ist. Aus Gründen der Anschaulichkeit wurde zur Darstellung des Energieverbrauchs Heizöl als Energieträger gewählt. Analog zu der hier gezeigten Graphik ließe sich ähnlich den Emissionen, wie z. B. Schwefeldioxid, Stickoxid in Abhängigkeit von der Beladung der Abluft mit CKW darstellen.

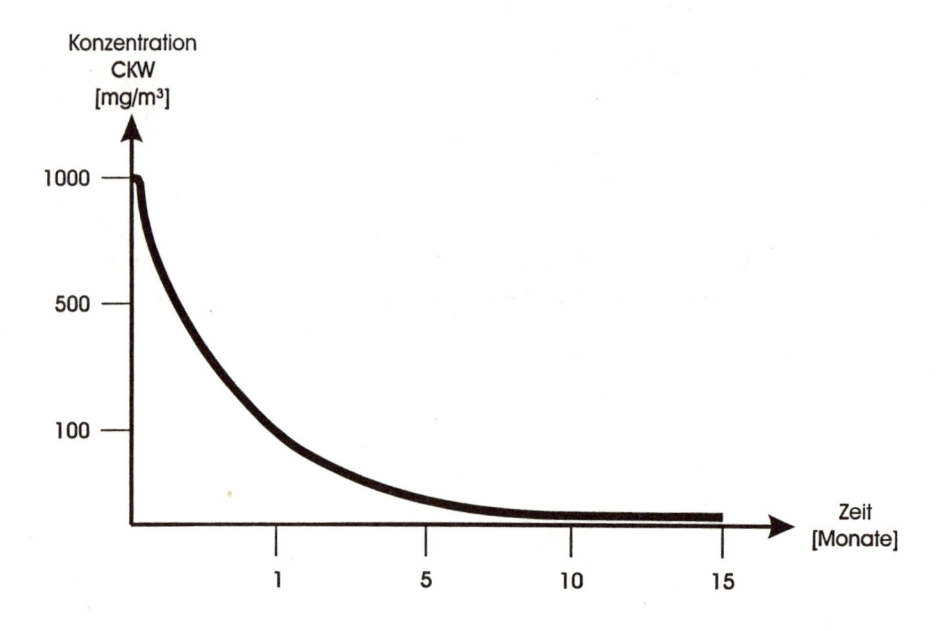

Abb. 7: Zeitlicher Konzentrationsverlauf einer Bodenluftabsaugmaßnahme

Annahme: Typische Bodenluftabsauganlage bei einem CKW-Schadensfall mit einer Förderrate von 100 m³/h Bodenluft

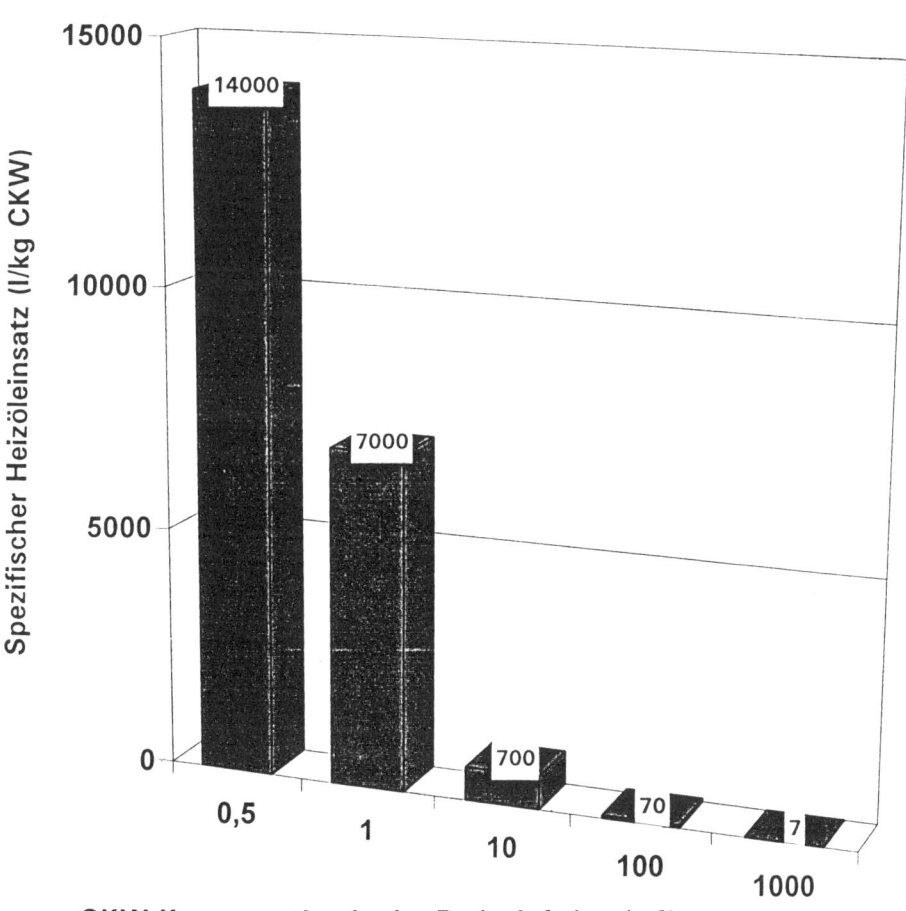

Spezifischer Heizöleinsatz (l/kg CKW)

CKW-Konzentration in der Bodenluft (mg/m³)	Spezifischer Heizöleinsatz (l/kg CKW)
0,5	14000
1	7000
10	700
100	70
1000	7

Abb. 8: Relativer Energieaufwand bei einer Bodenluftabsaugmaßnahme

Diese Betrachtungsweise macht deutlich, daß immer weniger Sanierungserfolg mit immer größeren daraus resultierenden Belastungen erkauft werden. Es liegt daher auf der Hand, daß ein Bereich vorhanden ist, ab dem eine Weiterführung der Sanierungsmaßnahme nicht mehr sinnvoll ist.

In der Sanierungspraxis wird diese Problematik häufig diskutiert, Konsequenzen ergeben sich daraus jedoch nur, wenn die Verantwortlichen bereit sind, die Verantwortung für die Einstellung einer Sanierungsmaßnahme zu übernehmen. Ein Risiko nimmt der Verantwortliche auf jeden Fall hierbei in Kauf, da er seine Entscheidung bisher nicht nachvollziehbar begründen kann, sondern diese aufgrund seiner persönlichen Einschätzung getroffen hat. Für diese häufig in der Praxis auftretende Problemstellung muß das Instrumentarium Ökobilanz Entscheidungssicherheit bieten.

3.4 Erstellung von Ökobilanzen bei Sicherungsverfahren

Für die ökologische Bewertung von Sicherungsverfahren müssen ähnlich, wie weiter oben dargestellt, die Umweltauswirkungen erfaßt werden. Hierbei muß berücksichtigt werden, daß es sich bei einer Sicherungsmaßnahme zumeist um eine Baumaßnahme handelt, z. B. eine Oberflächenabdichtung, deren ökologische Auswirkungen entsprechend erfaßt werden müssen. Darüber hinaus sind auch danach - in der Regel während der gesamten Lebensdauer dieser Maßnahme - umweltrelevante Vorgänge, wie z. B. eine hierbei notwendige Grundwasserhaltung mit reinigungsbedürftigen Abwasser, zu berücksichtigen.

In der Regel wird davon ausgegangen, daß bei einer Sicherungsmaßnahme das Schadstoffpotential erhalten bleibt und somit eine Erneuerung bei Nachlassen der Wirksamkeit erforderlich ist. Dieser Sachverhalt muß beim Erstellen einer Ökobilanz auf jeden Fall entsprechend berücksichtigt werden. In vielen Fällen jedoch, insbesondere bei organischen Kontaminanten, ist infolge mikrobiologischen Abbaus langfristig mit Selbstsanierungseffekten zu rechnen, d. h. nach Ablauf der Lebensdauer der betreffenden Sicherungsmaßnahme ist eine Erneuerung möglicherweise nicht mehr notwendig. Unter dieser Perspektive wäre es durchaus denkbar, daß eine Sicherungsmaßnahme gegenüber einem aufwendigen Dekontaminationsverfahren erhebliche ökologische Vorteile aufweist. Bei der Erstellung von Ökobilanzen sind daher auch Langzeitperspektiven für Altstandorte und insbesondere Altablagerungen von großer Bedeutung.

In diesem Zusammenhang muß auch berücksichtigt werden, daß z. B. eine völlige Einkapselung einer Altablagerung die erwähnten Selbstsanierungseffekte erheblich behindern kann.

4. Grundsätzliche Möglichkeiten und Anforderungen an Ökobilanzen bei der Sanierung von Altlasten und Schadensfällen

Die bisherigen Ausführungen bezogen sich hauptsächlich darauf, welche Daten bzw. Sachverhalte bei der Erstellung einer Ökobilanz von Bedeutung sind und wie sie erhoben werden können. Nachfolgend wird skizziert, auf welche Weise man mit den vorhandenen Daten zu einer aussagekräftigen Ökobilanz gelangen kann bzw. welche weiteren Aspekte hierbei noch berücksichtigt werden müssen.

Damit in der Zukunft bei der Sanierung von Altlasten und Schadensfällen die gewünschte positive Ökobilanz auch tatsächlich umgesetzt werden kann, bedarf es Vorgaben bzw. Hilfestellungen, wie man im Einzelfall die notwendigen Parameter erhebt und bewertet.

Da die Bewertung nicht frei von subjektiven Einflüssen sein kann, muß hierbei auch ein gesellschaftlicher Konsens erzielt werden. Bei der bisherigen Betrachtungsweise steht vielfach die wasserwirtschaftliche Bewertung im Vordergrund. Es ist daher aber auch notwendig, die Bearbeiter von Sanierungsprojekten hinsichtlich einer Betrachtungsweise unter Einbeziehung der anderen Umweltmedien zu sensibilisieren. Prägnante Beispiele können hierbei helfen: So trägt z. B. eine Verlagerung einer FCKW-Belastung von Boden- bzw. Grundwasser in der Atmosphäre zu einer Vergrößerung des Ozonlochs bei.

Je nachdem wie im einzelnen die Ökobilanz durchgeführt wird, können oft sowohl für die einen wie auch für die anderen Sanierungsverfahren ökologische Vorteile herausgearbeitet werden. Das liegt darin begründet, daß neben den objektiven und meßbaren Kriterien einer Ökobilanz wie Energieverbrauch, Rohstoffverbrauch, Anfall von Reststoffen usw. noch eine Bewertung dieser Grössen durchgeführt werden muß, um sie gegenüberstellen zu können und somit vergleichbar zu machen. (z. B.: Wie stellt man eine Reduzierung der Grundwasserbelastung einer daraus resultierenden zusätzlichen Luftbelastung gegenüber?). Hierbei fließen jedoch mit Sicherheit subjektive Gesichtspunkte ein, so daß die Ökobilanzen nicht die Eindeutigkeit aufweisen, die wünschenswert wäre. Es besteht daher die Notwendigkeit, hinsichtlich der Bewertung der einzelnen Parameter bei Ökobilanzen einen Konsens zu erzielen und somit zu erreichen, daß die Durchführung einer Ökobilanz zu einem eindeutigen Ergebnis führt. Erst hierdurch können die Ökobilanzen die an sie gestellten Erwartungen erfüllen. Abbildung 9 versucht diesen Sachverhalt näher zu veranschaulichen.

So könnten z. B. Orientierungswerte für Schadstoffkonzentrationen der Abluft bei Bodenluftabsaugmaßnahmen definiert werden, bei deren Unterschreitung ein Abbruch der Maßnahme aus ökologischen Gründen angezeigt ist, wenn nicht andere schwerwiegende Sachverhalte dagegen sprechen.

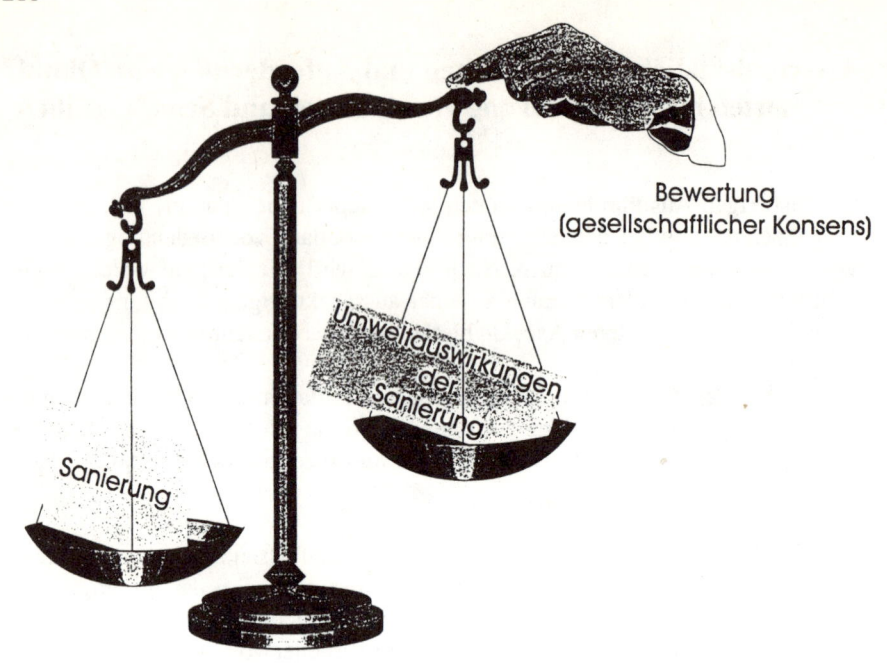

Abb. 9: Anschauliche Darstellung der Erstellung einer Ökobilanz

5. Zusammenfassung

Die Notwendigkeit bei Sanierungen von Altlasten und Schadensfällen übergreifende Umweltgesichtspunkte zu berücksichtigen, d. h. eine Ökobilanz zu erstellen, wird allgemein anerkannt. Ein geeignetes Instrumentarium steht hierfür zur Zeit nicht zur Verfügung.

Nachfolgend sind die Einzelaspekte zusammengestellt, durch deren Bearbeitung in der hier aufgezeigten Reihenfolge das gewünschte Instrumentarium bereitgestellt werden kann:

- Auswertung der bisher vorliegenden Erkenntnisse und Erfahrungen im Zusammenhang mit Ökobilanzen auf anderen Gebieten als der Sanierung von Altlasten und Schadensfällen.

- Identifizierung der für Altlastensanierung relevanten Aspekte.

- Darauf aufbauend Entwicklung von Strategien zur Durchführung von Umweltbilanzen im Zusammenhang mit der Sanierung von Altlasten und Schadenfällen (z. B. Art und notwendiger Umfang von Bilanzierungen).

- Erhebung der für Erstellung von Ökobilanzen notwendigen Daten.

- Herausarbeitung von konkreten Bewertungskriterien als Entscheidungsgrundlage für Ökobilanzen bei der Sanierung von Altlasten und Schadensfällen.

- Erzielung eines gesellschaftlichen Konsens bezüglich dieser Bewertungskriterien

- Erarbeitung von Vorgaben und Entscheidungshilfen zur Durchführung von Ökobilanzen, wobei berücksichtigt werden soll, daß sich der hierbei erforderliche Arbeitsaufwand bei dem betreffenden Sanierungsfall in einem verhältnismäßigen bzw. angemessenen Rahmen bewegt.

Unter Berücksichtigung dieser Vorgaben erscheint die Erarbeitung eines leistungsähigen Instrumentariums "Ökobilanz" in absehbarer Zeit möglich.

Literatur :

[1] GAIA 3 (1994): Bewertungsmethoden in Ökobilanzen - ein Überblick.

[2] LANDESANSTALT FÜR UMWELTSCHUTZ BADEN-WÜRTTEMBERG (1994): Eingehende Erkundung für Sanierungsmaßnahmen/Sanierungsvorplanung (E_{3-4}), Texte und Berichte zur Altlastenbearbeitung.

[3] LANDESANSTALT FÜR UMWELTSCHUTZ BADEN-WÜRTTEMBERG (1994): Handbuch Bodenwäsche, Materialien zur Altlastenbearbeitung, Band 11.

Das EDV-Programm KOSAL-1.0 - Kostenabschätzung bei der Altlastensanierung

Dr. Peter Dreschmann
Hans-Jürgen Koschmieder

1. Einleitung

Neben der ökologischen und rechtlichen Notwendigkeit der Altlastensanierung haben wirtschaftliche Aspekte zwangsläufig einen immer stärkeren Einfluß auf die Entscheidung, ob, wann und wie Altlasten saniert werden. Bislang fehlte sowohl den zuständigen Behörden als auch den Planern eine Systematik zur möglichst frühzeitigen Kostenabschätzung für Sicherungs- und Dekontaminationsmaßnahmen. Vor diesem Hintergrund entwickelte die focon - Ingenieurgesellschaft für Umwelttechnologie- und Forschungsconsulting mbH in Arbeitsgemeinschaft mit dem TÜV Rheinland e.V. für das Bundesministerium für Umwelt, Naturschutz und Reaktorsicherheit (BMU) die "Systematik zur Kostenabschätzung bei der Altlastensanierung - KOSAL", die bereits zum Zeitpunkt der Verdachtsflächenerfassung eine nutzungs- und standortspezifische Abschätzung der Haupt- und Nebenkosten einer Sanierungsmaßnahme ermöglicht.

Das vorliegende EDV-Programm KOSAL-1.0, programmiert von der focon - Ingenieurgesellschaft mbH, stellt eine Umsetzung dieser Systematik für zivile und militärisch genutzte Flächen dar.

KOSAL-1.0 deckt die Arbeitsschritte von der Gefährdungsabschätzung bis zur Nachsorge ab. Das Programm ist derart strukturiert, daß es laufend aktualisiert und erweitert werden kann.

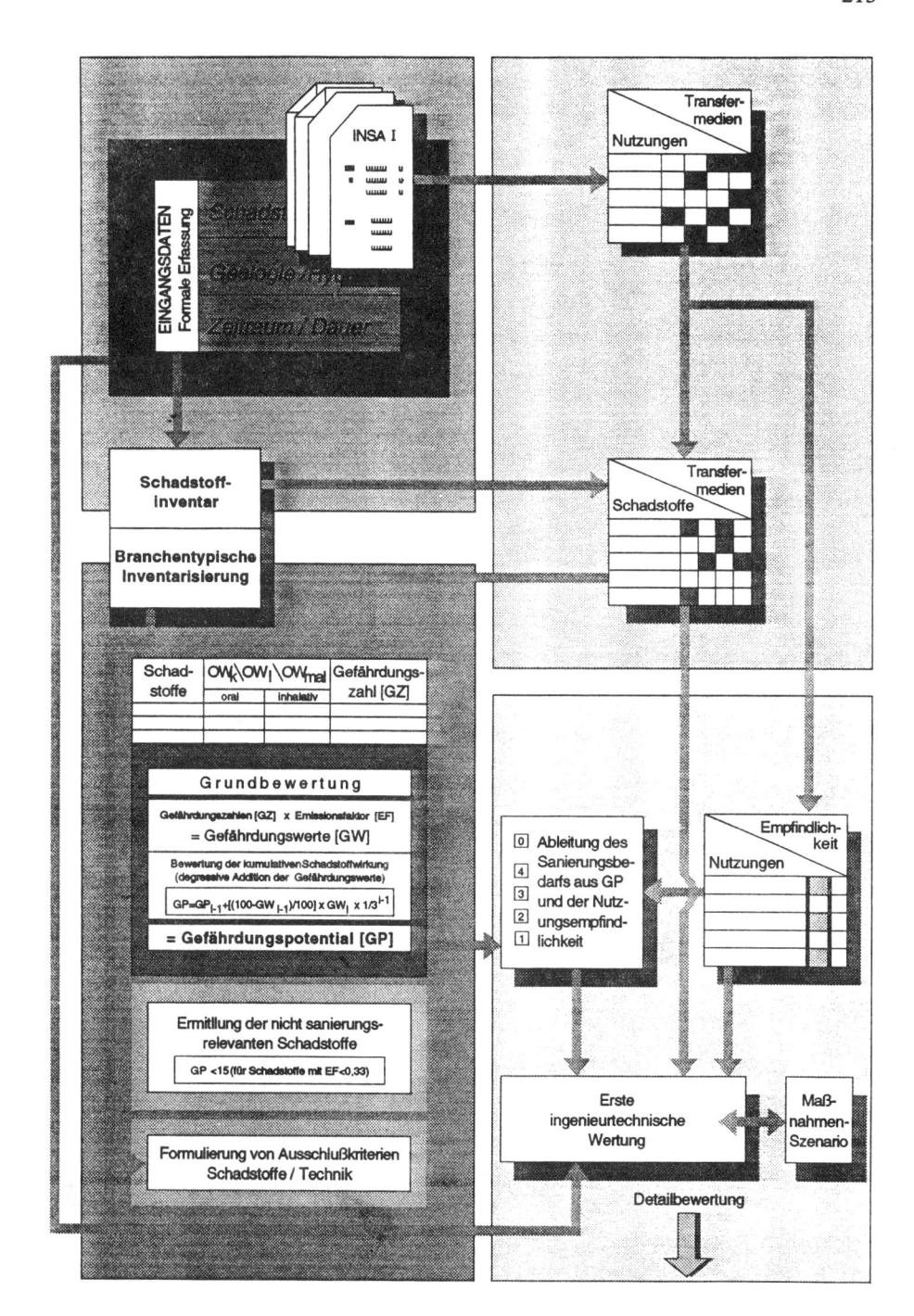

Abb. 1: Verfahrensablauf von KOSAL-1.0 für die Module 1 und 2

KOSAL-1.0 liefert dem Anwender
* eine erste Abschätzung des **Gefährdungspotentials**,
* standortbezogene **Sanierungsstrategien** mit Bewertung geeigneter Techniken
  sowie der Möglichkeit zur Technikkombination,
* **Kostenabschätzung** von der Gefährdungsabschätzung bis zur Langzeitüberwachung.

KOSAL-1.0 ermöglicht somit bereits auf der Erfassungsebene eine erste Haushalts- und Finanzmittelplanung. Das Ergebnis der Kostenabschätzung muß jedoch in Relation zur Ausgangsdatenmenge und der Erfahrung des Anwenders bei der Altlastensanierung gesehen werden. Das Programm unterstützt den Anwender darüber hinaus auch auf höheren Informationsniveaus bis hin zur Sanierungsuntersuchung.

2. Darstellung der KOSAL-Systematik

Zur Anwendung von KOSAL müssen mindestens die Daten der Erfassungsunterlagen sowie sämtlicher zusätzlich zur Verfügung stehender Informationen bereitgestellt werden. Als Mindestinformationsniveau sind folgende Angaben notwendig:
– Schadstoffinventar/Abfallarten,
– Wirtschaftszweig/Branche, Betriebszeitraum und -dauer,
– derzeitige bzw. zukünftig geplante Flächennutzung,
– gesamte sowie kontaminierte Fläche,
– Tiefe der Kontamination,
– Volumen der Kontamination,
– Durchlässigkeitsbeiwert des Untergrundes,
– Sohllage der Kontamination zum Grundwasser,
– kontaminierte Umweltmedien.

Alle Zusatzinformationen verbessern die Anwendung und damit das Ergebnis. Die KOSAL-Bewertung erfolgt getrennt für jede einzelne Verdachtsfläche, im Programm als "kontaminationsverdächtiger Standort" (KVS) bezeichnet. Weist beispielsweise ein Standort (z. B. eine militärische Liegenschaft) kontaminationsverdächtige Einzelflächen aus (z. B. wilde Ablagerung, Chemikalienlager, Abscheider etc.), so ist die Systematik getrennt für jede einzelne Fläche anzuwenden.

2.1 Datenübernahme (Modul 1)

KOSAL-1.0 ermöglicht zum einen die manuelle Eingabe der Eingangsinformationen oder eine direkte Datenübernahme aus Erfassungsdateien, so z. B. aus dem "Informationssystem Altlasten INSA I" der OFD Hannover, wo KOSAL-1.0 auf 5 DBF-Dateien zugreift, in denen die zu bewertenden Verdachtsflächendaten hinterlegt sind. Eine Anpassung dieser direkten Datenübernahme an andere bestehende Datenbestände ist ohne größeren Aufwand möglich.

Weiterhin können die in einer Datenbank vorliegenden bzw. beliebig eingegebenen Verdachtsflächendaten bearbeitet werden.

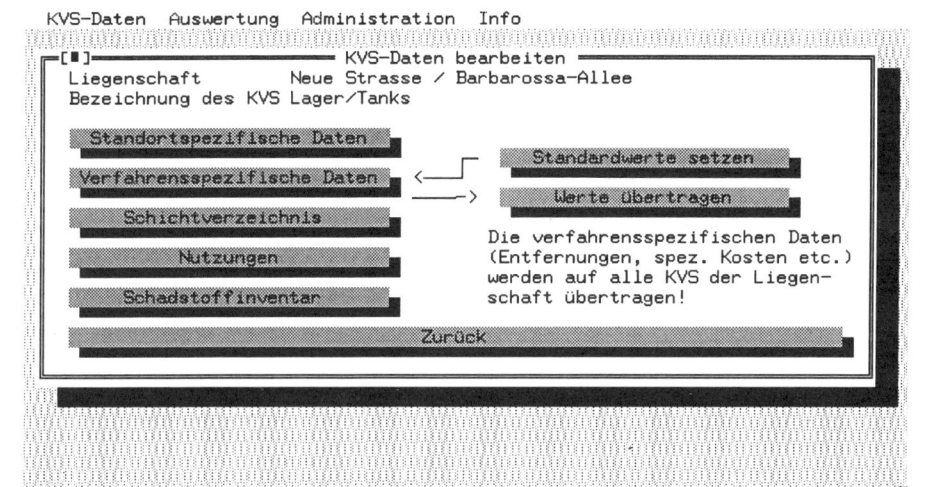

```
KVS-Daten  Auswertung  Administration  Info
┌─[■]─────────────── KVS-Daten bearbeiten ───────────────┐
│  Liegenschaft        Neue Strasse / Barbarossa-Allee   │
│  Bezeichnung des KVS Lager/Tanks                       │
│                                                         │
│   ▓Standortspezifische Daten▓                           │
│                                  ┌─  ▓Standardwerte setzen▓ │
│   ▓Verfahrensspezifische Daten▓ <─┤                     │
│                                  └─> ▓Werte übertragen▓ │
│   ▓Schichtverzeichnis▓                                  │
│                                  Die verfahrensspezifischen Daten │
│   ▓Nutzungen▓                    (Entfernungen, spez. Kosten etc.) │
│                                  werden auf alle KVS der Liegen- │
│   ▓Schadstoffinventar▓           schaft übertragen!     │
│                                                         │
│                    ▓Zurück▓                             │
└─────────────────────────────────────────────────────────┘

F1 Hilfe   Alt-E Programmende                       67136
```

Zum Beispiel können über den Knopf "Verfahrensspezifische Daten" standortspezifische für die spätere Abschätzung der Sanierungskosten relevante Daten vom Anwender eingegeben werden. Hierbei handelt es sich u. a. um Transportentfernungen zu Deponien (HMD, SAD, UTD) und stationären Reinigungsanlagen/-zentren, Antransportmöglichkeiten (Straße, Schiene, Schiff), Deponiegebühren, Behandlungskosten, Behandlungsdauer und die Dichtwandfläche.

2.2 Gefährdungsbewertung (Modul 2)

Im Modul 2 erfolgt die Gefährdungsbewertung der Verdachtsflächen. Die relevanten Schadstoffe werden entweder direkt über Modul 1 und damit über die Erfassungsunterlagen geliefert bzw. vom Anwender zuvor über eine branchentypische Inventarisierung abgeleitet. KOSAL-1.0 berücksichtigt derzeit 103 Schadstoffe/Schadstoffgruppen.

Da KOSAL-1.0 bereits auf der Erfassungsebene angewendet werden kann, liegen keine Angaben über Schadstoffkonzentrationen vor. Statt dessen werden für die einzelnen Schadstoffe Emissionsfaktoren (EF) zwischen 0 und 1 berechnet. Diese orientieren sich an der Verwendungsart, der Verwendungsdauer bzw. dem Verwendungszeitraum sowie den verwendeten Mengen der jeweiligen Einsatz-, Betriebs- und Reststoffe. Die Abschätzung der Wahrscheinlichkeit einer Schadstofffreisetzung erfolgt gemäß folgendem Ansatz:

– Das größte Gewicht besitzt das Kriterium "Verwendungsart", mit dem das eigentliche Emissionspotential während des Routinebetriebes anhand von 5 Klassen (mit 15 bis 65 Pkt.) abgeschätzt wird. Die Merkmale reichen von "Verluste im wesentlichen nur bei besonderen Vorkommnissen" bis zu "erfahrungsgemäß außerordentlich hohes Kontaminationspotential"; "Anhaltspunkte/Beweise für unsachgemäße Betriebsführung"; "bedeutende Störfälle/Brände"; etc..

– Das Kriterium "Dauer" bewertet die Dauer (< 2 Jahre; 2 - 50 Jahre, > 50 Jahre) und den Zeitraum (< 1935; 1935 bis 1945; > 1945), über den die Schadstoffe innerhalb einer Branchenaktivität in der Regel eingesetzt wurden. Es wird in 5 Klassen eingeteilt, deren Bewertungspunkte zwischen -10 (min.) und 25 (max.) liegen.

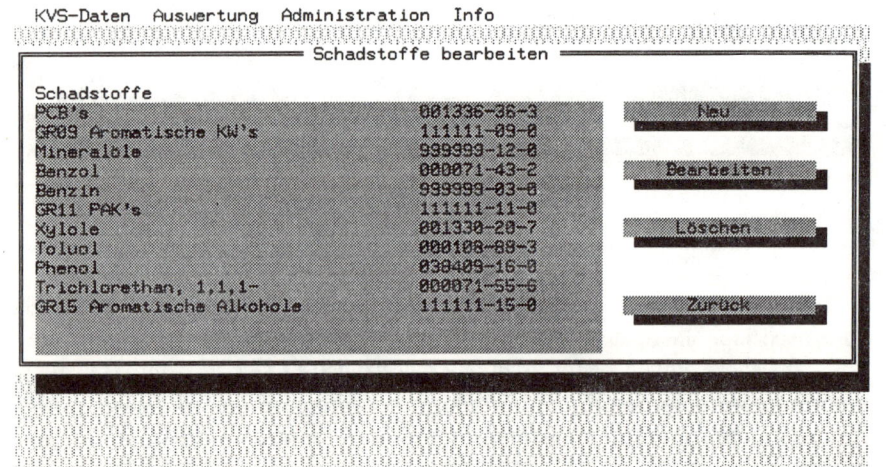

- Über das Kriterium "Menge" wird eine Abschätzung bzgl. der Einsatzart und -menge eines Stoffes innerhalb der jeweiligen Aktivität durchgeführt. Dazu werden 4 Klassen gebildet, die vom "Einsatz als untergeordneter Hilfs-/Zuschlags- oder Betriebsstoff; Reststoff geringer Menge" bis zu "...ganz überwiegendem Einsatz des Stoffes in großen Mengen; Reststoff in sehr großen Mengen" reichen. Die Bewertungspunkte liegen zwischen -5 (min.) und 10 (max.).

Die Gefährdungsbewertung von KOSAL-1.0 beurteilt die akute und latente Gefahr, die für das Schutzgut "Mensch" von der Verdachtsfläche ausgeht. Die Art der Schadstoffexposition sowie das Belastungsmaß sind direkt von der Flächennutzung abhängig, wobei das Schutzgut "Mensch" über die Transfermedien Wasser, Boden und Luft unterschiedlich stark belastet werden kann. Deshalb müssen zur Ermittlung des Gefährdungspotentials zunächst die nutzungsspezifischen relevanten Wirkungspfade bestimmt werden, über die ein Schadstoff direkt oder indirekt zum Schutzgut "Mensch" übertragen werden kann (s. Abb. 1, Matrix 1). Der direkte Schadstofftransfer kann durch Bodenaufnahme, Inhalation oder dermal erfolgen. Indirekt erfolgt dies über die Wirkungspfade Trinkwasser und Nahrung. Über Matrix 1 weist KOSAL-1.0 der vom Anwender gewählten Nutzung die relevanten Transfermedien Wasser, Boden und Luft zu. Die definierten Nutzungen sowie Transfermedien haben Vorschlagscharakter und können vom Anwender ergänzt bzw. verändert werden.

Im nächsten Schritt (Matrix 2) wird für alle Schadstoffe aus Modul 1 überprüft, ob eine Schadstoffexposition des Schutzgutes "Mensch" über die zuvor als nutzungsrelevant ermittelten Transfermedien (Boden, Grundwasser, Oberflächenwasser, Luft) möglich ist. Ziel ist der Ausschluß derjenigen Schadstoffe aus der weiteren Gefährdungsbewertung, die aufgrund ihrer Ausbreitungseigenschaften kein Risiko darstellen. KOSAL-1.0 bewertet die generelle Möglichkeit einer Schadstoffausbreitung in den einzelnen Transfermedien anhand chemisch-physikalischer Stoffeigenschaften.

Ein Schadstofftransfer für das Medium Boden wird für alle die Schadstoffe als relevant angesehen, deren Aggregatzustand bei 20° C fest oder flüssig ist.

Eine Gefährdung des Schutzgutes "Grundwasser" wird für ein mittleres bis erhöhtes Migrationsverhalten angenommen. Die Ableitung des Migrationspotentials ermittelt sich für Flüssigkeiten über die Verknüpfung des Sickerverhaltens (Dichte/Viskosität = kinematische Viskosität), des Verdunstungsverhaltens (relative Gasdichte) und des Ausbreitungsverhaltens (Wasserlöslichkeiten und relative Stoffdichten zu Wasser). Gase werden anhand ihrer relativen Gasdichte zu Luft und ihrer Wasserlöslichkeit klassifiziert. Bei Feststoffen ist ausschließlich deren Wasserlöslichkeit ausschlaggebend.

Bei Oberflächengewässer stellt der Eintrag aller Stoffe, die den Wassergefährdungsklassen 1-3 angehören (n. VwVwS, 1990) ein direktes Risiko dar.

Für das Medium Luft sind alle flüssigen und flüchtigen Substanzen relevant, deren Dampfdruck > 1,33 mbar und/oder deren Henry-Konstante, bei 20° C größer als 0,05 ist.

Nur für die Schadstoffe, für die ein oder mehrere nutzungsabhängige Transfermedien relevant sind, erfolgt im nächsten Schritt eine Gefährdungsbewertung. Diese basiert auf humantoxikologischen Orientierungswerten für maligne und nicht maligne Effekte bei kurz- und langfristiger Exposition. Orientierungswerte sind Gesamtkörperdosen eines Gefahrstoffes, bei denen bei Einzelstoffbetrachtung nach dem gegenwärtigen Stand der Kenntnis keine nachteiligen Effekte auf die Gesundheit zu erwarten sind bzw. bei denen nur ein geringes Erkrankungsrisiko angenommen wird. Die Abschätzung der Kanzerogenität beruht auf dem "unit-risk".

Den Orientierungswerten werden normierte Gefährdungszahlen (GZ) zwischen 0 und 100 zugeordnet, wobei sich für die Schadstoffe mit den niedrigsten Orientierungswerten die höchsten Gefährdungszahlen berechnen. Beispielsweise erreicht Phenol bei vorwiegend oraler Aufnahme 16 Punkte bzw. bei inhalativer Aufnahme 27 Punkte, während PCB mit 65 (oral) und 62 (inhalativ) Punkten bewertet wird. Im nächsten Schritt werden die Gefährdungszahlen der in Abhängigkeit von der Nutzung für eine Verdachtsfläche ermittelten Schadstoffe mit den zuvor ermittelten Emissionsfaktoren (EF) multipliziert. Dieses einzelstoffbezogene Gefährdungspotential wird als Gefährdungswert (GW) definiert. Die Berücksichtigung toxischer Kombinationswirkungen von Schadstoffgemischen erfolgt mittels degressiver Addition der einzelnen Gefährdungswerte zum Gesamtgefährdungspotential (GP) der Fläche (s. Abb. 1). Damit wird eine Zunahme der toxischen Wirkung durch das Auftreten von Schadstoffgemischen berücksichtigt, ohne daß das Gefährdungspotential des gefährlichsten Schadstoffes durch Mittelbildung o. ä. abgeschwächt wird; gleichzeitig bleibt ein auf hundert Punkte normierter Bewertungsansatz erhalten. Um bei einer großen Schadstoffanzahl und/oder hohen Gefährdungswerten evtl. genügend Differenzierbarkeit des Gesamtergebnisses zu gewährleisten, wird ab dem zweiten Gefährdungswert ein Dämpfungstherm eingebunden.

```
 KVS-Daten  Auswertung  Administration  Info
┌─[■]══════════════════════ DUMMY.TXT ═══════════════════════
│LIEGENSCHAFTSNUMMER 209/7      KVS-Nr.:   7
│LIEGENSCHAFT              Neue Strasse / Barbarossa-Allee
│BEZEICHNUNG DES KVS Lager/Tanks
│
│GEFÄHRDUNGSBEWERTUNG
│
│Schadstoffe
│Bezeichnung                    CAS-Nr.       V  M  Z   D   GZ  EF     GW
│PCB's                          001336-36-3   2  2  3   52  65  0.93   60.45
│GR09 Aromatische KW's          111111-09-0   1  1  3   20  39  0.93   36.27
│Mineralöle                     999999-12-0   1  1  2   50  27  1.00   27.00
│Benzol                         000071-43-2   3  3  2   55  39  0.53   20.67
│Benzin                         999999-03-0   2  1  2   55  19  0.87   16.53
│GR11 PAK's                     111111-11-0   3  2  3   20  17  0.47    7.99
│Xylole                         001330-20-7   3  4  3   13  14  0.33    4.62
│Toluol                         000108-88-3   4  3  3   12  12  0.27    3.24
│Phenol                         038409-16-0   5  4  3   12  16  0.07    1.12
│Trichlorethan, 1,1,1-          000071-55-6   4  3  3   50  13  0.07    0.91
│GR15 Aromatische Alkohole      111111-15-0   5  4  3   20   0  0.07    0.00
│
│Gefährdungspotential                                                  77.79
│
 F1 Hilfe   Alt-E Programmende                                       51024■
```

Vor der Ableitung möglicher Sanierungsmaßnahmen im Modul 3 wird zunächst abgeschätzt, welche Schadstoffe in vernachlässigbarer Menge auf dem Standort freigeworden sind, so daß sie für sich allein betrachtet keine Sanierungsrelevanz besitzen. Damit soll verhindert werden, daß diese unerheblichen Schadstoffe die Auswahl der Sanierungstechniken möglicherweise negativ

beeinflussen. Als nicht sanierungsrelevante Schadstoffe gelten schwach emittierende Stoffe, deren Emissionsfaktoren < 0,33 sind bzw. deren Gesamtgefährdungspotential (bezogen auf die kleinsten Gefährdungswerte) < 15 ist.
Die Schnittstelle von der Gefährdungsbewertung zur Maßnahmenkonzeption ordnet der betrachteten Fläche eine Gefährdungsstufe zu. Fünf unterschiedliche Gefährdungsstufen von G0 bis G4 sind nutzungsabhängig für das Schutzgut "Mensch" möglich. Diese leiten sich aus der Höhe des ermittelten Gefährdungspotentials sowie der Empfindlichkeit der Flächennutzung ab. Die Gefährdungsstufen beinhalten mögliche Sanierungsoptionen von Dekontaminations- und/oder Sicherungsmaßnahmen bis zur Nutzungsänderung. Folgende Gefährdungsstufen werden unterschieden:

G 0	Schadstoffgemische mit einem Gefährdungspotential GP < 15	nach der KOSAL-Gefährdungsbewertung besteht für die Fläche kein akuter Handlungsbedarf
G 4	hochsensible Flächennutzung Schadstoffe und Gemische mit einem Gefährdungspotential GP > 90	Dekontaminationsmaßnahme *oder* Sicherungsmaßnahme *oder* Nutzungsänderung
G 3	hochsensible Flächennutzung Schadstoffe und Gemische mit einem Gefährdungspotential 15 < GP < 90	Dekontaminationsmaßnahme *oder* Sicherungsmaßnahme *oder* Nutzungsänderung
G 2	sensible Flächennutzung Schadstoffe und Gemische mit einem Gefährdungspotential 50 < GP < 100	Dekontaminationsmaßnahme *oder* Sicherungsmaßnahme *oder* Nutzungsänderung
G 1	sensible Flächennutzung Schadstoffe und Gemische mit einem Gefährdungspotential 15 < GP < 50	Dekontaminationsmaßnahme *oder* Sicherungsmaßnahme *oder* Nutzungsänderung

Vor der Einleitung des Sanierungsszenarios mit anschließender Bewertung möglicher Techniken ist vom Anwender unabhängig vom Programm eine "ingenieurtechnische Bewertung" der Ausgangssituation durchzuführen. Hierzu sind sämtliche für die Verdachtsfläche verarbeiteten Daten sowie die berechneten Ergebnisse unter Beachtung der eingegebenen Ansätze (z. B. verfahrensspezifische Daten, Nutzung, Schadstoffinventar und Abschätzung der Schadstofffreisetzung) mit allen übrigen noch vorhandenen Informationen (z. B. Gesetze, Verordnungen, Regelungen etc.) zu analysieren und zu bewerten. Beispielsweise schließt das Vorhandensein von Schwermetallkontaminationen die Anwendung mikrobiologischer Techniken aus.

Der Anwender ist dringend angehalten, das Ergebnis dieser kritischen Bewertung für eine sinnvolle Auswahl geeigneter Sanierungstechniken bzw. -kombinationen im Modul 3 zu nutzen.

2.3 Maßnahmenkonzept (Modul 3)

Das Modul 3 ist in seinem Aufbau zweigeteilt. Im ersten Schritt werden über Sanierungsszenarien die notwendigen Maßnahmen abgeleitet, und im zweiten Schritt erfolgt die Detailbewertung der in Frage kommenden Techniken. Ziel der Vorauswahl ist u. a. die Notwendigkeit von Grundwasser- bzw. Bodenluftsanierungen zu ermitteln sowie ggf. deren Kombination mit Maßnahmen zu prüfen.
In der Maßnahmenvorauswahl werden alle in Modul 2 als sanierungsrelevant ermittelten Schadstoffe in die drei Kriterien "wasserlöslich", "wasserunlöslich", "leicht flüchtig" eingeteilt und den für sie relevanten Transfermedien zugeordnet:
- leicht flüchtige Stoffe: Luft, Grundwasser und Boden;
- wasserlösliche Stoffe: Boden und Wasser;
- wasserunlösliche Stoffe: Boden und Oberflächenwasser.

Zur Beurteilung, ob Schadstoffe aufgrund ihrer freigesetzten Mengen für die Maßnahmenvorauswahl relevant sind, erfolgt eine Bewertung über ihre jeweiligen Emissionsfaktoren. Dabei wird zwischen "bedeutenden" (EF 0,4) und "weniger bedeutenden" (EF < 0,4) Schadstoffmengen unterschieden. Für die sich ergebenden 23 Szenarien wird abgeleitet, welche Maßnahmen in Kombination oder einzeln sinnvoll oder notwendig erscheinen. Im Rahmen dieser Vorauswahl werden u. a. berücksichtigt: Kontamination über oder unter Grundwasserspiegel, die hydraulische/pneumatische Leitfähigkeit und die Mächtigkeit der ungesättigten Bodenzone.

Die anschließende Detailbewertung wird derzeit für 29 Sanierungstechniken (Dekontamination, Sicherung) durchgeführt. Die Bewertung wird auf der Grundlage der drei Kriterien "Schadstoffspezifische Eignung", "Geologische Eignung" und der Eignung bezüglich der "vertikalen und horizontalen Ausdehnung" der Kontamination durchgeführt (vgl. Abb. 2).

Das Kriterium "Schadstoff" beurteilt die Techniken ausschließlich unter dem Gesichtspunkt der technischen Eignung, d. h. die ermittelten Schadstoffe zu beseitigen bzw. einen Schadstofftransport zu unterbinden. Die Wertung erfolgt ausschließlich anhand chemisch-physikalischer Gesetzmäßigkeiten für alle der 103 Schadstoffe bzw. Schadstoffgruppen. Die Bewertung reicht von max. 4 Punkten bei besonders guter Anwendbarkeit bis zu 0 Punkten bei ungenügender

Eignung. Eine 0-Punkte-Vergabe führt zum Ausschluß der entsprechenden Technik. Bei Nichtrelevanz eines Schadstoffes, d. h. kein einschränkender Einfluß auf die Technik, wird ein "missing value" vergeben.

Als zusätzliche Wichtung werden die jeweiligen Bewertungspunkte mit den standortspezifischen Emissionsfaktoren der Stoffe multipliziert, wodurch stark emittierte Schadstoffe verstärkt berücksichtigt werden. Damit Techniken mit besonders guter Eignung für stark emittierende Stoffe durch eine große Anzahl von Stoffen mit geringen Emissionsfaktoren nicht durch Mittelbildung o. ä. in ihrem Gewicht reduziert werden, erfolgt weiterhin eine schadstoffabhängige Normierung am technischen Maximum.

Über das Kriterium "Geologie" wird die Wirksamkeit der Techniken anhand des Durchlässigkeitskoeffizienten (k-Wert) abgeschätzt. Die Bewertung sieht eine vereinfachte Klassenbildung in die drei Durchlässigkeitsstufen > 10-4, 10-4 bis 10-6 und > 10-6 m/Sek. vor. Der Einfluß auf die Techniken wird ebenfalls mit 0 bis 4 Punkten bewertet.

Das Kriterium "Geometrie" beurteilt die Techniken in bezug auf die vertikale und horizontale Ausdehnung der Kontamination. Auch hier werden nach dem Grundsatz der Verhältnismäßigkeit 0 bis 4 Punkte vergeben.

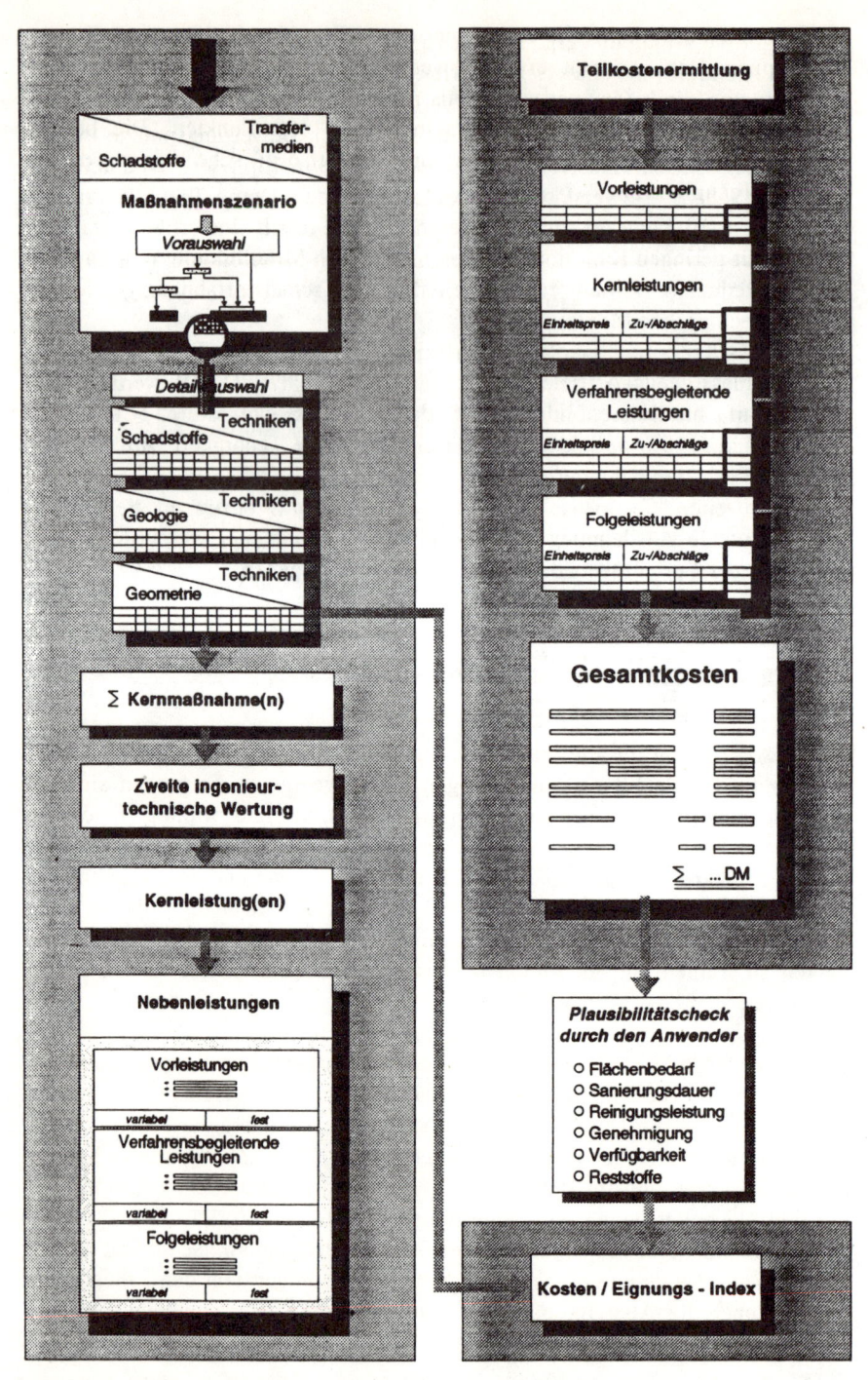

Abb. 2: Verfahrensablauf von KOSAL-1.0 für die Module 3 und 4

Die erreichten Punkte der drei Kriterien werden normiert und anschließend aufsummiert. Dabei können für das Bewertungskriterium "Schadstoffe" max. 60, für "Geologie" und "Geometrie" jeweils max. 20 Punkte erzielt werden. Damit liegt das theoretisch erreichbare Maximum bei 100 Punkten. Die bei der Detailauswahl erreichten Punkte geben die standortspezifische Eignung der bewerteten Techniken an.

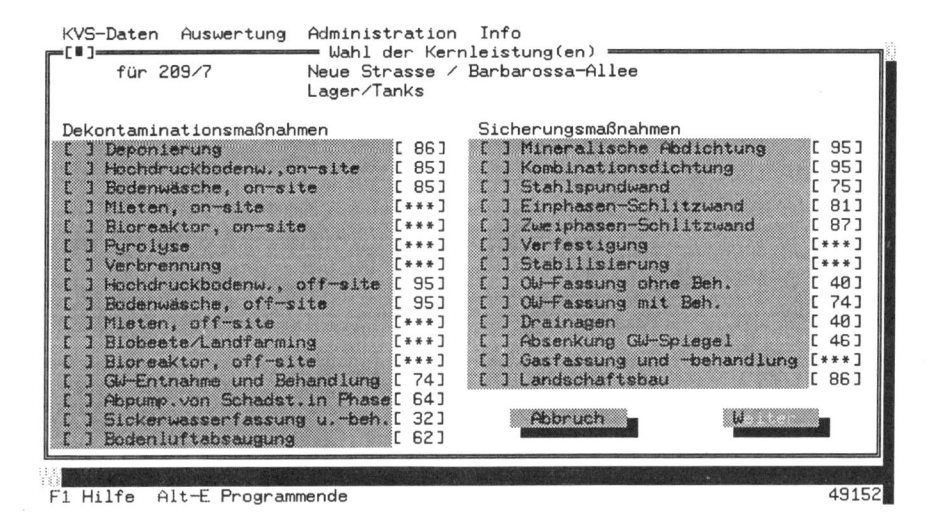

```
KVS-Daten   Auswertung   Administration   Info
┌─[■]─────────────────── Wahl der Kernleistung(en) ───────────────
        für 209/7        Neue Strasse / Barbarossa-Allee
                         Lager/Tanks

  Dekontaminationsmaßnahmen                Sicherungsmaßnahmen
  [ ] Deponierung                [ 86]    [ ] Mineralische Abdichtung   [ 95]
  [ ] Hochdruckbodenw.,on-site   [ 85]    [ ] Kombinationsdichtung      [ 95]
  [ ] Bodenwäsche, on-site       [ 85]    [ ] Stahlspundwand            [ 75]
  [ ] Mieten, on-site            [***]    [ ] Einphasen-Schlitzwand     [ 81]
  [ ] Bioreaktor, on-site        [***]    [ ] Zweiphasen-Schlitzwand    [ 87]
  [ ] Pyrolyse                   [***]    [ ] Verfestigung              [***]
  [ ] Verbrennung                [***]    [ ] Stabilisierung            [***]
  [ ] Hochdruckbodenw., off-site [ 95]    [ ] GW-Fassung ohne Beh.      [ 40]
  [ ] Bodenwäsche, off-site      [ 95]    [ ] GW-Fassung mit Beh.       [ 74]
  [ ] Mieten, off-site           [***]    [ ] Drainagen                 [ 40]
  [ ] Biobeete/Landfarming       [***]    [ ] Absenkung GW-Spiegel      [ 46]
  [ ] Bioreaktor, off-site       [***]    [ ] Gasfassung und -behandlung[***]
  [ ] GW-Entnahme und Behandlung [ 74]    [ ] Landschaftsbau            [ 86]
  [ ] Abpump.von Schadst.in Phase[ 64]
  [ ] Sickerwasserfassung u.-beh.[ 32]         Abbruch            Weiter
  [ ] Bodenluftabsaugung         [ 62]

 F1 Hilfe   Alt-E Programmende                                  49152
```

KOSAL-1.0 gibt für alle prinzipiell geeigneten Techniken (Kernmaßnahmen) die Punkte der Detailbewertung an; gänzlich ungeeignete Techniken sind gekennzeichnet. Damit ist der Anwender angehalten, in einer zweiten "ingenieurtechnischen Bewertung" die für die kontaminierte Fläche geeignetste Technik bzw. Technikkombination anhand der berechneten Punkte und dem Ergebnis der ersten "ingenieurtechnischen Bewertung" festzulegen. Unabhängig davon bietet das Programm ihm die Möglichkeit für ein und dieselbe Fläche verschiedene Varianten zu wählen und im Modul 4 hierfür die entsprechenden Kosten zu berechnen.

Den von KOSAL-1.0 als prinzipiell geeignet angesehenen Kernmaßnahmen/-kombinationen (Techniken) werden im nächsten Schritt die Nebenleistungen zugeordnet, die für die Durchführung der Sanierungsmaßnahme erforderlich sind. Es werden nur die Nebenleistungen berücksichtigt, die eine ausgeprägte Kostenrelevanz besitzen und im Rahmen der Systematik abgeschätzt werden können. Bei den Nebenleistungen wird unterschieden zwischen Vorleistungen, verfahrensbegleitenden Leistungen und Folgeleistungen. Beispielsweise umfaßt die Gefährdungsabschätzung (Vorleistung) sämtliche Leistungen von den Erkundungsarbeiten über die Analytik bis zum Gutachten; die Unterscheidung zwischen Orientierungs- und Detailphase erfolgt nicht.

2.4 Kostenabschätzung (Modul 4)

Das Programm ermöglicht dem Anwender, mit allen geeigneten Maßnahmen aus Modul 3 weiterzurechnen.

Die Basiskosten basieren auf der Auswertung abgeschlossener Sanierungsmaßnahmen aus den Jahren 1988-1992. Neben kostenwirksamen Einflußfaktoren und spezifischen Teilleistungskosten werden sämtliche Kosten berücksichtigt, die im Rahmen einer Sanierungsmaßnahme anfallen können, wie beispielsweise Schwierigkeit beim Baubetrieb, Winterbetrieb, Unvorhergesehenes, Nachtragsangebote etc. Damit liegen die Kostenansätze z. T. höher als die üblicherweise aus Prospekten oder Angeboten bekannten Kostenansätze.

Darüber hinaus ermöglicht KOSAL-1.0 dem Anwender aber auch eine Modifikation der Kostenansätze und kostenmodifizierenden Faktoren, so daß eine Anpassung der Kosten an die aktuelle Marktlage bzw. persönliche Erfahrungssätze möglich ist. Dieser Schritt setzt beim Anwender umfangreiches Fachwissen und die Kenntnis des Sanierungsmarktes voraus.

KOSAL-1.0 ermittelt die Kosten von der Gefährdungsabschätzung bis zur Nachsorge anhand von Basiskosten, die mit Multiplikatoren verknüpft werden, um standortspezifische Gegebenheiten durch Zu- und Abschläge einfließen lassen zu können. Der Kostenansatz bei der "Gefährdungsabschätzung" geht, z. B. als flächenabhängige Größe, differenziert nach Altstandorten und Altablagerungen unter besonderer Berücksichtigung von Grundwasserstand und Tiefe der Kontamination, in die Berechnung ein.

Der Kostenfaktor "Sofortmaßnahmen zur akuten Gefahrenabwehr" leitet sich aus dem Gefährdungspotential (GP 50) und der Nutzungsempfindlichkeit ab. Art und Umfang der Maßnahmen sind in KOSAL beschränkt auf Einzäunungs-, Abdeckungs- und Räumungsarbeiten.

Bei der "Bodenwäsche" beziehen sich die Basiskosten auf das zu behandelnde Volumen. Anhand von Zuschlägen werden u. a. der Feinstkornanteil, die Kontamination sowie die Branche berücksichtigt.

Bei den verfahrensbegleitenden Leistungen ermitteln sich die Kosten der "Sanierungsplanung" in Anlehnung an die HOAI bezogen auf die gesamte Sanierungsmaßnahme. Die Kosten der Teilleistung "Aushub" sind abhängig vom Aushubvolumen, der Aushubtiefe, der Bodenklasse und dem erforderlichen Arbeitsschutz. Einen erheblichen Kostenfaktor kann der "Arbeits- und Emissionsschutz" darstellen. Für stationäre Maßnahmen werden die Kosten für Schwarzweißanlage, Fahrzeugreinigung, Reifenwaschanlage sowie ggf. eine Einhausung berücksichtigt. Für die Teilkosten "Transport" mit LKW, Eisenbahn und Schiff sind vom Anwender die Entfernungen zu den relevanten Reinigungszentren bzw. Deponien einzugeben.

Die Dokumentation der Kostenabschätzung ist in fünf Varianten möglich. Über die beiden Möglichkeiten "detailliert mit Nutzungsverzeichnis" und "detailliert" werden für jede Teilleistung einschließlich der wichtigsten Faktoren die

Kosten ausgegeben, wobei die erste Variante das gesamte Abkürzungsverzeichnis enthält. Bei der Möglichkeit "Kernleistungen" werden nur diese detailliert ausgegeben, alle anderen Kosten werden nicht angezeigt. Die detaillierte Darstellungsform bietet dem Anwender die Möglichkeit zur Kontrolle seiner Kostenansätze. Weiterhin gibt es die Möglichkeit "Teilleistungen". Hier wird für jede Leistung, die ermittelte Summe ausgegeben. Bei der letzten Möglichkeit "Blockweise" werden für alle vier Blöcke Vorleistung, Kernleistung, verfahrensspezifische Leistungen und Folgeleistungen die Summen der Einzelteilleistungen ausgegeben.

Die Ausgabe erfolgt wie immer wahlweise am Bildschirm, in einer Datei oder auf dem Drucker mit auf 1.000,- DM gerundeten Werten.

```
 KVS-Daten   Auswertung   Administration   Info
┌─[■]─────────────────────── DUMMY.TXT ═══════════════════════════
                                         rele-    nicht    Kosten
                                         vant     rele-
 Vorleistungen                                    vant

 VL1 - Gefährdungsabschätzung              x                  7.000 DM
 VL2 - Sofortige Gefahrenabwehr            x                  9.000 DM
 VL3 - Sanierungsuntersuchung              x                 11.000 DM
 ─────────────────────────────────────────────────────────────────
 Summe Vorleistungen                                         27.000 DM

 Kernleistungen
 GW-Entnahme und Behandlung                x              3.876.000 DM
 Bodenluftabsaugung                        x                244.000 DM
 Mineralische Abdichtung                   x                101.000 DM
 ─────────────────────────────────────────────────────────────────
 Summe Kernleistungen                                     4.221.000 DM

 Verfahrensbegleitende Leistungen
 VbL1 - Sanierungsplanung                  x              2.021.000 DM
 VbL2 - Allgemeine Baustelleneinrichtung   x                509.000 DM
 VbL3 - Aushub / Erdarbeiten               x                  2.000 DM

 F1 Hilfe   Alt-E Programmende                                48736■
```

Die Gesamtsanierungskosten ergeben sich aus der Summe sämtlicher Teilkosten. Besteht die Sanierung aus einer Maßnahmenkombination, so setzen sich die Gesamtkosten zusammen aus den Kosten der entsprechenden Kernleistungen (Grundwasserreinigung und Oberflächensicherung) inkl. der jeweils zugehörigen Nebenleistungen; die Kosten der Vorleistungen gehen hierbei nur einmal in die Berechnung ein. Die Zuordnung der Nebenleistungen zu den Kernleistungen erfolgt durch das Programm und wird in der Kostenaufstellung durch die Einteilung in "relevant" und "nicht relevant" gekennzeichnet. Der Anwender kann dann unabhängig eine eigene Zuordnung treffen.

In einem nachfolgenden Plausibilitätscheck sollte der Anwender allgemeine, rechtliche und verfahrenstechnische Ausschlußkriterien des Sanierungsumfeldes auf die in Frage kommenden Techniken überprüfen. Hierzu zählen u. a. Kriterien wie Flächenbedarf für on-site-Anlagen, voraussichtlicher Zeitrahmen der Sanierung, geforderte Reinigungsleistung, genehmigungsrechtliche Verfahren, Art der Reststoffe.

Für die ausgewählten Techniken wird zum Abschluß ein Kosteneignungsindex ermittelt. Hierzu werden die errechneten Gesamtkosten der verschiedenen Maßnahmen durch die Gesamtpunktzahl der Detailbewertung dividiert. Der Anwender erhält hiermit eine zusätzliche Entscheidungshilfe.

3. Administration von KOSAL-1.0

Das Programm KOSAL-1.0 ist dank seiner standardisierten Benutzeroberfläche durch den Anwender leicht zu bedienen. Die Programmsteuerung erfolgt entweder über Tastatur oder über eine Maus. Selbstverständlich verfügt das Programm über eine Hilfefunktion, die dem Anwender bei Bedarf zusätzliche Information zu dem jeweils aktuellen Programmpunkt geben kann.

Die Ausgabe von Eingangsdaten sowie Berechnungsergebnissen ist sowohl auf dem Bildschirm als auch auf Druckern möglich. KOSAL-1.0 verfügt über Druckertreiber für die am häufigsten eingesetzten Druckertypen. Der Anwender hat zusätzlich die Möglichkeit, spezielle Treiber nach seinen eigenen Vorstellungen innerhalb des Programms einzurichten.

Über eine Paßwortverwaltung kann es einem Benutzer verwehrt werden, Flächendaten zu löschen oder die Kostenansätze zu bearbeiten, während er normale Flächendaten bearbeiten darf.

KOSAL-1.0 läuft auf MS-DOS-Rechnern mit einer Betriebssystemversion 3.2 oder höher. Es benötigt 570 Kilobyte freien Hauptspeicher und ca. 2 Megabyte Plattenspeicher. Für die problemlose Benutzung ist ein Farbbildschirm (VGA) sowie eine Maus empfehlenswert.

Altlastenmanagement am Beispiel der Emscher-Lippe-Region

Dr. Gerald Vollmer-Heuer

Situation der Altlasten in der Emscher-Lippe-Region

Durch die Stillegung von Produktions- und Förderstätten im Bergbau und in der Stahlindustrie sind im Ruhrgebiet große Industriebrachen entstanden. Diese bilden mit ihren häufig kontaminierten Bauwerken, Grundwasser- und Bodenverunreinigungen ein latentes oder sogar akutes Gefährdungspotential.

In der Emscher-Lippe-Region mit dem Kreis Recklinghausen und den Städten Bottrop und Gelsenkirchen sind 90 % der ausgewiesenen 1500 ha Gewerbe- und Industrieflächen ungenutzt. Dieses Potential bilden vor allem Altstandorte von Zechen und Stahlindustrie (50 %), im geringeren Maße ehemalige Schrottplätze, Tankstellen und sonstige Flächen.

In Nordrhein-Westfalen werden ehemalige Zechen- und Stahlstandorte i. d. R. vom Grundstücksfond der LEG übernommen. Die LEG - Landesentwicklungsgesellschaft NRW - verwaltet die Flächen und ist für Baureifmachung und Sanierung verantwortlich, bevor diese einer neuen Nutzung in Abhängigkeit von der kommunalen Bauleitplanung zugeführt werden. Ein weiterer Träger von Sanierungsmaßnahmen ist der AAV - Abfallentsorgungs- und Altlastensanierungsverband Nordrhein-Westfalen -, der immer dann aktiv werden kann, wenn das Verursacherprinzip nicht greift, also wenn ein Ordnungspflichtiger nicht festgestellt werden kann oder zur Durchführung von Sanierungsmaßnahmen finanziell nicht in der Lage ist, oder wenn die zuständige Behörde im Wege der Ersatzvornahme tätig werden muß. Der AAV finanziert diese Maßnahmen über die Erhebung von Lizenzgebühren im Rahmen der Entsorgung von Sondermüll.

Als regionale Besonderheit wird zur Zeit eine Reihe von Sanierungsmaßnahmen im Rahmen der Internationalen Bauausstellung IBA Emscher-Park durchgeführt (z. B. ehemalige Zeche Arenberg-Fortsetzung in Bottrop).

Die Wiedernutzbarmachung und gleichzeitige Dekontamination solcher Gelände erfordert ein Altlastenmanagement, das in besonderer Weise standorttypische Gegebenheiten und die geplante Folgenutzung berücksichtigt.

Die Bodenstrukturen auf diesen Altstandorten sind stark anthropogen geprägt. Sie weisen Besonderheiten auf, die neben dem Schadstoffinventar schon bei der Probennahme und den daran anschließenden Untersuchungen beachtet werden müssen. Dazu zählen ein häufiger Schichtwechsel, eine Vielzahl unterschiedlicher Substrate und ein hoher Skelettanteil.

Unter den z. T. mehr als 5m mächtigen Anschüttungen der Industriebrachen folgen im Emscher-Lippe-Gebiet Löß und Geschiebeablagerungen. Diese werden von Sedimenten der Kreide (vorwiegend Mergel) unterlagert, die in weiten Bereichen nur gering durchlässig, z. T. aber auch stark verwittert und klüftig sind.

Altlastenmanagement

Das kommunale Altlastenmanagement beschäftigt sich mit der gesamten Altlastensituation der Kommune von der Erfassung kontaminationsverdächtiger Flächen bis zur Projektierung von Einzelstandorten. Ein regionales Altlastenmanagement bzw. -konzept existiert für die Emscher-Lippe-Region nur im Bereich der Flächen, die dem Grundstücksfond der LEG zugeordnet sind. Erste Ansätze seitens der Emscher-Lippe-Agentur, den Kommunen und einigen Flächeneigentümern liegen vor. Das Instrument „Regionalkonferenz Emscher-Lippe" hat als Schwerpunkt die regionale Wirtschaftsförderung, wobei die Reaktivierung von Altstandorten einen wichtigen Aspekt bildet.

Ein projektbezogenes Altlastenmanagement, unter dem die gesamte Entwicklung einer Altlastenverdachtsfläche von der Gefährdungsabschätzung bis zur Folgenutzung verstanden wird, ist auf einigen großflächigen Standorten bereits verwirklicht. Bestandteile eines erfolgreichen Altlastenmanagements sind Projektsteuerung, Finanzierungsplanung und Flächenmanagement. Flächeneigentümer können diese Aufgaben z.T. selbst übernehmen; häufig ist die Beauftragung eines erfahrenen Büros günstiger.

Durch die Beauftragung eines externen Projektsteuerers können Interessenkonflikte der Vielzahl von Beteiligten besser ausgeglichen werden, Genehmigungsfragen gezielter angegangen werden und letztendlich Zeit und Kosten gespart werden.

Die Projektsteuerung umfaßt die Planung, Umsetzung und Kontrolle in den Leistungsstufen:

- Organisation
- Qualitäten und Quantitäten
- Kosten
- Termine

In die Finanzierungsplanung gehen ein:
- Kostenermittlung
- Fördermittelbeschaffung
- Mittelbewirtschaftung
- Erlöse aus Grundstücksverkäufen der sanierten Fläche

Das Flächenmanagement betrifft:
- Altlastenerkundung
- Sanierungsmaßnahmen
- Nutzungskonzepte
- Baureifmachung
- Abstimmung mit kommunaler Bauleitplanung

Die Erfahrung zeigt, daß die Umsetzung von Altlastensanierungsmaßnahmen ein hohes Maß an Planung und Kontrolle voraussetzt. Neben der routinierten Bearbeitung der oben beschriebenen Faktoren sind jedoch auch innovative Ansätze gefragt.

Sanierungskarawane

Ein neues Instrument des Altlastenmanagements im nördlichen Ruhrgebiet ist der Einsatz der sogenannten „Sanierungskarawane". Die Idee wurde entwickelt als Alternative zu einem stationären Altlastensanierungszentrum und beruht auf dem Einsatz mobiler Sanierungstechniken, die optimal auf die spezifischen Bodensubstrate und das Schadstoffinventar der Region angepaßt sind.

Die Agentur Altlastenmanagement Emscher-Lippe wurde vom Land Nordrhein-Westfalen mit der Realisierung der Sanierungskarawane beauftragt.

Die Reaktivierung großflächiger Altlasten in kürzerer Zeit als bisher und mit verringerten Kosten soll erreicht werden durch die:

- Umsetzung der neuesten Kenntnisse auf dem Gebiet Altlastenerkundung und -sanierung.
- Technologische Weiterentwicklung der Sanierungsverfahren und Koordinierung der Sanierungskarawane.
- Projektsteuerung unter dem Schwerpunkt der Kosten- und Mengenreduzierung.
- Standardisierung von Qualitäts- und Genehmigungsanforderungen für den Einsatz verschiedener Sanierungstechniken.

Nach intensiven Recherchen und einer am Stand der Technik orientierten Verfahrensauswahl wurde auf einer Fläche von ca. 800 m^2 in der Stadt Herten eine

Sanierungskarawane im Pilotmaßstab errichtet. Im Vorfeld von Sanierungsmaßnahmen können hier unter der Regie der Agentur Altlastenmanagement Untersuchungen zur Separierung und Behandlung verschiedener Substrate im halbtechnischen Maßstab (3-20 m³) durchgeführt und Machbarkeitsstudien erstellt werden.

Auf der Basis dieser Voruntersuchungen ist es möglich, genauere Kostenschätzungen für die Sanierung abzugeben. Die Ausschreibung der gesamten Maßnahme kann sehr viel detaillierter erfolgen. Die Möglichkeit von Nachforderungen der Sanierungsfirmen aufgrund unzureichend bekannter Substrat- und Kontaminationsverhältnisse ist erheblich verringert. Die Flexibilität auf der Baustelle erhöht sich aufgrund der eingesetzten Verfahrenskombinationen und der Erfahrung mit den kontaminierten Substraten.

Die einzelnen Komponenten der Pilotanlage decken die folgenden Behandlungstechniken ab:

Separierung

– Sieben
– Naßklassierung durch Dichtetrennung

Mikrobiologische Behandlung

– Mieten- und Containerverfahren
– Feststoffermenter
– Suspensionsreaktor

Bodenwäsche

– Hochdruckbodenwäsche
– Stein- und Schotterwaschanlage
– Prozeßwasserreinigung

Thermische Behandlung

– Extraktion durch Niedertemperaturverfahren
– Schadstoffzerstörung durch Hochtemperaturverfahren

Grundwasserbehandlung

Prozeßluft- und Bodenluftbehandlung

Fast alle Komponenten sind auf dieser Versuchsanlage im Pilotmaßstab in Herten installiert. Die übrigen, die teilweise bisher nur stationär verfügbar sind, können bei Bedarf in das Versuchsprogramm integriert werden.

Sanierung eines Zechen- und Kokereigeländes

Anhand eines typischen Projektes in der Emscher-Lippe-Region, ein ehemaliges Zechen- und Kokereigelände in der Stadt Datteln, wird gezeigt, wie durch ein optimiertes Altlastenmanagement schon bei Gefährdungsabschätzung und Sanierungsuntersuchung, vor allem aber bei der eigentlichen Sanierung, substrat- und schadstoffspezifische Untersuchungsmethoden und Verfahrenstechniken angewandt werden. Die gesamte Maßnahme wird unter frühzeitiger Einbeziehung der Folgenutzer und der Kommune durchgeführt.

Die Altlastensituation stellt sich auf der ehemaligen Zeche Emscher-Lippe ¾ wie folgt dar. Die Größe der Fläche beträgt 15ha, sämtliche oberirdischen Anlagen sind abgebrochen. Sie erstreckt sich längs des Dortmund-Ems-Kanals mit 2 verfüllten Schachtanlagen, einer Kohle- und Kokslagerfläche, einer Kohleverschiffung längs dem Kanalufer, sowie einer Kokerei mit Nebengewinnungsbetrieben. Die Hauptkontaminationen liegen im Bereich der ehem. Wertstoffgewinnungsanlagen.

Die Aufschüttungen durch Bauschutt und Bergematerial sind in diesem Bereich 5-7m mächtig und nur gering kontaminiert. In den darunterliegenden quartären Lockersedimenten (Feinsande und Schluffe) sowie in der Verwitterungsschicht des Emscher-Mergels finden sich kokereitypische Kontaminationen.

Die Konstellation der Flächeneigentümer erfordert einen erhöhten Koordinationsaufwand. Teile der Fläche sind aus der Bergaufsicht entlassen und dem Grundstücksfond (LEG Westfalen-Mitte) zugeordnet, ein Teil steht noch unter Bergaufsicht (Eigentümer Ruhrkohle AG). Die A.A.M. stimmt das weitere Vorgehen jeweils mit der LEG, der Ruhrkohle und der Stadt Datteln ab.

Z. Zt. ist ein Ingenieurbüro mit der Sanierungsuntersuchung beauftragt. Zusätzlich werden kontaminierte Substrate von der A.A.M. parallel in der Pilotkarawane auf ihre Sanierbarkeit hin untersucht. Die zuständigen Behörden (kommunale Ämter, Kreis Recklinghausen, Bezirksregierung Münster) sind frühzeitig eingebunden, auch bezüglich zu erreichender Zielwerte.

Die weiteren Planungen sehen nach Vorliegen der Ergebnisse der Sanierungsuntersuchung und der Machbarkeitsstudie seitens der Kommune eine Überprüfung des Flächennutzungsplans vor. Der Bebauungsplan kann jeweils an die optimale Sanierungsstrategie der Gesamtfläche angepaßt werden.
So kann mit voraussichtlich geringem Kostenaufwand ein Mischnutzungskonzept mit Wohnen im Grünen und mittleren/kleinen Gewerbebetrieben verwirklicht werden.

Probleme der Altlastensanierung, Beispiel Neue Bundesländer

Dr. Hartmut Müller

Einflußfaktoren beim Altlastenmanagement im Fallbeispiel

Vorbemerkungen

Der Bearbeiter von Altlastenschadenfällen ist von der Entdeckung bis zur abschließenden Sanierung eines Altstandortes oder einer Altablagerung in der Regel gleichzeitig mit mehreren Einflußfaktoren konfrontiert, die oft über die fachtechnische Bewertung hinausgehen.

Diese Einflußfaktoren frühzeitig zu erkennen und entsprechend der notwendigen Gegebenheiten zu reagieren, ist neben der fachlich fundierten Projektsteuerung eine wesentliche Grundlage des erfolgreichen Projektmanagements.

In aller Regel sind an den Sanierungsmaßnahmen bzw. bei der Projektsteuerung die drei Gruppen Unternehmen, Verwaltungsbehörde und Gutachter beteiligt. Im Projektverlauf können dann weitere Gruppen wie Gewerbeaufsichtsamt, Bauamt, beratende Landesbehörden, Juristen und Versicherungen in die Altlastenbearbeitung einbezogen werden (vgl. Abbildung 1).

In den Neuen Bundesländern ist zudem bei einer Vielzahl von Altlastenschadenfällen die Treuhandanstalt in den Projektablauf integriert.

Der nachfolgend vorgestellte Schadenfall macht die auf das Projektmanagement aus Sicht des Gutachters einwirkenden Einflußfaktoren an Hand eines Schadenfalles in den Neuen Bundesländern deutlich.

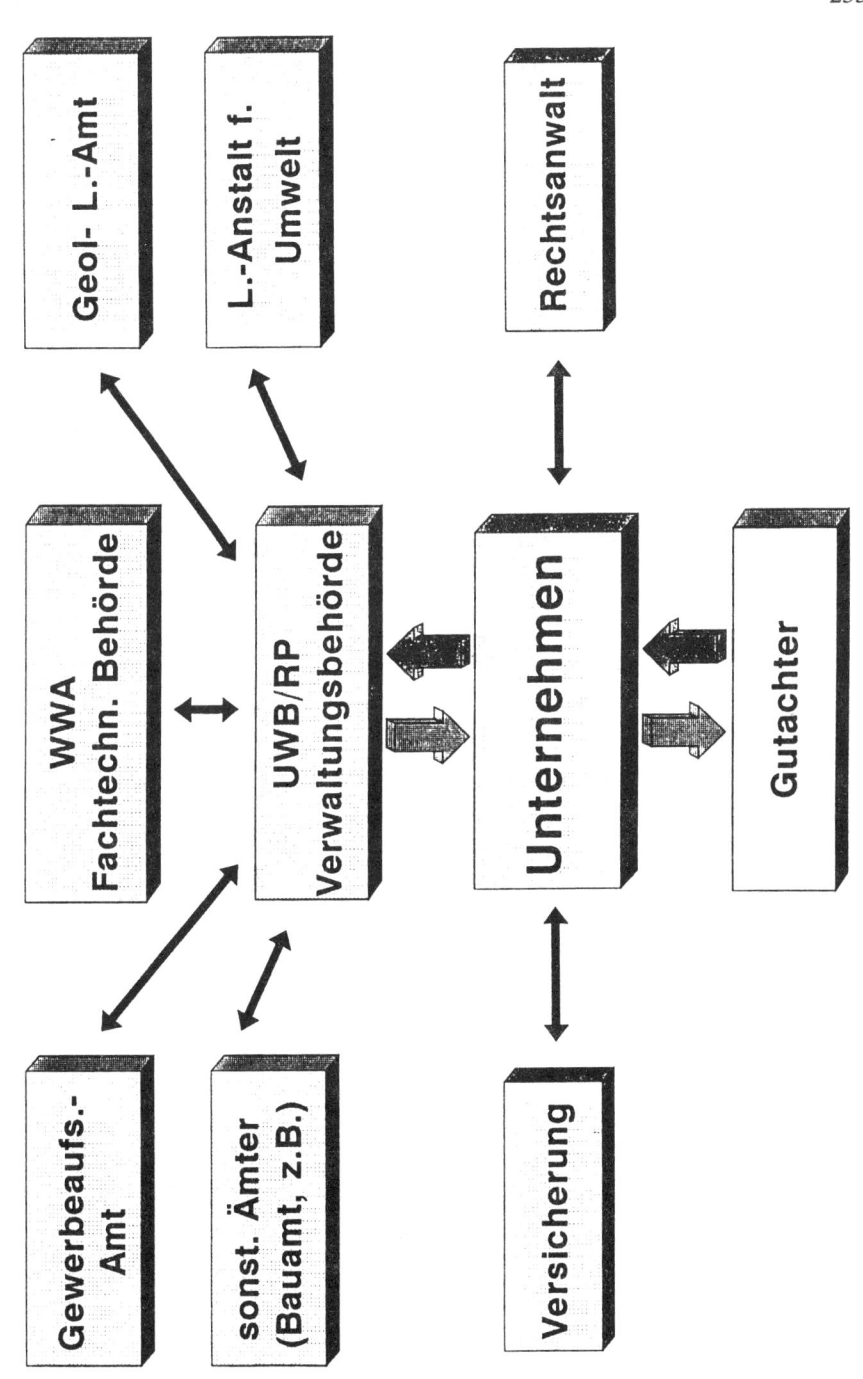

Abb. 1: Beteiligte Gruppen bei der Bearbeitung von Altlastenschadenfällen

Darstellung des Fallbeispiels

Das vorgestellte Fallbeispiel diskutiert die Problematik des Altlastenmanagements von der Erkundungsphase bis zur Bescheidung eines Freistellungsantrages an einem alten Galvanikstandort. Es handelt sich um einen ehemals VEB-eigenen Galvanikbetrieb, der von der Treuhandanstalt an einen Investor aus den alten Bundesländern verkauft wurde.

Der Kaufvertrag enthält detaillierte Altlastenklauseln sowie finanzielle Regelungen zur Erkundung und Sanierung des Altstandortes. Der Investor beantragte eine öffentlich-rechtliche Freistellung von den Sanierungskosten. Eine privatrechtliche Freistellung von der Verantwortung der durch die alte Nutzung entstandenen Schäden zur Minimierung des Investitionsrisikos ist angestrebt.

Vor der Übernahme des Grundstückes wurden 1990/1991 mittels einer beprobungslosen Erkundung am Standort der Umfang der Kontaminationen an der Gebäudesubstanz sowie der zu erwartenden Untergrundkontaminationen abgeschätzt.

Die beprobungslose Erkundung ergab für die Gesamtsanierung des Standortes einen Aufwand in Millionenhöhe. In diesem Stadium der Erkundung wurden die Sanierungskosten auf mindestens 3 Mio. DM geschätzt. Diese Summe wurde in den Kaufvertrag (September 1991) aufgenommen.

Mehrere Untersuchungskampagnen zwischen 1991 und 1993 wiesen mittels Beprobung und Analytik eine Verunreinigung auf dem gesamten Gelände nach. Dabei wurde festgestellt, daß weiträumigere Untergrundverunreinigungen am Standort der Galvanik vorlagen, als dies bei der beprobungslosen Erkundung anzunehmen war.

Die Schäden an Gebäuden und dem Untergrund entstanden den Untersuchungen zufolge durch die Nutzung des Geländes vor 1990.

Zur Ermittlung des Gefährdungspotentials, das von dem Altstandort ausgeht, wurden die stoffcharakteristischen, standortcharakteristischen sowie nutzungscharakteristischen Merkmale ermittelt und ein anlagen- und standortbezogenes Konzept zur detaillierten Gefährdungsabschätzung erarbeitet.

Hinsichtlich des Gefährdungspotentials waren die Einwirkungsmechanismen auf den Grundwasserpfad und die möglichen Emissionen durch auf dem Gelände noch vorhandene kontaminierte Gebäudesubstanz wesentlich.

Am alten Galvanikstandort liegt ein erheblicher Grundwasserschaden vor. Eingehende Grundwasseruntersuchungen wiesen zudem einen Abstrom kontaminierten Grundwassers aus den zentralen Schadenbereichen nach. Eine starke

Gebäudesubstanzkontamination durch staubbildende Schwermetallausblühungen wurde ermittelt. In den Gebäuden darf seit der Übernahme nicht mehr gearbeitet werden. Die Schutzgüter Grundwasser und Boden sind von den Kontaminationen bereits betroffen, das Schutzgut Mensch ist indirekt über die Nahrungskette nachweislich gefährdet.

Die festgestellten Kontaminationen von Gebäudesubstanz und Untergrund sind sanierungsbedürftig. In dem standortspezifischen Sanierungskonzept wird der Abriß der Gebäudesubstanz vorgeschlagen. Das kontaminierte Erdreich wird nach einer Bodenluftabsaugmaßnahme ausgehoben und in einer Bodenwaschanlage dekontaminiert und wiederverwertet.

Für das kontaminierte Grundwasser ist eine Reinigung in einer Entgiftungs-/ Neutralisationsanlage der benachbarten, vom Investor installierten Galvanik vorgesehen.

Die geschätzten Gesamtkosten der Sanierung belaufen sich derzeit auf ca. DM 9,5 Mio..

Der Investor erhielt im vorliegenden Fall die öffentlich-rechtliche Freistellung von der Verantwortung für die durch die Vornutzung verursachten Schäden. Die wesentlichen Voraussetzungen für die Freistellung sind nachfolgend skizziert:
– Nachweis des Schadeneintritts vor dem 01.07.1990
– Nachweis der Schadenquellen
– flurstücksbezogene Schadenermittlung
– abschließende Eingrenzung der vorgefundenen Kontaminationen
– Nachweis der Grundwasserkontamination
– Nachweis der Gefährdung für potentielles Trinkwasser
– Nachweis der Schädigung Dritter, Schädigung der Allgemeinheit
– detaillierte nutzungs- und schadstoffbezogene Gefährdungsabschätzung
– Darstellung der Machbarkeit einer Sanierung (Sanierungskonzeption)

Der Freistellungsbescheid deckt die privatrechtliche Haftung bisher nicht ab. Damit bleibt für den Investor im Hinblick auf mögliche Forderungen Dritter ein Restrisiko bestehen.

Seit 1991 ist von der Treuhandanstalt ein Projektbegleiter für die Bearbeitung, Kontrolle bzw. die Überwachung aller auf dem Standort durchgeführten Untersuchungen bestellt. Der Gutachter des Investors sowie der Investor selbst ist zunächst an dessen fachtechnische Beurteilung und Bewertung der geplanten Maßnahmen gebunden.

Jeweils im Bezug zu den einzelnen Projektphasen werden nachfolgend die schadenfallspezifischen Einflußfaktoren beim Altlastenmanagement am Beispiel des Galvanik-Standortes aufgezeigt (vgl. Abbildung 2).

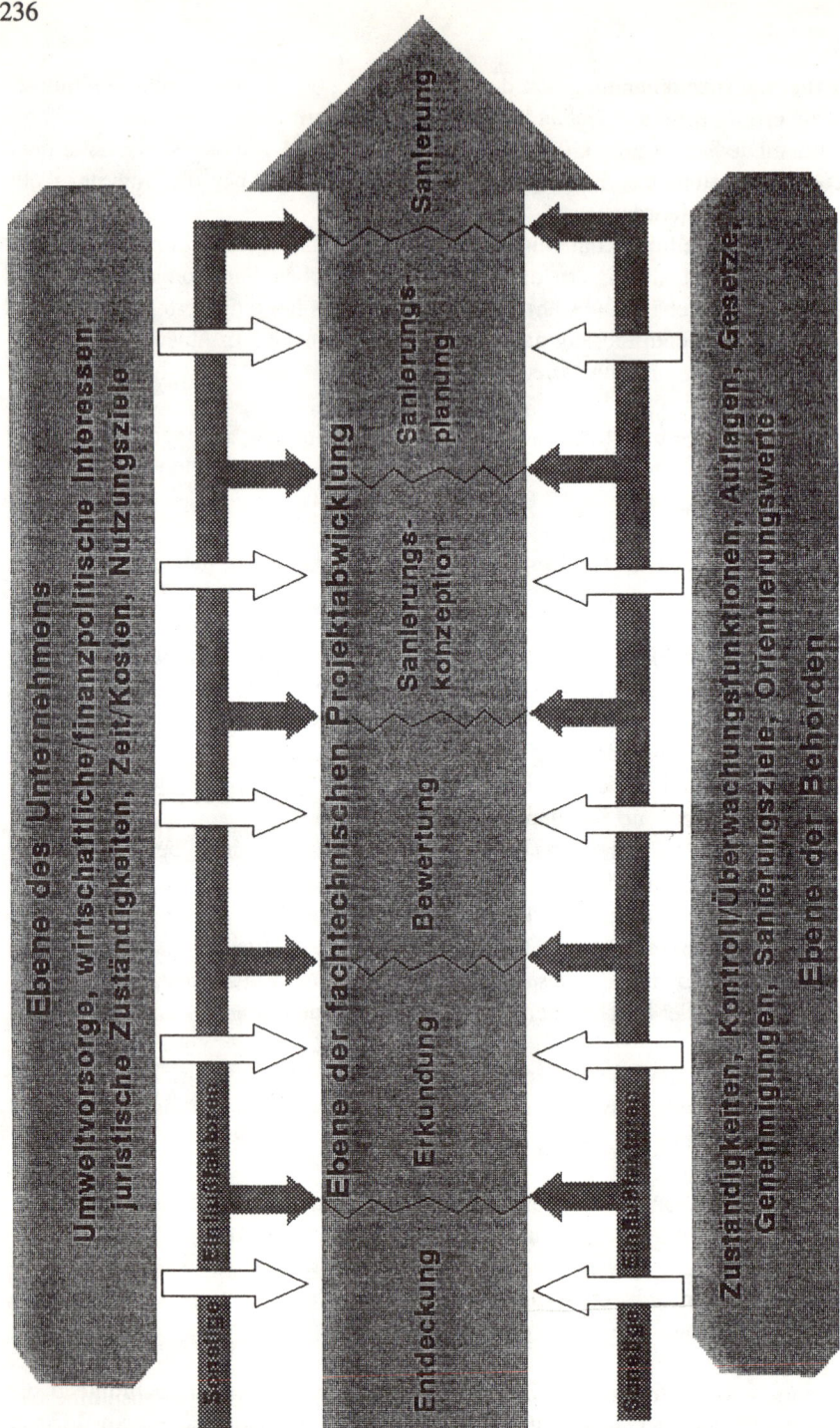

Abb. 2: Einflußfaktoren beim Projektmanagement

Interessengruppen

Die nachfolgende Darstellung skizziert die an dem Untersuchungsobjekt beteiligten Interessengruppen.

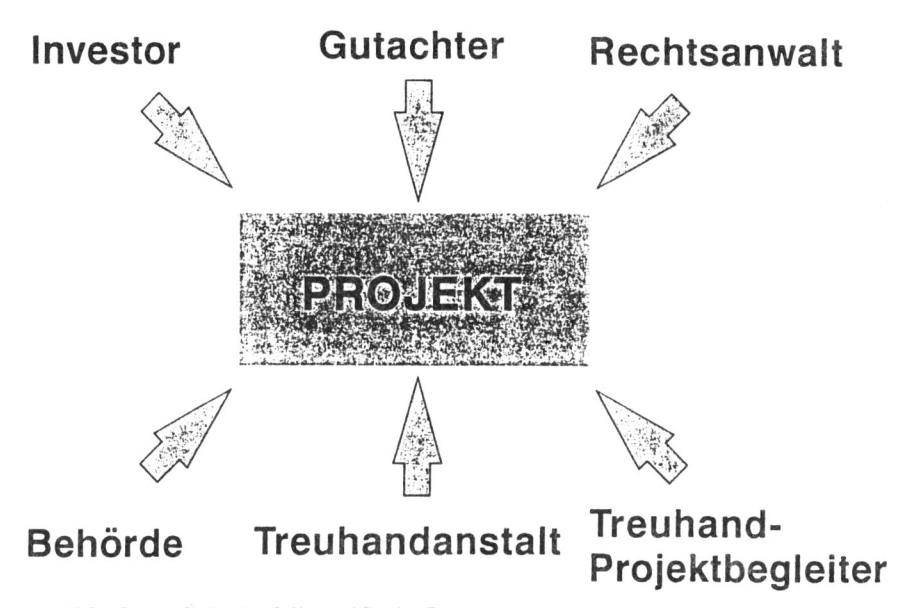

Abb. 3: Schadenfallspezifische Interessengruppen

Im Unterschied zur Altlastenbearbeitung in den Alten Bundesländern treten in den Neuen Bundesländern mit der Treuhandanstalt und dem Projektbegleiter der Treuhandanstalt bisher nicht in der Altlastenproblematik bekannte Einflußfaktoren auf.

Altlastendefinition

Bereits vor den eigentlichen Erkundungsmaßnahmen wurde der Begriff von den am Projekt beteiligten Gruppen unterschiedlich interpretiert. Dabei orientierten sich die Beteiligten vornehmlich an die Definition des Rates von Sachverständigen für Umweltfragen:
"Altlasten sind Altablagerungen und Altstandorte, sofern von ihnen eine Gefährdung für die Umwelt, insbesondere der menschlichen Gesundheit ausgeht oder zu erwarten ist."

Danach sind nicht die absoluten Schadstoffkonzentrationen oder/und die Schadstoffmenge die bestimmenden Faktoren für eine Sanierungsnotwendigkeit, sondern nur die möglichen Gefahren oder Schäden für Schutzgüter. Mit Sanierungsmaßnahmen muß folglich nur sichergestellt werden, daß nach der Durchführung entsprechender Maßnahmen von der Altlast keine Gefährdung mehr ausgehen kann.

Das Verständnis der Treuhandanstalt hinsichtlich einer Altlast weicht im vorliegenden Schadenfall davon stellenweise ab. Ist nicht der Mensch und nur dieser allein gefährdet, so tritt die Treuhandanstalt nicht unbedingt in eine Sanierungskostenbeteiligung ein. Nach Treuhand-Definition ist z. B. das Grundwasser als Nebenschutzgut einzustufen und nur bei einer Gefährdung von Trinkwasser ist eine Übernahme von Sanierungskosten vorgesehen.

Untersuchung und Erkundung

Zunächst waren seitens des Investors und der Treuhandanstalt aus fachtechnischer Sicht nur unzureichende Erkundungsmaßnahmen durchgeführt worden. Erst mit der Forderung des Gutachters zur Erweiterung der Datenbasis wurden eingehendere Untergrunduntersuchungen konzipiert.

Im weiteren Verlauf der Erkundung mußte dann vor allem seitens der Treuhandanstalt eine möglichst allumfassende aber kostensparende weitere Erkundung durchgeführt werden. Das Kosten-Nutzen-Management wurde dabei wesentlich durch den Projektbegleiter der Treuhandanstalt beeinflußt.

Gefährdungsabschätzung

Die wesentlichen Grundlagen für Sanierungsentscheidungen hängen einerseits von der Vollständigkeit der für die Gefährdungsabschätzung notwendigen Daten und andererseits von der Bewertung dieser Daten durch die beteiligten Gruppen ab. Im Fallbeispiel war die Datengrundlage zur Beurteilung einer Gefahr vollständig, ein Boden- und Grundwasserschaden war nachweislich eingetreten, und ein Abströmen kontaminierten Grundwassers vom Altstandort in ein potentielles Trinkwasserschutzgebiet war dokumentiert.

In der Phase der Bewertung des Gefahrenpotentials mußte jedoch auf Betreiben der Treuhandanstalt von einem weiteren Gutachter der definitive Nachweis eines Abstroms verunreinigten Grundwassers vom kontaminierten Gelände erbracht werden. Dies geschah zu einem Zeitpunkt, zu dem bereits auf Grund einer Abschlußbesprechung zusammen mit den zuständigen Behörden, dem Investor und der Treuhandanstalt ein Sanierungskonzept für den Standort verabschiedet worden war. Die bis dahin dokumentierten Untersuchungsergebnisse wurden durch die Nachuntersuchungen erneut bestätigt. Vor dem eigentlichen Eintritt in die Sanierungsphase, war im vorgestellten Schadenfall die Einflußnahme der Treuhandanstalt ein entscheidender Faktor für den weiteren Projekverlauf.

Die zuständigen Behörden nahmen demgegenüber hinsichtlich der Bewertung des Schadenfalles nicht über Vorgaben in Form von Orientierungswerten auf den Projektverlauf Einfluß. Vielmehr war für die Behörden der Nachweis des Schadeneintritts und einer daraus vorliegenden Gefährdung für potentielles Trinkwasser relevant.

Sanierungskonzept/-planung

Mit der von allen Beteiligten in Übereinstimmung abschließend akzeptierten Gefahrenbeurteilung waren alle fachtechnischen Voraussetzungen erfüllt, um die Sanierungsmaßnahmen im Schadenfall zu konzipieren und zu planen.

Im Kaufvertrag waren hinsichtlich der Übernahme von Sanierungskosten (Annahme im Kaufvertrag: 3 Mio. DM) klar abgegrenzte finanzielle Regelungen getroffen worden. Zudem sollte vom Investor eine Freistellung für die 3 Mio. DM übersteigenden Sanierungskosten beantragt werden.

Erst mit der in dem Fallbeispiel erfolgten öffentlich-rechtlichen Freistellung des Investors von der Verantwortung für die durch die Vornutzung verursachten Schäden wurde vom Investor und der Treuhandanstalt eine Sanierungskostenübernahmeerklärung abgegeben.

In der letzten Phase vor der Umsetzung der geplanten Sanierungsmaßnahmen waren demzufolge wirtschaftliche Gründe (hier: Freistellung) wichtige Einflußfaktoren für den weiteren Projektverlauf.

Schlußfolgerungen

Die dargestellten Randbedingungen der fachtechnischen Betreuung eines Altlastenschadenfalles im allgemeinen und im aufgezeigten Fallbeispiel greifen zu jedem Zeitpunkt des Projektverlaufes in die Bearbeitung durch den Gutachter ein. Mit allen Faktoren hat der Bearbeiter des Schadenfalles in jeder Projektphase zu rechnen. Die fachtechnische Kompetenz ist dabei nicht allein für eine unter dem Umweltaspekt notwendige Maßnahme oder einem Vorankommen im Sanierungsprojekt entscheidend, sondern in immer umfassenderem Maße die Fähigkeit zu einem objektiven, ganzheitlichen Projektmanagement.

Mobile oder stationäre Altlastensanierung

Dagmar Rötgers

1. Zusammenfassung von Vor- und Nachteilen in tabellarischer Form

	Mobile Sanierung	**Stationäre Sanierung**
Vorteile	1. Durch Sanierung wird an dem Ort der Entstehung die Umweltsituation verbessert – größere Akzeptanz der Anwohner – keine Transporte/ Emmissionen – keine Gefährdung durch Transport von gefährlichen Materialien 2. Sanierter Boden kann wieder eingebaut werden. – Ressourcen werden geschont – kein Markt für Recyclinggut – keine saubere Insel im dreckigen Rahmen 3. Einfache Genehmigungssituation solange unter 12 Monaten Betriebs-zeit –Investitionserleichterungs- und Wohnbaulandgesetz	1. Einzig wirtschaftliche Möglichkeit für kleine Mengen 2. Größerer Technischer Aufwand, größere Sicherheit. 3. Schnellerer Baufortschritt, weil Material von der Baustelle weggefahren wird.
Nachteil	1. Grenzwertgerantie in bestimmten Zeitabschnitten – Grenzwerte strenger - da	1. Gewaschenes Material wieder transportiert

	Einbau	
	2. Baustelle zu klein - kein Platz	2. Ein EVN wird notwendig; Kontaminiertes Material wechselt den Besitzer
		3. Bürgerproteste

Tabelle 1: Zusammenfassung der Vor- und Nachteile der mobilen und stationären Sanierung

2. Ökobilanz nicht aus den Augen verlieren.

Die Entscheidung, ob eine Altlast mobil oder stationär saniert werden soll, muß natürlich immer an den standortspezifischen Gegebenheiten (Bodenart, Schadstoffspektrum etc.) festgemacht werden. Im weiteren möchte ich aber davon ausgehen, daß beide Varianten durchführbar sind, sonst ist die Diskussion hinfällig.

Der meiner Meinung nach schwerwiegendste Grund, eine mobile Sanierung einer stationären Sanierung vorzuziehen, ist der Wegfall von Bodentransporten. Es wäre ein sehr zweifelhafter Erfolg für die Umwelt, wenn bei der Beseitigung des einen Schadens ein zweiter verursacht wird. So ist der Transport von kontaminierten Böden mit dem LKW über lange Distanzen sehr kritisch zu sehen.

Zu dem Stichwort Ökobilanz gibt es z. B. eine interessante Diplomarbeit von Andrea MORLOCK aus Stuttgart, die das Thema behandelt: Die Erhöhung der Mineralölkohlenwasserstoffgrenzwerte von 100 mg/kg auf 400 mg/kg im Feststoff und ihre Auswirkung auf Wasser, Boden, Luft und Verkehr. Die Arbeit befaßt sich im wesentlichen mit dem Aufwand, der in Stuttgart betrieben wird, um KW-kontaminierte Böden, die höher als 100 mg/kg belastet sind, zu entsorgen, weil es keine Möglichkeit der Verbringung auf die Erddeponie Autobahn/ Rennstrecke Leonberg gibt.

Hieraus möchte ich wie folgt zitieren:
Z. B. wurden 1992 bei einem Schadenfall in Stuttgart eine Menge von 225 t Bodenmaterial mit einer Mineralölkohlenwasserstoffbelastung von 350 mg/kg nach NRW transportiert, d. h. umgerechnet waren von den 225.000 kg rund 78,7 kg reine Mineralölkohlenwasserstoffe. Um diese 78,7 kg zu entsorgen, wurden ca. 14.740,50 kg Schadstoffe (CO_2, HC, NO_x, SO_2 und Ruß) ausgestoßen und darüber hinaus 1130 l Kraftstoff verbraucht. (MORLOCK, 1994, S. 37)

Weiter ist in den nachfolgenden Diagrammen sehr deutlich zu erkennen, daß Transporte z. B. mit dem Schiff wesentlich besser abschneiden als Transporte mit dem LKW.

Vergleich des Schadstoffausstoßes von Schiff und LKW

Schadstoff	Schiff	LKW
HC	0,08	0,32
NOx	0,50	3,00
SO2	0,05	0,18
Ruß	0,03	0,17

(Schadstoffausstoß in g/t*km)

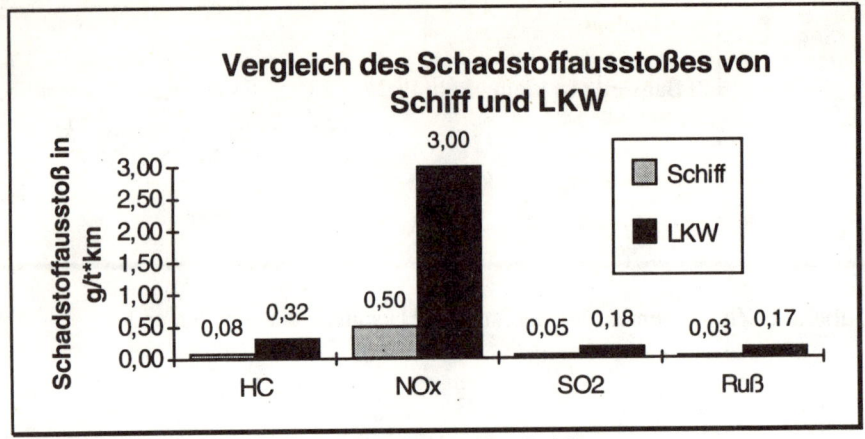

Diagram 1: (verändert nach MORLOCK, 1994, S. 35)

Vergleich des Schadstoffausstoßes von Schiff und LKW

Schadstoff	Schiff	LKW
CO2	40,00	140,00

(Schadstoffausstoß in g/t*km)

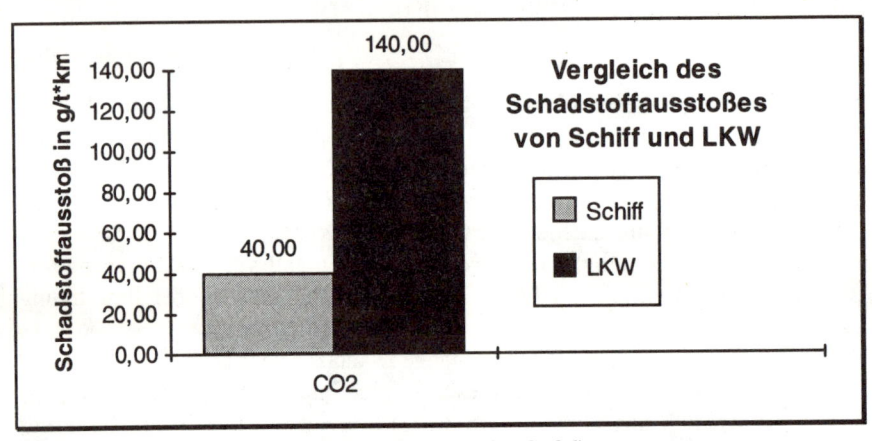

Diagram 2: (verändert nach MORLOCK, 1994, S. 36)

Vergleich des Kraftstoffverbrauchs von Schiff und LKW

	Schiff	LKW
CO2	0,0059	0,0110

(Kraftstoffverbrauch in l/km*to)

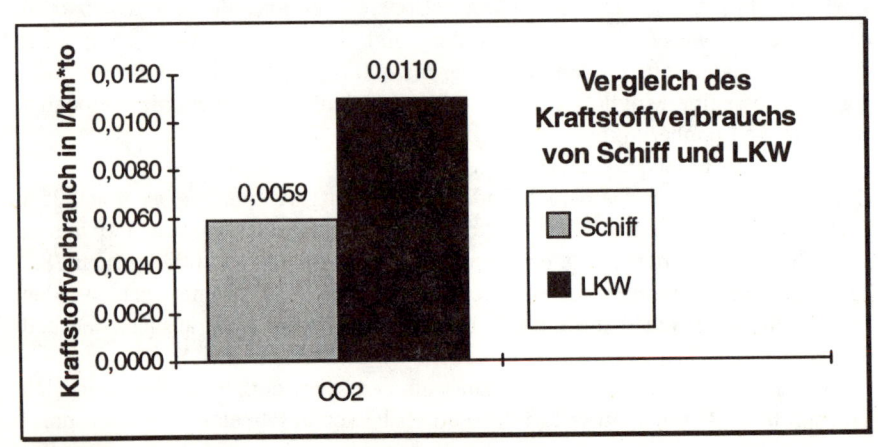

Diagram 3: (verändert nach MORLOCK, 1994, S. 36)

3. Was für Erfahrungen konnten wir als Unternehmen, das beide Varianten anbietet, machen?

Kontaminierte Grundstücke werden leider erst dann saniert, wenn der Verwendungszweck (= die Bebauung) unmittelbar bevorsteht. Das ist ein wesentlicher Grund, warum mobile Sanierungen aus Zeitgründen nicht zu realisieren sind. Steht eine unmittelbare Bebauung nicht bevor, ist in vielen Fällen die Entscheidung, ob stationär oder mobil saniert werden soll zum Zeitpunkt der Anfrage/Ausschreibung noch nicht gefällt. Das heißt es bleibt dem Unternehmen überlassen, welche Variante angeboten wird; in der Regel werden auch mehrere Varianten angeboten.

Hier einige Zahlenbeispiele aus aktuellen Angeboten:

	mobil	stationär
Projekt A:	1,57 Mio DM	2,37 Mio DM
Projekt B:	784.000 DM	880.000 DM

Jeder Auftraggeber möchte natürlich die günstigste Variante beauftragen. Trotz der meist günstigeren Kosten für eine mobile Sanierung kommt es aus den eben genannten Zeitgründen zu Entscheidungen gegen den mobilen Einsatz.

4. Heißt die Alternative doch stationäre Sanierung?

Im September 1993 sah es zumindestens noch so aus, so dachten auch die Unternehmen, die vielfältige Pläne in Richtung stationäre Anlagen machten. Aus dieser Zeit stammt ebenfalls das Titelthema der TerraTech 3 *"Bodenbehandlungszentren: Die Jagd nach dem Boden hat begonnen"*. So ergibt die Recherche der Zeitschrift, daß 45 Anlagen in Betrieb sind, 42 in Genehmigung/Bau und 14 in Planung.

Bundesland	RP/Bezirksregierung	in Betrieb	in Genehmigung/Bau	in Planung	kein vollständiger Datensatz	Bundesland	RP/Bezirksregierung	in Betrieb	in Genehmigung/Bau	in Planung	kein vollständiger Datensatz
Baden-Württemberg	Stuttgart	–	2	–	–	Nordrhein-Westfalen	Düsseldorf	1	4	–	–
	Karlsruhe	–	2	1	1		Münster	3	2	2	2
	Freiburg	–	–	1	–		Detmold	1	–	–	–
	Tübingen	1	–	–	–		Arnsberg	1	2	–	–
							Köln	2	2	–	–
Bayern	Oberbayern	2	–	1	–	Niedersachsen	Weser-Ems	1	–	–	–
	Niederbayern	–	–	–	–		Hannover	2	1	–	–
	Schwaben	1	–	–	–		Lüneburg	2	–	–	1
	Mittelfranken	–	–	–	–		Braunschweig	–	–	–	–
	Unterfranken	–	–	1	–	Rheinland-Pfalz	Trier	–	2	–	–
	Oberfranken	–	1	–	–		Neustadt/W.	2	2	–	–
	Oberpfalz	–	1	–	–		Koblenz	–	–	–	–
Berlin		4	–	1	1	Saarland		–	1	–	1
Brandenburg		1	1	1	–	Sachsen		3	12	1	5
Bremen		1	–	1	–	Sachsen-Anhalt	Halle	1	1	–	2
Hamburg		4	–	–	–		Dessau	1	1	1	–
Hessen	Darmstadt	1	–	–	–		Magdeburg	1	–	1	2
	Gießen	–	–	–	–	Schleswig-Holstein		3	–	1	–
	Kassel	–	–	–	1	Thüringen		4	2	1	–
Mecklenburg-Vorpommern		2	3	–	4	Summe der Anlagen		45	42	14	20

Tabelle 2: Planung und Realisierung von stationären Anlagen im September 1993

Leider war die Realisierung dieser Projekte nicht so einfach. Der Genehmigungs- und Planungsaufwand für eine stationäre Anlage beansprucht mehrere Jahre. Scheitert eine Realisierung nicht ganz z. B. an den Bürgerprotesten, sind die gesetzlichen Auflagen sehr hoch und damit natürlich kostenintensiv. Bei der Verwirklichung einer stationären Anlage ist mit Kosten von ca. 8 Mio bis 20 Mio DM zu rechnen.

Sicherlich auch aufgrund der sich verschlechternden Wirtschaftslage in Deutschland sind die Sanierungstechniken in den Hintergrund geraten und die Möglichkeiten der Deponierung, der Verwendung bei deponiebautechnischen Maßnahmen, der Rekultivierung der Braunkohlereviere und der notwendigen Wiederverfüllung von Bergwerkstollen bilden "preisgünstige" Möglichkeiten zur Altlastenbeseitigung. Eine unweigerliche Folge war ein Absinken der Sanierungspreise. Was wiederum zur Folge hatte, daß nicht einmal die Hälfte der stationären Anlagen realisiert wurde und Anlagenbetreiber immer häufiger angeben, daß ihre stationären Anlagen nicht ausgelastet sind.

Um eine durchschnittliche Kapazität von z. B 30.000 t abzudecken muß der Einzugsbereich und somit die Transportentfernung vergrößert werden. Ein grösserer Einzugsbereich gestaltet die stationäre Altlastensanierung komplizierter, weil unterschiedliche Bundesländer und damit mindestens zwei Behörden zuständig sind. Zusätzlich müssen die mittlerweile fast überall vorhandenen landeseigenen Abfallgesellschaften (SAM, HIM, SBW usw.) mit eingeschaltet werden.

Verschiedene Bundesländer haben auch unterschiedliche Gesetze. So gibt es nach meiner Erfahrung stationäre Anlagen, die mit einem vereinfachten Entsorgungsnachweis die gleichen Böden (gleiche Abfallschlüssel-Nr.) annehmen, die andere stationäre Anlagen nur mit 9seitigem Entsorgungs- und Verwertungsnachweis annehmen können. Was natürlich einen erheblichen Zeitvorteil mit sich bringt, der sich in der Regel im Rahmen von 4 bis 6 Wochen bewegt.

Beispiel:
KW-kontaminiertes Material aus Baden-Würtemberg wurde trotz gleichem Behandlungspreis nicht in eine stationäre biologische Behandlungsanlage in Baden-Württemberg gebracht, sondern mit einem vereinfachten EVN in eine stationäre biologische Bodenbehandlung nach Bayern transportiert.

Die rechtlichen Vorgaben können also bei stationären Anlagen recht unterschiedlich sein.

Zum Schluß nochmal die wichtigsten Aussagen auf den Punkt gebracht:

— Bei der Entscheidung für einen Sanierungs-/Entsorgungsweg die Ökobilanz nicht ganz aus den Augen verlieren.

— Eine frühzeitige Sanierungsplanung kann durchaus zu Kostenersparnis führen, wenn eine mobile Sanierungstechnik zum Einsatz kommt.

— Stationäre Bodenbehandlung ist mit hohen Investitionen auf Unternehmerseite verbunden, die einen regionalen Einzugsbereich nicht mehr gewährleisten. Hieraus können unterschiedliche rechtliche Vorgaben resultieren.

Quellenverzeichnis

MORLOCK, A. (1994): Die Erddeponie Autobahn/Rennstrecke bei Leonberg: Die Erhöhung der Mineralölkohlenwasserstoffgrenzwerte von 100 mg/kg auf 400 mg/kg im Feststoff und ihre Auswirkungen auf Wasser, Boden, Luft und Verkehr. Stuttgart, S. 63.

TERRATECH (September 1993): Titelthema Bodenbehandlungszentren: Die Jagd nach dem Boden hat begonnen. Zeitschrift für Altlasten und Bodenschutz. Mainz, S.46-S. 57.

Wirtschaftliche und umweltverträgliche Dekontamination kleiner Bodenmengen im mobilen und stationären Einsatz

Dr. Maria Moß

1. Allgemeines

Der auch in Zukunft knappe Deponieraum und die in den letzten Jahren entstandenen Möglichkeiten der Verwertung von dekontaminierten Boden zeigen, daß eine wirtschaftliche und umweltverträglich betriebene Bodenreinigung der richtige Schritt zur Etablierung einer nachhaltigen Kreislaufwirtschaft ist.

Für die Behandlung kontaminierter Böden gibt es eine Anzahl von Verfahren. Eine **Deponierung oder Einkapselung** bewirkt eine örtliche oder zeitliche Verschiebung des Gefährdungspotentials. Verfestigungszuschläge führen zu einer Fixierung von Schadstoffen und damit zu einer Reduzierung des Gefahrenpotentials. Eine **Bodenluftabsaugung oder Strippung** ist für die Elimination leicht flüchtiger Stoffe aus durchlässigen Böden geeignet. **Biologische Verfahren** entfernen zahlreiche organische Belastungen durch die natürlich ablaufenden Stoffwechselvorgänge in Mikroorganismen. Die in jedem Boden vorkommende Mikroflora wird durch Einstellen der optimalen Milieubedingungen zum Wachstum und zur Schadstoffzehrung angeregt. Die Bodenwäsche entfernt durch Separation oder Lösevorgänge Schadstoffe. Bei einer thermischen Behandlung werden die gesamten organischen Bestandteile, Verunreinigungen und ebenfalls Humussubstanz, verbrannt.

Diese Sanierungstechniken haben je nach Schadensort und dem vorhandenen Belastungsspektrum ihre Berechtigung und verfahrensspezifischen Einsatzvorteile. Diejenigen Verfahren, die mit einem hohen Einsatz von Anlagentechnik, Energie oder auch Rohstoffen eingesetzt werden, können nur mit einem hohen Durchsatz an Material wirtschaftlich arbeiten.

2. Beschreibung des Muldenreinigungsreaktors

Für die Reinigung kleinerer Bodenmengen hat die HGN GmbH ein neuartiges und leicht handhabbares Reaktorsystem entwickelt. Durch Einsatz des Muldenreinigungsreaktors, kurz MURR, ist es jetzt möglich, auch Bodenchargen bis 500 t wirtschaftlich und umweltverträglich zu reinigen. Die separate Behandlung einzelner Bodenpartien hat darüber hinaus den Vorteil daß der Boden dem Eigentümer zugeordnet und so an der Entnahmestelle wieder eingebracht werden kann. Das System eignet sich für den Betrieb in mobilen und stationären Anlagen. Das Kernstück der Anlage besteht aus einem Muldenreinigungsreaktor mit einer Vollabdeckung, in dem der Reinigungsvorgang abläuft.

Die Form als Bauschuttcontainer läßt einen Transport mit jedem Containerfahrzeug auf der Straße bzw. auf der Schiene zu. Durch die Auslegung des Nutzvolumens auf maximal sieben Kubikmeter kann der Reaktor auch in beladenem Zustand vom Transportfahrzeug aufgenommen werden.

Die Besonderheit des MURR ist ein siebartig gelochter Zwischenboden, Leitungssysteme und Anschlüsse für Luft und flüssige Medien sowie eine Abdeckhaube mit fest installiertem Berieselungssystem. Unter dem Zwischenboden ist eine Rohrleitung mit großem Querschnitt angeordnet; diese kann sowohl dazu dienen, Unterdruck zum Zwecke der Bodenluftabsaugung anzulegen, als auch durch Druckluftstoßaufgabe eine Bodenauflockerung herbeizuführen.

Der Reaktor kann an der Entnahmestelle mit Boden beschickt werden und dient als Transportbehälter und Behandlungsreaktor in einem. Belastete Böden können durch Bodenluftstrippung, biologische Behandlung und Bodenwäsche im MURR-Reaktor behandelt werden. Reduziert werden können organische Schadstoffe wie aromatische Lösemittel, LHKW, Mineralöle, Phenole und eine Reihe von Schwermetallen und anorganischen Verbindungen.

3. Einsatz des Reaktors bei der Bodensanierung

Keines der bei der Sanierung von kontaminierten Böden bekannten Verfahren ist in der Lage alle Schadstoffarten zu eliminieren. D. h. es gibt kein Universalverfahren, sondern ein Verfahren wird anhand des Schadstoffspektrums ausgewählt und z. T. weiter an die Problemstellung Schadstoff-Matrix angepaßt.

Der oben vorgestellte MURR Reaktor kann in Verbindung mit speziellen Betriebseinrichtungen in einer stationären Anlage für die Verfahren Strippung, biologische Behandlung und für Waschverfahren eingesetzt werden.

3.1 Strippung

Mit leicht flüchtigen Kontaminanten (BTEX, LHKW) behafteter Boden fällt an Orten an, bei denen mit Lösemitteln umgegangen wird, z. B. Chemische Reinigungen. Hohe BTEX-Gehalte werden aber auch an Tankstellen gefunden.

Unter Strippung versteht man das Austreiben der flüchtigen Stoffe mit einem Luftstrom. In einer anschließenden Abluftfilterung mit Aktivkohle können diese Stoffe sogar zurückgewonnen werden. Ein Beispiel für die Bodenluftstrippung im Reaktorsystem ist die Reinigung eines BTEX-Schadens aus einer Tankstellensanierung. Der Boden wurde direkt an der Schadenstelle in die Reaktoren gefüllt und diese zu einer zentralen Behandlungsanlage gebracht.

Die Ankopplung eines einzelnen Reaktors an die Anlage, das ist bei der Strippung die Druckluftversorgung und die Abluftfilterung, geschieht leicht über flexible Schlauchverbindungen.

Die Ausgangsbelastungen des Boden erreichten in diesem Fall Werte bis zu 70 mg/kg an BTEX. Die Kontrolluntersuchungen zeigten, daß nach fünf Wochen bei dem bindigen Boden keine BTEX mehr nachweisbar waren. Die Ausgangsbelastungen können bei diesem Verfahren bis zu 200 bis 300 mg/kg BTEX oder LHKW betragen. Die Behandlungdauer richtet sich neben dem Schadstoffgehalt stark nach der Durchlässigkeit des Bodens. Im Gegensatz zur in-situ-Bodenluftabsaugung können im Reaktor auch stark bindige Böden gereinigt werden.

3.2. Biologische Behandlung

Mineralölkohlenwasserstoffe, wie sie in Kraftstoffen und Heiz- und Schmierölen vorkommen, sind die am häufigsten vorkommenden Schadstoffe in Böden und können biologisch abgebaut werden. Die biologische Behandlung bietet gegenüber anderen Verfahren den Vorteil, daß biologisch abbaubare Stoffe vorwiegend in Kohlendioxid, Wasser und Biomasse abgebaut werden.

Untersuchungen an verschiedenen kontaminierten Standorten in Deutschland mit persistenten organischen Schadstoffen haben ergeben, daß die üblicherweise am Schadensort vorhandene Mikroflora die Schadstoffe wegen der nur suboptimalen Versorgung mit Sauerstoff, Wasser und Nährstoffen nur ungenügend abbauen kann.

Im Muldenreaktor wird deshalb durch Zusatz von Dünger bei der Befüllung und gegebenenfalls als Lösung über die Berieselungseinrichtung und Druckluftbegasung die Aktivität der Mikroorganismen gesteigert, was zu einem optimalen Wachstum der Mikroflora und zu einem verstärkten Schadstoffabbau führt.

Die Behandlungsdauer richtet sich nach der Verunreinigungsart und -höhe. Während der Reaktionsphase wird der Boden im Reaktor belüftet und feucht gehalten. Böden mit höheren Ton- und Schluffgehalten, die schwierig zu reinigen sind, können über externe Mischeinrichtungen aufgelockert oder durch Zuschlagstoffe durchlässiger gestaltet werden.

Um das Bodengut zu belüften, wird durch geschlitzte Schläuche, die auf der Innenseite des Reaktors liegen, im Gegenstrom zum versickernden Wasser, Druckluft in den Boden geblasen. Die Abluft wird aus dem Reaktor abgesaugt und nach Filtern über Aktivkohle oder einen Biofilter an die Umgebung abgegeben.

Die Bewässerung erfolgt von oben über ein Berieselungssystem in der Abdeckhaube. Durch den Boden gesickertes Wasser wird unter dem Zwischenboden aufgefangen und über Sammelbehälter zu einer zentral aufgestellten Wasserreinigungsanlage geleitet. Das Wasser wird ebenfalls biologisch aufbereitet, es ist dann mit Sauerstoff gesättigt und kann wieder zur Berieselung des Bodens eingesetzt werden. Dadurch ist eine Kreislaufführung erreicht.

In der Pilotanlage in Dortmund wurde so z. B. ein mit 7500 mg/kg KW belasteter Boden auf Werte deutlich unter 500 mg/kg gereinigt.

3.3 Chemisch-physikalische Wäsche

Im chemisch-physikalischen Waschverfahren können Böden mit Verunreinigungen durch organische Verbindungen und z. T. Schwermetallen gereinigt werden.

Eingesetzt werden kann das Waschverfahren bei Böden mit Verunreinigungen durch Mineralölkohlenwasserstoffen (MKW), Aromaten wie z. B. Benzol, Toluol, Xylol (BTX), Polyaromatischen Kohlenwasserstoffen (PAK), PCB und halogenierten Kohlenwasserstoffen (HKW), aber auch Schwermetalle.

Die Verunreinigungen werden durch ein geeignetes Bodenwaschmittel von der Bodenmatrix abgelöst und so in die Waschmittellösung überführt. Die eingesetzte Lösung kann mit den bekannten Methoden der Abwasserbehandlung weiterbehandelt und gereinigt werden. Der Vorteil dabei ist, daß die Verfahren der Abwasserbehandlung sehr weit ausgereift sind und es für alle Schadstoffarten geeignete Verfahren oder Verfahrenskombinationen gibt.

Die Durchführung der Bodenwäsche von ölverunreinigtem Bodenmaterial im MURR-Reaktor läuft folgendermaßen ab.

Der Boden wird in den Reaktor auf ein durchlässiges Vlies eingefüllt und der Reaktor mit der Plane abgedeckt. In den Reaktor wird von unten eine Tensidlösung gedrückt bis der Boden benetzt ist. Anschließend wird durch Druckluftanwendung, der Eintrag erfolgt ebenfalls von unten, die Reinigungslösung im Bodenmaterial bewegt und so eine gute Benetzung der Bodenkörner mit der Waschlösung erzielt. Durch die Kombination von eingetragener mechanischer Energie und chemischer Lösevorgänge wird die Ablösung der Schadstoffe von der Kornoberfläche erreicht. Der Einwirkzeitraum hängt von der Höhe der Schadstoffgehalte und deren Adsorptionseigenschaften am Korn ab und kann von ca. 30 min. bis zu mehreren Stunden betragen.

Die Tensidlösung wird danach durch eine Vakuumpumpe abgezogen und der Boden wie vorher beschrieben mit Wasser gespült, um Reste der Waschlösung und Schadstoffe zu entfernen. Die Tensidlösung kann neben gelösten Schadstoffen auch einen Anteil an ausgetragenem Feinkornmaterial enthalten. Dieser kann durch einen Zyklon oder durch Sedimentation abgetrennt werden.

Das eingesetzte Tensid ist biologisch vollständig abbaubar. Während des Waschvorganges wird die Abluft abgesaugt und über einen Filter gereinigt. Die Waschlösung und das Spülwasser werden getrennt aufgefangen und aufbereitet. Die Waschlösung kann dadurch einige Male und das Spülwasser häufiger wiederverwendet werden.

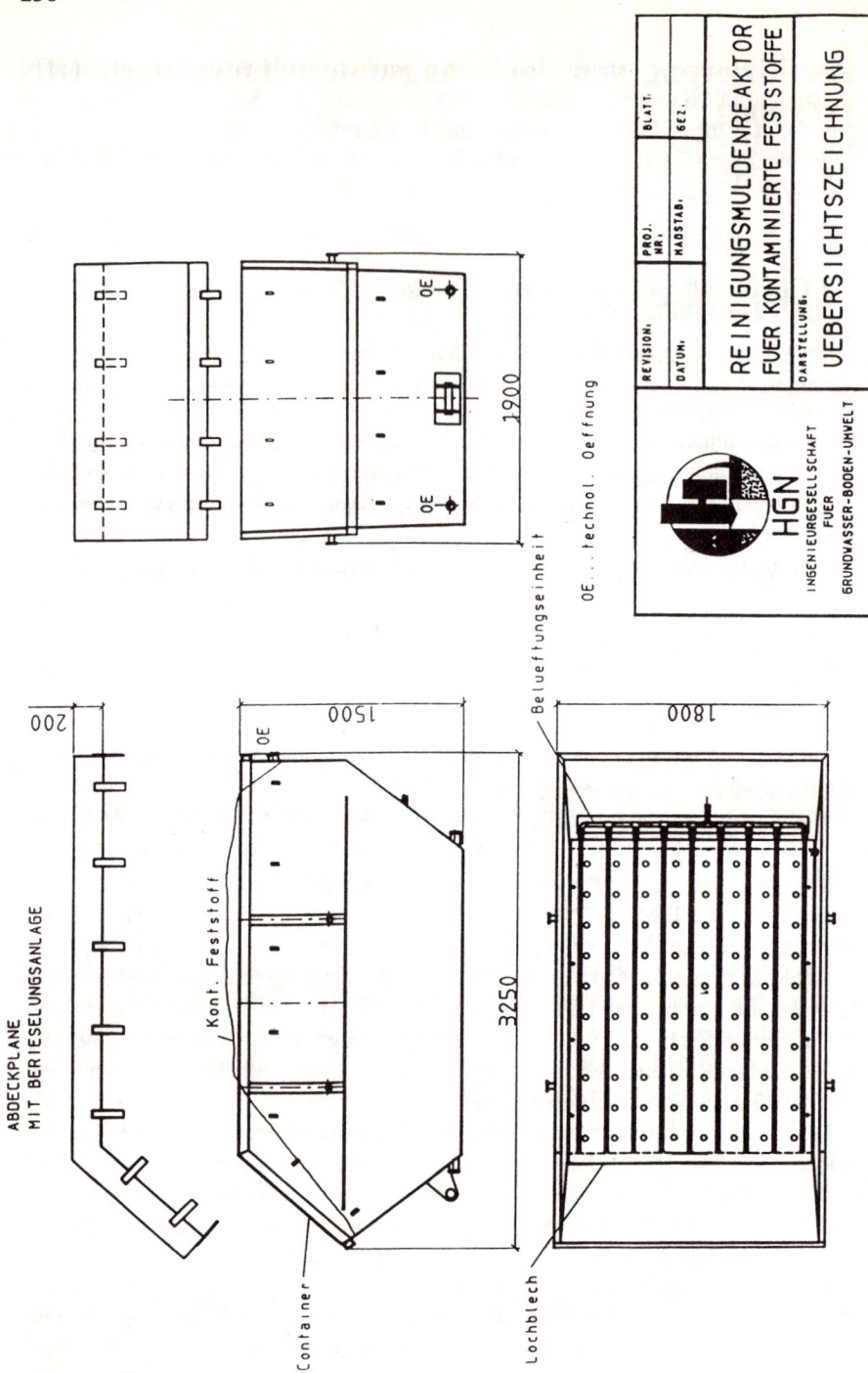

Abb.1: Reinigungsmuldenreaktor für kontaminierte Feststoffe

Zertifizierung von Sanierungsunternehmen nach DIN ISO 9002

Ekkehard Wittig

1. DIN ISO 9002

Vor der Erarbeitung und Herausgabe der DIN ISO 9000ff, 1987, gab es in jedem Land zahlreiche nationale Vorschriften und Normen zur Qualitätssicherung. Diese Festlegungen waren teilweise branchenspezifisch, teilweise aber auch branchenunabhängig. Manche große Unternehmen hatten sogar ihre eigenen, speziellen Vorschriften.

Durch die vielen Einflußfaktoren auf die Qualitätssicherung, wie z. B. die Größe des Unternehmens, die spezifischen organisatorischen Abläufe von der Entwicklung bis zum Fertigprodukt, die jeweiligen Produkte selbst oder auch die individuellen Ziele und Vorgaben ist es unmöglich, ein genormtes Qualitätssicherungssystem vorzugeben. Es kann nur Empfehlungen und Modelle für den Aufbau eines solchen Systems geben.

Im Rahmen der engeren internationalen Zusammenarbeit und des weltweiten Handels wurde der Wunsch zur Vereinheitlichung dieser Vielfalt an nationalen Normen und Vorschriften immer dringender. Das führte schließlich dazu, daß 1987 die DIN ISO 9000ff als Modell zur Darlegung der Qualitätssicherung, unabhängig von einer spezifischen Industrie oder einem Wirtschaftssektor, erarbeitet und als genormtes Modell für verbindlich erklärt wurde. Diese internationale Norm legt Forderungen an die Qualitätssicherung der Auftragnehmer von der Entwicklung bis zur Lieferung fest. Die festgelegten Forderungen dienen in erster Linie der Zufriedenheit der Kunden und der Verhütung von Fehlern in allen Stufen, von der Entwicklung bis hin zur Wartung und dem Service. Auf der Basis dieser DIN ISO kann erstmals die Darlegungsforderung der Qualitätssicherung, differenziert zwischen dem Auftraggeber und dem Auftragnehmer, sogar vertraglich fixiert werden. Um den unterschiedlichsten Aufgaben und Leistungen der Unternehmen gerecht zu werden, wurden 3 Modelle als internationale Norm erarbeitet, die es einmal dem Auftragnehmer gestatten seine Leistungsfähigkeit darzustellen, und zum anderen eine Beurteilung dieser Leistungsfähigkeit durch externe Stellen zu ermöglichen.

Das 1. Modell ist in der **DIN ISO 9001** beschrieben, die die Qualitässicherung vom Design über die Produktion, Montage und Wartung beinhaltet. Sie wird angewendet, wenn in all diesen Bereichen festgelegte Forderungen einzuhalten sind.

Das 2. Modell ist die DIN ISO 9002, die die Qualitätssicherung von Produktion, Montage und Wartung beinhaltet. Sie findet Anwendung, wenn durch den Auftragnehmer festgelegte Forderungen während der Produktion, der Montage und der Wartung zu sichern sind.

Das 3. Modell ist die DIN ISO 9003. In ihr wird die Qualitätssicherung bei der Endprüfung fixiert. Sie wird angewandt, wenn vom Auftragnehmer nur in der Endprüfung festgelegte Forderungen zu sichern sind.

Die Zertifizierung des Qualitätssystems nach einem dieser Modelle bringt aber nicht nur zufriedene Kunden, sie bringt auch echte Vorteile für den Auftragnehmer, der diesen Qualitätsstandard bei sich einführt. Denn im Vorfeld der Zertifizierung werden alle sogenannten normalen Geschäftsvorgänge durchleuchtet sowie Veränderungen und Verbesserungen nachvollziehbar festgeschrieben. Damit wird eine wesentliche Verbesserung der gesamten organisatorischen Abläufe erreicht. So können künftig Fehler durch die Transparenz und die Nachvollziehbarkeit der organisatorischen Abläufe vermieden werden bzw. schnell gefunden und beseitigt werden.

2. DIN ISO 9002-Zertifizierung

Wie so oft im Alltag traf auch bei uns das alte Sprichwort zu "kleine Ursache, große Wirkung". Angefangen hat die ganze Sache damit, daß man im 2. Halbjahr 1992 in verschiedenen Fachzeitschriften Veröffentlichungen über Zertifizierungen von Unternehmen nach dem Qualitätsstandard DIN ISO 9001 lesen konnte. Durch diese Artikel angeregt, überlegte unser Geschäftsführer immer wieder, ob dieses System in unserem Unternehmen anwendbar ist und welche Konsequenzen das mit sich bringt. Da dieses Gebiet in Deutschland noch relativ unbekanntes Neuland war, informierte er sich Anfang Januar 1993 über die Möglichkeiten der Zertifizierung von Dienstleistungsunternehmen unter Berücksichtigung der DIN ISO 9000ff bei einem ehemaligen Arbeitskollegen, der bei Lloyd's Register of Shipping in Hamburg arbeitete. Seit diesem Gespräch war er überzeugt, daß sich das Qualitätssystem durchsetzen wird und daß in absehbarer Zeit ein Unternehmen auf nationalem wie auch auf internationalem Markt nur noch konkurrenzfähig ist, wenn es nach dem Qualitätsstandard zertifiziert ist.

Für Ende März 1993 wurde eine offizielle Beratung mit Lloyd's Register of Shipping in Hamburg anberaumt. Von Seiten der SAN nahmen der Geschäftsführer und ein Kollege teil, der das Qualitätssystem erarbeiten und durchsetzen sollte. In dieser Beratung ging es schon um ganz konkrete Probleme wie z. B. Aufbau und Aussage des Qualitätssicherungshandbuches, Geltungsbereich der

253

Unterteilungen der DIN ISO 9000ff und deren Spezifikationen sowie um mögliche Partner für die Auditierung und Zertifizierung.

Da die SAN relativ viel mit dem Gutachterbüro HPC (Harress Pickel Consult GmbH) zusammenarbeitet und dieses Büro Anfang 1993 schon Niederlassungen in Italien, Spanien, Frankreich und England besaß, wollten wir natürlich ein Zertifikat erlangen, das nicht nur in Deutschland, sondern auch international anerkannt wird. Insbesondere unter der Sicht des gemeinsamen europäischen Marktes und daß die SAN in Zusammenarbeit mit HPC in den genannten Ländern schon tätig ist und ihre Aktivitäten in der Zukunft weiter ausbauen möchte.

Unter diesem Aspekt machten wir uns auf die Suche nach einem entsprechenden Partner für die Auditierung und Zertifizierung. Die Auswahl der in Deutschland akkreditierten Institutionen war zu dieser Zeit noch nicht all zu groß. Unsere Wahl fiel auf Lloyd's Register Quality Assurance Ltd. (LRQA), einer Tochtergesellschaft der weltweit bekannten Lloyd's Register of Shipping.

Diese Zertifizierungsgesellschaft ist bereits seit 1986 in England und Holland von den dortigen Akkreditierungsstellen (NACCB + RVC) akkreditiert. In Deutschland wurde sie 1992 durch die nationale Akkreditierungsstelle TGA akkreditiert.

Das von LRQA ausgestellte Zertifikat hat einmal den Vorteil der internationalen Anerkennung durch die internationale Akkreditierung der Gesellschaft und zum anderen kann eine Registrierung und Veröffentlichung in dem DTI-Register in England (Department for Trade and Industry) erfolgen.

Das DTI-Register ist eine Datenbank des britischen Handels- und Industrieministeriums und war ursprünglich als Register für alle zertifizierten englischen Unternehmen gedacht. Da die englischen Zertifizierungsgesellschaften aber schon seit einigen Jahren auch international tätig sind, werden immer mehr zertifizierte Firmen in das Register aufgenommen, die nicht in England angesiedelt sind. Den Antrag zur Aufnahme in das Register muß die zertifizierte Firma stellen. Die Aufnahme ist kostenpflichtig. Das DTI-Register wird einmal im Jahr aktualisiert und herausgegeben, und ist heute schon ein wichtiges Hilfsmittel bei der Suche von zertifizierten Handelspartnern oder Zulieferern auf dem internationalen Markt. Der Erwerb dieses Registers (auch auf Diskette) ist ebenfalls kostenpflichtig.

Soweit die Ausführungen zur Wahl der Auditierungs- und Zertifizierungsgesellschaft, die ich mit einem kleinen aber sehr aufschlußreichen Erlebnis unseres Geschäftsführers abschließen möchte.

Unser Geschäftsführer besuchte 1993 privat seinen Sohn in Singapur. Dabei kam es auch zu fachlichen Gesprächen mit Vertretern der dortigen Umweltbehörden, die nach Referenzen der SAN fragten. Unser Geschäftsführer sagte ihnen, daß er um Verständnis bittet, wenn er keine Kunden als Referenzobjekte nennen möchte, daß die SAN aber in der Zertifizierungsphase nach DIN ISO 9002 durch Lloyd's Register steht. Damit war alles o. k. und die Gespräche wurden mit großem Interesse fortgesetzt.

Nach dem Gespräch mit Lloyd's Register of Shipping Ende März 1993 gab die Geschäftsleitung den Startschuß zur Erarbeitung des Qualitätssicherungshandbuches nach dem Qualitätsstandard DIN ISO 9002. Gleichzeitig wurden in einer Niederlassungsleitertagung alle Leiter darüber informiert und zur Mitarbeit verpflichtet. Der Kollege, der schon bei der Beratung mit Lloyd's Register of Shipping dabei war, wurde für die Erarbeitung des Handbuches und aller dazu erforderlicher Unterlagen abgestellt. Als großes Ziel für die Zertifizierung wurde Ende des Jahres 1993 vorgegeben.

Unser Kollege mußte sich also die Ärmel hochkrämpeln und gewaltig Gas geben, um diese Vorgabe der Geschäftsführung zu erreichen.

Als Ausgangsbasis besaß er nur die Norm DIN ISO 9001 bzw. die europäische Norm EN 29001 vom Dezember 1987, die ja mit der DIN ISO 9001 von 1987 identisch ist bzw. war, die Zusicherung der Unterstützung durch die Geschäftsführung und der Niederlassungsleiter und die Aufzeichnungen von der Beratung mit Lloyd's Register of Shipping. Erfahrungen auf dem Gebiet der Qualitätsarbeit hatte er ebenfalls nicht.

Das waren zwar nicht gerade die besten Voraussetzungen um einen Qualitätsstandard in einem Unternehmen zu fixieren und durchzusetzen, aber es hatte einen Vorteil, er konnte völlig unbelastet an die neue Aufgabe herangehen. Zunächst suchte er nach einem Partner für einen Erfahrungsaustausch, der das Qualitätshandbuch erarbeitet hat und schon zertifiziert wurde oder kurz vor der Zertifizierung stand. Er fand ein Unternehmen in unserem Konzern, dem Haniel Konzern, das gerade in der Zertifizierungsphase stand. Hier holte er sich die Erfahrungen, wie ein Qualitätssicherungshandbuch, wie Verfahrensanweisungen und Arbeitsanweisungen erstellt und aufgebaut sein müssen, um den Forderungen der DIN ISO 9002 zu entsprechen. Weitere Erfahrungen und Anleitungen holte er sich durch die Mitarbeit in dem Arbeitskreis "Qualitätssicherung" der Handelskammer Bremen.

Als erste Arbeit für das Qualitätshandbuch erfolgte gemeinsam mit der Geschäftsführung die Festlegung der Qualitätspolitik, die Einordnung in die Struktur des Unternehmens und die Befugnisse des QS-Leiters. Gleichzeitig mußten die Mittel für die Finanzierung des Systems beantragt bzw. bereitgestellt werden. Um die vorgegebene Qualitätspolitik der Geschäftsführung durchzusetzen, mußte erst einmal für alle Geschäftsvorgänge eine Ist-Analyse durchgeführt werden. Auf der Grundlage dieser Ist-Analyse wurde überlegt und geprüft, was muß wie verändert werden, um eine Transparenz und Nachvollziehbarkeit aller für die Qualität relevanten Vorgänge zu erreichen und ein System aufzubauen, das die Qualität unserer Arbeit gewährleistet. Es stellte sich heraus, daß die bis zu diesem Zeitpunkt ausgefertigten Dokumentationen für bestimmte Vorgänge fast alle mehr oder weniger nicht den Forderungen der DIN ISO 9002 entsprachen. Bedingt durch den relativ schnellen personellen Wachstum des Unternehmens in den letzten Jahren hatten sich auch bestimmte Verfahrensweisen ergeben und in den Arbeitsablauf eingeschliffen, für die es keine Dokumentationen gab, die im Prinzip auf Zuruf erfolgten. Das war in Zukunft nicht mehr machbar. Hier kam eine Menge Arbeit auf alle Mitarbeiter zu.

Für alle qualitätsrelevanten Tätigkeiten mußten Verfahrensanweisungen und teilweise auch Arbeitsanweisungen neu erarbeitet werden. Hierbei mußte beachtet werden, daß die beschriebenen Verfahrensweisen auch in allen Niederlassungen durchsetzbar sein mußten, trotz teilweise unterschiedlicher Voraussetzungen. Eine wesentliche Hilfe dabei war die Entwicklung und verbindliche Einführung von einheitlichen Vordrucken.

Aber neben der Durchforstung und Veränderung des reinen Produktionsprozesses mußten weitere Organisationsprobleme, wie z. B. die Aufbewahrungspflicht von unterschiedlichen Dokumenten, der Zyklus von dem Qualitätsgespräch der Geschäftsführung, um noch ein rechtzeitiges Eingreifen der Geschäftsführung zu gewährleisten, die Anzahl der Eigenaudits im Jahr, welche Unterlagen müssen als kontrollierte Ausgabe geführt werden, die auch dementsprechend zu kennzeichnen waren und welche nur zur Information um nur einige zu nennen, geklärt werden. Diese Regelungen mußten mit im Qualitätshandbuch beschrieben werden.

Ein weiteres wichtiges Gebiet, das es zu bearbeiten galt, war die Schaffung der personellen und materiellen Voraussetzungen für eine qualitätsgerechte Produktion.

Z. B. mußten für alle Mitarbeiter neue Stellenbeschreibungen erarbeitet werden, die von den einzelnen Mitarbeitern zu unterschreiben waren. Für alle geplanten Lehrgänge und Qualifizierungen der Mitarbeiter ist ein jährlicher Plan aufzustellen, der von der Geschäftsführung zu genehmigen ist.

Zur Absicherung der materiellen Voraussetzungen für eine qualitätsgerechte Produktion gehört auch, daß Material und Zulieferteile oder Baugruppen nur von zertifizierten Lieferern bezogen wird. Sind einzelne Lieferer noch nicht zertifiziert, so kann trotzdem das Lieferverhältnis aufrecht erhalten werden, wenn eine Auditierung durch die SAN vorgenommen wurde und in der Vergangenheit zuverlässige Lieferungen erfolgten. Zur Lieferantenbeurteilung wurde ein Fragebogen entwickelt, der vom Lieferanten auszufüllen war. In Sonderfällen mußte die Bestellung vom Qualitätsstellenleiter genehmigt werden.

Über die eingestuften Lieferanten für die einzelnen Erzeugnisse war von der Materialwirtschaft eine Übersicht anzufertigen, die ständig aktualisiert werden muß.

Eine weitere Voraussetzung für eine qualitätsgerechte Produktion ist die Verwendung von kalibrierten Meß- und Prüfmitteln zur Messung qualitätsrelevanter Parameter. Hierzu gab es in unserem Unternehmen sehr viele und auch sehr unterschiedliche Meinungen. Es war nicht einfach in einem Dienstleistungsunternehmen der Umweltbranche, die qualitätsrelevanten Parameter und die dazugehörigen Meß- und Prüfmittel festzulegen. Aber auch diese Hürde wurde in gemeinsamer Arbeit überwunden. Es wurde eine Übersicht aller im Unternehmen verwendeter Meß- und Prüfmittel, unterteilt nach den einzelnen Standorten, angefertigt.

In Zusammenarbeit mit den Herstellern der Meß- und Prüfmittel wurde der Zyklus für die erforderliche Kalibrierung oder für die Funktionsüberprüfung festgelegt. Als Mindestforderung stand dabei für jedes Gerät die Überprüfung einmal im Jahr. Jede Überprüfung muß durch den Prüfer mit einem entsprechenden Zertifikat nachgewiesen werden, aus dem hervorgeht, was gemacht und welches Prüfnormal verwendet wurde.

All diese genannten Entscheidungen und Arbeiten mußten parallel zur Erarbeitung des Qualitätshandbuches und der Verfahrensanweisungen erledigt werden. Nach Fertigstellung des ersten Entwurfes des Handbuches wurde es allen Niederlassungen übergeben, damit jeder Leiter die Gelegenheit hatte, seine Meinung in Form von Änderungs- oder Ergänzungswünschen oder durch Zustimmung zu äußern. Damit sollte auch die persönliche Identifikation der Leiter mit dem fixierten Qualitätssystem erreicht werden.

Nach Einarbeitung der eingegangenen berechtigten Hinweise wurde das Qualitätshandbuch mit den erstellten Verfahrensanweisungen Mitte August 1993 der Geschäftsführung zur Genehmigung und damit zur Festlegung als verbindliche Arbeitsweise für die SAN übergeben. Am 26.08.1993 wurde die erste Fassung des Handbuches unterschrieben und zur Ausgabe an die einzelnen Niederlassungen freigegeben.

In die Zeit der Erarbeitung des Qualitätshandbuches fiel auch die Einholung eines Angebotes für die Auditierung und Zertifizierung des Qualitätssystems von LRQA, die Antragstellung zur Auditierung und Zertifizierung sowie der Vertragsabschluß mit LRQA.

Mit der Unterschrift des Qualitätshandbuches und der Verteilung an die Niederlassungen war die erste Etappe der Einführung des Qualitätsstandard abgeschlossen. Jetzt folgte aber der weitaus schwierigere Teil, die Durchsetzung der niedergeschriebenen und von allen beschlossenen Arbeitsweise. Jeder, ob Projektingenieur, Außendiensttechniker oder Materialwirtschaftler, wurde aufgefordert, sich das Handbuch durchzulesen und Fragen zu stellen. Dazu wurden in jeder Niederlassung Schulungen durch den QS-Leiter durchgeführt. Hier wurde speziell auf die Änderungen und Neuerungen in der täglichen Arbeit aufmerksam gemacht und diese im Detail besprochen. In der ersten Zeit der Einführung traten viele Fragen auf, die aber mehr aus der Unsicherheit der einzelnen Mitarbeiter heraus - mache ich es so richtig oder nicht - entstanden.

Nach der Freigabe des Qualitätshandbuches durch die Geschäftsführung wurde mit LRQA der Termin Mitte November für die Dokumentenüberprüfung, das sogenannte Dokument Review, abgestimmt. Ziel und Zweck dieser Kontrolle waren im wesentlichen 4 Punkte:

1. Die Überprüfung der QS-Dokumentation
Dabei geht es darum:
- ob das QS-Handbuch die Unternehmenspolitik im Hinblick auf die entsprechende Norm der ISO 9000-Serie enthält

- ob in den Verfahrensanweisungen die gesamten Arbeitsabläufe des ganzen Unternehmens beschrieben werden; wie die im Handbuch festgelegte Unternehmenspolitik mit den Verfahrensanweisungen umgesetzt wird
- und daraus abgeleitet, ob die erforderlichen Arbeitsanweisungen den Ablauf und die Arbeitsmethode bestimmter Aufgaben beschreiben

2. Die Festlegung von Zertifizierungsnorm und Zertifizierungsumfang
- Hierfür wird geprüft, ob die im Vertrag genannte Norm (ISO 9001/2/3) der Unternehmenstätigkeit entspricht. Die Tätigkeiten bzw. Produkte, die durch das Qualitätssicherungssystem abgedeckt werden sollen, werden zusammen mit dem entsprechenden Wortlaut des Zertifikates vereinbart. Daraus ergibt sich dann auch der Umfang der Zertifizierung. Allerdings können nur die Tätigkeiten zertifiziert werden, die auch im Audit vorgeführt oder nachgewiesen werden können. Es kann also sein, daß nach dem Audit der Zertifizierungsumfang neu definiert werden muß, weil der Nachweis für bestimmte Tätigkeiten fehlt.

3. Vorhandensein von zu berücksichtigenden Normen und gesetzlichen Bestimmungen prüfen
- Es ist wichtig, daß alle Normen und gesetzliche Bestimmungen, die das Produkt oder die Dienstleistungen betreffen oder deren Einhaltung man zusichert, bei dem Audit vorgelegt werden können.

4. Planung des Audits
- Während der Dokumentenüberprüfung sollte ein kurzer Betriebsrundgang durchgeführt werden, damit sich der Auditor einen besseren Überblick über das Unternehmen verschaffen und damit das Auditprogramm besser planen kann.

Die zum Zeitpunkt der Überprüfung gültige Fassung der Dokumente kennzeichnet der Auditor durch einen Prüfvermerk und Unterschrift. Sie gilt bei dem späteren Kontrollaudit als Grundlage für die Bewertung von Systemänderungen oder -erweiterungen.

Mit der Dokumentenprüfung wird nicht die Wirksamkeit der Dokumentation für das Qualitätssystem bewertet. Das erfolgt nur durch das Audit. Sollte bei der Dokumentenüberprüfung festgestellt werden, daß Systemelemente nicht der Prüfnorm entsprechen oder daß das Qualitätssicherungssystem in bezug auf Normbestandteile Lücken aufweist, so werden Abweichungsberichte geschrieben. Diese Mängel sind bis zum nächsten Besuch zu beseitigen, das heißt Überarbeitung bzw. Ergänzung des Qualitätshandbuches oder der Verfahrensanweisungen.

Die Überprüfung unserer Dokumentation ergab, daß nur relativ geringe Änderungen und Ergänzungen erforderlich waren, so z. B.:

- in den Verfahrens- und Arbeitsanweisungen mußte eine Kopfzeile eingefügt werden in der der Verfasser der Anweisung unterschreibt und der QS-Leiter diese Anweisung genehmigt

- in der entsprechenden Verfahrensanweisung mußte noch ergänzt werden, wie Änderungen generell gekennzeichnet werden (z. B. ein seitlicher Strich an der entsprechenden Passage)

- teilweise waren sehr ähnliche Arbeitsweisen in je einer Verfahrensanweisung beschrieben; sie sollten in einer Anweisung zusammengefaßt werden

- der Änderungsdienst und der Austausch von überarbeiteten oder ungültigen Normen und Regelwerken war nicht entsprechend beschrieben

Diese Ergänzungen waren für uns kein Problem und relativ schnell erledigt. Das Audit für die Zertifizierung durch LRQA wurde für die Zeit vom 10.-13.01.1994 angesetzt. Jede Niederlassung sollte in dieser Zeit besucht und auditiert werden. Um einen möglichst reibungslosen Ablauf des Audits zu gewährleisten und um eventuell noch vorhandene grobe Abweichungen zum System zu beseitigen, wurde in allen Niederlassungen Ende November ein Eigenaudit durch den QS-Leiter durchgeführt. Dazu war ein Fragebogen aufgestellt worden, in dem nach unserer Meinung die wichtigsten Prüfpunkte aufgeführt waren. Auch hierfür lag keinerlei Erfahrung vor, da erst Mitte 1994 ein Lehrgang für die Durchführung von Eigenaudits stattfand. Die festgestellten Abweichungen wurden protokolliert. Jeder Niederlassungsleiter wurde von dem Geschäftsführer aufgefordert, die festgestellten Mängel bis Ende des Jahres 1993 abzustellen und somit die Zertifizierung abzusichern.

Sowohl der Geschäftsführung als auch allen anderen Leitern war klar, daß die SAN nach dem vorgenommenen und beschriebenen Qualitätssystem in dieser kurzen Zeit, trotz enormer Anstrengungen von jedem Mitarbeiter, noch nicht fehlerfrei arbeiten konnte. Aber wir wollten uns der vorgegebenen Zielsetzung stellen und das Audit zur Zertifizierung durchführen, auch wenn es mit Auflagen verbunden sein sollte. Das Zertifizierungsaudit wurde wie geplant vom 10.01. bis 13.01.1994 durchgeführt und sollte die Wirksamkeit der Dokumentation auf alle Geschäftsvorgänge überprüfen und bestätigen.

Festgestellte Abweichungen zwischen der Dokumentation und der tatsächlichen Handhabung werden in zwei Kategorien eingeteilt:
- Abweichungen, die wesentlich gegen die Dokumentation verstoßen und direkte Auswirkungen auf das Qualitätssystem haben. Diese Abweichungen werden als Haltepunktabweichungen im Bericht ausgewiesen.

- Abweichungen, die nur geringe Verstöße darstellen und auch keine wesentlichen Auswirkungen haben werden als Beobachtungspunktabweichung protokolliert.

– Die Ausstellung eines Berichtes über eine Haltepunktabweichung macht ein Folgeaudit erforderlich.

Der QS-Leiter war bei allen Audits in den Niederlassungen dabei. Das hatte zwei wesentliche Vorteile. Zum einen war es bis zum gewissen Grade eine moralische Unterstützung des jeweiligen Niederlassungsleiters; da sich der QS-Leiter mit der Materie fachlich wesentlich mehr befaßt hatte als der Niederlassungsleiter, konnte er teilweise bei speziellen Fachausdrücken als Vermittler auftreten und somit Mißverständnisse und dadurch eventuell hervorgerufene Überreaktionen abbauen. Zum anderen sammelte der QS-Leiter selbst Erfahrungen, wie ein Audit durchgeführt wird und konnte diese Erkenntnisse bei den Eigenaudits einfließen lassen.

Nach Beendigung der Audits wurde das Abschlußgespräch mit der Auswertung zwischen dem Geschäftsführer der SAN, dem Auditor von LRQA und dem QS-Leiter geführt. Die Auswertung der einzelnen Audits ergab, daß 4 Haltepunktabweichungen festgestellt wurden.

Eine Erteilung des Zertifikates war damit zu diesem Zeitpunkt nicht möglich. Es war ein Folgeaudit erforderlich, das für den März 1994 angesetzt wurde. Bis dahin mußten die aufgezeigten Haltepunkte beseitigt sein.

Meine sehr verehrten Damen und Herren, ich möchte Ihnen einmal die Haltepunkte zur Kenntnis geben, damit Sie ein Gefühl bekommen, was alles zu beachten ist.

Beispiele für Haltepunkte beim Audit zur Zertifizierung

1. Haltepunkte

	von SAN praktiziert	gemäß DIN ISO 9002 vom Auditor gefordert
1.1	Eigenaudit: alle Prüfpunkte, die durch die Niederlassungen nicht erfüllt waren, wurden durch den Geschäftsführer global zur Erfüllung und Einhaltung mit Terminstellung gefordert (Übergabe des Protokolls an die NL's mit Anschreiben) Die QS-Abteilung war nicht in den Eigenauditplan eingebunden.	für jede Abweichung vom QSH oder von den QSV ist eine Korrekturmaßnahme (Formblatt) exakt zu formulieren mit Terminstellung der Abstellung. Nach Abstellung Vollzugsmeldung auf dem Formblatt an QS durch die NL-Leitung. Die QS-Abteilung ist in den Eigenauditplan aufzunehmen und durch die Geschäftsführung zu auditieren.
1.2	Beurteilung des QS-System durch GF: Die Beurteilung des QS-Systems wurde durch die Geschäftsführung im Rahmen der NL-Beratung	Die Beurteilung hat im Rahmen eines separaten Qualitätsgespräches zu erfolgen nach vorgegebenen

durchgeführt und im Protokoll der Beratung als Tagesordnungspunkt abgehandelt. Für diesen Punkt bestand keine feste Vorgabe von zu behandelnden Themen.

Schwerpunkten unter Teilnahme aller NL, Materialwirtschaft und QS. Darüber ist ein gesondertes Protokoll anzufertigen.

1.3 Projektbearbeitung:

Seit Einführung des QS-Systems konnte in einer NL kein Projekt bzw. nur 1 Projekt nachgewiesen werden, bei dem die Projektbearbeitung von Anfang an (Anfrage) bis Abschluß der Realisierung nachvollzogen werden konnte.

Eine Überprüfung des QS-Systems konnte nur mit Einschänkungen erfolgen. Zur Zertifizierung ist ein kompletter Nachvollzug nach dem QSH bzw. den QSV erforderlich.

1.4 Prüfplan für Montage, Abnahme und Inbetriebnahme von Anlagen

In den AD-Auftragsunterlagen gab es keinen gesonderten Prüfplan mit Vorgaben durch den Projektbearbeiter, Prüfungen wurden global im Auftrag formuliert. Es wurden in den AD-Unterlagen ebenfalls keine speziellen Ausführungen für Endkontrolle, Abnahme und Inbetriebnahme und durch wen das zu erfolgen hat gemacht.

Für jeden Aufbau einer Anlage, gleich ob für einen Pump- oder Absaugversuch oder für die Sanierung, ist den Monteuren ein Prüfplan mit vorgegebenen Prüfkriterien zu übergeben. Auf dem AD-Auftrag ist klar zu formulieren, ob die Anlage abgenommen und in Betrieb genommen werden soll oder ob nur Abnahme erfolgt und die Inbetriebnahme zu einem späteren Zeitpunkt z. B. durch den Projekting. vorgenommen wird.

Für Ende Februar, Anfang März 1994 wurde nochmals als Vorabprüfung in jeder Niederlassung ein Eigenaudit durchgeführt. Schwerpunkte waren alle von LRQA aufgezeigten Halte- und Beobachtungspunkte. Die einzuleitenden Maßnahmen waren sofort nach dem Zertifizierungsaudit von LRQA festgelegt worden. Die Überprüfung ergab einen guten Bearbeitungsstand, so daß dem Folgeaudit von LRQA mit etwas mehr Ruhe entgegengesehen werden konnte. Das Folgeaudit erfolgte vom 21.03. bis 25.03. 1994 wiederum in allen Niederlassungen. Im Abschlußgespräch teilte der Auditor dem Geschäftsführer mit, daß er die Empfehlung auf Erteilung des Zertifikates an LRQA geben wird. Damit war auch die zweite Etappe mit viel Engagement im zweiten Anlauf geschafft. Die Übergabe des Zertifikates erfolgte am 02.05.1994 von dem Vertreter LRQA an den Geschäftsführer der SAN in der Haniel Akademie in Duisburg.

Damit hat die SAN Sanierungstechnik für den Umweltschutz GmbH als erstes deutsches Unternehmen der Altlastensanierungsbranche die Zertifizierung nach dem Qualitätsstandard DIN ISO 9002 in einer Rekordzeit von nur 8 Monaten geschafft.

Nach dem bestandenen Zertifizierungsaudit wurde von unserer Geschäftsführung der Antrag zur Aufnahme in das DTI-Register gestellt.

Mit der Erreichung und der Übergabe des Zertifikates fing eine neue Etappe der Qualitätsarbeit an, die Einhaltung und die Verbesserung des erreichten Standes. Dabei helfen die Kontroll- bzw. Überwachungsaudits alle 6 Monate durch die Zertifizierungsinstitution im Geltungszeitraum des Zertifikates, der 3 Jahre beträgt. Am Ende der Geltungsdauer kann durch ein Wiederholungsaudit das Zertifikat um weitere 3 Jahre verlängert werden.

In den Überwachungsaudits werden bestimmte Elemente des Qualitätssystems ständig überprüft, von den übrigen Elementen wird immer nur ein Teil geprüft. Elemente, die einer kontinuierlichen Überwachung unterliegen sind:
– Durchführung der Eigenaudits
– Erteilung und Beseitigung von Korrekturmaßnahmen
– Wahrnehmung der Verantwortung der Geschäftsführung
– Funktion des QS-Systems
– Gebrauch des QS-Logos

Sollte während eines Überwachungsaudits eine Haltepunktabweichung festgestellt werden, so wird eine Frist zur Beseitigung und ein Sonderaudit festgelegt. Sollte die Abweichung zu diesem Termin nicht beseitigt sein, so kann das Zertifikat vorübergehend aufgehoben oder sogar entzogen werden.

Soweit die Ausführungen zur Erlangung des Zertifikates für den Qualitätsstandard und ein kurzer Ausblick, wie es danach weitergeht.

3. Erfahrungen und Schlußfolgerungen

Im letzten Punkt meiner Ausführungen möchte ich Ihnen einige Erfahrungen darlegen, die wir im Verlaufe der Erarbeitung der QS-Dokumentation und der Durchsetzung des Qualitätssystems bis zur Zertifizierung gemacht haben. Sie können denjenigen von Ihnen, die ebenfalls vor der Aufgabe der Einführung des Qualitätsstandardes DIN ISO 9000ff stehen, eventuell helfen, schneller und ohne Umwege zum Ziel zu gelangen. Unserer Meinung nach sollten folgende Punkte beachtet werden und teilweise vorab mit der Geschäftsleitung geklärt sein:
1. Die Einführung des Qualitätssystems nach dem Qualitätsstandard DIN ISO 9000ff kann nicht durch einen Einzelkämpfer erfolgreich durchgeführt werden. Es müssen alle bis zum letzten Mitarbeiter mitziehen.
2. Die gesamte Geschäftsführung muß hinter der Einführung des Qualitätsstandards stehen und auch den entsprechenden Druck bei der Durch-

setzung mit allen Konsequenzen ausüben. Gleichwohl muß sie die verantwortlichen Mitarbeiter für die Einführung voll unterstützen und das in aller Öffentlichkeit. Die QS-Abteilung ist entsprechend dem Standard DIN ISO 9000ff in die betriebliche Stuktur einzuordnen.

3. Am Anfang ist eine klare Ist-Analyse zu erarbeiten, um darauf aufbauend die Zielsetzung zu fixieren.
4. Keine Wunschvorstellungen in das Qualitätshandbuch und in die Verfahrensanweisungen einarbeiten, die nicht relativ kurzfristig realisierbar sind. Im Zertifizierungsaudit müssen sie in der Praxis nachgewiesen werden. Durch solche Dinge handelt man sich ganz schnell Beobachtungs- oder Haltepunktabweichungen ein.
5. Auch nach der Zertifizierung sind das Handburch und die Verfahrensanweisungen kein festgeschriebenes Dogma, das nicht verändert werden darf. Eine Anpassung einzelner Abschnitte im Handbuch oder Passagen in den Verfahrensanweisungen an die geänderte Realität ist immer möglich und muß durchgeführt werden, um die Einheit zwischen Dokumentation und Praxis zu gewährleisten.

Beispiel: Die Programmierung von Maschinen wird nicht mehr selbst, sondern von einem Fremdbüro durchgeführt.

6. Nach Fertigstellung der Dokumentation sind alle Mitarbeiter, die von dem Qualitätsstandard berührt werden, nachweislich darüber zu informieren und zu schulen; insbesondere über die Neuerungen.
7. Eine wesentliche Hilfe bei der Durchsetzung des Qualitätsstandards ist die Einführung von verbindlichen Vordrucken zur Dokumentation von Verfahrensweisen (z. B. einheitliche verbindliche Bestellformulare, Prüfpläne usw.).
8. Es muß allen Mitarbeitern begreiflich gemacht werden, daß alle qualitätsrelevanten Handlungen in einem zertifizierten Unternehmen nach genau definierten Regeln durchgeführt werden müssen. Angefangen von dem Design über die Produktion und Montage bis hin zum Kundendienst.
9. Eine sehr wichtige Rolle in dem Qualitätssystem spielt die Rückverfolgung und die Nachvollziehbarkeit von Handlungen und Tätigkeiten. Dafür ist die Dokumentation der Handlungen eine unbedingte Notwendigkeit.
10. Für eine qualifizierte Durchführung der erforderlichen Eigenaudits sollten Kollegen zu entsprechenden Lehrgängen von kompetenten Veranstaltern geschickt werden.
11. Die Erlangung des Zertifikates schlägt sich nicht sofort in dem Betriebsergebnis nieder oder kann mit positiven Zahlen ausgewiesen werden. Die Ergebniswirksamkeit steigt mit der immer umfangreicheren Einführung des Qualitätssystems in allen Wirtschaftsbereichen, da nichtzertifizierte Betriebe eine immer geringere Chance haben, Aufträge zu bekommen.

Extraktion schwermetallhaltiger Altlasten mittels Komplexbildnern

H.-J. Roos, F. Forge und Dr. H. Fr. Schröder

1. Einleitung

Die Methoden und Verfahren, die bisher zur Entfernung von Schwermetallen aus kontaminierten Feststoffen entwickelt wurden, beruhen auf thermischen, chemischen, physikalischen oder biologischen Wirkungsprinzipien. Da Schwermetalle anders als organische Bodenverunreinigungen weder thermisch zersetzbar noch mikrobiell abbaubar sind, bleibt der Einsatz thermischer wie auch biologischer Verfahren allerdings auf Ausnahmefälle beschränkt. Beispielsweise liegen Quecksilber und einige seiner Verbindungen häufig in einem leicht flüchtigen Zustand vor, so daß sie einer thermischen Desorption zugänglich sind. Ansonsten kommen zur Schwermetallentfernung aus belasteten Böden nur Wasch- oder Extraktionsverfahren in Betracht.

Bei den Waschverfahren beruht die Reinigung im wesentlichen auf mechanischen Effekten. Im Gegensatz dazu findet bei den extraktiven Verfahren zusätzlich eine echte Lösung der Schadstoffe in der Extraktionsflüssigkeit statt. Deren Anwendungsbereich kann daher auch auf Böden mit einem hohen Schluffanteil (d_p < 63 µm) ausgedehnt werden. Im nachfolgenden werden wesentliche Aspekte, die für die Schwermetallextraktion von Bedeutung sind, diskutiert, und es werden Ergebnisse aus Untersuchungen zur Schwermetallentfernung mit organischen Komplexbildnern vorgestellt.

2. Schwermetallentfernung durch Fest-Flüssig-Extraktion

Einflußgrößen

Der Reinigungserfolg bei der Extraktion von Schwermetallen aus kontaminierten Böden und anderen Feststoffen hängt stark von den physikalischen Bodeneigenschaften, von der Bindungsform der Metalle, dem chemischen Extraktionsmilieu und den physikalischen Prozeßparametern ab. Einflußfaktoren sind u. a. der pH-Wert, das Redoxpotential, die Ionenstärke, die Pufferkapazität, die Anwesenheit von Komplexbildnern, die Prozeßtemperatur, die Extraktionsdauer, das Lösungs-/Feststoffverhältnis und die Verfahrensführung.

In Abhängigkeit der besonderen Gewichtung des einen oder anderen Einflußparameters wurden in der Vergangenheit verschiedene Konzepte und Verfahren zur Schwermetallentfernung aus Böden entwickelt. Hier sind insbesondere die Säureextraktionsverfahren zu nennen, bei denen durch die pH-Wert-Absenkung eine Mobilisierung der Schwermetalle ermöglicht wird.

Zur Verstärkung des Mobilisierungseffektes werden den Extraktionslösungen in der Regel starke Mineralsäuren zugesetzt. Dadurch gehen allerdings nicht nur die Schwermetalle, sondern auch ein großer Teil der Feststoffmatrix in Lösung. Im Hinblick auf die weitere Verwendung des dekontaminierten Bodens und die Aufarbeitung beziehungsweise Entsorgung der schwermetallhaltigen Rückstandsphase ist jedoch anzustreben, lediglich die gewünschten Substanzen aus dem Feststoff herauszulösen und die vorhandene Matrix so wenig wie möglich zu beeinflußen. Hierzu bietet sich der Einsatz organischer Komplexbildner an, die in der Lage sind, mit bestimmten Schwermetallen spezifische Bindungen einzugehen.

Extraktionsmechanismen [1,2]

Ausgehend von der Voraussetzung, daß die Schwermetalle mit der porösen Bodenmatrix in fester Form assoziiert sind, vollzieht sich ihr Transport vom Feststoff in die Extraktionslösung in folgenden Schritten:

Zunächst erfolgt die Ablösung der Metalle von der inneren oder äußeren Feststoffoberfläche. Dies kann durch Auflösung von Schwermetallverbindungen, beispielsweise Carbonaten, Oxiden oder Hydroxiden oder durch die Desorption physikalisch oder chemisch sorbierter Schwermetalle geschehen (Bild 1). Anschließend müssen die im Poreninnern befindlichen Schwermetalle durch den Porenraum zur äußeren Kornoberfläche und von dort, genau wie die oberflächlich sorbierten Metalle, durch die dem einzelnen Bodenkorn anhaftende Fluidgrenzschicht in den turbulent durchmischten Bereich der Extraktionslösung transportiert werden. Dieser Transport geschieht durch Diffusion. Da der diffusive Stofftransportstrom gemäß dem 1. Fick'schen Gesetz dem Konzentraionsgradienten direkt proportional ist, kann der Stoffübergang durch Einstellen einer möglichst niedrigen Schwermetallkonzentration in der Extraktionslösung begünstigt werden. Zur Absenkung der Schwermetallkonzentration kommen mehrere Möglichkeiten in Betracht:
- Einstellen eines weiten Lösungs-/Feststoffverhältnisses
- kontinuierliche Abfuhr der Schwermetalle durch Erneuerung des Extraktionsmittels
- chemische Maskierung der Schwermetalle durch Komplexierung.

1. Schritt: Desorptions-/Lösungsreaktionen

- *Auflösung von Carbonaten:*

$$MeCO_3 + 2\,H^+ \rightleftharpoons Me^{2+} + H_2O + CO_2 \quad (1)$$

- *Auflösung von Hydroxiden:*

$$Me(OH)_2 + 2\,H^+ \rightleftharpoons Me^{2+} + 2\,H_2O \quad (2)$$

- *Verdrängung von Schwermetallen von ihren Bindungsplätzen an der Feststoffoberfläche durch Alkaliionen:*

$$XMe + 2\,K^+ \rightleftharpoons Me^{2+} + XK_2 \quad (3)$$

- *Verdrängung von Schwermetallen von ihren Bindungsplätzen an der Feststoffoberfläche durch H^+-Ionen:*

$$XMe + 2\,H^+ \rightleftharpoons Me^{2+} + XH_2 \quad (4)$$

2. Schritt: Komplexierung

- *Komplexbildung durch Reaktion der ionar gelösten Schwermetalle mit den Chelatliganden:*

$$Me^{2+} + n\,L^{m-} \rightleftharpoons MeL_n^{2-m} \quad (5)$$

Bild 1: Reaktionen bei der Extraktion von Schwermetallen aus Feststoffen

Die beiden erstgenannten Maßnahmen bedingen eine starke Zunahme des Extraktphasenvolumens und somit einen entsprechenden Mehraufwand sowohl bei der Extraktion als auch bei der Extraktphasenaufbereitung. Demgegenüber ist es durch die Komplexierung möglich, in der Extraktphase eine relativ hohe Gesamtkonzentration an Schwermetallen bei gleichzeitig niedriger Konzentration der für den diffusiven Transport und das Lösungs- beziehungsweise Sorptionsgleichgewicht entscheidenden ionar gelösten Metallspezies einzustellen. Durch die Komplexierung kommt es letztlich zu einer stetigen Verschiebung der v. g. Gleichgewichte, so daß weitere Metallionen in Lösung gehen können. In Summe ist durch den Komplexbildnereinsatz somit eine Erhöhung der Extraktionsrate zu erwarten.

3. Untersuchungen zur Schwermetallextraktion mit Komplexbildnern

Methodik

Im Rahmen eines Forschungsvorhabens[1] wurden am Institut für Siedlungswasserwirtschaft der RWTH Aachen umfangreiche Untersuchungen zur Schwermetallextraktion aus kontaminierten Böden mit Hilfe organischer Komplexbildner durchgeführt.
Die im Labormaßstab in Form von Rührversuchen getätigten Extraktionen erfolgten mit dem Ziel, die Abhängigkeit des Extraktionserfolges von den Metallbindungsverhältnissen, dem eingesetzten Extraktionsmittel und den verschiedenen Prozeßparametern (pH-Wert, Temperatur, Komplexbildnerkonzentration, Reaktionsdauer etc.) zu ermitteln. Hierzu wurden schwermetallbelastete Böden und Rückstände unter jeweils definierten Prozeßbedingungen extrahiert. Die anschließende Trennung von Extrakt- und Raffinatphase erfolgte durch Sedimentation im Zentrifugalfeld und Dekantation des flüssigen Überstandes. Die Bestimmung der Schwermetallkonzentrationen wurde mittels Atomabsorptionsspektrometrie durchgeführt. Während die wässrigen Extraktphasen direkt gemessen werden konnten, mußten die organischen Extraktphasen zunächst bis zur Trockung eingedampft und anschließend, genau wie die Feststoffproben, mittels Königswasser nach DIN 38414 Teil 7 aufgeschlossen werden. Der Extraktionswirkungsgrad wurde nach Gleichung (6) bestimmt:

$$\eta = \frac{m_{S,E}}{m_{S,A}} \qquad (6)$$

mit η Extraktionswirkungsgrad
    $m_{S,A}$ Schwermetallmasse im Aufgabegut
    $m_{S,E}$ Schwermetallmasse in der Extraktphase

Zur experimentellen Verifizierung eines Konzeptes zur Wiedergewinnung und Kreislaufführung der zur Extraktion eingesetzten Komplexbildner wurden die Verfahren der Lösungseindampfung und Fällung eingesetzt.

Eingesetzte Komplexbildner [2]

Die Auswahl der Komplexbildner, deren Eignung zur Schwermetallextraktion untersucht werden sollte, richtete sich an chemischen, verfahrenstechnischen, ökologischen und ökonomischen Aspekten aus. Aus chemischer Sicht ist bei

---

[1] vom Bundesminister für Forschung und Technologie, Bonn und der Bonnenberg + Drescher GmbH, Aldenhoven gefördertes Vorhaben (FKZ 1470568)

dieser Aufgabenstellung die Forderung nach möglichst großer Spezifität und Selektivität der Komplexierungsreaktion sowie einer stabilen Verbindung (Komplex) zu erfüllen. Im Idealfall bedeutet dies, daß Komplexe nur mit den gewünschten Schwermetallen gebildet werden, daß diese Komplexe nicht wieder von selbst zerfallen und daß sonstige Feststoffbestandteile nicht gelöst werden.

Im Hinblick auf die verfahrenstechnische Umsetzung sollte der Extraktionsprozeß möglichst bei Raumtemperatur und Umgebungsdruck erfolgen. Dabei sollte eine einfache, aber wirkungsvolle Trennung von fester und flüssiger Phase möglich und der Restgehalt an Extraktionsmittel in der Raffinatphase gering sein.

Neben den ökologischen Forderungen nach toxikologischer Unbedenklichkeit und biologischer Abbaubarkeit muß weiterhin das ökonomische Kriterium nach einem günstigen Preis-/Leistungsverhältnis erfüllt sein. Ebenfalls aus wirtschaftlichen, aber auch aus ökologischen Gründen muß es möglich sein, den Komplexbildner im Kreislauf zu führen.
Unter Berücksichtigung dieser Kriterien und in Abwägung der Vor- und Nachteile des Arbeitens im wässrigen beziehungsweise im organischen Milieu wurde jeweils ein Komplexbildner in wässriger und ein Komplexbildner in organischer Phase auf seine Eignung als Extraktionsmittel untersucht.

Bei dem Komplexbildner in organischer Phase fiel die Wahl auf das Acetylaceton. Dieses ist aus der Literatur [3] als organischer Ligand mit einem besonders guten Komplexierungsvermögen für Schwermetalle bekannt. Es gehört zu den β-Diketonen (Pentandion-2,4) und stellt ein in der präparativen Chemie häufig verwendetes Chelatreagenz dar. Unter Normalbedingungen handelt es sich um eine farblose Flüssigkeit mit einem Siedepunkt von 139 °C. Die gebildeten Komplexe, die sogenannten Acetylacetonate, sind im Acetylaceton selbst löslich, das heißt, Komplexbildner und Lösungsmittel sind identisch.

Das Acetylaceton existiert in einem Gleichgewicht zwischen der Keto- und der Enolform. Im wässrigen Medium steht die Enolform ihrerseits in einem Gleichgewicht mit dem entsprechenden Enolat. Dieses reagiert schließlich als einbasiger, zweizähniger Ligand mit Metallionen unter Bildung sechsgliedriger Chelatringe (2:1-Komplexe, Bild 2).

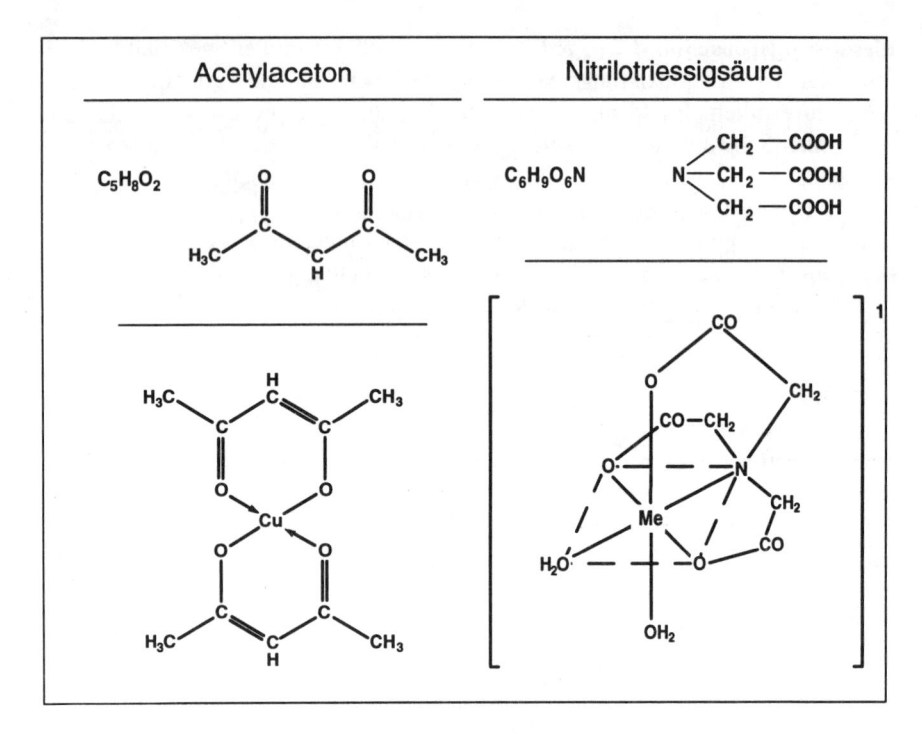

Bild 2: Summen- und Strukturformeln der eingesetzten Chelatbildner und möglicher Komplexe

Zur Schwermetallextraktion in wässriger Phase wurde Nitrilotriessigsäure (NTA) verwendet. Nitrilotriessigsäure zählt zu den Aminopolycarbonsäuren und zeichnet sich durch eine hervorragende biologische Abbaubarkeit aus [4]. Sie weist eine tetraedrische Struktur auf und besitzt vier funktionelle Gruppen, welche sie zur Bildung von Chelatkomplexen mit mehrwertigen Metallionen befähigt. In der Regel handelt es sich um 1:1-Komplexe (Bild 2).

Die NTA dissoziiert stufenweise als dreibasige schwache Säure. Bei niedrigeren pH-Werten liegt das zur Komplexbildung befähigte freie Anion nur in einer vergleichsweise geringen Konzentration vor. Das Dissoziationsverhalten der NTA bedingt eine grundsätzliche pH-Wert-Abhängigkeit der Komplexbildungskonstanten dahingehend, daß diese mit steigendem pH-Wert ebenfalls zunehmen. Diesem Effekt steht allerdings die Bildung von schwerlöslichen Metallhydroxiden im stärker alkalischen Milieu gegenüber, so daß sich element- und ionenabhängig Stabilitätsmaxima bei unterschiedlichen pH-Werten ausbilden [5].

Untersuchungsergebnisse

Im nachfolgenden werden beispielhaft die Ergebnisse der Extraktionen mit einem Boden (B2), welcher aus dem Aufhaldungsbereich einer ehemaligen Buntmetallverarbeitung in der Nordeifel stammt, vorgestellt. Die Versuche erfolgten aus handhabungstechnischen Gründen mit der Fraktion ≤ 2 mm.

Wie aus Tabelle 1 hervorgeht, weist dieser Boden hohe Massenanteile an Eisen, Blei und Zink auf, aber auch die Gehalte an Cadmium, Kupfer und Nickel liegen um ein Vielfaches über den Werten unbelasteter Böden.

		Boden B2
Wassergehalt	[%]	16,5
Glühverlust	[%]	3,4
pH-Wert		7,7
Konsistenz		stichfest bis krümelig
Metallgehalte	[mg/kg]	
Blei		20.800
Cadmium		20
Chrom		40
Eisen		78.000
Kupfer		860
Nickel		110
Zink		6.000

Tabelle 1: Charakteristische Daten des schwermetallbelasteten Versuchsbodens

Zur Ermittlung der für jeden Boden individuellen Bindungsverhältnisse der Schwermetalle wurde mit B2 eine sequentielle Extraktion nach STOVER [6] durchgeführt. Als Ergebnis ist festzuhalten, daß Blei, Cadmium und Kupfer zu über 80 %, Nickel und Zink zu jeweils etwa 50 % in den leicht bis mäßig zugänglichen Fraktionen der austauschbar sowie organisch und carbonatisch gebundenen Spezies anzutreffen sind. Dieser Anteil erreicht beim Eisen nur 20 %, der Rest des Eisens liegt in schwer löslicher bis - unter den Bedingungen dieser speziellen Extraktion - unlöslicher Form vor.

Bei der *Extraktion mit Acetylaceton* erwies sich die Prozeßtemperatur als Haupteinflußgröße der Schwermetallmobilisierung. So führt im Fall des Kupfers die Temperaturerhöhung von 70 °C auf 139 °C zu einer Verfünffachung des Extraktionswirkungsgrades. Wie aus Bild 3 weiter hervorgeht, übt der pH-Wert des Bodens, der zuvor unter definierten Bedingungen im wässrigen Milieu eingestellt[2] worden war, offensichtlich keinen Einfluß auf die Schwermetall-

---

[2]Nach der pH-Wert-Einstellung wurde die wässrige Phase abgedampft und der Boden getrocknet

extraktion aus. Diese Aussagen gelten analog auch für die anderen Elemente, die jedoch schlechter extrahierbar sind als das Kupfer.

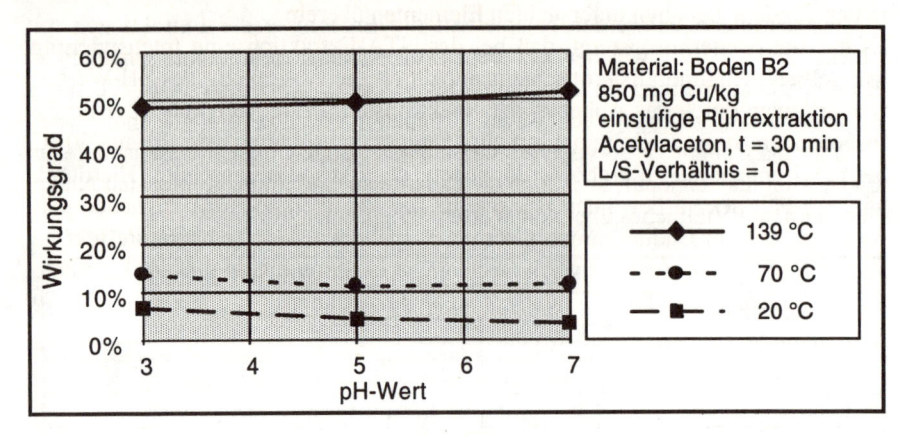

Bild 3: Schwermetallextraktion mit Acetylaceton: Extraktionswirkungsgrad für Kupfer in Abhängigkeit von Temperatur und pH-Wert.

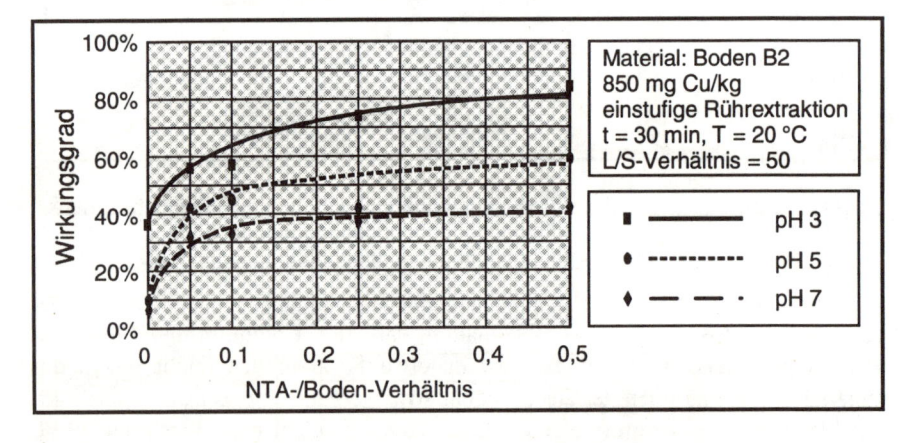

Bild 4: Schwermetallextraktion mit NTA: Extraktionswirkungsgrad für Kupfer in Abhängigkeit von pH-Wert und NTA-Zugabe

Im Gegensatz zur Extraktion mit Acetylaceton ist bei der *Extraktion mit Nitrilotriessigsäure* eine ausgeprägte pH-Abhängigkeit dahingehend festzustellen, daß mit fallendem pH-Wert die Schwermetallmobilisierung zunimmt. In gleicher Weise wirkt sich auch eine Erhöhung der NTA-Konzentration aus. Bei dem hier untersuchten Boden kann der Extraktionswirkungsgrad für Kupfer durch die Zugabe von Nitrilotriessigsäure unter ansonsten gleichbleibenden Prozeßbedingungen von 35 % (keine NTA-Zugabe) auf 70 % bei einem NTA-/Bodenverhältnis von 0,15 (c_{NTA} = 0,015 mol/l) verdoppelt werden (Bild 4).

Eine weitere Erhöhung der NTA-Konzentration bewirkt allerdings nur noch einen geringen Anstieg der Schwermetallmobilisierung. Diese Aussagen stimmen in der Tendenz bei allen untersuchten Elementen überein.
Es hat sich weiterhin gezeigt, daß bei der NTA-Extraktion eine Intensivierung der Schwermetallmobilisierung nicht nur durch die Absenkung des pH-Wertes, sondern auch durch das Anheben der Reaktionstemperatur möglich ist (Bild 5). Insbesondere beim Cadmium führt die Temperaturerhöhung von 20 auf 50 °C bei pH 7 annähernd zu einer Verdoppelung der Extraktionsausbeute. Hierdurch wird im Fall des vorliegenden Bodens die bei Raumtemperatur bestehende pH-Abhängigkeit der Cadmiummobilisierung aufgehoben. Der Temperatureffekt ist oberhalb 50 °C nur noch schwach ausgeprägt. In Summe sind für alle Elemente die besten Ergebnisse bei pH 3 und 50 °C zu verzeichnen.

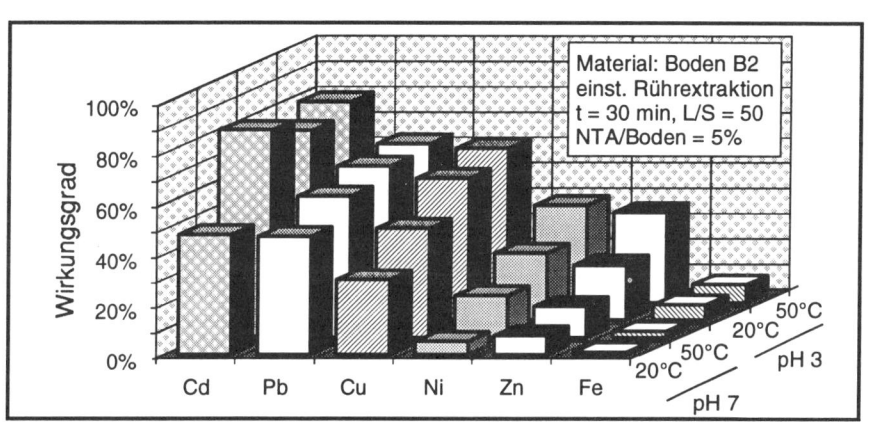

Bild 5: Schwermetallextraktion mit NTA: Extraktionswirkungsgrad in Abhängigkeit von pH-Wert und Temperatur

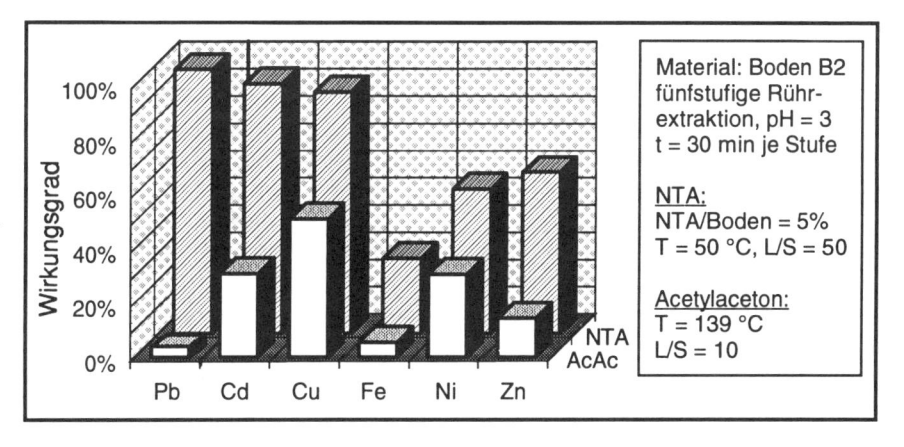

Bild 6: Vergleich zwischen fünfstufiger NTA- und fünfstufiger Acetylacetonextraktion

Hinsichtlich der Extraktionsdauer konnte sowohl für das Acetylaceton als auch für die Nitrilotriessigsäure festgestellt werden, daß unter optimierten Prozeßbedingungen je Batchansatz nach einer Behandlungszeit von 30 Minuten keine nennenswerte Steigerung des Extraktionswirkungsgrades mehr stattfindet. Hierzu bedarf es der mehrfachen Extraktion, wobei im Fall der Kreuzstromschaltung für die meisten Elemente der maximale Wirkungsgrad nach zwei bis drei Extraktionsstufen erreicht ist, sofern die Einzelextraktionen unter optimalen Bedingungen erfolgen.

In Bild 6 sind zum Vergleich von NTA- und Acetylacetonextraktion die Ergebnisse fünfstufiger Kreuzstromextraktionen, die unter den vorgenannten Prämissen durchgeführt wurden, dargestellt. Es ist klar zu erkennen, daß die Extraktion mit Nitrilotriessigsäure bei allen untersuchten Elementen wesentlich bessere Wirkungsgrade liefert als die Extraktion mit Acetylaceton. Kupfer, Cadmium und Blei können mit NTA aus dem vorliegenden Boden zu 88 bis 95 %, Zink und Nickel zu jeweils 50 bis 60 % mobilisiert werden. Im Gegensatz zu einem schwermetallhaltigen Filterstaub, aus dem die Elemente Kupfer, Nickel und Zink mittels Acetylaceton zu über 80 % extrahiert werden konnten, ist deren Mobilisierung aus dem Boden B2 offensichtlich nicht möglich. Darüber hinaus bestätigt sich die Beobachtung aus Versuchen mit anderen Materialien, wonach Blei sich mit Acetylaceton nicht extrahieren läßt.

Vergleicht man die maximalen Wirkungsgrade der NTA-Extraktion mit den Daten der sequentiellen Extraktion nach STOVER, so ist zu erkennen, daß mit Hilfe der NTA im wesentlichen die Metallspezies, die sich in der austauschbaren, der adsorbierten, der organischen und der carbonatischen Fraktion befinden, mobilisiert werden können.

Hinsichtlich der Auflösung der Feststoffmatrix ergaben die Untersuchungen, daß die Matrixverluste bei der Extraktion mit Nitrilotriessigsäure mit Werten bis zu 18 % der Aufgabegutmasse um den Faktor zwei bis vier höher ausfallen als bei der Acetylacetonextraktion. In diesem Zusammenhang ist zu berücksichtigen, daß die Verringerung der Feststoffmasse aufgrund der in Lösung gebrachten Schwermetalle sich im Bereich von 3 bis maximal 5 % bewegt. Bei der reinen Säureextraktion treten, bezogen auf die Ausgangsmasse, nochmals um etwa 10 % höhere Matrixverluste und damit auch entsprechend mehr Rückstände auf.

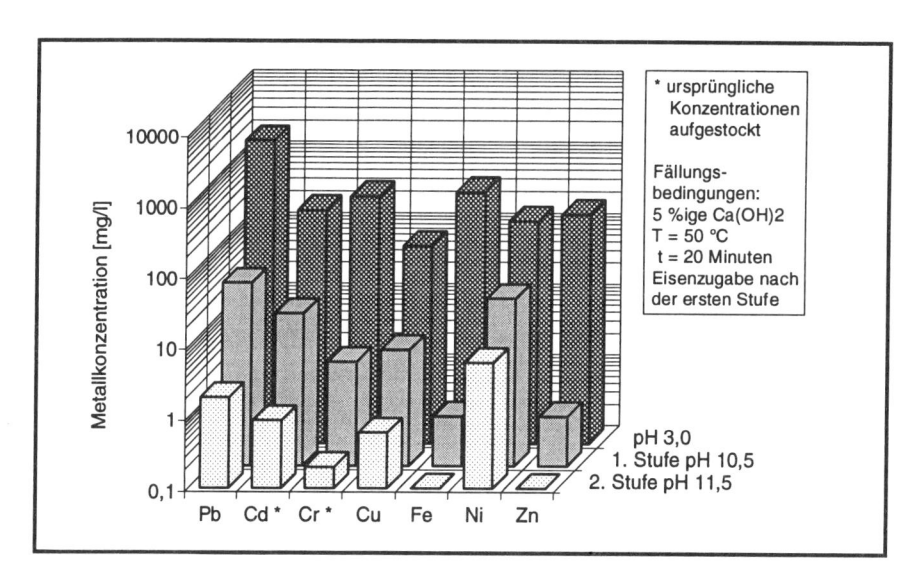

Bild 7: Extraktion mit NTA: Zweistufige Ausfällung von Schwermetallen aus einer Extraktphase mit Kalkmilch unter optimierten Bedingungen

Die Untersuchungen zur *Aufarbeitung der Extraktphasen* erfolgten einerseits mit dem Ziel der Schwermetallabtrennung, andererseits der Rückgewinnung und Kreislaufführung der Komplexbildner. Dabei erwies sich die Lösungseindampfung als ein zur Aufbereitung der organischen (acetylacetonhaltigen) Extraktphasen geeignetes Verfahren mit einer sehr guten Trennschärfe. Auch die mehrfache Extraktion, Verdampfung und Kondensation übt keine negativen Auswirkungen auf die Extraktionskraft des Acetylacetons aus.

Die wässrigen, NTA-haltigen Extraktphasen lassen sich durch eine Kalkmilchfällung hervorragend aufarbeiten, so daß die v. g. Ziele erreicht werden. Als wesentlicher Mechanismus der Schwermetallelimination aus der flüssigen Phase stellte sich die Mitfällung durch bereits bei niedrigen pH-Werten gebildetes Eisenhydroxid heraus. Zur weitestgehenden Ausfällung aller Schwermetalle wird eine Zweistufenfällung bei pH 10,5 und pH 11,5 bis 12 mit zwischengeschalteter Phasenseparation und Eisendosierung benötigt (Bild 7). Auch hier übt sich die mehrmalige Kreislaufführung der NTA nicht negativ auf deren Extraktionsvermögen aus. Zum Ausgleich von nicht vermeidbaren Verlusten müssen je Mg Boden etwa 10 kg frische NTA zugeführt werden. [2]

Ergebnisbewertung

Aus den dargestellten Versuchsergebnissen zur Schwermetallextraktion mit den beiden organischen Komplexbildnern Nitrilotriessigsäure und Acetylaceton geht hervor, daß die NTA sich sehr gut zur Steigerung der Schwermetallmobilisierung aus kontaminierten Böden unter moderaten Prozeßbedingungen und bei begrenztem beziehungsweise reduziertem Säureeinsatz eignet. Es ist jedoch zu berücksichtigen, daß beispielsweise im vorliegenden Fall auch bei einem Extraktionswirkungsgrad von 95 % der Restbleigehalt im behandelten Boden immer noch weit über den Vergleichswerten unbelasteter Böden liegt. Diese Feststellung gilt auch für die anderen untersuchten Schwermetalle.

Der Einsatz von Acetylaceton zur Fest-Flüssig-Extraktion von Schwermetallen kann aufgrund teilweise sehr unterschiedlicher Ergebnisse mit verschiedenen Feststoffen noch nicht abschließend beurteilt werden. Da aber die besonders kritischen Elemente Blei und Cadmium nicht bzw. sehr schlecht extrahiert werden, ist nach derzeitigem Kenntnisstand und im Hinblick auf weitere Arbeiten mit dem Ziel einer technischen Umsetzung der NTA-Extraktion Vorrang einzuräumen.

4. Literatur

[1] ROOS, H.-J.; FORGE, F.; SCHRÖDER, H. Fr. (1994): Schwermetallentfernung aus belasteten Böden. In: Dohmann, M. (Hrsg.): Umweltschutz bei knappen Kassen - Was müssen wir tun? Was können wir leisten? Tagungsband zur 27. Essener Tagung für Wasser- und Abfallwirtschaft, Aachen, im Druck.

[2] ROOS, H.-J.: Schwermetallentfernung aus Böden und Rückständen mit Hilfe organischer Komplexbildner. Dissertation RWTH Aachen, in Vorbereitung.

[3] MARKL, P. (1972): Extraktion und Extraktionschromatographie in der anorganischen Analytik. Reihe: Methoden der Analyse in der Chemie, Band 13, Akademische Verlagsgesellschaft, Frankfurt am Main.

[4] WILBERG, E. (1989): Zur Physiologie und Ökologie Nitrilotriacetat (NTA) abbauender Bakterien. Diss. ETH Nr. 9015, Zürich.

[5] SCHWARZENBACH, G.; FLASCHKA, H. (1965): Die komplexometrische Titration. Ferdinand Enke Verlag, 5. Auflage, Stuttgart.

[6] STOVER, R.C.; SOMMERS, L.E.; SILVIERA, D. J. (1976): Evaluation of metals in wastewater sludge. Journal WPCF, Vol. 48, No. 9, p. 2165-2175.

Extraktion organisch kontaminierter Altlasten mittels Wasserdampf

K., Hudel, F., Forge, A.[3], Fries, M.[4], Klein, M. Dohmann

1. Einleitung

Die hier vorgestellten Ergebnisse wurden vom Institut für Siedlungswasserirtschaft der RWTH Aachen (ISA) in Zusammenarbeit mit der Fa. Bonnenberg und Drescher Ingenieurgesellschaft mbH, Aldenhoven, im Rahmen eines vom Bundesministerium für Forschung und Technologie (BMFT) geförderten Forschungsvorhabens erarbeitet.

Für die erstmalige großtechnische Umsetzung des Verfahrens durch die Fa. DERA GmbH, Aldenhoven wird zur Zeit eine öffentliche Förderung als Demonstrationsvorhaben beim BMFT unter der Projektträgerschaft des Umweltbundesamtes, Berlin beantragt.

2. Grundlagen des Verfahrens

Die entwickelte Sanierungstechnik kann als thermisch-physikalisches Verfahren im Niedertemperaturbereich (T=100-250° C) klassifiziert werden. Grundlage der Reinigung organisch belasteter Böden mit Wasserdampf ist die Wasserdampfdestillation. Mit ihr lassen sich hochsiedende, mit Wasser nicht oder nur schlecht mischbare Substanzen oftmals bereits bei 100° C abdestillieren. Aus thermodynamischer Sicht läßt sich die Siedepunkterniedrigung eigentlich schwer flüchtiger Substanzen dadurch erklären, daß selbige im Gemisch mit Wasser ein heterogenes Azeotrop ausbilden /1, 2/. Wird das Erdreich in dem für die Dampfextraktion eingesetzten Pflugscharmischer erhitzt (Dampfeinblasung und Mantelheizung), so stellt sich im Poreninneren gewissermaßen ein "Mikro-Sieden" ein. Der zweite Mechanismus, der zum Tragen kommt, ist die Desorption der Kontamination von der Feststoffmatrix.

---

[3] Fa. DERA GmbH, Aldenhoven
[4] Fa. Bonnenberg u. Drescher Ing. ges. mbH, Aldenhoven

Folgende Vorzüge der Wasserdampfextraktion sind zu nennen:

- Im Gegensatz zu Verfahren, die mit Heißluft oder Inertgasen wie N_2 als Heiz- und Transportmedium arbeiten, wird durch die Benutzung von Wasserdampf als Trägergas eine Siedepunktherabsetzung der Kontamination bewirkt.

- Anders als in Drehrohröfen oder Schneckenförderern wird im gewählten Reaktortyp "Pflugscharmischer" eine mechanische Wirbelschicht erzeugt. In Verbindung mit der Zerstörung sich bildender Bodenagglomerate durch schnell rotierende "Scherköpfe" wird dadurch ein unterstützender Strip-Effekt mit optimaler Umströmung des Einzelkorns gewährleistet (nähere Angaben zum Reaktor in Kap. 3).

- Eine Rückführung von nicht vollständig schadstoffgesättigtem Wasserdampf (Brüdenrezirkulation) ist durch den Einsatz einer Dampfstrahlpumpe problemlos möglich.

- Der für die Wasserdampfextraktion eingesetzte Reaktor leistet - neben dem Aufschluß von Feststoffagglomeraten - eine weitere Konditionierung: das gereinigte Material kann vor der Entleerung durch Wasereindüsung gekühlt und befeuchtet werden.

- Aufgrund der vollständigen Kondensierbarkeit des Trägermediums ist eine katalytische oder adsorptive Abluftreinigung nicht notwendig. Der kondensierte, schadstoffbelastete Brüden kann nach einer mechanischen Separierung der hochkonzentrierten Schadstoffphase entweder einer Abwasserbehandlung mit nachfolgender Einleitung in das Kanalnetz oder aber einer Prozeßwasseraufbereitung mit anschließendem Wiedereinsatz zur Dampferzeugung (geschlossener Kreislauf, bevorzugte Variante) unterzogen werden.

3. Verfahrenstechnische Umsetzung in den Pilot- und großtechnischen Maßstab

Zur Reinigung kontaminierter Schüttgüter mit Wasserdampf wird ein diskontinuierlich betriebener Mischer eingesetzt, in dem sich ein mechanisch erzeugter wirbelschichtähnlicher Zustand mit exzellentem Wärme- und Stoffübergangsverhalten ausbildet /3/. Somit wird der von einem Dampferzeuger gelieferte und über eine Dampflanze in den Mischer eingeblasene Dampf (T ≤ 160° C, p ≤ 7 bar) intensiv mit dem verunreinigten Feststoff in Kontakt gebracht. Bisherige Untersuchungen haben den großen Einfluß der Prozeßtemperatur auf die erforderliche Behandlungsdauer nachgewiesen. Deshalb wird die geplante großtechnische Anlage (s. u.) mit einem Dampfüberhitzer mit einem Leistungsbereich bis T ≤ 250° C ausgerüstet. Der mit der Kontamination beladene Brüden wird in einem dem Reaktor nachgeschalteten Wärmetauscher kondensiert, wobei der größte Teil der Schadstoffe als aufschwimmende oder absinkende, wasserunlösliche Phase direkt vom Kondensat abgetrennt werden kann. Dieses Schadstoffkonzentrat wird i. d. R. in bestehenden Sondermüllverbrennungsanlagen entsorgt, kann aber fallweise auch dem Altölrecycling zugeführt werden. Die wässrige Phase wurde im halbtechnischen Maßstab mittels Aktivkoks adsorptiv gereinigt und in eine kommunale Kläranlage eingeleitet.

Bild 1 zeigt ein Blockfließbild der am Institut für Siedlungswasserwirtschaft der RWTH Aachen realisierten Pilotanlage. Die Bodenbehandlungseinheit besteht aus einer zylinderförmigen Trommel mit axial angeordnetem, rotierendem Schleuderwerk (n < 160 min^{-1}). Sich bildende Feststoff-Agglomerate sind mit einem rotierenden Messerkopf aufschließbar.

Bild 2, links, veranschaulicht die mechanisch erzeugte Verwirbelung in einem Pflugscharmischer. Die rechte Bildhälfte zeigt die Mischertrommel mit Schleuderwerk und dem radial eingebautem Messerkopf (Draufsicht).

Derzeit befindet sich eine erste großtechnische Anlage nach dem Prinzip der Wasserdampfextraktion in der Planungs- und Errichtungsphase. Bei dem Anlagenstandort handelt es sich um ein ehemaliges Zechengelände. Dadurch konnte eine Genehmigung nach Bergrecht beantragt werden, die im Oktober 1994 erteilt wurde.

Die Anlage wird einen Durchsatz von 5,2 t/h bei einer durchschnittlichen Bodenbehandlungsdauer von t = 2 h aufweisen (Chargenbetrieb). Dies entspricht einem Scale-up um den Faktor 100 (zum Vergleich: Scale-up-Faktor Labormaßstab - halbtechnischer Maßstab = 1000). Der Pflugscharmischer besitzt ein Volumen von V=10 m^3 und eine Länge von L=5,4 m bei einem Durchmesser von D = 1,6 m. Aufgrund entsprechender Erkenntnisse aus den Technikumsversuchen wird er für einen Betrieb bei Atmosphärendruck sowie bei geringen Überdrücken bis max. 6 bar und Temperaturen bis T = 250° C ausgelegt. Für einen Übergangszeitraum von drei Jahren wird ein Dampferzeuger mit einer Leistung < 12 t/h angemietet. Danach wird Abdampf einer in der Nähe zu errichtenden Sondermüllverbrennungsanlage genutzt. Die kontaminierten Böden und Rückstände werden in Containern angeliefert und in einem Kassettenlager zwischengestapelt. Die Aufgabe des Schüttguts in die vorgeschaltete Aufbereitungseinheit (Schutzsiebung, Zerkleinerung) sowie in die eigentliche Dampfextraktionsanlage wird mittels einer sog. Überkopfentladestation bzw. Förderbändern bewerkstelligt. Im Gegensatz zum Technikumsbetrieb wird die Kondensation des schadstoffbeladenen Brüden nicht unter Einsatz vergleichsweise hoher Mengen von Brauchwasser als Kühlmedium vollzogen, sondern in mehreren Schritten. Die erste Kondensationsstufe dient der Speisewasservorwärmung des Dampferzeugers, die zweite Stufe besteht aus einem Kühlkreislauf mit offenem Kühlturm, die dritte Stufe leistet lediglich die weitere Abkühlung des Abwassers von T = rd. 30° C auf T = 15 - 20° C. Ggf. im Brüden enthaltene Leichtflüchter mit einer Kondensationstemperatur T < 15° C werden bedarfsweise über Aktivkoks abgezogen. In einem Ölabscheider wird anschliessend die hochkonzentrierte Schadstoffphase (zur thermischen Entsorgung bzw. Altölaufbereitung) vom Abwasser separiert.

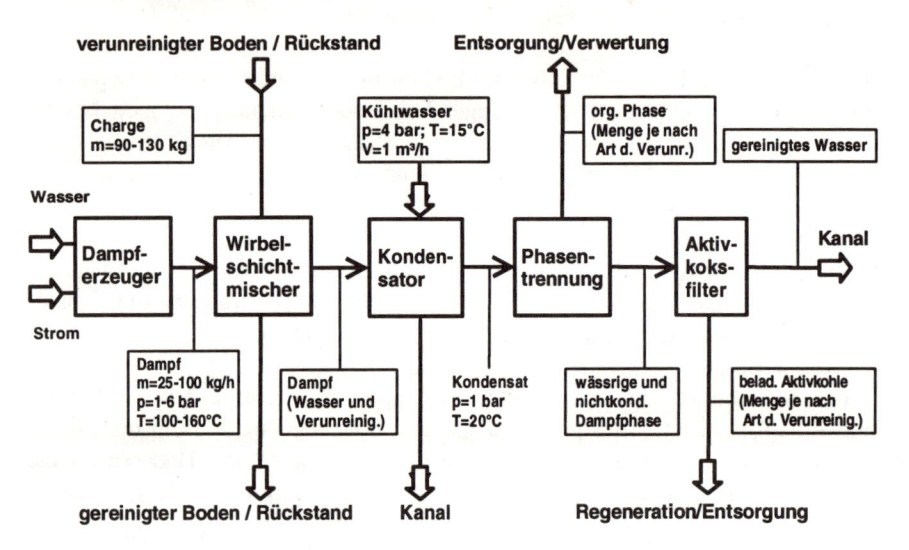

Bild 1: Verfahrensfließbild der Technikumsanlage zur Wasserdampfextraktion organisch kontaminierter Böden und Rückstände

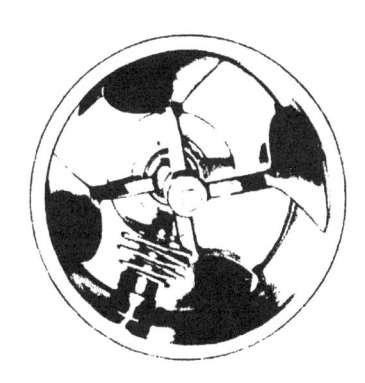

Bild 2: links: Pflugscharmischer mit Darstellung der mechanischen Wirbelschicht; rechts: Mischer mit Schleuderwerk u. Messerkopf, Fa. Lödige, Paderborn /4/

Die Behandlung dieses mit Schadstoffen belasteten wässrigen Kondensates kann mit herkömmlichen Verfahren der Industrieabwasserreinigung erfolgen. Aufgrund der überwiegend niedrigen Löslichkeitsprodukte organischer Kontaminationen sind hier Adsorptionsverfahren, vorzugsweise unter Einsatz von kostengünstigem Braunkohlenkoks, zu favorisieren.

Dies soll an folgender Überschlagsrechnung demonstriert werden:
Bei der zweistündigen Behandlung einer mit 1 Gew.% Dieselöl kontaminierten Charge (10,4 t), beispielsweise Aufsaugmassen, fallen insgesamt rd. 15 t Kondensat an. Theoretisch beträgt die Wasserlöslichkeit von Dieseltreibstoff $c_{Diesel/Wasser}$ = 20 mg/l. Demnach liegen von den insgesamt aus dem Erdreich extrahierten 104 kg Kontamination 103,7 kg als abzuskimmende Schadstoffphase vor. Lediglich 0,3 kg sind im Abwasser gelöst. Bei Konzipierung einer zweistufigen Koksfiltration mit einem jeweiligen Volumen von $V_{Adsorber}$ = 5 m^3 ist diese in der Lage 500 l Schadöl zu adsorbieren, bevor das Material ausgetauscht werden muß (Annahme einer max. 5 Vol.%igen Schadstoffbeladung). Dies entspricht einer Filterstandzeit von 1350 Bodenchargen, entsprechend 227 Arbeitstagen (Zweischicht-Betrieb). Um in der Praxis möglichst nahe an der theoretischen Löslichkeitsgrenze zu operieren, wird bei der großtechnischen Ausführung einer vollständigen Phasentrennung besonderes Augenmerk gewidmet (Einsatz von Koaleszenzabscheidern). Während der Technikumsversuche wurde keine Bildung von Emulsionen beobachtet. Aufgrund der hier noch einfach konzipierten Phasenseparation durch Schwerkrafttrennung in einem Behälter erhöhten jedoch einzelne Dieselöltröpfchen in der wäßrigen Phase den Gehalt an Kohlenwasserstoffen auf das 5-10fache des theoretischen Wertes.

Im Rahmen des DERA-Projektes wird der beladene Braunkohlenkoks in einer auf dem selben Standort befindlichen Sondermüllverbrennungsanlage des gleichen Betreibers entsorgt.

4. Reinigungsergebnisse

Tabelle 1 listet die Versuchsparameter und Reinigungsergebnisse einiger Behandlungsversuche auf. Hier sind die vergleichsweise niedrigen Prozeßtemperaturen hervorzuheben, bei denen bereits gute Reinigungsleistungen erzielt werden können.

Die Untersuchungen zeigen, daß BTX/CKW-kontaminierte Feststoffe, hier Bodenaushub bereits nach 15minütiger bis einstündiger Dampfbehandlung vollständig gereinigt werden können. Dabei ist bei stark adsorbierenden Matrizes ein höherer spezifischer Dampfverbrauch erforderlich. Der Einfluß der adsorptiven Schadstoffbindung wird bei Mineralölkohlenwasserstoffen, die um mehrere Zehnerpotenzen höhere K_{OC}-Werte und geringere Dampfdrücke, im Vergleich zu Leichtflüchtern, aufweisen, zunehmend wichtiger. Dies manifestiert sich in einem schlechteren Wirkungsgrad bei der Dampfbehandlung eines künstlich mit Dieselöl kontaminierten ton- und schluffhaltigen Bodens (Reinigungsleistung 96 %, vergl. Tab.1) im Vergleich zur Dampfextraktion eines überwiegend grobkörnigen Materials (sandiges Erdreich, Reinigungsleistung > 99 %). Im letztgenannten Fall handelt es sich, ebenso wie bei dem mischkontaminierten Boden in Tabelle 1, um Material einer "gewachsenen" Altlast, welche über Jahre hinweg von Verunreinigungen durchsickert wurde.

Boden/Rückstand	Kontamination		Versuchsparameter				Reinigungsleistung [%]
			$T_{mischer}$ [°C]	Charge [kg]	Behandlungsdauer [min]	spez. Dampfverbrauch m_D/m_P [-]	
Feinsand 0 - 2 mm	BTX/CKW-Cocktail *) 1 Gew.-%	Lösemittel	104	110	15	0,14	99,95
Boden mit 8 % Ton u. 22 % Schluff	BTX/CKW-Cocktail *) 1 Gew.-%		100-130	110	60	0,66	99,975
Tonerde (beladenes Adsorbens, Al_2O_3)	CKW 4,1 Gew.-% als EOX		103	100	60	1	99,8
Sandboden mit schluffigen Nebenbestandteilen	Dieselölkontamination KW = 0,16 %	Mineralöl	103	90	120	0,53	> 99
Boden mit 8 % Ton u. 22 % Schluff	Dieselölkontamination *) KW = 1 %		130		150	1,78	96
Sandboden mit schluffigen Nebenbestandteilen	KW = 0,85 %, HCB = 320 µg/kg als EOX, Chlor-Phenole*) = 400 µg/kg	Mischkontamination (Chlorphenole, HCB KW)	104	130	120	0,98	99,9
Lößlehm (≥80% Schluff/Ton)	(Dimethyl-)Naphtalin, Fluoren, Phenanthren, Acenaphten, 740 mg/kg	PAK	120	89	150	1,7	> 99,9
Sandboden	1318 mg/kg		125	100	180	2	99,0
Sandfangrückstand	14,7 mg/kg	PCB **)	100-140	100 g	180	6 - 7	92
Bims *)	198,8 mg/kg		100-140	25 g	180	30 - 40	> 99,9
Quarzsand *)	60 mg/kg		100-140	100 g	180	0,8 - 2	97 - 98

Tabelle 1: Reinigungsergebnisse der Wasserdampfextraktion von Böden und Rückständen (Auszug)
*) Kontamination wurde künstlich zugegeben   **) Labormaßstab

Beim Vorliegen feinkornhaltiger Adsorbentien oder Böden ist durch die Verschiebung des Adsorptions-/Desorptionsgleichgewichtes bei höheren Prozeßtemperaturen, in Verbindung mit den exzellenten Stoffübergangsbedingungen in der Wirbelschicht, eine Verkürzung der erforderlichen Behandlungsdauer zu erwarten.

Die Ergebnisse der drei im Labormaßstab wasserdampfextrahierten PCB-kontaminierten Materialien belegen den Einfluß von Strip-Effekten: Der in einem Destillationskolben mit eingeschobenem Glasrohr als Dampflanze behandelte Sandfangrückstand wies eine ölige bzw. schlammige Konsistenz auf. Er wurde somit während der Dampfbehandlung bei Temperaturen zwischen 100 und 140° C "gekocht", jedoch nicht getrocknet und verwirbelt. Der erzielte Wirkungsgrad der PCB-Abreicherung betrug 92 %. Hingegen konnten bei den Chargen "Bims" und "Quarzsand", die als lockeres Haufwerk in der Destillationsblase vorlagen und somit besser vom eingeblasenen Wasserdampf umspült werden konnten, signifikant höhere Reinigungsleistungen erzielt werden. Ein im halbtechnischen Maßstab - bei optimaler Durchmischung - behandelter realer PCB-verunreinigter Boden wurde bei niedrigen Behandlungstemperaturen von 125° C zu 99 % dekontaminiert.

Neben der Altlastenbehandlung ist das Verfahren auch zur Schadstoffentfrachtung bzw. Konditionierung von industriellen Rückständen (vor einer späteren Ablagerung) geeignet: In Bild 3 wird dies beispielhaft für die Wasserdampfextraktion von Tonerden (Al_2O_3) dargestellt, die bei der adsorptiven Abluft- und Prozeßwasserreinigung chemischer Produktionsprozesse beladen wurden. Im einzelnen handelt es sich hierbei um die Herstellung von chlorierten Kohlenwasserstoffen (CKW), von Wasserstoffperoxid (H_2O_2) sowie die Fettsäureester-Produktion. Als Maß für den Verunreinigungsgrad wird der Gesamtkohlenstoffgehalt (total organic carbon, TOC) verwandt, der in der Abfallanalytik breite Anwendung findet.

Adsorbentien, die mit chlorierten Kohlenwasserstoffen (CKW) aus der Lösungsmittelproduktion beladen waren, konnten bei Ausgangskonzentrationen von 2,8 % (TOC) nach einstündiger Behandlungsdauer auf 0,6 % reduziert werden. Der Gehalt an eluierbaren organischen Halogenverbindungen (EOX = 41 g/kg) wurde erwartungsgemäß um 99,8 % vermindert. Der Versuch mußte aufgrund technischer Schwierigkeiten nach einstündiger Behandlungsdauer beendet werden, bei auf t = 2 h gesteigerter Behandlungsdauer ist eine weitere Schadstoffabreicherung zu erwarten. Beladene Adsorbentien aus der Fettsäureester-Herstellung konnten bei Ausgangsbeladungen von TOC = 14,6 % auf Restgehalte zwischen 1,5 % und 2 % reduziert werden. Hervorzuheben ist, daß diese Abreicherung ebenfalls nach nur einstündiger Behandlungsdauer erzielt wurde. Die Wasserdampfextraktion von Chargen aus der H_2O_2-produzierenden Industrie zeigte keine befriedigenden Ergebnisse. Bei den Kontaminationen dieser Adsorbentien handelt es sich um ein außerordentlich breites Stoffspektrum. Hier sind Anthrachinonderivate und Polymerisationsprodukte zu nennen, die durch Radikalreaktionen während des H_2O_2-Prozesses gebildet werden.

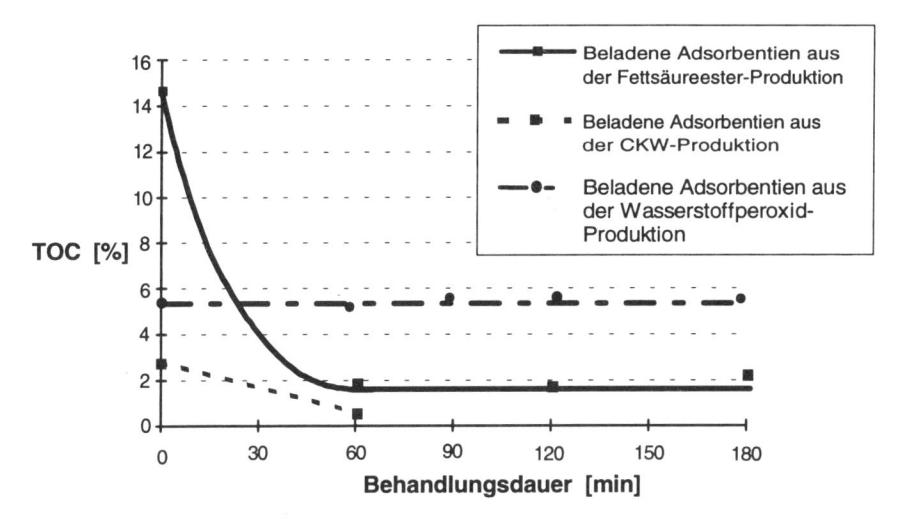

Bild 3: Abnahme des organischen Kohlenstoffgehaltes (TOC) beladener Tonerden (Adsorbentien) durch Wasserdampfextraktion

5. Einsatzbereich des Verfahrens

Das Verfahren ist anwendbar auf leicht flüchtige Kontaminationen (CKW, BTX), insbesondere aber auf wasserdampfflüchtige Schadstoffe mit höherem Siedebereich. Folgende umweltrelevante Substanzklassen gelten als wasserdampfflüchtig /1, 5, 6, 7/:

Kohlenwasserstoffe (KW) und Mineralöle	Siedebereich
- chlorierte Aromaten und Phenole	(T_S = 180-350° C)
- niedere polyzyklische aromatische KW	(T_S = 180-350° C)
- polychlorierte Biphenyle	(T_S = 270-400° C)
- polychlorierte Dibenzodioxine	(T_S = 300-410° C)

Die Wasserdampfextraktion erreicht ihre Anwendungsgrenze beim Vorliegen extrem hochsiedender PAK, wie sie bei der Aufarbeitung des Steinkohlenteers als Teerpechrückstand anfallen sowie von hitzebeständigen Schmierfetten und Motorölen. Während undurchlässige, bindige Böden mit ausschließlich leicht flüchtigem Kontaminationsspektrum vorteilhaft behandelt werden können, sind entsprechende Sandböden durch das in-situ-Verfahren der Bodenluft-Absaugung kostengünstiger zu sanieren.

6. Kosten

Tabelle 2 beinhaltet eine Investitions- und Betriebskostenschätzung für die in Kapitel 3 näher beschriebene Demonstrationsanlage. Die Kalkulation geht von einem Zweischichtbetrieb und einem Betriebstageansatz von 250 Tagen im Jahr aus. Dieser Wert berücksichtigt Stillstandszeiten, die durch technische Änderungen und Optimierungen gegebenenfalls notwendig werden. Der für die Investitionskosten der Maschinen und Einrichtungen gewählte Abschreibungszeitraum beträgt 4 Jahre (übliche Laufzeit eines öffentlich geförderten F+E-Projektes 3J. + 1J. Verlängerung). Die Investitionskosten der Anlagenkomponenten in Höhe von 5,72 Mio DM (Zeile B.1) berücksichtigen, neben den Hauptaggregaten Dampferzeuger, Pflugscharmischer, Kondensator, auch die Bodenaufbereitung und Beschickung der Dampfextraktionseinheit sowie die Abwasserbehandlung des schadstoffbelasteten Kondensates. Die in der Rubrik Allgemeine Kosten (Zeile C.1) mitenthaltenen Personalkosten für 3 Anlagenfahrer pro Schicht machen etwa 20 % des Gesamtkapitalbedarfs aus.

Die Kosten für Betriebsstoffe (Zeile C.2) beinhalten überwiegend Energiekosten zur Dampferzeugung sowie den Strombezug für den Antrieb des mechanischen Wirbelschichtreaktors, ferner die Kosten für Brauchwasser. Der Aufwand für die Reststoffentsorgung umfaßt die Entsorgung bzw. Wiederaufarbeitung des Schadölkonzentrates und die Regenerierung bzw. Entsorgung des beladenen Aktivkoks aus der Abwasserbehandlung.

Der bestimmende Kostenfaktor für das neuentwickelte Verfahren der Wasserdampfextraktion kontaminierter Feststoffe liegt im Bereich der allgemeinen Kosten (Personal, Versicherung, Instandhaltung). Der Investitionsbedarf schlägt mit weniger als einem Drittel des gesamten erforderlichen Budgets zu Buche, während die Positionen Betriebsmittel und Restoffentsorgung rd. 10 % ausmachen.

Eine Tochterfirma der RWE Entsorgung AG überprüft derzeit (Stand Nov. 1994) die Marktchancen des Verfahrens in den USA. Eine in diesem Rahmen durchgeführte, auf die amerikanischen Verhältnisse zugeschnittene Schätzung ergab spezifische Kosten zwischen 50 und 100 $/t Boden für unterschiedliche Verunreinigungen. Dem liegt ein Durchsatz von 9 t/h bei durchschnittlichen Behandlungszeiten zwischen 2 und 4 Stunden zugrunde.

A	Ansätze Finanzierung und Technik			
A.1	Abschreibungszeitraum		Kapazität	
A.2	Maschinen u. Einrichtg.	4,0 a	Kapazität/h	5,20 t/h
A.3	Bautechnik	4,0 a	Betriebsstd./d	16,00 h/d
			Kapazität/d	72,0 t/d (2,5 h/d für Befüllung/Entleerung)
			Betriebstage/a	250,00 d/a
			Betriebsstd./a	24.000,00 h/a
			Jahreskapazität	18.000,00 t/a

B	Investitionskosten	TDM	TDM/a	DM/t	%
B.1	Anlagenkomponenten	5.720	1.430,0	79,44	25,6
B.2	Planung, Genehmigung	320	80,0	4,44	1,4
B.3	Sonstiges	262	65,5	3,64	1,2
B.4	∑ Investitionskosten	6.302	1.575,5	87,53	28,2

C	Betriebskosten	TDM/a	DM/t	%
C.1	Allgemeine Kosten (Personal, Instandhaltung etc.)	3.405,76	189,20	61,0
C.2	Kosten Betriebsmittel, Reststoffentsorgung	604,80	33,60	10,8
C.3	∑ Betriebskosten	4.010,56	222,81	71,8

| D | **Gesamtkosten Demonstr.-Anlage** | 6.295,45 | 310,34 | 100 |

Tabelle 2: Kostenschätzung für den Bau und Betrieb einer ersten großtechnischen Anlage zur Wasserdampfextraktion organisch kontaminierter Böden und Rückstände in Deutschland

7. Literatur

/1/ SATTLER, K. (1988): Thermische Trennverfahren, VCH Verlagsgesellschaft mbH, Weinheim.

/2/ GRASSMANN, P. (1983): Physikalische Grundlagen der Verfahrenstechnik; Salle+Sauerländer, Frankfurt.

/3/ FIGUERA, Maria E. (1987): Über die Wasserdampfregeneration von Aktivkohle. Beitrag zum Entfernen von Schadstoffen bis in den umweltrelevanten Konzentrationsbereich, Dissertation Universität Kaiserslautern.

/4/ N.N. (1990): Herstellungsprogramm Pflugscharmischer, Firmenprospekt Fa. Lödige, Paderborn.

/5/ N.N. (1990): Kraftstoff - die treibende Kraft, Firmenbroschüre der BP Tankstellen GmbH; Hamburg, 2.Auflage.

/6/ VICTORELLI, J. C.; DE ANDRADE, P. S.; ELKAIM, J.-C. (1991): Chlorinated Hydrocarbons Liquid Wastes: Steam Extraction In Place Of Incineration; Water Science and Technology; Volume 24; Nr.12.

/7/ VEITH, G.D. (1977): An Exhaustive Steam-Destillation and Solvent Extraction Kivus, L.M.Unit for Pesticides and Industrial Chemicals; Bulletin of Environmental Contamination and Toxicology; Bd. 17.

Dekontamination verunreinigter Böden durch Gasextraktion

Ingo Reiß, Armin Schleußinger, Prof. Dr. Siegfried Schulz

Bodenverunreinigungen sind nahezu ausschließlich die Folge früherer industrieller Nutzung der Flächen als Produktionsstandort oder als Deponie. Aufgrund des vielfältigen Schadstoffspektrums und der standortspezifischen Bodeneigenschaften besteht ein fortwährender Bedarf, erprobte Sanierungsverfahren zu verbessern und neue verfahrenstechnische Ideen in Sanierungskonzepte aufzunehmen. Als Alternative zur konventionellen Extraktion mit flüssigen Lösungsmitteln bietet sich die Gasextraktion mit verdichteten Gasen an, die seit einiger Zeit am Lehrstuhl für Thermodynamik der Universität Dortmund untersucht wird. Nachfolgend wird das Verfahrensprinzip der Gasextraktion vorgestellt und die Verfahrensoptimierung anhand experimenteller Ergebnisse und der Abschätzung der Verfahrenskosten diskutiert.

Ziel aller extraktiven Stofftrennungsverfahren ist die Abtrennung von Gemischkomponenten mit Hilfe eines Lösungs- bzw. Extraktionsmittels. Das Lösungsmittel ist dabei so auszuwählen, daß es bevorzugt die abzutrennenden Komponenten, die Extraktstoffe, aufnimmt. Dazu wird in einem ersten Verfahrensschritt das Lösungsmittel mit dem zu trennenden Gemisch in Kontakt gebracht. Dadurch treten die Extraktstoffe in das Lösungsmittel über und können so von den anderen Gemischkomponenten abgetrennt werden. In einem weiteren Verfahrensschritt werden die Extraktstoffe vom Extraktionsmittel separiert; die gewünschte Stofftrennung ist erfolgt. Aus wirtschaftlichen Gründen ist meist ein erneuter Einsatz des Lösungsmittels gewünscht, so daß in der Trennstufe eine weitestgehende Regeneration des Lösungsmittels durch einen hohen Trenngrad angestrebt wird. Das regenerierte Lösungsmittel kann danach erneut dem ersten Verfahrensschritt, der Extraktion, zugeführt werden. Bild 1 zeigt schematisch das Verfahrensprinzip der extraktiven Bodenreinigung. Der mit dem Schadstoff beladene Boden tritt in die Extraktionsstufe ein, wo der Schadstoff vom Lösungsmittel aufgenommen wird. In der Regenerationsstufe wird der Schadstoff aus dem Lösungsmittelkreislauf ausgeschleust. Das nahezu unbeladene Lösungsmittel kann der Extraktionsstufe erneut zugeführt werden.

Im Gegensatz zu konventionellen Extraktionsverfahren werden bei der Gasextraktion anstelle von organischen flüssigen Lösungsmitteln verdichtete Gase unter hohem Druck eingesetzt, so daß auch von Hochdruckextraktion gesprochen wird. Die besonderen Vorteile der verdichteten Gase resultieren aus ihren physikalischen Eigenschaften.

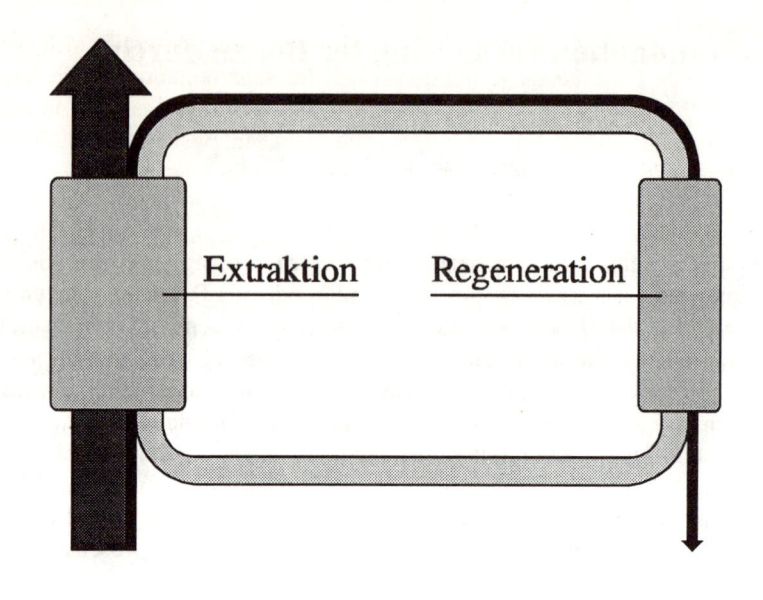

Bild 1: Schematische Darstellung der extraktiven Bodenreinigung

In Tabelle 1 sind die physikalischen Größen Dichte, Viskosität und Diffusionskoeffizient für ein Gas bei Umgebungsbedingungen, ein verdichtetes Gas und ein flüssiges Lösungsmittel gegenübergestellt [1]. Die Dichte des verdichteten Gases erreicht fast den Wert eines konventionellen Lösungsmittels. Die stark von der Dichte abhängende Beladungsfähigkeit ist daher ähnlich hoch. Daneben liegt die Viskosität in der Größenordnung einer Gasviskosität; der Diffusionskoeffizient nimmt einen Wert zwischen dem für ein Gas und einem flüssigem Lösungsmittel an.

Lösungsmittel	Dichte [kg/m^3]	dynamische Viskosität [kg/ms]	Diffusionskoeffizient [m^2/s]
Gase bei Umgebungsbedingungen	0,6-2,0	10^{-5}	10^{-5}
verdichtete Gase	500-900	10^{-5}	10^{-7}
Flüssigkeiten	600-1000	10^{-3}	10^{-9}

Tabelle 1: Physikalische Eigenschaften verschiedener Lösungsmittel

Aus dieser günstigen Kombination der Stoffeigenschaften ergibt sich direkt, daß verdichtete Gase ideale Extraktionsmittel für sehr feinkörnige oder poröse Materialien darstellen, da sie besser als die klassischen Lösungsmittel in das zu extrahierende Trägermaterial eindringen, die löslichen Bestandteile aufnehmen und weitertransportieren können. Auch die Regeneration der verdichteten Gase kann sehr einfach erfolgen, da sich die Beladungsfähigkeit für die extrahierten Stoffe durch entsprechende Wahl von Druck und Temperatur in einem sehr grossen Bereich variieren läßt. Damit entfällt die aufwendige Aufarbeitung des Lösungsmittels, die bei vielen Extraktionsverfahren zu einem erheblichen Teil die Verfahrenskosten bestimmt. Im Vergleich zu anderen extraktiven Bodensanierungsverfahren besteht ein weiterer Vorteil darin, daß sowohl der gereinigte Boden als auch der als Extrakt gewonnene Schadstoff die Anlage in lösungsmittelfreier Form verläßt. Somit gewährleistet die Gasextraktion auf der einen Seite nur geringfügige Extraktionsmittelverluste, liefert auf der anderen Seite aber auch nur geringe zu entsorgende Reststoffmengen.

Schon seit mehreren Jahren werden diese Vorteile der Hochdruckextraktion auch im technischen Maßstab genutzt. Wegen der vergleichsweise schonenden und selektiven Stofftrennung sowie den hochreinen und lösungsmittelfrei gewinnbaren Produkten stehen bislang Anwendungen im Bereich Pharmazie und Lebensmitteltechnik noch im Vordergrund [1].

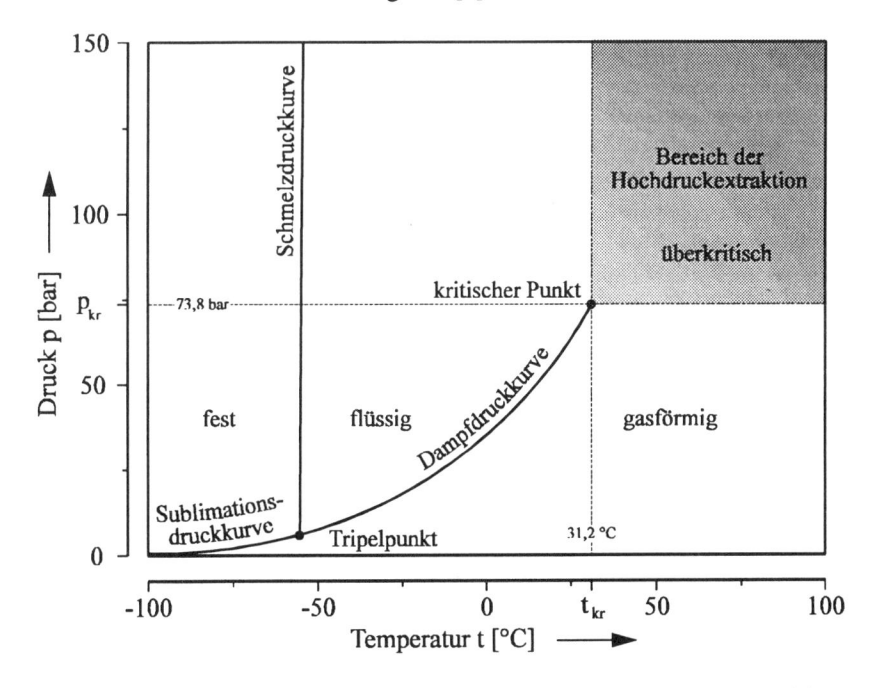

Bild 2: Zustandsdiagramm von Kohlendioxid. Grau unterlegt ist der überkritische Bereich, indem das Kohlendioxid seine günstigen Lösungseigenschaften entwickelt.

Die schon dargestellten günstigen Eigenschaften der verdichteten Gase werden jedoch erst im überkritischen oder fluiden Bereich erreicht; Druck und Temperatur müssen also so hoch gewählt werden, daß sie über den kritischen Daten des verwendeten Gases liegen. Oberhalb des kritischen Punktes eines Stoffes fallen Gas- und Flüssigkeitszustand zusammen, die Dampfdruckkurve, die das Gas-Flüssigkeit-Gleichgewicht kennzeichnet, endet, wie in Bild 2 für Kohlendioxid dargestellt, im kritischen Punkt. Aus energetischen Gründen sind daher Gase mit niedrigen kritischen Daten, wie z. B Kohlendioxid, von besonderem Interesse. Aus diesen Gründen wurde auch für unsere Arbeiten zur Bodensanierung Kohlendioxid als Arbeitsmittel ausgewählt. Neben seinen moderaten kritischen Daten von ca. 31,2° C und 73,8 bar ist es nicht brennbar oder explosiv, physiologisch unbedenklich und in großen Mengen preisgünstig verfügbar.

Experimentelle Arbeiten

Für die Extraktionsversuche wird eine Bodenprobe mit einem vorab bestimmten Schadstoffgehalt q_0 unter definierten Versuchsbedingungen extrahiert. Als Parameter können neben Druck und Temperatur die Extraktorgeometrie sowie die Verweilzeit und die Menge des Kohlendioxids bzw. Schleppmittels variiert werden. Schleppmittel sind dem eigentlichen Extraktionsmittel in geringen Konzentrationen zugegebene Hilfsstoffe, die den Extraktionserfolg bei sonst gleichen Bedingungen steigern. Ein Maß für den Extraktionsaufwand ist die auf die Probenmasse bezogene, durchgesetzte Lösungsmittelmasse, die spezifische Lösungsmittelmasse Λ. Sie kann auch als dimensionslose Extraktionszeit aufgefaßt werden und ist wie folgt definiert:

$$\Lambda = \frac{m_{CO_2}}{m_{Boden}} = \frac{\dot{m}_{CO_2} \cdot t_{ex}}{m_{Boden}}$$

Nach Versuchsende wird durch eine Bestimmung des Schadstoffrestgehaltes q_{Ende} der Reinigungserfolg ξ bestimmt:

$$\xi = \frac{(q_0 - q_{Ende})}{q_0} = 1 - \frac{q_{Ende}}{q_0}$$

Der Reinigungserfolg gibt das Verhältnis von Schadstoffabreinigung zum anfänglichen Schadstoffgehalt wieder. Bei vollständiger Reinigung wird der Reinigungserfolg zu eins.

Bild 3: Extraktionsanlage im Technikumsmaßstab mit 4 l-Extraktor

Zur Durchführung von Extraktionsversuchen stehen eine Laboranlage mit einem 30 ml Extraktor und die in Bild 3 gezeigte Technikumsanlage mit 4 l Extraktorvolumen zur Verfügung. Diese Anlage kann Bodenproben bis zu 6 kg aufnehmen und verfügt über eine Kreislaufführung des eingesetzten Lösungsmittels. Bild 4 zeigt schematisch den Aufbau der Technikumsanlage. Zur Extraktion wird das Lösungsmittel dem Vorlagebehälter V als siedende Flüssigkeit entnommen, im nachfolgenden Wärmetauscher W1 unterkühlt und mit einer Membrankolbenpumpe P auf Extraktionsdruck verdichtet. Nach der Erhitzung auf Extraktionstemperatur im Wärmetauscher W2 durchströmt es die im Extraktor E vorgelegte Bodenprobe und belädt sich mit dem Schadstoff. Danach wird das beladene CO_2 durch Druck- und Temperatursenkung im Abscheider A gereinigt und als regeneriertes Lösungsmittel in den Vorlagebehälter V mit dem Wärmetauscher W4 zurückgeführt.

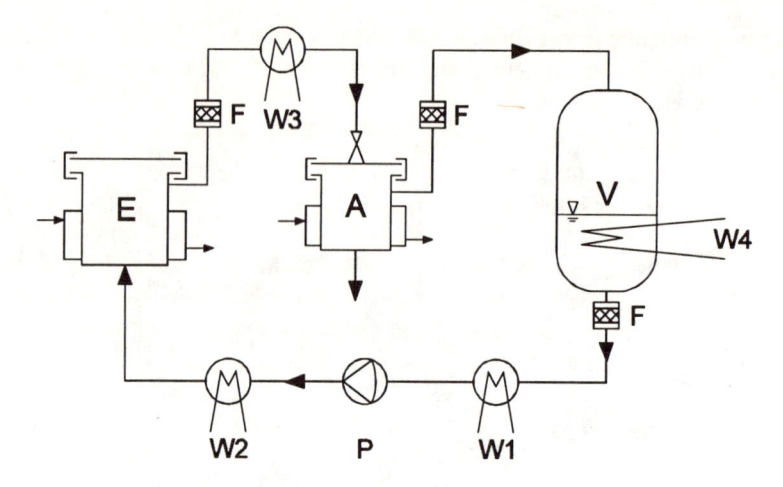

Bild 4: Verfahrensfließbild der Technikumsanlage
    E : Extraktor   A : Abscheider   F : Filter
    W : Wärmetauscher   V : Vorlagebehälter

Als Modellschadstoffe wurden vorwiegend polyzyklische aromatische Kohlenwasserstoffe (PAK) extrahiert. Von den in Tabelle 2 zusammengefaßten Schadstoffen grenzen die PAK das Löslichkeitsspektrum nach unten ab.

Substanzklasse	Beispielverbindungen
Aromatische Kohlenwasserstoffe	Benzol, Toluol, Xylole, Phenole
Polyzyklische aromatische Kohlenwasserstoffe	Chrysen, Benzo(a)pyren Indeno(1,2,3-cd)pyren
Chlorierte Kohlenwasserstoffe	Chloralkane, Chlorbenzole, PCB, Dioxine
Sonstige	Kraftstoffe, Pestizide, Herbizide, Kampfmittel (TNT)

Tabelle 2: Durch Hochdruckextraktion sanierbare Kontaminationen

Alle anderen genannten Schadstoffe sind im verdichteten CO_2 besser löslich und lassen sich dementsprechend leichter extrahieren [2,3]. Zudem sind die PAK besonders sanierungsrelevant, da sie auf den Geländen ehemaliger Zechen, Kokereien, Gaswerke und Teerpappefabriken gefunden werden und schon mit Konzentrationen im ppm-Bereich eine Gefährdung darstellen [4].

Experimentelle Ergebnisse

Versuche mit synthetischen kontaminierten Böden dienen zur Klärung der den Extraktionsprozeß limitierenden phsyikalischen Faktoren wie Phasengleichgewichte oder Massentransportverhalten und erlauben eine mathematische Beschreibung der Bodenreinigung. Um aber die Eignung des Verfahrens demonstrieren zu können, wurde auch kontaminiertes Material ehemaliger Industriestandorte gereinigt. Bild 5 zeigt für den Boden eines früheren Gaswerksstandortes die erzielbaren Reinigungserfolge für Benzo(a)pyren, das wegen seiner besonderen Sanierungsrelevanz als Leitkomponente ausgewählt wurde. Die Kurven nähern sich asympotisch einem temperatur- und druckabhängigen maximal erzielbaren Reinigungserfolg, der zudem vom jeweiligen Boden, den beteiligten Schadstoffen sowie den Umwelteinflüssen abhängt, denen der Boden ausgesetzt war [5]. Deutlich wird jedoch der durch die Schadstoffadsorption erklärbare deutliche Temperatureinfluß auf den erreichbaren Reinigungserfolg.

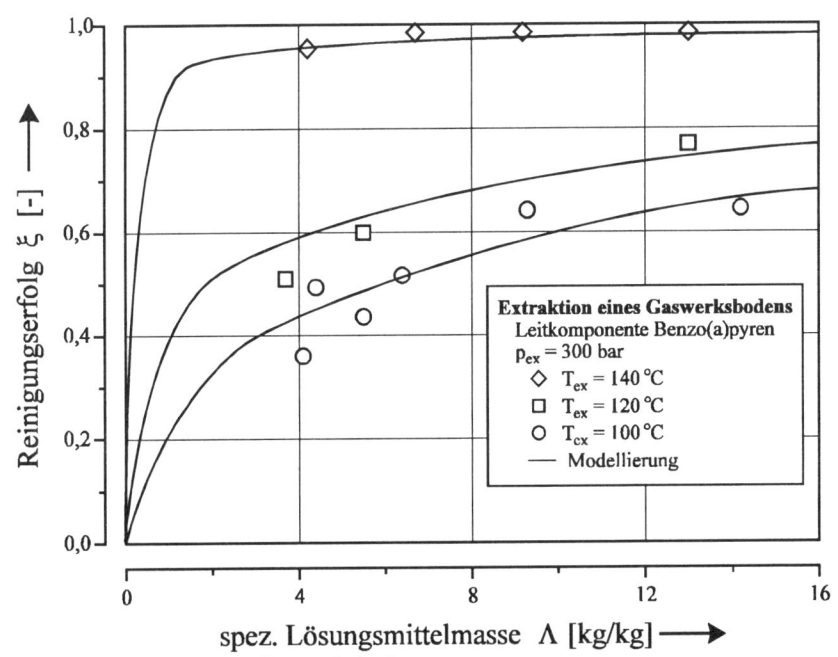

Bild 5: Reinigung eines Gaswerksbodens

In der Literatur gibt es zahlreiche Hinweise, daß beispielsweise Methanol oder Ethanol in geringen Konzentrationen als Schleppmittel dem Kohlendioxid zudosiert die Reinigung verbessern [6]. Doch selbst das Wasser, das natürlicherweise im Boden vorhanden ist, kann schon zu einer deutlich besseren Reinigung führen. Bild 6 zeigt diese Wirkung. Gegenüber der Extraktion von trockenem

Material kann durch die Steigerung des Wassergehaltes bis ca. 12 % bei gleichen Extraktionsbedingungen die Schadstoffabreinigung deutlich verbessert werden. Ist der Boden jedoch zu feucht, so kommt es wegen Agglomerat- und Kanalbildung wieder zu einer Abnahme des Reinigungserfolges, da keine gleichmäßige Durchströmung der Bodenschüttung mehr möglich ist.

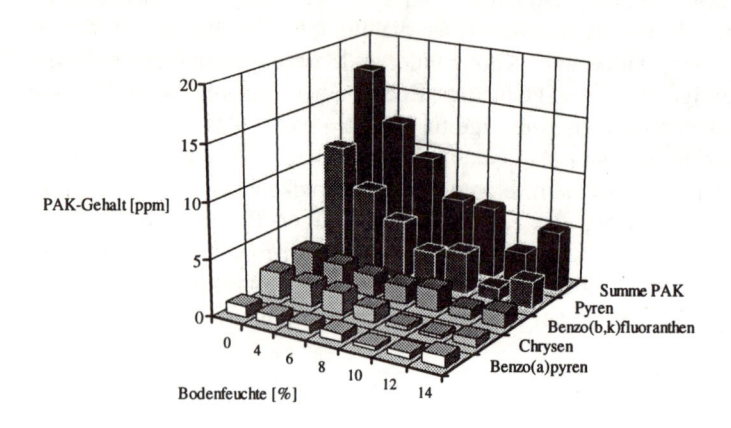

Bild 6: Einfluß der Bodenfeuchte auf die Schadstoffabreinigung

Kostenschätzung

Neben den Versuchen zu den physikalischen Grundlagen des neuen Bodensanierungsverfahrens und der Beurteilung der verfahrenstechnischen und anlagetechnischen Machbarkeit gehört zur sorgfältigen Untersuchung der Einsatzmöglichkeiten auch eine Wirtschaftlichkeitsbetrachtung. Nur so kann nach Abschätzung der Verfahrenskosten eine erste wirtschaftliche Einordnung und eine umfassende Verfahrensbeurteilung vorgenommen werden. Zum Vergleich verschiedener Anlagenkonzepte und zur rechnergestützten Versuchsplanung und Verfahrensoptimierung dient daher ein Kostenrechnungsprogramm, mit dem die Verfahrenskosten und die einzelnen verursachenden Kostenarten analysiert werden können.

Zur Abschätzung der Investitionskosten wird die Hauptausrüstung der Anlage mit Autoklaven, Wärmetauschern und Pumpe überschlägig ausgelegt. Mit einem Lang-Faktor werden danach aus den Kosten dieser Anlagenteile die Kosten der Gesamtanlage ermittelt. Mit diesem Investitionsvolumen und einem Fremdkapitalzins von 12 % sowie einer Abschreibungszeit von 5 Jahren werden schließlich die Kapitalkosten errechnet.

Bei der Beschreibung der Betriebskosten werden vor allem die Energiekosten und die nach dem Chargenwechsel auszugleichenden Lösungsmittelverluste berücksichtigt.

Durch geeignete Druckentlastungseinrichtungen und Rückgewinnung des CO_2 beim Abfahren des Extraktors sind diese Verluste jedoch entsprechend klein.

Die Personalkosten werden unter der Annahme bestimmt, daß 3 Personen pro Schicht die Anlage betreiben und die Auslastung bis zum Dreischicht-Betrieb mit ca. 210 Jahresarbeitstagen reichen kann. Die Bodenvorbereitung wurde pauschal mit 50 DM/t Boden eingerechnet.

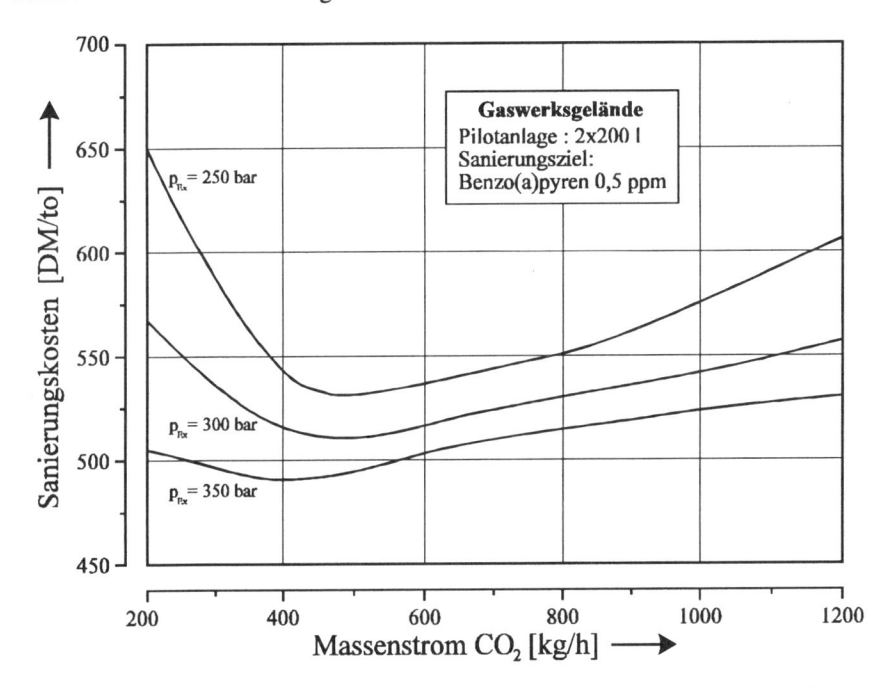

Bild 7: Einfluß des CO_2-Massenstromes auf die Sanierungskosten einer Pilotanlage

Mit Hilfe des Kostenmodells können unterschiedlichste Betriebsbedingungen vorgegeben und hinsichtlich der zu erwartenden Sanierungskosten bewertet werden. So sind Anlagenvarianten mit mehreren Extraktoren möglich, die eine bessere Ausnutzung des Lösungsmittels erlauben, oder die anstelle der Pumpe mit Hilfe eines Kompressors das CO_2 verdichten, um so auf die energetisch aufwendige Kondensation zu verzichten.

[Figure: Sanierungskosten [DM/to] vs. Anlagenkapazität [to/a], showing Personalkosten, Kapitalkosten, and Betriebskosten curves. Gaswerksgelände, Sanierungsziel: Benzo(a)pyren 0,5 ppm, $T_{Ex} = 180°C$, $p_{Ex} = 350$ bar]

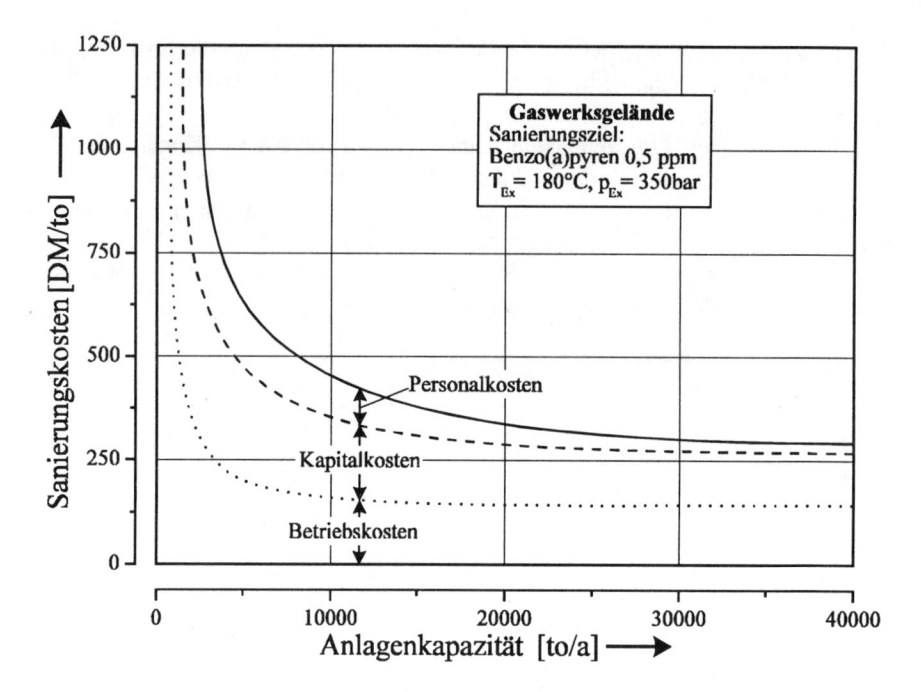

Bild 8: Sanierungskosten für eine ehemaliges Gaswerksgelände

Kapitalkosten sind im wesentlichen von den Extraktionsbedingungen abhängig und können nur über eine höhere Anlagenauslastung gesenkt werden (Drei-Schicht-Betrieb). Die Betriebskosten, in die Energiekosten eingehen, erfordern ein möglichst effektives Ausnutzen des verdichteten Lösungsmittels, was durch eine Quasigegenstromverschaltung der Extraktoren und den Einsatz von Schleppmitteln erreicht werden kann. Wie Bild 7 für eine mögliche Pilotanlage mit zwei 200 l-Extraktoren zeigt, können optimale Betriebspunkte aufgrund der komplexen Kinetik des Extraktionsprozesses nicht intuitiv gefunden werden [7].

Bild 8 zeigt exemplarisch die Sanierungskosten für den Boden eines ehemaligen Gaswerksstandortes in Abhängigkeit von der Anlagenkapazität. Den Berechnungen ist eine Anlage mit drei Extraktoren sowie eine Extraktionszeit von 1,5 Stunden zugrunde gelegt. Eine Kapazität von 50.000 t/a kann mit drei 3 m^3-Extraktoren im Drei-Schicht-Betrieb erreicht werden. Die resultierenden Sanierungskosten von ca. 260 DM/t liegen im selben Rahmen wie die Kosten vergleichbarer thermischer Sanierungsanlagen [8].

Verfahrensbewertung

Zur Sanierung kontaminierter Böden bietet sich die Hochdruckextraktion als sehr umweltverträgliche Verfahrensalternative an. Das Lösungsmittel CO_2 muß nicht separat hergestellt werden, sondern wird bei zahlreichen Prozessen als Nebenprodukt gewonnen. CO_2 ist toxikologisch unbedenklich und steht in großen Mengen preiswert zur Verfügung.

Der Boden wird bei Temperaturen bis 180° C vergleichsweise schonend behandelt, ohne daß die Bodenstruktur durch die Gasextraktion beeinflußt wird und verläßt die Anlage in lösungsmittelfreier Form, was die Akzeptanz dieses Verfahrens fördert. Mit Hilfe geeigneter Entspannungs- und Rückfülleinrichtungen können die Lösungsmittelverluste beim Chargenwechsel stark begrenzt werden und die Anlage läßt sich mit geringem Betriebsmittelaufwand unterhalten. Da die Schadstoffe nicht wie bei konventionellen Verfahren vom Lösungsmittel in andere Trägerströme übergehen, sondern als separate Fraktion abgeschieden werden, fallen nur sehr kleine Reststoffmengen als Extrakt an.

Die notwendigen Anlagenteile zum Bau von Anlagen im Pilot- oder Großmaßstab haben sich in anderen Bereichen der Verfahrenstechnik seit Jahren im Einsatz bewährt, so daß die weitere Maßstabsvergrößerung schnell und relativ risikolos ausgeführt werden kann.

Insgesamt handelt es sich bei der Hochdruckextraktion um eine wirtschaftlich konkurrenzfähige Alternative zu den bekannten Bodensanierungsverfahren.

Die zu erwartenden Verfahrenskosten bei einer Anlagenkapazität von 50.000 t/a liegen mit optimiertem Verfahrenskonzept bei ca. 260 DM/t und sind aufgrund der minimalen zu entsorgenden Schadstoffmengen von der zukünftigen Deponiekostenentwicklung weitestgehend unabhängig. Doch auch kleinere, möglicherweise mobile Anlagen können zur Sanierung begrenzter Kontaminationen (sogenannte hot spots) eingesetzt werden. Die zu erwartenden Sanierungskosten können zudem durch die bisher in der Kostenschätzung nicht berücksichtigten Aspekte wie Schleppmitteleinsatz (vorzugsweise Wasser), Extraktorverschaltung oder Abscheidung mit Hilfsstoffen weiter verringert werden.

Literatur:

[1] STAHL, E.; QUIRIN, E.-W.; GERARD, D. (1987): Verdichtete Gase zur Extraktion und Raffination, Springer Verlag Berlin, 1. Auflage.
[2] MICHEL, St. (1992): Grundlagenuntersuchung zur Extraktion von polycyclischen aromatischen Kohlenwasserstoffen aus kontaminierten Böden mit überkritischem Kohlendioxid, Dissertation, Universität Dortmund.
[3] BURK, R.C.; KRUUS, P. (5/1990): J. Environ. Sci. Health, 553-567.
[4] LANDESAMT FÜR WASSER UND ABFALL Nordrhein-Westfalen (4.11/1988): Leitfaden Bodensanierung, Übersetzung des "Leitraad Bodensanering"-afl.; Staatsuitgeverij's, Gravenhagen.
[5] LÜTGE, C.; REIß, I.; SCHLEUßINGER, A.; SCHULZ, S.: Modeling the Extraction of Perylene from spiked Soil Material by Dense Carbon, Dioxide, Journal of Supercritical Fluids (im Druck).
[6] ANDREWS, A. T. (1990): Thesis, Rutgers The State University of New Jersey - New Brunswick.
[7] LÜTGE, C. (1993): Ein Beitrag zur Auslegung von Anlagen für die Sanierung kontaminierter Böden mittels Hochdruckextraktion, Dissertation, Universität Dortmund.
[8] SCHERZER, T. (1992): Müll, Abfall, 4, 234-245.

Biologische Dekontamination von Phenolen in Böden und Bauschutt

Dr. Erika Harksen, Martina Müller, Dr. Joachim Sawistowsky

Einführung

Ein besonderes Problem der Altlastensanierung in den neuen Bundesländern sind die umfangreichen Mengen an Abbruchmaterialien, die durch den Rückbau ehemaliger Industriestandorte im Rahmen der wirtschaftlichen Umgestaltung anfallen.

Für die Wiedernutzbarmachung von Industrieflächen müssen kontaminierte Abbruchmaterialien - nicht zuletzt wegen des begrenzten Deponieraumes - auf akzeptable Weise einer Wiederverwertung zugeführt werden.

Bedingt durch die historische Nutzung sind diese Standorte durch eine Vielfalt von Schadstoffen und deren Alterungsprodukten charakterisiert.

Ein spezielles Problem stellt die Verunreinigung dieser Materialien mit **Phenolen** dar. Von Phenolkontaminationen sind neben den bekannten Standorten, wie Kokereien und Gaswerke, eine Vielzahl ehemaliger Betriebe der chemischen Inustrie betroffen, in denen Phenole als Ausgangsstoffe für die Produktion von Kunststoffen, Weichmachern, Desinfektionsmitteln und Farbstoffen eingesetzt wurden. Ursache der Kontamination von Gebäudeteilen und Böden waren Störälle bei Lagerung, Umschlag, Transport und Produktion.

Phenole gelten als biologisch gut abbaubar und unterliegen in der Regel einer vollständigen Mineralisierung. Die kostengünstige biologische Sanierung phenolkontaminierter Materialien erscheint somit zunächst problemlos möglich.

Das kontaminierte Material kann jedoch Besonderheiten aufweisen, die eine biologische Sanierung erschweren, wie eine als mikrobieller Lebensraum ungeeignete Matrix mit ungenügendem Nährstoffpotential, ein - insbesondere für Bauschutt charakteristisches - stark alkalisches Milieu und damit einer eingeschränkten autochthonen mikrobiellen Besiedelung.

Am Beispiel von zwei realen Schadenfällen wird die Methodik zur Prüfung der biologischen Sanierbarkeit von phenolbelasteten Abbruchmaterialien und die Erarbeitung der Verfahrensführung einer off-site-Behandlung im Biobeet demonstriert.

Als Sanierungsziel wurde jeweils ein Wert von 1 mg Phenol/kg TS (Phenole nach DIN 38 409 H16-2) festgelegt.

Material und Methoden

Untersuchungsgegenstand waren

- Schadenfall A: Bodenaushub (Generatorstandort) mit einem hohen Anteil an Generatorstein und Auffüllmaterialien
- Schadenfall B: Abbruchmaterial (Bauschutt).

Als Phenolabbauer wurden jeweils spezielle Mikroorganismenpopulationen verwendet. Diese wurden für den entsprechenden Schadenfall aus Isolaten des Standortmaterials und geeigneten Spezialkulturen zu einem Konsortium zusammengestellt. Die Auswahl und Zusammenstellung der Mischpopulationen erfolgte mit Hilfe eines automatisierten Selektionssystems (Bioscreen).

Die Optimierung des biologischen Potentials und der Milieubedingungen für den Schadstoffabbau wurde mit dem jeweiligen Standortmaterial im Labormaßstab in Suspensions- und Standkulturen sowie zur praxisrelevanten Erprobung im Pilotmaßstab in Bodensäulen und Kleinmieten durchgeführt.

In den Versuchsserien kamen qualitativ und quantitativ unterschiedliche Nährstoffsysteme mit anorganischem (Ammonium- und Nitrat-Salze) bzw. organischem (polymere Harnstoffverbindung) Stickstoff zum Einsatz.

Das Untersuchungsprogramm und die Methodik der Untersuchungen lehnten sich an die von der DECHEMA (1992) empfohlenen "Methoden zur Beurteilung der biologischen Bodensanierung" an (Abb.1).

Als Bodensäulen wurden Glassäulen mit einer Länge von 700 mm, einem Durchmesser von 50 mm und einem Füllvolumen von 2000 g Boden (TS) verwendet. Die Bodenfeuchte wurde auf 15 % eingestellt. Die Säulen wurden mit einer Rate von 2 l Luft/h belüftet.

Die Probenahme erfolgte wöchentlich, wobei die Bodensäulen jeweils entleert, neu durchmischt und bei Bedarf befeuchtet und mit Nährsalzen versetzt wurden.

Als Kleinmieten dienten mit HDPE-Folie abgedichtete Boxen mit einem Füllvolumen von 1 m^3 Bodenmaterial. Am Boden befand sich eine Kiesschicht mit Drainagerohren, die mit einer Vakuumpumpe verbunden waren, durch die Luft (200 l Luft/m^3 h) von oben nach unten durch den Bodenkörper gesaugt wurde. Zur Luftreinigung und zum Schutz vor Emissionen wurde eine Kombination von Bio- und Aktivkohlefiltern der Anlage nachgeschaltet.

Das am Standort ausgekofferte Material wurde durch cleanern klassiert, das Überkorn gebrochen und dem Aushub wieder zugemischt. Die obere Korngröße betrug 30 mm. Es wurde eine Bodenfeuchte von 15 % eingestellt.

Innerhalb der Versuchsserie wurde geprüft, ob während des Sanierungsprozesses im Standortmaterial eine Aktivierung von Mikroorganismen mit medizinisch-hygienischem Gefährdungspotential erfolgte.

Der Phenolgehalt des Materials wurde prozeßbegleitend nach DIN 38 409 H16-1 bzw. nach DIN 38 409 H16-2 bestimmt. In ausgewählten Proben erfolgte eine Analyse der Phenole nach EPA.

Die biologische Aktivität wurde mittels aktueller/potentieller Bodenatmung und des Gehaltes an vermehrungsfähigen Mikroorganismen (Koloniezahl auf selektiven Medien) bestimmt.

Die Nachweisführung für die Ermittlung des Gehaltes an Fäkalindikatoren bzw. die Abwesenheitsprüfung für ausgewählte pathogene Mikroorganismen erfolgte nach den Empfehlungen der DECHEMA: Dott, W. (1992); "Mikrobiologisch/hygienische Beurteilung des Gefährdungspotentials durch aerobe und fakultativ anaerobe heterotrophe Bakterien bei der Anwendung biologischer Verfahren zur Bodensanierung". Die Messung erfolgte vor den Filtereinheiten im Abluftstrom der Kleinmieten.

Ergebnisse und Diskussion

a) Charakterisierung des kontaminierten Materials

Schadenfall A

Phenolgehalt nach DIN 38 409 H16-1:
                600 mg/kg TS (max. Werte 2 273 mg/kg TS)

Phenole nach EPA 604:

Phenol	270	mg/kg TS
2,4-Dimethylphenol	330	mg/kg TS
3-Methyl-4-chlorphenol	3	mg/kg TS
2,4,6-Trichlorphenol	0,42	mg/kg TS

Als Begleitkontamination waren Mineralölkohlenwasserstoffe nach DIN 38 409 H18 nachweisbar (5 830 mg/kg TS).

Die weiteren nachweisbaren organischen Begleitkontaminanten (PAK nach EPA mit 3 mg/kg TS) sowie der Gehalt an Schwermetallen lagen unterhalb der Grenzwerte.

Der pH-Wert des wäßrigen Eluats betrug 7,6.

Die biologische Aktivität des Originalmaterials war durch einen Gehalt an vermehrungsfähigen Mikroorganismen von 2×10^5 KbE/g TS und einer aktuellen Bodenatmung von 3 mg CO_2/100 g TS x d charakterisiert.

Die potentielle Atmungsaktivität betrug 32 mg CO_2/100g TS x d.

Bedingt durch die gute Wasserlöslichkeit der Phenole sollten die punktuell sehr hohen Phenolkonzentrationen bereits eine toxische Wirkung auf die am Standort ansässige Mikroflora haben.

Der Wert für die potentielle Atmung zeigte, daß das Standortpotential aktivierbar war, daß die biologische Aktivität für eine erfolgreiche Sanierung jedoch

Die Zuführung von bodenbürtigen phenolabbauenden Spezialkulturen wurde daher als alternative Variante in die Untersuchungen einbezogen.

Schadenfall B

Phenolgehalt nach DIN 38 409 H16-2: 24 mg/kg TS

Phenole nach EPA 604:

Phenol	22,1	mg/kg TS
2-Chlorphenol	1,9	mg/kg TS
2,4-Dimethylphenol	1,64	mg/kg TS
2,4,6-Trichlorphenol	0,22	mg/kg TS

Als Begleitkontamination waren Mineralölkohlenwasserstoffe nach DIN 38 409 H18 nachweisbar (1 270 mg/kg TS).

Die weiteren nachweisbaren organischen Begleitkontaminanten (PAK nach EPA mit 4,8 mg/kg TS) sowie der Gehalt an Schwermetallen lagen unterhalb der Grenzwerte.

Der pH-Wert des wäßrigen Eluats betrug 11,6.

Die biologische Aktivität des Originalmaterials war durch einen Gehalt an vermehrungsfähigen Mikroorganismen von 3 x 10^3 KbE/g TS mit auffällig einheitlicher Koloniemorphologie und einer aktuellen Bodenatmung von nur 0,4 mg CO_2/100g TS x d charakterisiert.

Die potentielle Atmungaktivität betrug 5 mg CO_2/100g TS x d.

Die Höhe der Phenolkontamination und die nachgewiesenen Begleitkontaminanten ließen auf eine prinzipielle mikrobiologische Sanierbarkeit des Schadenfalles schließen.

Der extrem alkalische pH-Wert des Bauschutts ließ jedoch negative Auswirkungen auf den Sanierungsverlauf erwarten.

Weitere einschränkende Faktoren für eine biologische Sanierbarkeit waren der geringe Mikroorganismengehalt sowie die geringe Aktivierbarkeit des biologischen Potentials.

Aufgrund dieser Ergebnisse wurde in das Untersuchungsprogramm zur Prüfung der mikrobiellen Sanierbarkeit des Bauschutts die Wirkung der Zugabe eines strukturverbessernden Zuschlagmaterials (sandig-schluffiger Boden) im max. möglichen Verhältnis und die Zugabe eines phenolabbauenden Mikroorganismenkonsortiums einbezogen.

Zur Senkung des pH-Wertes während des Sanierungsverlaufs wurde in ausgewählten Versuchsvarianten die Zugabe einer zusätzlichen, den pH-Wert senkenden N-Quelle geprüft.

b) Optimierung des biologischen Potentials für den Schadstoff abbau

Für beide Schadenfälle wurden jeweils aus den zu behandelnden Bodenmaterialien und aus bodenbürtigen Organismen aus anderen phenolbelasteten Standorten geeignete phenolabbauende Mikroorganismenkonsortien zusammengestellt (Abb.2).

Die Mischpopulation für Schadenfall A (MP1) zeichnete sich durch Wachstum sowohl auf Phenol als auch auf MKW aus (Abb.3).

Das Konsortium für Schadenfall B (MP3) zeigte bei gutem Wachstum auf Phenol eine hohe Toleranz gegenüber alkalischen pH-Werten (Abb.4).

Diese bodenbürtigen Mikroorganismen konnten nach taxonomischer Zuordnung in die Risikogruppe 1 eingeordnet werden.

Die Einordnung erfolgte entsprechend Merkblatt "Sichere Biotechnologie, Eingruppierung biologischer Agenzien: Bakterien" der BG Chemie B006 1/92.

c) Optimierung der Milieubedingungen für den Schadstoff abbau

Schadenfall A

Die Untersuchungen wurden in Suspensionskulturen, in Bodensäulen und in Kleinmieten durchgeführt.

Die Versuchsergebnisse in Suspensionskulturen zeigten, daß in der Versuchsvariante mit Zusatz des Mikroorganismenkonsortiums MP1 nach einer Adaptationsphase ein intensiver Phenolabbau erfolgte (Abb.5).

Bei einer Phenolausgangskonzentration von 610 mg/l waren nach einem Zeitraum von 15 Tagen 70 % des Gesamtgehalts der Phenole abgebaut. Mit dem Phenolabbau korrelierte eine Zunahme der Mikroorganismenkonzentration von $1*10^6$ auf $1-2*10^9$ KbE/ml.

Durch das biologische Potential des Standortmaterials wurden im gleichen Zeitraum nur 40 % des Gesamtgehalts der Phenole abgebaut. Dieses Ergebnis resultierte aus einer geringeren Biomassekonzentration und auch aus geringeren Phenolabbauraten. Die Ergebnisse der Untersuchungen des Phenolabbaus in Bodensäulen bestätigten diesen Befund (Abb.6).

Nach einem Versuchszeitraum von 6 Wochen waren bei Zugabe der Mischpopulation MP1 zum Bodenmaterial 96 % des Gesamtgehalts der Phenole abgebaut.

Die autochthone Mikroflora war zwar durch die gewählten Versuchsbedingungen aktivierbar, zeigte jedoch ein geringeres Abbauvermögen. Der schnelle Verlauf des Phenolabbaus in den Bodensäulen dürfte auf die sehr intensive Bodenvorbehandlung (Zerkleinerung des Materials < 30mm) und die bei jeder Probenahme erfolgte Homogenisierung des Bodens zurückzuführen sein. Dies belegen auch die Ergebnisse der Untersuchungen in den Kleinmieten (Abb. 7).

Infolge der höheren Korngröße und der schlechteren Homogenisierung des Materials sowie der geringen (von den winterlichen Außentemperaturen abhängigen) Mietentemperatur erstreckte sich der Phenolabbau über einen Zeitraum von 24 Wochen.

Erst nach dieser Zeit wurde das Sanierungsziel von < 1mg Phenol/kg TS mit Gehalten von 0,15 mg/kg TS, in der Versuchsvariante bei Verwendung einer organischen Stickstoffquelle und bei Zugabe des Mikroorganismenkonsortiums MP1 unterschritten.

In der nach EPA 604 durchgeführten Analyse waren zum Abschluß der Versuchsdauer die begleitenden Phenole 2,4-Dimethylphenol sowie 2,4,6-Trichlorphenol nur noch in Spuren und 2-Chlorphenol nicht mehr nachweisbar.

Bei Einsatz anorganischer Stickstoffpräparate stagnierte der Phenolabbau, wie auch bei der nur mit dem anorganischen Stickstoffpräparat aktivierten Kontrolle.

Dies sollte somit auf die Nichteignung dieser N-Quelle für die Sanierung zurückzuführen sein.

Die Untersuchungen zur mikrobiologisch-hygienischen Beurteilung des Gefährdungspotentials durch die während der Sanierung aktivierten Mikroorganismen ergaben, daß mit der ungefilterten Mietenabluft kein relevanter Austrag von Mikroorganismen der Risikogruppe 2 erfolgte.

Schadenfall B

Die Untersuchungen wurden mit Standortmaterial in Suspensionskulturen und in Standkulturen durchgeführt.

Alle Versuchsansätze wurden mit einem anorganischen Stickstoff/Phosphor/Kalium-Komplexpräparat versetzt und mit der Mischpopulation MP3 beimpft (Standard).

Folgende Versuchsvarianten kamen zum Einsatz:
–Standard,
–Standard + Ammoniumsulfat,
–Standard + Zuschlagstoff,
–Standard + Ammoniumsulfat + Zuschlagstoff.

Die Zugabe der Mischpopulation bewirkte eine Erhöhung der Mikroorganismenkonzentration zu Versuchsbeginn auf ca. $1*10^6$ KbE/g TS.

Die Ergebnisse des Phenolabbaus in Suspensionskultur zeigten, daß in allen Varianten ein Abbau der Phenole erfolgte (Abb.8).

Der intensivste Phenolabbau wurde bei Zuführung von strukturverbesserndem Zuschlagmaterial erreicht. Unter diesen Bedingungen wurden die Phenole innerhalb von 4 Tagen vollständig abgebaut. Das Zuschlagmaterial verursachte eine pH-Wert-Senkung des Eluats und förderte während der intensiven Phenolabbauphase das Mikroorganismenwachstum.

Während der Phenolabbauphase wurden Mikroorganismenkonzentrationen von ca. $1*10^8$ KbE/ml erreicht.

Eine zusätzliche Zuführung von Ammoniumsulfat bewirkte keine Absenkung des pH-Wertes.

Das verfügbare Ammonium wurde durch die Mikroorganismenpopulation schnell assimiliert, verursachte jedoch gleichzeitig eine Hemmung des Phenolabbaus.

Die Ergebnisse der Untersuchungen mit Standkulturen bestätigten diese Effekte (Abb.9).

Eine Zuführung des Strukturmaterials förderte den Schadstoffabbau.

Mit der Versuchsvariante 3 (Standard + Zuschlagstoff) wurde nach 15 Tagen Versuchsdauer mit 0,2 mg Phenol/kg TS das beste Sanierungsergebnis erreicht.

Überschüssige Stickstoffbereitstellung in Form von Ammoniumsulfat resultierte dagegen in jeder dieser Versuchsvarianten in einer Hemmung des Phenolabbaus. Der Phenolabbau betrug nach 15 Tagen lediglich 23 bzw. 44 %.

In der nach EPA 604 durchgeführten Analyse der begleitenden Phenole waren zum Abschluß der Versuchsdauer 2-Chlorphenol, 2,4-Dimethylphenol sowie 2,4,6-Trichlorphenol nur noch in Spuren nachweisbar.

Zusammenfassung

Die durchgeführten Untersuchungen waren geeignet, die biologische Sanierbarkeit der mit Phenolen kontaminierten realen Materialien (Bodenaushub/Bauschutt) abzuschätzen.

Mit den angewendeten biotechnologischen Maßnahmen gelang es, die phenolkontaminierten Materialien unter die Grenze des jeweilig festgelegten Sanierungszieles abzureinigen.

Für das Sanierungsverfahren in der Praxis (off-site-Verfahren, Biobeet) wurden folgende Determinanten abgeleitet:
- Die Ergänzung der autochthonen Mikroflora durch geeignete, an den jeweiligen Schadenfall adaptierte Mikroorganismenkonsortien (mit hoher Abbauaktivität für Phenole; mit Toleranz gegenüber extremen Milieubedingungen; mit Resistenzen gegenüber möglichen Hemmstoffen der autochthonen Population).

- Eine ausreichend mechanische Vorbehandlung des Bodens (zur besseren Herauslösung des Schadstoffes aus dem kontaminierten Material; zur Beseitigung von punktuell hohen, auf die Mikroorganismen toxisch wirkenden Schadstoffkonzentrationen; zur besseren Verteilung und damit Versorgung der Mikroorganismen mit Nährstoffen, einschließlich des Sauerstoffs).

- Eine qualitativ und quantitativ optimale Zuführung von Nährstoffen (insbesondere die ausgeglichene Zuführung einer geeigneten, den Abbau der Phenole fördernden Stickstoffquelle; Verhinderung von Überdosagen von Stickstoff, die den Phenolabbau hemmen).

- Die Aufrechterhaltung einer den Schadstoffabbau fördernden Temperatur (15-25° C).

- Die Zuführung eines strukturverbessernden Zuschlagstoffes (im Falle der Sanierung des Bauschutts).

Auf der Grundlage der im Labor- und halbtechnischen Maßstab variierten Verfahrensparameter konnte das für den jeweiligen Schadenfall anzuwendende Mietenmanagement abgeleitet werden:
- Abtrennung und Brechen des Überkorns (Trennschritt max. d = 30 mm)

- Homogenisierung der Grob- und Feinfraktion sowie ggf. des zuzuführenden Zuschlagstoffes

- Einstellen des erforderlichen Wassergehaltes des Materials (15-20 %)

- Anzucht der bodenbürtigen Mikroorganismenkonsortien und Einstellung auf den entsprechenden Einsatzschlüssel

- Herstellung der wäßrigen Nährsalzlösung in der erforderlichen Qualität und Quantität

- Aufsetzen der Miete (Einbringen der Mikroorganismen, Nährsalze, Drainage)

- Belüftung/Abluftreinigung

- prozeßbegleitende analytische Kontrolle des Schadstoffabbaus

- Feststellung des Sanierungserfolgs

- Verwertung (Wiedereinbau) des gereinigten Materials

Literatur

1. INTERDISZIPLINÄRER ARBEITSKREISES "UMWELTBIOTECHNOLOGIE-BODEN" (1992): Labormethoden zur Beurteilung der biologischen Bodensanierung; 2. Bericht, DECHEMA.

2. WERNER, P. (1992): Preinvestigations on the Probabilities of Bioremediation. International Symposium; Soil Decontamination Using Biological Processes; Karlsruhe/D; 143-145.

3. FRITSCHE, W. (1992): Degradations of Xenobiotics by Fungi. International Symposium; Soil Decontamination Using Biological Processes; Karlsruhe/D; 31-36.

4. KLAPP, K.-U.; V.WACHTENDONK, D. (1994): Abbau von Phenolen durch Mikroorganismen. Entsorgungspraxis 11, 32-34.

5. STEILEN, N.; HEINKELE, Th.; REINEKE, W.; NECKER, U.; ODENSAß, M.; WILLERSHAUSEN, K.-H. (1993): Ergebnisse von Feldversuchen zur Behandlung eines PAK-belasteten Gaswerksbodens. Altlasten-Spektrum 3, 152-163.

6. DIEFENBACH, R.; KEWELCH, H., REHM, H. J. (1992): Erhöhung der Phenoltoleranz bei Escherichia coli-Zellen durch Supplementierung mit gesättigten Fettsäuren. DECHEMA, 10.Jahrestagung der Biotechnologen; Karlsruhe; 589-590.

7. KEWELOH, H.; HEIPIEPER,H. J.; DIEFENBACH, R.; REHM, H. J. (1992): Mechanismen phenolabbauender Bakterien zum Schutz vor der Toxizität ihrer Substrate. DECHEMA, 10.Jahrestagung der Biotechnologen; Karlsruhe; 521-522.

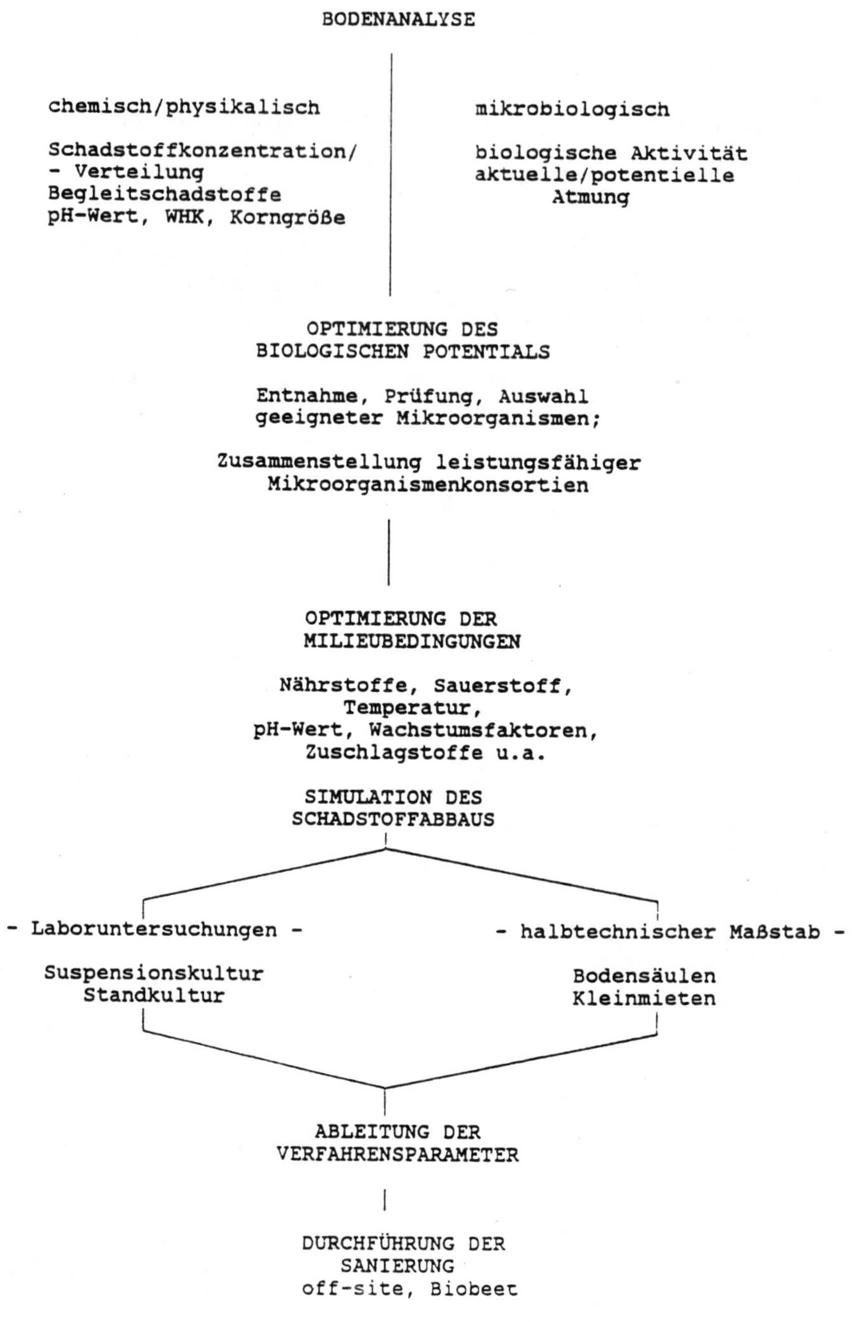

BODENANALYSE

chemisch/physikalisch	mikrobiologisch
Schadstoffkonzentration/ - Verteilung Begleitschadstoffe pH-Wert, WHK, Korngröße	biologische Aktivität aktuelle/potentielle Atmung

OPTIMIERUNG DES
BIOLOGISCHEN POTENTIALS

Entnahme, Prüfung, Auswahl
geeigneter Mikroorganismen;

Zusammenstellung leistungsfähiger
Mikroorganismenkonsortien

OPTIMIERUNG DER
MILIEUBEDINGUNGEN

Nährstoffe, Sauerstoff,
Temperatur,
pH-Wert, Wachstumsfaktoren,
Zuschlagstoffe u.a.

SIMULATION DES
SCHADSTOFFABBAUS

- Laboruntersuchungen -	- halbtechnischer Maßstab -
Suspensionskultur Standkultur	Bodensäulen Kleinmieten

ABLEITUNG DER
VERFAHRENSPARAMETER

DURCHFÜHRUNG DER
SANIERUNG
off-site, Biobeet

Abb. 1: Untersuchungsprogramm zur Abschätzung der biologischen Sanierbarkeit phenolbelasteten Bodens

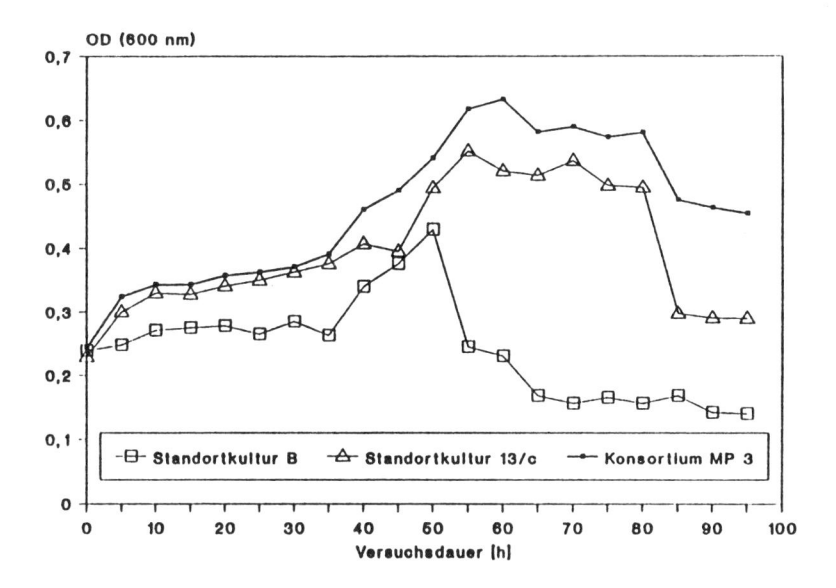

Abb. 2: Wachstum des kombinierten Mikroorganismen-Konsortiums MP3 im Mineralsalzmedium mit Phenol (600 mg/l) im Vergleich zum Wachstum der Ausgangspopulationen

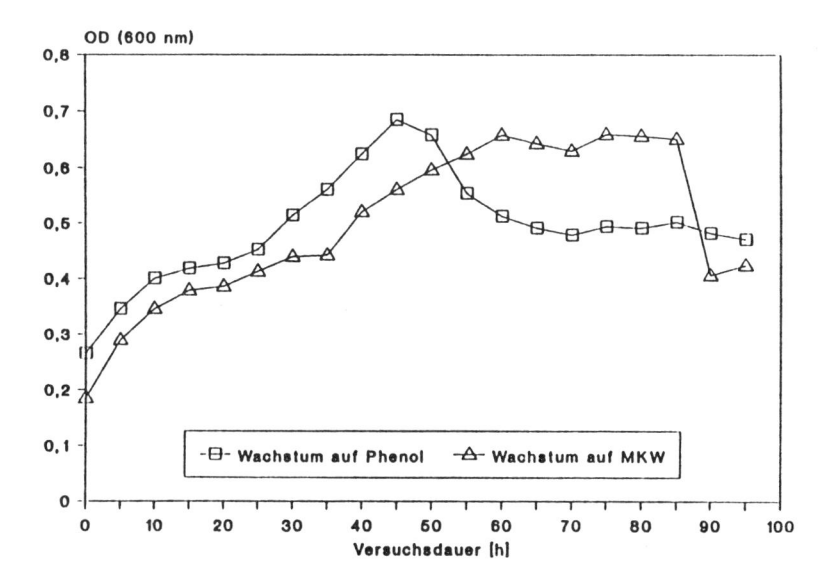

Abb. 3: Wachstum der Mischpopulation MP1 auf Phenol (500 mg/l) bzw. Mineralölkohlenwasserstoffen (2000 mg/l) als einzige C- und Energiequelle

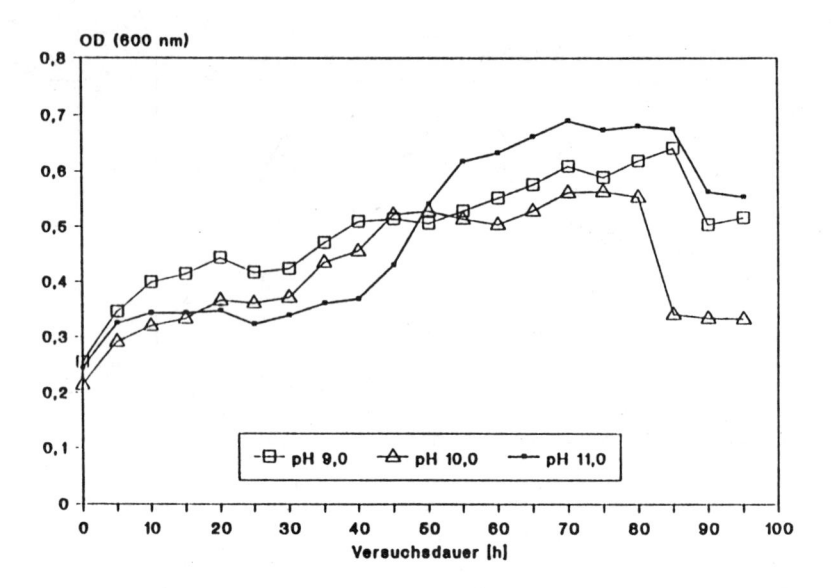

Abb. 4: Wachstum der Mischpopulation MP3 im Mineralsalzmedium mit Phenol (500 mg/l) in Abhängigkeit vom pH-Wert

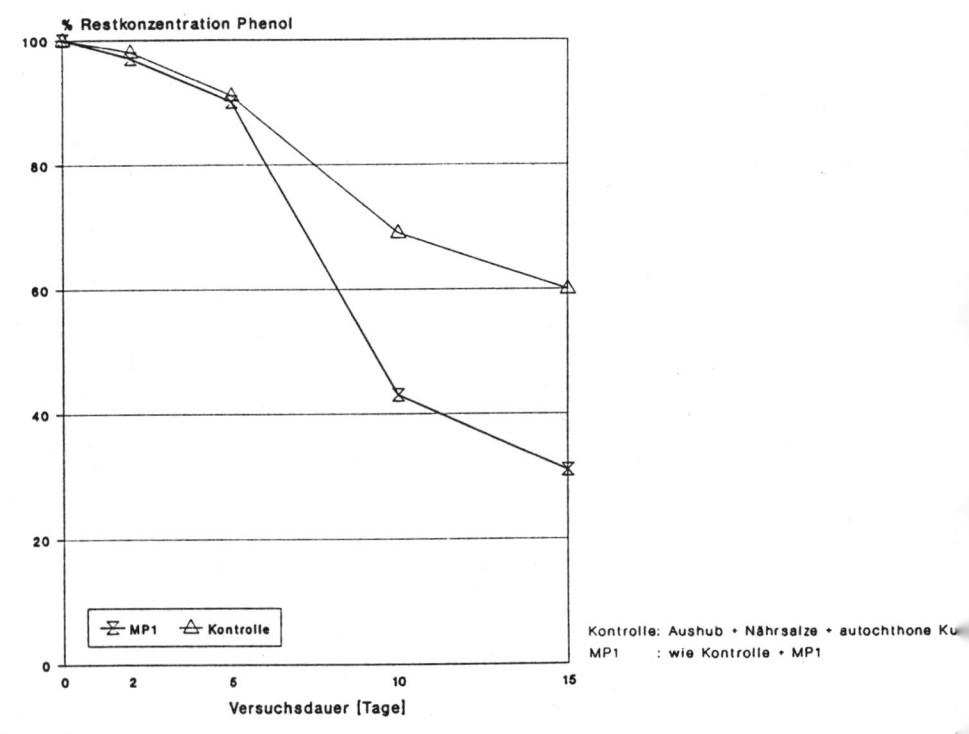

Abb. 5: Schadenfall A, Phenolabbau in Suspensionskultur

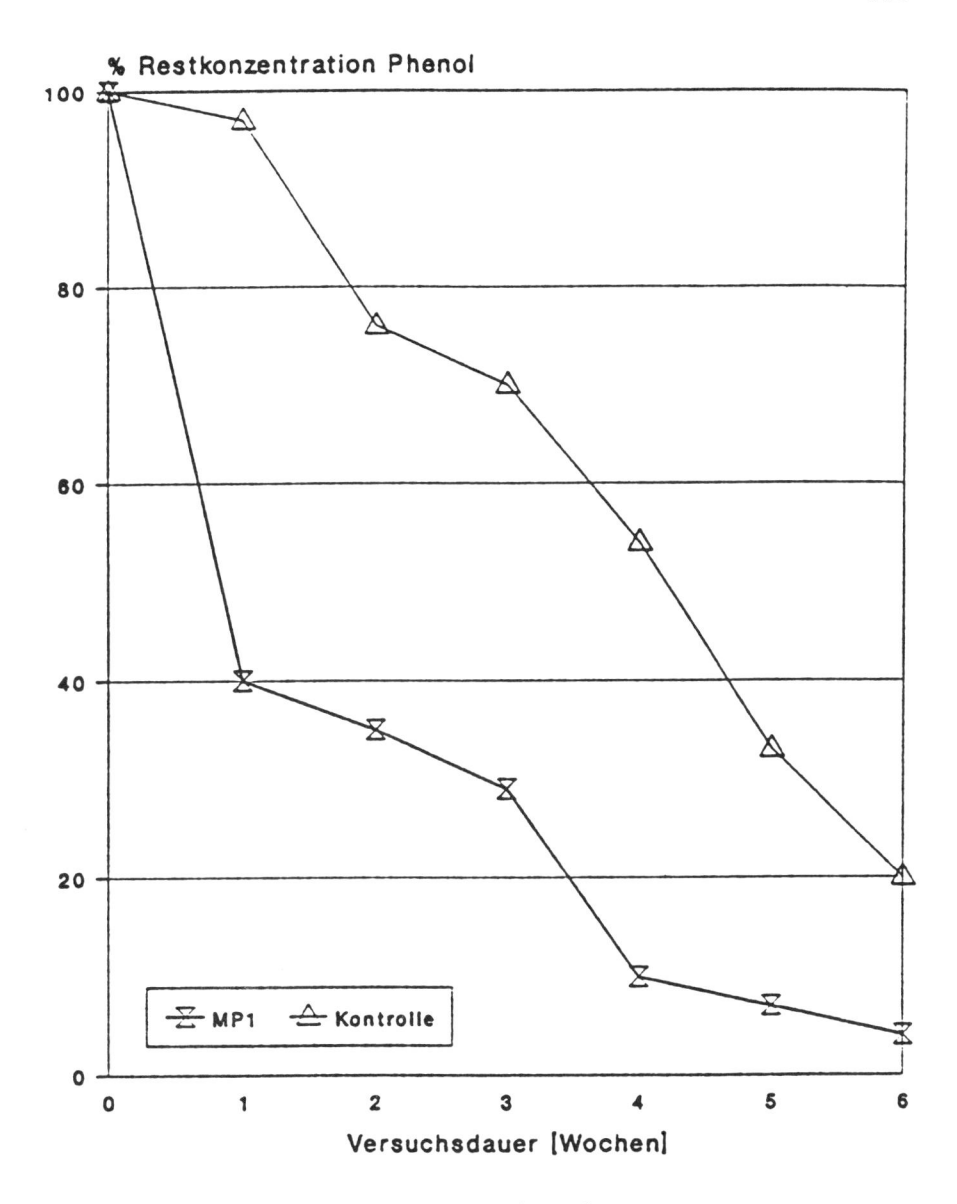

Abb. 6: Schadenfall A, Phenolabbau in Bodensäule

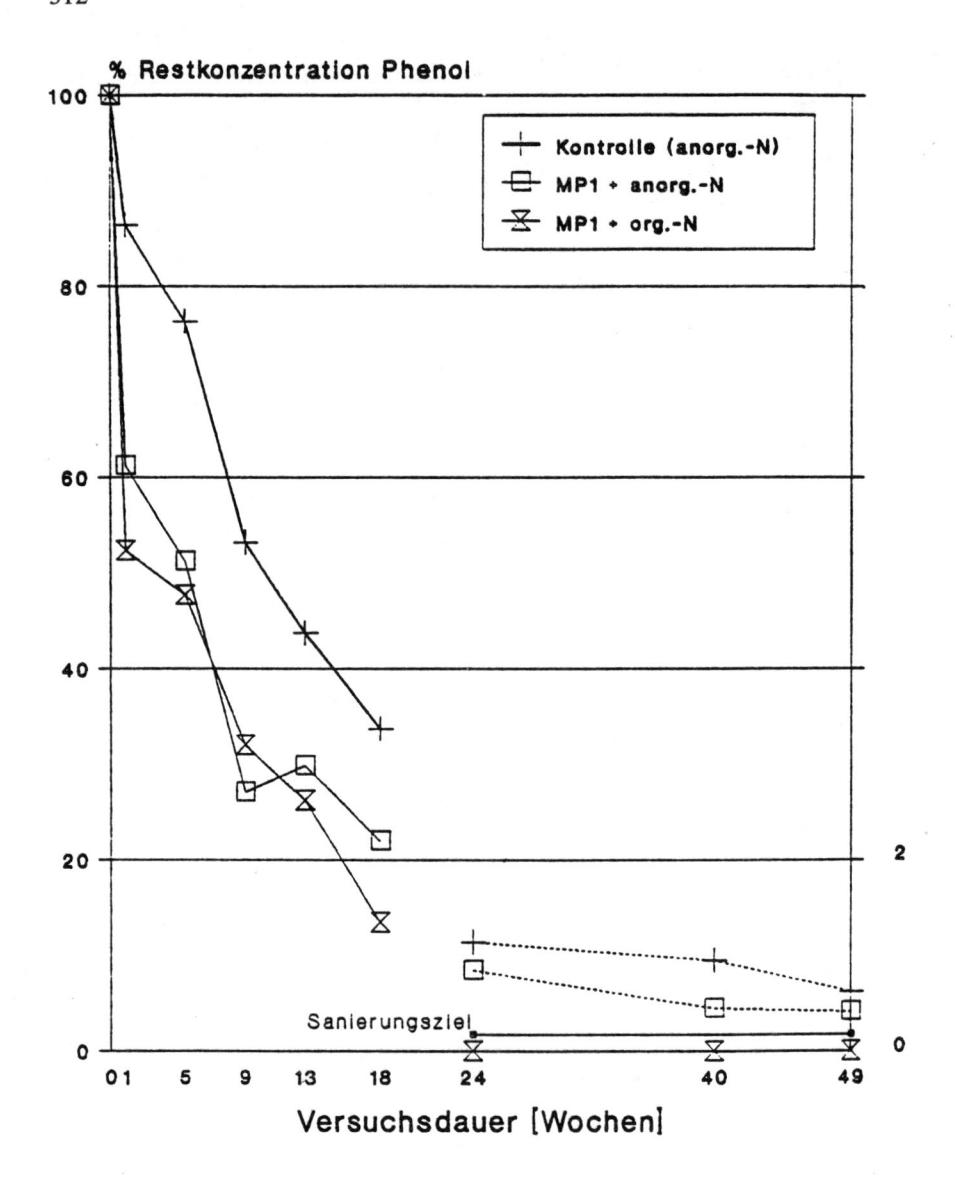

Abb. 7: Schadenfall A, Phenolabbau in Kleinmieten

Abb. 8: Schadenfall B, Phenolabbau in Suspensionskultur

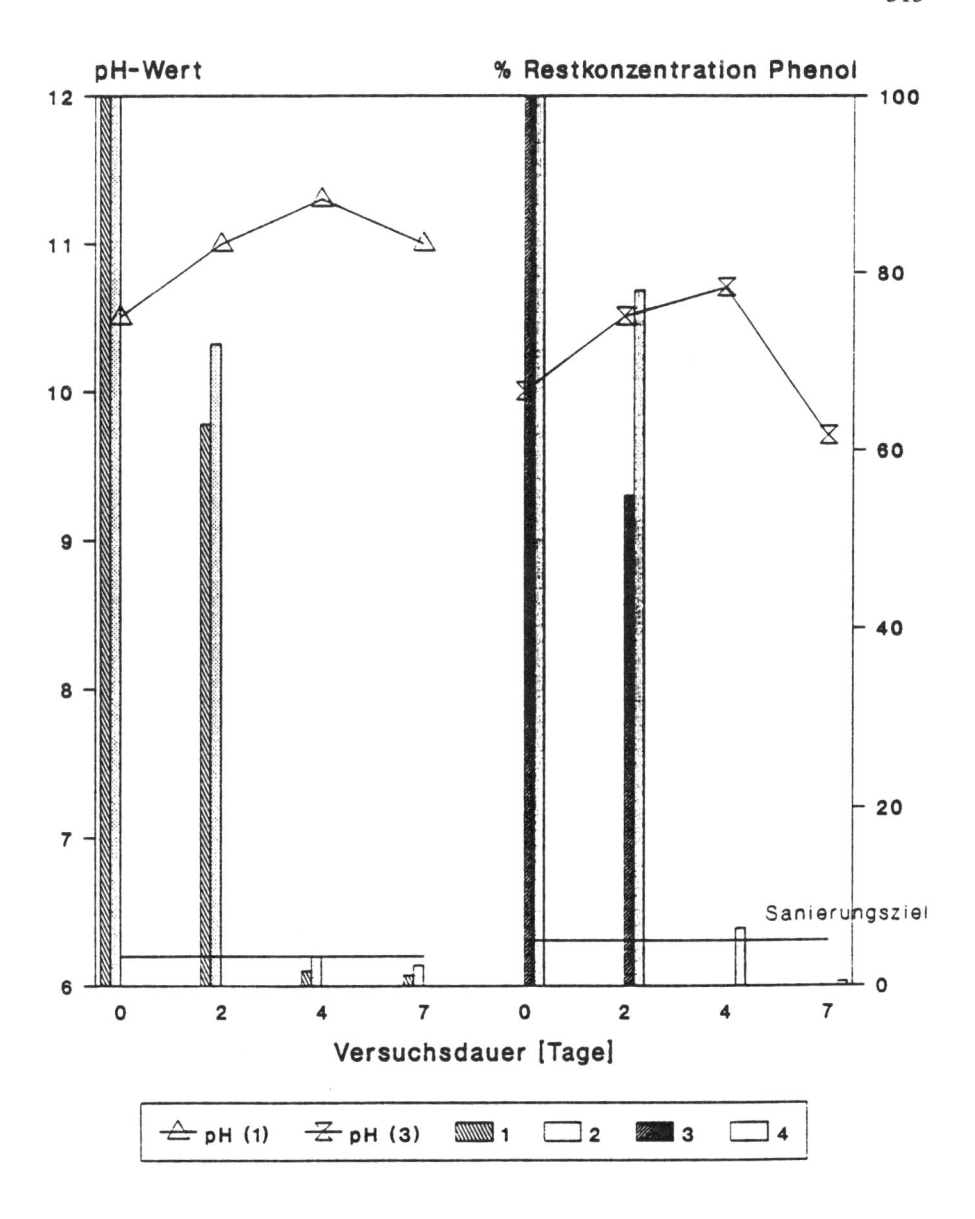

Versuchsvarianten

1: Standardvariante
2: Standardvariante + Ammoniumsulfat
3: Standardvariante + Zuschlagmaterial
4: Standardvariante + Zuschlagmaterial + Ammoniumsulfat

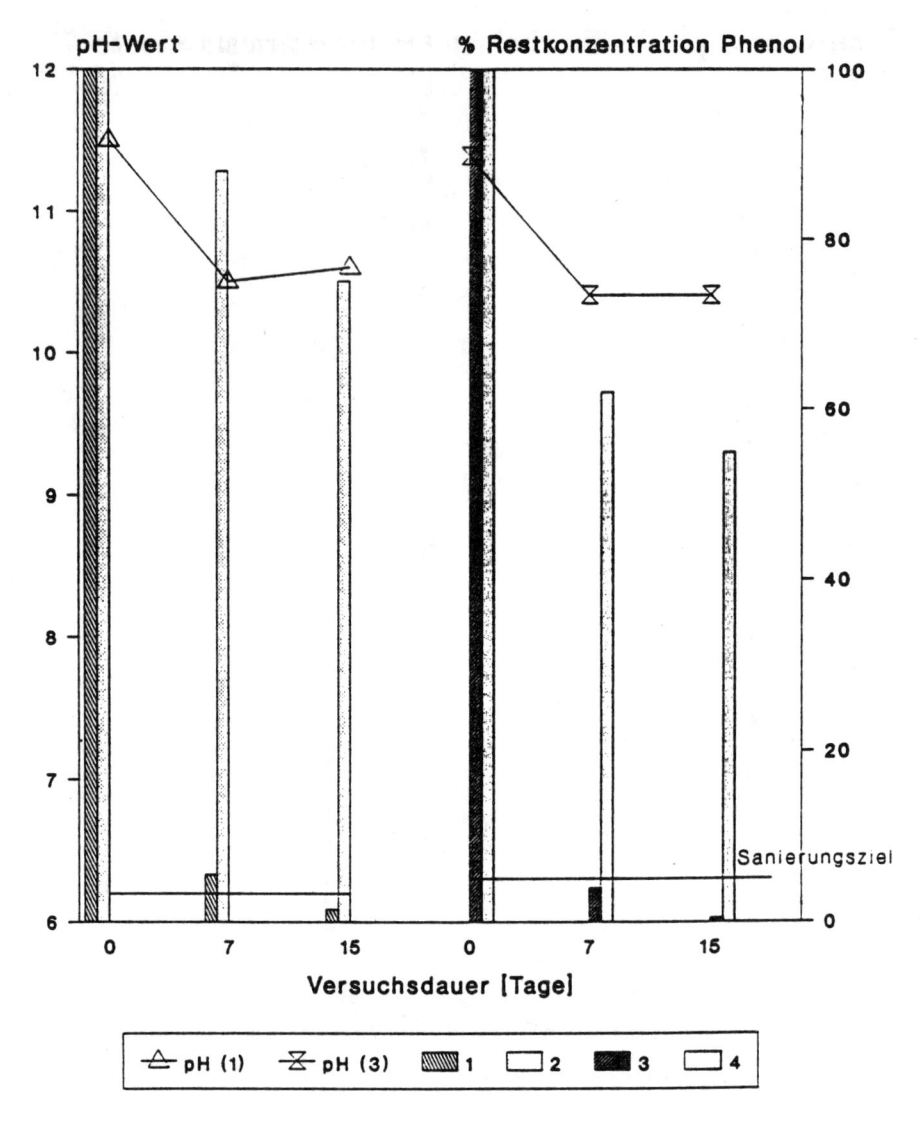

314

pH-Wert   **% Restkonzentration Phenol**

Versuchsdauer [Tage]

△ pH (1)   ⋈ pH (3)   ▨ 1   ☐ 2   ■ 3   ☐ 4

Versuchsvarianten

1: Standardvariante
2: Standardvariante + Ammoniumsulfat
3: Standardvariante + Zuschlagmaterial
4: Standardvariante + Zuschlagmaterial + Ammoniumsulfat

Abb. 9: Schadenfall B, Phenolabbau in Standkultur

Sanierung quecksilberbelasteter Industriestandorte

Dieter Pflugradt

1. Einleitung

1.1. Eigenschaften und Vorkommen des Quecksilbers

Das Quecksilber, als einziges bei Normaltemperatur flüssiges Metall, kann auf Grund auch einer Reihe weiterer ungewöhnlicher chemisch-physikalischer Eigeschaften (s. Tabelle 1) als interessante Ausnahme unter den Elementen angesehen werden.

	Hg	zum Vergleich Kupfer
Schmelzpunkt (° C)	- 38,9	1.083
Siedepunkt (° C)	357 (flüchtig ab -44)	2.595
Wärmeleitfähigkeit	0,025	0,94
Ausdehnungskoeffizent	182	17
elektr. Leitfähigkeit	1,05	56
Sättigung (mg/m^{3}Luft)	13,6	
Löslichkeit (mg/l Wasser)	0,02	

Tabelle 1: Physikalische Eigenschaften des Quecksilbers

In der Natur kommt Quecksilber in mehreren Formen, aber insgesamt nur in geringem Umfang vor. Trotz der guten Bioverfügbarkeit einzelner Hg-Spezies hat sich keine Pflanze und kein Tier auf diese interesamte Erscheinungsform der Materie spezialisiert; nur der Mensch nutzt gezielt seit Jahrtausenden ganz spezielle Eigenschaften dieses und anderer Metalle.

Das Quecksilber ist in den unterschiedlichsten chemischen Bindungs- und physikalischen Erscheinungsformen bekannt. In der Natur sind jedoch nur 2 chemische Hg-Spezies in nennenswerten Mengen vorhanden. Am häufigsten und stabilsten, weil durch die Natur immobilisiert, tritt uns das **sulfidisch gebundene HgS** entgegen, weltweit als Grundlage für die Quecksilbergewinnung und -aufbereitung genutzt. Das meist kristalline Quecksilbersulfid ist als roter Zinnober im Cinnabarit-Erz bekannt; seltener ist die schwarze amorphe Variante Metazinnober.

Elementares Quecksilber tritt in der Natur meist als Legierung (Amalgam) mit unterschiedlichen Metallen auf. Das in der Zahntechnik verwendete Silberamalgam ist im sogenannten Fahlerz eine Grundlage der Silbergewinnung und in dieser physikalischen Bindungsform ähnlich stabil wie Quecksilbersulfid.

Anders das reine, das flüssige Quecksilber. Hier gilt, je reiner, desto flüssiger. Quecksilber ist als Bezeichnung ein bergmännischer althochdeutscher Begriff und geht zurück auf (quick) "lebendiges Silber". Das gediegene Quecksilber tritt in der Natur allerdings nur im Ausgehenden von Zinnober-Lagerstätten als Überschuß von oberflächennahen Zersetzungsvorgängen, tropfenförmig an der Oberfläche und in Hohlräumen, oder als Schlieren im Erzgestein auf.

Das wenige in der Natur vorkommende Quecksilber ist hauptsächlich in sulfidischen Quecksilbererzen (Zinnober festgelegt) und nimmt nur in ganz geringem Umfang am biologisch-geochemischen Kreislauf teil. Entsprechend niedrig sind auch die back-ground-Werte Boden/Wasser/Luft (s. Tabelle 2).

Die natürlichen Quecksilberemissionen in Form von Dampf oder gebundenem Staub betragen nach RUDOLF (1) auf der ganzen Erde pro Jahr 30 t, davon ist $1/3$ vulkanischen Ursprungs. Mehr als das 30fache, nämlich 11 kt/a, sind anthropogenen Ursprungs, je zur Hälfte aus der Verbrennung fossiler Brennstoffe (meist Erdgas und Erdöl) und aus der chemischen Industrie.

1.2. Verwendung und Toxizität des Quecksilbers

- Quecksilber wird wegen seiner besonderen Eigenschaften seit Jahrtausenden durch den Menschen genutzt:
- wegen der roten Farbe des Zinnobererzes als Farbstoff, z. B. von Naturvölkern zur Körperbemalung
- wegen der Neigung zur Amalgambildung in der Zahnheilkunde (allein in den 47.000 deutschen Zahnarztpraxen fallen z. Zt. 97,5 t Amalgamabfälle = 48,0 t Quecksilber an (2), nach MEDENTEX) und bei der Gold- und Silbergewinnung aus armen Erzen und Sedimenten, z. B. bei der Goldwäsche
- wegen der hohen Toxizität seiner organischen und Chlorverbindungen als Gift, "Heilmittel", Insektizid, Holzschutzmittel, Herbizid, Pestizid und chemischer Kampfstoff
- wegen seiner niedrigen Leitfähigkeit, auch in Dampfphase, für Hg-Dampf-Lampen und Gleichrichter
- wegen seiner Fließfähigkeit in der Spiegelproduktion
- wegen seiner hohen linearen Temperaturausdehnung für den Thermometer- und Barometerbau
- und in besonders großem Umfang wegen seiner katalytischen Eigenschaften in der chemischen Industrie, z. B. Chloralkalielektrolyse und Aldehydproduktion.

Frühzeitig wurde sich der Mensch bei Quecksilberabbau, -aufbereitung und -verwendung dessen hoher Giftigkeit bewußt.

			steigende Tendenz mit
Boden (mg/kg)	Ergußgesteine	0,01-0,09	basisch
	Sedimentgesteine	0,03-0,27	Alter und Feinkörnigkeit
	Lockergesteine	< 0,01-0,04	Feinkörnigkeit
	Kulturboden	0,02-(0,7)	Bewirtschaftungsintensität, Feinkorn und organischer Anteil
Wasser (µg/l)	Regen	0,02-(0,5)	Staubgehalt der Luft
	Flüsse	0,01-(0,2)	Flußlänge
	Grundwasser	0,01-(0,4)	über GW-Stauer
	Oberflächenwasser	~ 0,1	ohne Abfluß
	Nordsee	~ 0,3	Küstennähe
	Ozean	0,01-0,04	Tiefe
	Sättigung	200	
Luft (µg/m^3)	weltweit	< 0,05	Siedlungsdichte und Vulkanismus
	Bundesrepublik	0,003	
	nach vulkanischer Tätigkeit	0,1-40	Intensität und Dauer
	Sättigung b. 20 °C	13.600	
Fauna/Flora (mg/kg TM)	Pflanzen	< 0,1-0,2	
	Wirbeltiere	0,003-0,5	Pflanzenfresser
	Plankton	0,01-(5)	
	Fische	0,2-(8)	

Tabelle 2: Natürliche Quecksilberbelastung Boden/Wasser/Luft nach RUDOLF (1)

Metallisches Quecksilber und organische Verbindungen, meist gasförmig eingeatmet, greifen das zentrale Nervensystem an, führen zu Gereiztheit, Schlafstörungen, zitternden Gliedern, Persönlichkeitsveränderungen, Verdauungsbeschwerden und Erkrankungen der Zähne und der Bewegungs- und Atmungsorgane. Besonders toxisch, weil biologisch verfügbar, ist jedoch das organische Methyl- und Phenyl-Quecksilber. Es kann neben der Atmung auch über Lebensmittel aufgenomen werden. Diese hohe Toxizität resultiert aus der Fettlöslichkeit der meisten Organo-Hg-Verbindungen. Mit dieser Eigenschaft durchdringen sie biologische Membranen.
Sehr giftig ist auch das als Sublimat bekannte wasserlösliche Hg(II)Chlorid.
Schwerpunkte heutiger Quecksilberbelastungen sind folgende Standorte:
– Bergbau auf Quecksilber und Silber (Fahlerz), einschl. Goldwäschen (Amalgam)
– Verhüttung von Quecksilbererz und anderen Erzen mit Quecksilberbeimengungen, sowie Aufarbeitung quecksilberhaltiger Rückstände und Abfälle

- Förderung, Verarbeitung und Verbrennung von quecksilberhaltigem Erdgas, Erdöl, Kohle und Brennschiefer
- Verwendung von Quecksilber in der Chemieindustrie, z. B. Chloralkali-Elektrolyse, Acetaldehyd-Produktion, etc.
- Chemische Fabriken zur Herstellung von Herbiziden, Insektiziden, Pestiziden,
- Pharmazeutika, Kampfstoffen, etc.
- Anwendung quecksilberhaltiger Präparate, z. B. Holzimprägnierung (Kyanisieren),
- intensive Landwirtschaft und Obstbau, insbesondere Weinbau und hier insbesondere die Pflanzenschutzmittellager und Saatgutbeizen
- Spiegelglasherstellung
- Fluß- und Meeressedimente unterhalb von Einleitstellen quecksilberhaltiger Abwässer, insbesondere in "Sedimentationsfallen" (Stauseen, Hafenbecken, etc.)

Boden mg/kg	0,5 - mulitfunktional, Kinderspiel- und Sportplatz 2,0 - Garten und Landwirtschaft 5,0 - Park und Freizeit 20 - unversiegeltes Gewerbe- und Industriegelände 50 - versiegeltes Gewerbe- und Industriegelände 0,5 - Bauschutt u. Baggergut uneingeschränkt verwertbar 3,0 - Bauschutt eingeschränkt verwertbar 8,0 - Baggergut 0,1 - pflanzliche Futtermittel 0,05 - pflanzliche Lebensmittel	Nutzungsbezogene Sanierungszielwerte nach Eikmann-Kloke Quelle (3 u 4)
Wasser µg/l	0,1 - Fischgewässer 0,5 - Trinkwasser (BRD) 1,0 - Oberflächenwasser für TW 1,0 - Trinkwasser /EU) 2,0 - Grundwasser (Holland-Liste) 4,0 - Beregnungswasser	
Luft µg/m³	100 - MAK-Werte - anorganisch 10 - - organ. Verbindungen 1 - Immissionen (Jahresmittel WHO)	

Tabelle 3: Zulässige Belastungsgrenzwerte

1.3. Belastungsgrenzwerte bzw. nutzungsbezogene Sanierungsziele

Die in Tabelle 3 zusammengestellten zulässigen Belastungsgrenzwerte sind bisher wissenschaftlich nur wenig begründet und liegen deshalb vermutlich durchweg auf der sicheren Seite. Auch die sehr unterschiedliche Toxizität der Bindungsformen des Quecksilbers ist bei den meisten Grenzwerten nicht berücksichtigt.

1.4. Quecksilberemissionen

Quecksilberbergbau und -verhüttung, die massenhafte Verwendung von Quecksilber und Quecksilberverbindungen, insbesondere in der chemischen Industrie, haben punktuell und großflächig schwerwiegende Quecksilberbelastungen hinterlassen, deren Sanierung wohl mindestens eine menschliche Generation in Anspruch nehmen wird.

Im folgenden sind einige Beispiele zusammengestellt:
– Quecksilberfracht, total der Flüsse (t Hg/a):
5,0   - durch Buna-Werke in die Saale, vor 1990, n. RICHTER (5)
            (1993 nur noch 170 kg)
4,2   - Elbe bei Schnakenberg   - 1985 n. RYTHLEWSKI (6)
1,9   - 1993
– Schwebstoffe < 20 µm in der Elbe (mg/kg TS)
29   - bei Oortkaaten, 1986 n. DEHNAD (7)
5 - 20 - Hamburger Baggergut
< 9,6   - vor der Saalemündung/Elbe, 1992,   n. MÜLLER (8)
> 19,2 - nach der Saalemündung/Elbe
– Sedimente (mg/kg TS)
4,5   - Rheinmündung   n. RUDOLF (1)
2010   - Minimatobucht (Japan)
800   - Saale nach Buna-Einleitstelle
– Flußsedimentfallen (Mio m³/a)
2   - Baggergut Hamburger Hafen
10   - Rheinmündung (Holland)
50   - Baggergut alle Bundeswasserstraßen alte Bundesländer
10 kt/a - Mulde-Stausee, mit 0,25 mgHg/kg TS
– Boden- und Bauschuttbelastungen (mg/kg) ausgewählter Industriealtlasten

	Marktredwitz	Buna	Regensburg	Fürth	Weißenfels
Hg, total	bis 2000	bis 17000	bis 100	bis 3000	bis 100
zu behandelnde Menge in t	20000	170000	45000		1000
s. a. flgd. Pkt.:	3.2	3.4	3.1		3.3

2. Sanierungsverfahren

2.1. Vorbemerkungen aus Behördensicht

Die spezifischen Eigenschaften des Quecksilbers (s. Pkt. 1.1.), unterschiedliche Bindungsformen, unterschiedlicher Belastungsgrad und Größe einzelner Standorte, sowie unterschiedliche nutzungsbezogene Sanierungsziele, erfordern sehr unterschiedliche Sicherungs-, Sanierungs- und Entsorgungsverfahren, die aus Effektivitätsgründen standortspezifisch ausgewählt und kombiniert werden sollten (s. a. Schlußbemerkungen Pkt. 4.)

Sofern der Besitzer einer Altlast nicht selbst die Initiative ergreift, kann die zuständige Gefahrenabwehrbehörde die Sicherung und Sanierung einer Altlast verfügen. Die Behöde gibt dabei nicht vor, sondern bestätigt begründete Sanierungsziele. Die Auswahl der Verfahren nach dem Stand der Technik obliegt allein dem Projektträger; die Behörden sind allerdings in die Überwachung und ggfls. Abnahme von Sanierungsprojekten bei evtl. notwendigen Genehmigungsverfahren nach

– Baurecht (Abrißarbeiten, Bodenaushub, Bohrungen, etc.),
– BImSch-Recht (Behandlungsanlagen einschl. Zwischenlager),
– Abfallrecht (Entsorgung)

eingebunden.

Der behördliche Einfluß verstärkt sich immer dann, wenn öffentliche Mittel zum Einsatz kommen, was in den neuen Bundesländern immer der Fall ist.

2.2. Entsorgung belasteteter Materialien

Gering belasteter Bauschutt ($\geq 0,5 \leq 3,0$ mg/kg), Bodenaushub ($\geq 0,5 \leq 50$ mg/kg) und Baggergut ($\geq 0,5 \leq 8$ mg/kg) kann unter bestimmten Bedingungen verwertet oder vor Ort eingebaut werden (S. a. Tabelle 3).

Stärker belastetes Material kann auf genehmigten Deponien abgelagert werden:

– auf Siedlungsabfalldeponien   - Dep. Kl. I   bis 0,005 mg/l im Eluat
                                               - Dep. Kl. II   bis 0,02 mg/l im Eluat
– auf übertägigen Sonderabfalldeponien   bis 0,1 mg/l im Eluat
– auf Untertagedeponien.   je nach Konditionierung

Weitere, wenn auch umstrittene Entsorgungsmöglichkeiten sind:
– die "Verwertung" als Versatzgut in Salzbergwerken und
– die Ablagerung in "subhydrischen" Deponien.

Im Auftrag der Umweltministerkonferenz arbeitet derzeit eine LAGA-Arbeitsgruppe an Stofflisten und Grenzwerten für die Verwertung schadstoffbelasteter Abfälle/Reststoffe im Untertageversatz und im Land Sachsen-Anhalt befindet sich eine Richtlinie zur Abgrenzung der Ablagerung in der Untertagedeponie Zielitz und der Verwertung in den Versatzbergwerken Teutschenthal und Bernburg (beide im Salzgestein) in Bearbeitung.

Subhydrische Deponien sind Unterwasserdeponien, die so angelegt sind, daß kein Schadstoffaustrag in irgendeiner Richtung stattfinden kann. Der Nachweis der Umweltverträglichkeit soll in einem derzeit laufenden Forschungsvorhaben in einem Tagebaurestloch im Landkreis Merseburg/Querfurt erbracht werden. Ich halte diesen Weg nicht für aussichtslos; wird hier doch nur eine durch die Natur vorgezeichnete Möglichkeit nachvollzogen.

Nach MÜLLER (9) könnte z. B. das Schwarze Meer ein sicheres Endlager für schwermetallkontaminierte Feststoffe sein. Hier herrscht ein dauerhaftes anaerobes und sulfidisches Milieu.

Bei der Entsorgung schadstoffbelasteter Materialien auf einer Deponie sollte man neben evtl. Kosteneinsparungen auch daran denken, daß man die Umwelt nicht nur durch unnötige Transporte schädigt, sondern ein vorhandenes Gefährdungspotential nur an einen anderen Ort bringt, dort vorübergehend sichert und unseren Nachkommen als ggfls. zu sanierende Altlast aufbürdet. Jede übertägige Deponie ist bezüglich ihrer Abdichtung ein zeitlich endliches Bauwerk, das irgendwann Nachsorgemaßnahmen erforderlich macht. Für besonders fragwürdig halte ich es, wenn Sonderabfälle, auch aus den alten Bundesländern, auf alte Deponien mit Bestandsschutz in den neuen Bundesländern entsorgt werden. Neugierig bin ich im Hinblick auf den Schutz der Umwelt für künftige Generationen, auf die Rechtssprechung zum neuen Artikel 20 a Grundgesetz (BGBl. I Nr. 75 vom 03.11.94, S. 31.46).

Im Zusammenhang mit der Revitalisierung großer Industriebrachen besteht immer das Problem, daß kurzfristig große Mengen an schadstoffbelastetem Bodenaushub, Bauschutt, Schrott, etc. anfallen, die mit einer Behandlungsanlage in mehreren Folgejahren dekontaminiert werden sollen. Hierzu ist darauf hinzuweisen, daß die entsprechenden Lagerflächen als Abfall-Zwischenlager nach Abfall- und BImSch-Recht genehmigungspflichtig sind.

2.3. Sicherungsverfahren

Jede Sicherungsmaßnahme einer Altlast sichert diese nur mehr oder weniger vollständig und basiert wie beim Deponiebau auf zeitlich endlich wirksamen Baumaßnahmen.

Sinnvoll und z. T. notwendig sind sie dann, wenn sie eine hohe Langzeitstabilität besitzen, wenn neue wirksamere Behandlungsverfahren in Sicht sind und wenn große Gefährdungspotentiale im Rahmen erster Gefahrenabwehrmaßnahmen schnell zu sichern sind. Bei Quecksilberbelastungen kommt es neben der Sperrung des sonst üblichen Hauptkontaminationspfades Wasser darauf an, auch den Luftpfad zuverlässig zu unterbrechen.

So kann es zweckmäßig sein, **hochkontaminierte Gebäude- und Anlagenteile einzuhausen.** Selbstverständlich muß die Einhausung mit Unterdruck erfolgen und muß die abgesaugte Luft gereinigt werden. Leichte Einhausungen können den Zeitraum bis Abriß und endgültiger Sanierung überbrücken. Neben einer schlagartigen Reduzierung von Quecksilberemissionen kann eine Einhausung auch kostengünstiger als der Betrieb eines Zwischenlagers für abgebrochenes Material sein.

Auch bei quecksilberbelastetem Boden kommt es mehr darauf an, den Luft- als den Waserpfad zu unterbrechen. Altlastuntersuchungen auf mehreren quecksilberbelasteten Standorten haben ergeben, daß die Hauptmenge des Quecksilberselementar in der oberen ungesättigten Bodenschicht bis 1,0 m vorliegt und je nach Jahres- und Tageszeit und je nach Vegetationsintensität einen stark temperaturabhängigen physikalisch-chemisch-biologischen Kreislauf nicht nur zwischen elementarem Quecksilber flüssig und dampfförmig, sondern auch elementarem Quecksilber und seinen anorganischen und organischen besonders toxischen Verbindungen unter ständiger flächenhafter Immission vollzieht.

Wie bei den meisten anderen Altlasten kann auch die **Versiegelung quecksilberbelasteter Böden** mit relativ geringem Aufwand zu einer befristeten bis dauerhaften Unterbrechung des Wasser- und Luftpfades führen. Auf gering belasteten Böden (< 50 mg/kg) und nachgewiesener Langzeitstabilität kann eine Versiegelung auch als Sanierungsmaßnahme akzeptiert werden, sofern dem "Versickern" von elementarem flüssigen Quecksilber aus der ungesättigten Bodenzone eine wirksame natürliche geologische Barriere entgegensteht.

Die bloße Abdeckung mit Kunststofffolie ist bei oberflächlicher Quecksilberbelastung und ganz besonders im Sommer schädlich, da sich bei Sonneneinstrahlung die obere Bodenschicht aufheizt und die Ausgasung zusätzlich angeregt wird. Kunststoffolien sollten deshalb zusätzlich mit mindestens 20 cm Material abgedeckt werden. Einen ähnlichen Effekt erreicht man bei Verzicht auf die Folie, indem der quecksilberbelastete Boden einfach mit mindestens 30 cm unbelastetem Kulturboden aufgeschüttet wird, den man mit Gras ansät.

Die Versickerung von Niederschlagswasser wird dabei nicht nur eingeschränkt, sondern der oben beschriebene temperaturabhängige physikalisch-chemisch-biologische Kreislauf und die damit verbundenen Immissionen gehen fast gegen Null.

Noch mehr als begrünte Flächen mit wirksamer Oberflächenentwässerung, haben Gebäude und befestigte Verkehrsflächen einen bleibenden Versiegelungseffekt, unter denen auch gering kontaminierter Bodenaushub und Bauschutt eingebaut werden kann.

Bei der Gebäudekonstruktion ist die, wenn auch geringe, Quecksilberverdampfung zu berücksichtigen; d. h., eine natürliche Raum-, insbesondere Kellerentlüftung, und der Einbau gaswegsamer Zwischendecken. Verkehrsflächen sollten nicht betoniert oder gepflastert, sonder bituminös befestigt werden.

Wie bei jeder versiegelten Altlast, gilt es mit Geländeneigungen und Entwässerungselementen einen maximalen Regenwasserabfluß bzw. eine minimale Versickerung dauerhaft zu sichern.

2.4. Immobilisierungsverfahren

Immobilisieren heißt, mobile Schadstoffe durch geeignete Behandlung kontaminierter Materialien so festzulegen, daß die Wasserlöslichkeit, die Verdampfung und die Bioverfüg- barkeit stark eingeschränkt werden. Hauptproblem jedes angebotenen Verfahrens ist der Nachweis der Langzeitstabilität.

In Hinblick auf die in der Natur einzig in nennenswerten Mengen vorkommende Quecksilberverbindung HgS (s. Pkt. 1.1.), ist eine **Immobilisierung durch Sulfidfällung** am erfolgversprechendsten. Die Löslichkeit in Wasser sinkt nach MÜLLER (10) von $2 \cdot 10^{-2}$ auf $1,3 \cdot 10^{-21}$ mg/l. D. h., HgS ist praktisch unlöslich. Mit der im Handel befindlichen wäßrigen Natrium-Polysulfid-Polysulfanlösung (Aquaclean 2000 oder kurz AC 2000) werden nach MÜLLER in unterschiedlichen Einsatzgebieten verblüffende Erfolge erzielt:
1. Metallfällung in galvanischen Abwässern
2. Fa. aqua control Umwelttechnik GmbH Wiel-Oberbantenberg:
   - Reinigung von Leuchtstoffröhren-Glasbruch (Recycling)
   - Immobilisierung eines Bahngeländes in 8/1990
3. Hg-Schadenfall in süddeutschem Chemiebetrieb (elementares Hg auf Wän den, Boden, Decke und Maschinen einer Produktionshalle). Nach Behand lung mit "AC 2000" sank die Luftbelastung auf < 100 µg/m³ (MAK-Wert).

Ein weiteres Beispiel ist der Abbruch einer ehemal. Saatgutbeizerei (s. Pkt. 3.3).

Im Rahmen noch laufender Untersuchungen am Institut für Sedimentforschung der Universität Heidelberg wurde nachgewiesen, daß das gebildete HgS (Quecksilbersulfid) unter natürlichen Bedingungen eigentlich nur durch H_2SO_4 (Schwefelsäure) gelöst werden könnte. Durch einen bereits geringen Karbonatgehalt, der im Boden meist gegeben ist, oder durch entspr. Kalkzugabe, kann dieser Vorgang aber verhindert werden. Durch elementaren Schwefel oder Schwefelverbindungen kann eine zusätzliche Pufferwirkung erreicht werden.

Von der Fa. Pokker Bodensanierung GmbH (11) wird ohne nähere Verfahrensbeschreibung die Immobilisierung quecksilberbelasteter Böden angeboten.

An den Standorten Bitterfeld und Marktredwitz sind 32 bzw. 60 Tm³ mit dem PBS-Verfahren behandelt und wieder eingebaut worden.

In Versuchen wurde das Eluatverhalten von mit ca. 1000 mg/kg belastetem Boden von 0,05 auf 0,009 mg/l reduziert. Die Reduzierung der Ausgasung erfordert hier eine "besondere Vorbehandlung".

Wenn wie bei jedem Immobilisierungsverfahren, auch und gerade bei Quecksilberbelastungen, besonders wenn sie gleichzeitig mit organischen Belastungen auftreten, einige Skepsis zum Langzeitverhalten angezeigt ist, sehe ich doch bei großen Industriebrachen 3 erfolgversprechende Einsatzfälle:
1. Bei Abbrucharbeiten und Bodenaushub, die im Sommer und bei entspr. Hg-Belastung wegen der zwangsläufigen Staubaufwirbelung und Entgasung nicht oder nur unter extremen Sicherheitsvorkehrungen möglich sind, kann der entspr. Aufwand durch das Versprühen von AC 2000-Lösung oder Behandlung nach dem PBS-Verfahren drastisch reduziert werden.

2. Der bautechnische Aufwand für die Sicherung von Zwischenlagern für hochkontaminiertes Material, das für eine spätere Dekontamination vorgesehen ist, kann durch eine "befristete" Immobilisierung stark eingeschränkt werden. Auch für eine spätere Dekontamination vorgesehene Flächen könnten so vorerst gesichert werden.
3. Für versiegelte schwachkontaminierte Flächen, oder für zu deponierendes Material, kann die Immobilisierung für die Einhaltung geforderter, aber geringfügig überschrittener Eluatwerte genutzt werden.

2.5. Mechanische Verfahren

Auch hier komme ich auf den Lehrmeister Natur zurück. Die Sedimentation unterschiedlicher Lockergesteine (Ton, Schluff, Sand, Kies), besonders im Transportmedium Wasser, erfolgt nach Korngrößen und nach spezifischem Gewicht, z. B. Goldseifen. Mechanische Behandlungsverfahren sind eigentlich noch keine Sanierungsverfahren. Sie können lediglich große Mengen mit meist unterschiedlichen Teilbelastungen in Anteile unter- schiedlichen Belastungsgrades so trennen (separieren), daß Teilmengen mit geringer Belastung (Einhaltung von Grenzwerten) und aufkonzentrierte Teilmengen hoher Belastung entstehen. Analog wird seit Jahrhunderten durch den Menschen bei der Aufbereitung bergbaulicher Rohstoffe und Baustoffe vorgegangen.

Beim Quecksilber werden hier besonders 3 Eigenschaften genutzt:
1. Hohe Oberflächenspannung.
   Gediegenes flüssiges Quecksilber lagert sich nicht als Film ab, sondern tropfenförmig (s. Abb. 1 und 2).
2. Hohes spezifisches Gewicht (Schwerkraftsichtung).
3. Quecksilber und seine Verbindungen lagern sich meist an der Oberfläche des Bodenkorns oder der Bausubstanzkomponenten ab, d. h., die Belastung im Körnungsband steigt mit der spezifischen Kornoberfläche und damit der Feinkörnigkeit.

Folgende mechanische Verfahren sind üblich:
Ablesen von gediegenem Quecksilber mit Spezialgeräten, z. T. manuell, von der Bodenoberfläche, von Wänden und von Anlagenteilen. Hier sind strengste Sicherheitsvorkehrungen für die Beschäftigten erforderlich. Sonneneinstrahlung und Wärme sind wegen Ausgasung zu vermeiden. Die Arbeit lohnt sich immer vor oder während Bodenaushub- und Abbrucharbeiten, um Bodenaushub und Bauschutt nicht unnötig mit Quecksilber zu vermengen, das man später nur mit höherem Aufwand wieder entfernen kann.

Separieren bei Bodenaushub und Abbruch bedeutet zwar in der Anfangsphase der Sanierung einen höheren Aufwand, macht sich aber bei Verwertung, Behandlung und Entsorgung in den folgenden Sanierungsetappen wieder bezahlt. Sprengung, Abrißbirne und schwerer Bagger sind sehr leistungsfähig, vergrößern aber zu behandelnde oder zu entsorgende Teilmengen durch Vermischung mit unbelastetem oder gering belastetem Material um ein mehrfaches.

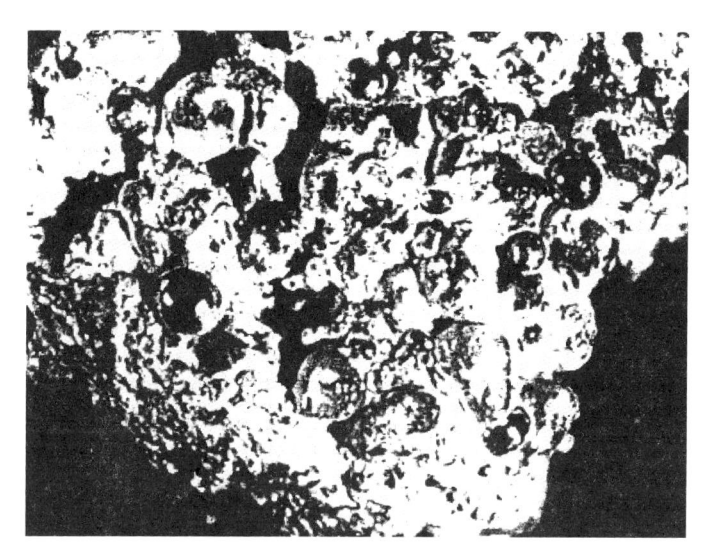

Abb. 1: Quecksilber im Sandstein der Bohrung 4487 (9,65 - 9,72 m)
   1 cm = 400 µm

Abb. 2: Quecksilber im Sandstein der Bohrung 4487 (9,65 - 9,72 m)
   1 cm = 25 µm

Es lohnt sich also durchaus in Filigranarbeit und z. T. manuell, die obere Bodenschicht im cm- bis dm-Bereich abzuschälen und von der Bausubstanz vor dem Abbruch Putz, Estrich und z. T. Fugenmörtel abzukratzen.

Die Effektivität erhöht sich trotz höherer Untersuchungskosten mit der Dichte des Probenahmerasters und mit der Anwendung von Vorortanalysetechnik, insbesondere berührungsfreier Detektion.

Berieseln bzw. Abstrahlen mit Wasser oder Wasserdampf unter Einhausung, oder in Kammern, lohnt sich ganz besonders vor dem Abriß von Klinkermauerwerk und Stahlkonstruktionen, aber auch Anlageteilen, Behältern und Rohrleitungen, letztere besonders von innen.

Die Eindringtiefe von Quecksilber in Klinker und Stahl ist sehr gering, so daß nach Reinigung eine Verwertung problemlos möglich ist.

Auch hier kann der Aufwand für Abstrahlen und Schlammentsorgung durch detaillierte Vor- und begleitende Untersuchungen stark minimiert werden. Den Vorteilen dieses Verfahrens (Bauschutt- und Schrottverwertung) stehen neben dem höheren Untersuchungsaufwand besonders 3 Nachteile gegenüber:
- aufwendige Behandlung oder Entsorgung einer kleinen hochkontaminierten Teilmenge (Sand/Kalk/ Rost/Quecksilber-Schlamm) und
- das Eindringen belasteten Strahlwassers in den Untergrund und in das Abwassersystem, sowie die Vorflut,
- die Reinigung abzusaugender Abluft.

Große Mengen von Bodenaushub und Bauschutt, die nach den obigen Verfahren nicht separiert oder gereinigt werden können, sollten vor weiteren Behandlungs- oder Entsorgungs- schritten einer **Waschklassierung** unterzogen werden. Neben der Abscheidung von Holz, Stahl u. a. Bauteilresten besteht auch hier das Ziel, in gering belastete Grob- und stark belastete Feinkornfraktionen zu trennen. Eine "Bodenwäsche" lohnt allerdings nur ab 30 % abzuscheidendem sauberem Grobkorn.

Die Bodenwaschanlage METHA III, nach DEHNAD (7), trennt Baggergut des Hamburger Hafens in 3 verwertbare Grobfraktionen Schotter (> 80 mm), Kies (10-80 mm) und Sand (0,06-10 mm), sowie in einen zu entsorgenden belasteten Schlick (< 63 µm).

Aus der Quecksilbererz-Aufbereitung ist als erste Verfahrensstufe die **Schwerkraftsichtung** nach unterschiedlichen Methoden, z. B. Schleudersiebtrommel, bekannt. Effektiv ist diese Methode bei hohem (sichtbaren) Anteil von elementarem Quecksilber in möglichst grobkörnigem Material, z. B. Bauschutt, Kies, oder gebrochenem Beton.

2.6. Thermische Behandlung

Wie bei anderen Schadstoffbelastungen, ist auch bei einer Quecksilberkontamination die thermische Behandlung nach heutigem Stand der Technik die si-

cherste, umweltfreundlichste, aber auch teuerste Sanierungsmethode, so daß sie immer ein letzter Schritt in einer Verfahrenskette
⇨ Sicherung großer geringbelasteter Areale
⇨ Separierung zu behandelnder Gesamtmengen
⇨ Behandlung von hochbelasteten Restmengen
sein sollte.

Auf Grund des niedrigen Schmelz- und Siedepunktes von Quecksilber, ist das bei anderen Schwermetallen übliche Einbinden in eine Silikatschmelze bei 800 bis 1200° C illusorisch. Bei diesen Temperaturen ist Quecksilber, einschl. aller seiner Verbindungen, längst verdampft.

Wie bei einigen, insbesondere leicht flüchtigen organischen Belastungen, erfolgt die thermische Behandlung bei Hg-belasteten Materialien im Temperaturbereich von 300 bis 600° C. Das Quecksilber wird nicht immobilisiert, sondern mit seinen Verbindungen verdampft, durch Abkühlung kondensiert, ausgewaschen und schließlich abgezogen.

Dieses Verfahren wird nach SCHNABEL (13) seit mehr als 300 Jahren bei der Quecksilbererzverhüttung mittels Schacht-, Gefäß-, Herd- und Flammöfen großtechnisch in den 2 Verfahrensschritten Verdampfung und Destillation angewandt. Beispielsweise heute noch betriebene "Quecksilberöfen" arbeiten nach dem Prinzip der thermischen Behandlung.

In Anlagen nach heutigem Stand der Technik, werden Abluft und Prozeßwasser ordnungsgemäß gereinigt bzw. im Kreislauf gefahren. Physikalisch wird die Hg-Verdampfung auch durch Einsprühen von überhitztem Wasserdampf und ein Vakuum von 50-100 mbar unterstützt. Diese **Vakuum-Dampf-Destillation** funktioniert bereits bei 200 bis 380° C nach (14); bei Normaldruck bei 300 bis 450° C, nach WEILANDT (15).

In Marktredwitz (10000 t), in Regensburg (40000 t) und in einer Pilotanlage in Buna bei Halle (150 kg/h), wurde die Wirksamkeit dieser Technologie nachgewiesen. In Abbildung 3 ist ein grob vereinfachter Verfahrensablauf dargestellt.

Ein spezielles besonders schonendes thermisches Behandlungsverfahren beschreibt SCHMIDT (17). So soll es möglich sein, belastetes Material in einem speziellen Reaktor mittels Hochfrequenz auf 500° C unter einem schwachen Vakuum von 0,5 bis 0,005 mbar zu erhitzen und alle verdampfenden Stoffe schonend abzuziehen und zu kondensieren.

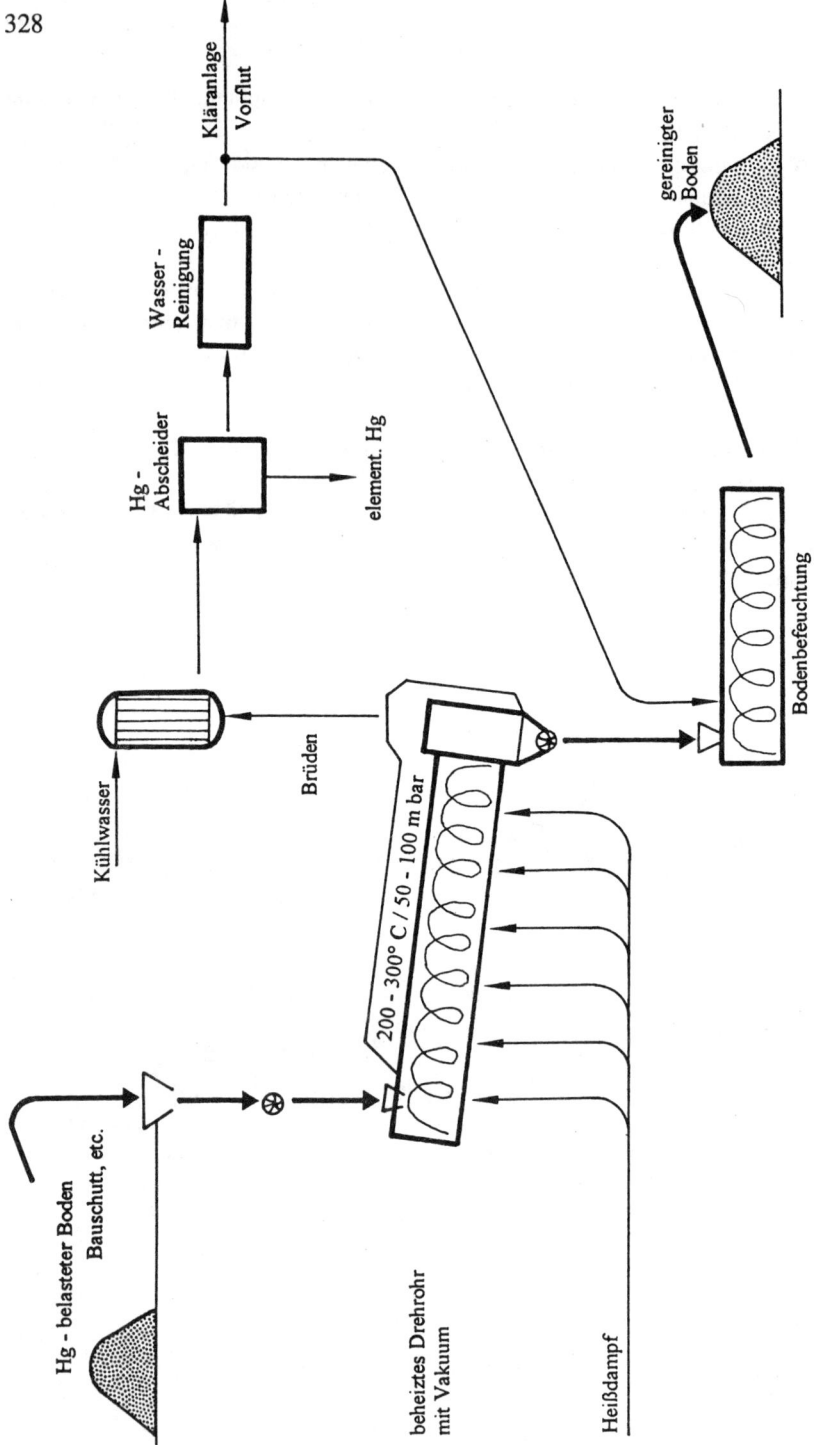

Abb. 3: Schema einer Vakuum-Dampf-Destillation, n. RUT (16)

Die Machbarkeit und der Erfolg einer thermischen Behandlung hängen nicht nur davon ab, daß man sich auf Teilmengen beschränkt, die mit schonenderen Verfahren nicht zu reinigen sind. Noch wichtiger ist es, das Verfahren in seinen Randbedingungen (Temperatur, Druck, Durchsatz, Verweilzeit, etc.) genau auf die zu behandelnden Stoffe zuzuschneiden.

Es kommt dabei nicht nur darauf an, die Anteile des Quecksilbers, elementar, chemisch und physikalisch gebunden, einschließlich anderer Kontaminanten zu bestimmen. Noch wichtiger ist es festzustellen, wie das Quecksilber in seinen einzelnen Bindungsformen auf die Variation der o. g. Randbedingungen reagiert. Hierzu eignet sich vorzüglich ein temperaturgesteuertes Pyrolyseverfahren (TCB), nach BIESTER (18), bei dem das Abdampfverhalten unterschiedlicher Hg-Bindungen temperaturabhängig bestimmt werden kann.

Wie unterschiedlich die Behandlungsergebnisse einer Anlage bei gleicher Verweilzeit und Temperatur, je nach aufgegebenem Material sein können, zeigt nach WEILANDT (15), Tabelle 4:

behandeltes Material	Belastung (mg/kg) input	Belastung (mg/kg) output	Durchsatz (kg/h)
Sand	3	0,5	100
Filterkuchen	90	0,7	10
Bauschutt	140	0,2	24
Boden	4.300	13	100
Ölschlamm	130.000	11	22

Tabelle 4: Reinigungsergebnisse einer LURGI-Versuchsanlage bei 60 min Verweilzeit und 300-400° C

Ähnlich der Klärschlammverbrennung kann es bei der thermischen Behandlung quecksilberbelasteten Bodens infolge Chlormangel zu flüchtigem metallischem Hg in der Abluft kommen, welches nicht wie Quecksilberchlorid in einer Naßwäsche abgeschieden werden kann, sondern den Kontakt mit großen zu entsorgenden kohlehaltigen Sorptionsmitteln erfordert. Nach BRAUN (19) wurde am Kernforschungszentrum Karlsruhe das **Merc Ox** -Verfahren entwickelt, mit dem das flüchtige metallische Hg durch Eindüsen von Wasserstoffperoxid zu, in der Naßwäsche leicht abzuscheidenden, Hg-Verbindungen oxidiert.

Daß die thermische Behandlung von belasteten Böden nicht immer zum Ziel führen muß, zeigt nach SCHIELE (20) das Beispiel der Dioxin-Altlast Fa. Boehringer in Hamburg. Nach einem erfolglosen Pilotversuch mußte man sich entschließen, das Gelände nicht zu sanieren, sondern mit einer Dichtungswand vorerst zu sichern.

2.7. Chemisch-physikalische Behandlung

Neben den unter Pkt. 2.4. beschriebenen Immobilisierungsverfahren gibt es noch weitere chemisch-physikalische Verfahren, von denen bei Quecksilberbelastungen allerdings noch keines großtechnisch zur Anwendung gekommen ist. Denkbar sind nach RICHTER (5):

- die **Adsorption** an für Quecksilber sorptionsfähige Materialien, z. B. Aktivkohle
- die **Oxydation** des elementaren Hg und Fällung der entspr. Verbindungen, z. B. Chlorid
- die **Reduktion** durch unedlere Metalle oder Legierungen

Nach DEHNAD (7) ist es möglich, schwachbelasteten Hafenschlick mit Bindemitteln zu verfestigen (immobilisieren). Neben der Volumenvergrößerung ist hier mit Akzeptanzproblemen zu rechnen.

Die Mobilisierung von Quecksilber und seinen Verbindungen, wie unter Punkt 2.6. Thermische Behandlung beschrieben, ist natürlich auch mit anderen Verfahrenskombina tionen, z. B. trockene Absiebung,denkbar.

2.8. Eletrochemische Behandlung

Nach RICHTER (5) ist analog der Chloralkali-Elektrolyse die Abscheidung von Quecksilber aus flüssiger Phase, z. B. bei Wasch- und Extraktionsverfahren möglich.

Das Berliner Institut für Technologie und Umweltschutz mbH, nach (21), testet zur Zeit die "Elektokinese" zur Bodenreinigung in situ für Schwermetalle. Im Bodenwasser gelöste Schadstoffe (von Hydrathülle umgeben) wandern an eine der in den Boden versenkten Elektoden, z. B. Hg-Ionen an die Kathode.

Diese Methode könnte trotz des hohen Aufwandes unter bebauten Flächen sinnvoll sein, besonders, wenn sie mit einer ohnehin notwendigen Bauwerkstrockenlegung kombiniert wird.

2.9. Biologische Behandlung

Aus der Literatur sind für Schwermetalle nur wenige und davon für Quecksilber, keine Erfolge mit biologischen Behandlungsmethoden bekannt.

Wenn es vermutlich auch keine Pflanzen und Tiere gibt, die sich auf quecksilberhaltige Nahrung spezialisiert haben (s. a. Punkt 1.1.), so ist es aber doch möglich, daß sich am Ausgehenden quecksilberhaltiger Lagerstätten eine Flora entwickelt hat, die den quecksilberangereicherten Boden zwar nicht braucht, aber doch verträgt und in der Pflanzenmasse auch Quecksilberverbindungen anreichert.

RICHTER (5) erwähnt die Möglichkeit der Sorption von Quecksilber durch Mikroorganismen und Mc GRAPH (22) beschreibt ganz allgemein die sehr unterschiedliche Speicherung von Schwermetallen in unterschiedlichen Pflanzen als sogenannte "Hyperakkumulatoren". Durch Kompostierung, Vergärung oder Verbrennung erfolgt eine weitere Aufkonzentration der Schadstoffe.
Wegen der folgenden quecksilberspezifischen Probleme
– quecksilberhaltige Pflanzenmasse kann wegen der durch Kompostierung oder Vergärung angeregten Gasbildung nur durch Verbrennung entsorgt werden und
– durch biologische Aktivitäten wird die Bildung der besonders schädlichen organischen Quecksilberverbindungen angeregt,
sollte die biologische Behandlung nur auf gering belasteten Flächen in situ und entfernt von menschlichen Siedlungen und Landwirtschaft in's Auge gefaßt werden.

Auf noch nicht sanierten quecksilberbelasteten Industriebrachen kommt es zur Verminderung der Ausgasung vielmehr darauf an, jede biologische Aktivität einzuschränken.

3. Sanierungsbeispiele

3.1. Holzimprägnierwerk Regensburg, nach RENNER (23)

Seit ca. 100 Jahren wurden Eisenbahnschwellen, Telefonmasten, etc. im Tauchverfahren mit Quecksilberchlorid getränkt (Kyanisierung). Große Bodenverunreinigungen stammen vor allem vom Abtropfen auf Stapelplätzen vor dem Abtransport der getränkten Hölzer.
Im Hinblick auf die Sicherung der Folgenutzung wurde trotz nachgewiesener stabiler Hg-Bindung (keine Emission auf dem Luftpfad und keine Eluierung in das Grundwasser) eine gründliche Sanierung des Geländes vorgenommen.
In einer 1. Etappe im Jahre 1982 wurden lokale Belastungsherde mit > 100 mg/kg ausgegraben und auf eine Sonderabfalldeponie verbracht.
Im Jahre 1984 wurde der übrige im Mittel mit 40 mg/kg belastete Boden großflächig abgeschoben und insgesamt 100 kt zwischengelagert. 1991/92 wurde schließlich eine thermische Behandlungsanlage mit vorgeschalteter Bodenwäsche in Betrieb genommen. In einer trockenen Vorsiebung werden unbelasteter

Bauschutt und Steine > 100 abgesiebt. In der Waschanlage wird in 3 Fraktionen mit intensivem Waschaufwand getrennt.

Übrig bleibt ein hochbelasteter Schlamm < 0,1 mm. Die Eingangsbelastung von 40 mg/kg vor der Klassierung verteilt sich sehr unterschiedlich auf die einzelnen Fraktionen (s. Tabelle 5).

Fraktion		Belastung im Aufschluß (mg/kg)	Belastung im Eluat (µg/l)
Ausgangsmaterial (unbehandelt)		40	< 7
Schotter	20 - 100 mm	< 0,5	< 0,5
Kies	3 - 20 mm	~ 1,5	< 1,0
Sand	0,1 - 3 mm	~ 4	< 1,4
Schlamm	< 0,1 mm	bis 200 vor Dest.	< 5
Schlamm	< 0,1 mm	< 2 nach Dest.	< 0,5

Tabelle 5: Sanierungsergebnisse (45000 t) Regensburg

Allein der aus dem Schlamm gepreßte Filterkuchen wird einer thermischen Behandlung in 2 Stufen unterzogen:
- Wirbelschichttrockner   mit 160-400° C
- Wirbelschichtschachtofen   mit 400-800° C

Die Quecksilberabscheidung aus dem Abgas erfolgt durch Temperatursturz in einem Rotationswäscher. Mit zwar sehr hohem Aufwand werden beeindruckende Sanierungsergebnisse erreicht.

3.2. Chemische Fabrik Marktredwitz, nach TERRATECH (14)

Von 1788 bis 1985 wurden hier quecksilberhaltige Produkte, insbesondere Herbizide und Pestizide, hergestellt.

Nach Stillegung waren große Bodenflächen mit 1000 bis 2000 mg/kg, wesentliche Teile der Mauerwerksoberfläche mit 400 bis 5000 mg/kg und das Grundwasser erheblich mit Quecksilber belastet.

Ca. 20000 t belasteten Bodens wurden ausgekoffert und die geringer belastete Hälfte auf eine Monodeponie verbracht. Die übrigen 10000 t höher belasteten Materials werden seit 10/93 in einer 3-stufigen Bodenwasch- und thermischen Behandlungsanlage der Fa. Harbauer mit einer Leistung von ca. 25 t/h gereinigt.

In der 1. Stufe erfolgt eine naß-mechanisch-extraktive Bodenwäsche. Hier wird in hochbelasteten Schlamm und gering belastetes Grobkorn getrennt.

In der 2. Stufe wird der Schlamm im Drehrohr mit 200-380° C und einem Vakuum von 50-100 mbar getrocknet und das Quecksilber verdampft.

In einer 3. Stufe schließlich erfolgt die Kondensation des gasförmigen Quecksilbers und dessen Abzug in flüssiger Phase.

3.3. Ehemalige Saatgutbeize Weißenfels, nach SCHMIDT (17)

Auf dem Gelände einer mehr als 70 Jahre betriebenen Saatgutbeize wird ein Lebensmitteleinkaufszentrum errichtet. Erst durch eine eigenartige Rosafärbung des Bauschuttes stellte man eine Kontamination mit hoch toxischem Phenolquecksilberacetat fest.

Bei rechtszeitigem Erkennen der Situation wären ca. 5 bis 10 m³ belasteter Stäube zu entsorgen und Gebäudesubstanz oberflächlich zu reinigen gewesen. Nach vorläufigem Baustop und umfangreicher Analytik der Abbruchmassen, mußten schließlich 800 t belasteter Bauschutt und 150 t Schlamm und Staub entsorgt werden.

Um ein weiteres Verschleppen der Kontamination zu vermeiden, wurden noch vorhandene Stäube mit einem bei der Asbestsanierung bewährten Vakuum-Sauggerät abgesaugt und belasteter Bauschutt von Hand in Spezialbehälter aussortiert.

Die eingesetzten Arbeitskräfte arbeiteten unter Vollschutz, s. a. Abb. 4, Gebäude und Keller wurden abgedichtet und Staub und Schutt wurden durch Besprühen mit AC 2000 (s. Pkt. 2.4) immobilisiert.

Zu erhaltende Gebäudesubstanz, wie auch noch abzureißende Bauwerksteile wurden mit Hochdruckwaschtechnologien millimetergenau von meist oberflächlicher Kontamination gereinigt.

Ingesamt 970 t quecksilberhaltiger Staub, Schlamm und Bauschutt sollen mit einem thermischen Hochfrequenzverfahren (s. Pkt. 2.6) gereinigt werden.

3.4. BUNA GMBH, Kreis Merseburg, Regierungsbezirk Halle (Saale)

Nach Jahren strengster Geheimhaltung unter dem DDR-Regime, wurde schrittweise von 1989 bis heute, das große Ausmaß einer industriellen Altlast sichtbar. Das Gelände der Buna GmbH ist heute eines von 7 ökologischen Großprojekten im Land Sachsen-Anhalt, dessen Sanierung mit erheblichen Mitteln des Bundes und des Landes im Rahmen einer Finanzierungsvereinbarung für freigestellte Altlasten begonnen hat.

Neben produktionsspezifischen Kontaminanten (Aromaten, Lösemittel, CKW, Säuren und Laugen) haben 3 Chloralkalielektrolysen und eine Azetaldehydfabrik große Quecksilberbelastungen hinterlassen.

Abb. 4: Entnahme von Bodenproben mittels Handschappe aus dem Untergrund des Kellers H 56

Nachdem die Größenordnung dieser Altlast erkannt wurde, entschloß man sich, deren Untersuchung und Sanierung mit einem Forschungsvorhaben zu begleiten, denn bei ersten Abrißarbeiten in den Jahren 1990/91 mußte man erkennen, daß für die anstehende Größenordnung effektive Untersuchungs-, Sicherungs- und Sanierungsmethoden nicht greifbar und deshalb entwickelt oder zumindest angepaßt werden mußten.

Im Jahre 1992 wurde das BMFT-Förderprojekt
Modellhafte Sanierung von Altlasten am Beispiel eines vorwiegend Hg-kontaminierten Industriestandortes (Buna GmbH)
aus der Taufe gehoben.Projektträger ist das Umweltbundesamt.

In Zusammenarbeit mit dem
- IEMB Institut für die Erhaltung und Modernisierung von Bauwerken Berlin e. V., der
- Ruprecht-Karl-Universität Heidelberg, dem
- GKSS Forschungszentrum Geesthacht GmbH, der
- MUEG Mitteldeutsche Umwelt- und Entsorgungs GmbH Braunsbedra und der
- Technischen Universität "Otto von Guericke" Magdeburg,
- sowie weiteren Partnern,

liegt die Projektleitung bei der Buna GmbH, Unternehmensbereich Altlasten Engineering, Frau Dr. Richter-Politz.

6 Projektschritte sind vorgesehen :
    I. Erfassung der Situation, einschl. Sicherung der Bauten
    II. Untersuchung und Gefährdungsabschätzung in den Teilschritten Erstbewertung/ Orientierende-/Detailuntersuchung
    III. Sanierungsuntersuchung (Technologietests)
    IV. Sanierungsplanung und -vorbereitung, einschl. Pilotanlagen
    V. Durchführung Sicherungs- und Sanierungsarbeiten
    VI. Sanierungsnachweis und Nachsorge

Diese 6 Schritte sind in der Praxis nicht so klar wie auf dem Papier abzugrenzen. So begannen erste Untersuchungen (II) lange vor der Sicherung der Bauten (I) und werden erst mit den Sanierungsarbeiten (V) abschließen. Auch Sicherungs- und Sanierungsarbeiten (V) haben bereits nach Vorliegen erster Untersuchungsergebnisse (II) begonnen.

Als ich als Vertreter der zuständigen Fachbehörde das erste mal mit dem Forschungsvorhaben konfrontiert wurde, äußerte ich etwas vorschnell:

    Warum eigentlich Forschung?
      - alles Stand der Technik!
      - große Arbeitsbeschaffungsmaßnahme!
      - Gelder anderswo sinnvoller verwenden

Nicht nur wegen der Dimension der Quecksilberaltlast Buna habe ich nicht zuletzt während der Recherchen zu meinem heutigen Vortrag diese Meinung gründlich revidiert. Forschung ist für Buna notwendig und im Ergebnis für andere Standorte in folgenden Richtungen nachnutzbar:

A. Entwicklung neuer Erkundungs-, Analyse- und Bewertungsverfahren
B. Entwicklung geeigneter Technologien für Rückbau und Demontage von Anlagen und Gebäuden
C. Entwicklung und Erprobung geeigneter Sanierungsverfahren
D. Erprobung geeigneter Arbeitsschutzmittel und -maßnahmen
E. Auswertung arbeitsmedizinischer Untersuchungen.

Es steht mir als Vertreter der betreuenden Fachbehörde nicht zu, einen umfassenden Bericht zum Stand des BMFT-Förderprojektes zu geben. Lassen sie mich aber, bezogen auf die 6 Projektschritte und die 5 Forschungsschwerpunkte, folgenden Situationsbericht geben und damit auf weitere Ergebnisse neugierig machen.

I. Erfassung der Situation und Sicherung der Bauten

Bereits vor der Wende war man sich der unverantwortlichen Situation bewußt. Der Quecksilberüberschuß glitzerte nicht nur auf Fußböden und an Wänden. Von mir z. T. unter Punkt 1 genannte Daten, wie auch die Auswertung von Emissionsmessungen, Abeitsplatzuntersuchungen und arbeitsmedizinischen Untersuchungen, waren einem kleinen Kreis von Geheimnisträgern bekannt. Bereits vor 1989 vor Ort entwickelte Rekonstruktions- und Sanierungsvorstellungen konnten jedoch nicht verwirklicht werden. Die Azethylenchemie des Buna-Werkes war einmal Weltspitze, wurde aber entsprechend der technologischen Entwicklung schrittweise abgebaut.

Bei im Jahr 1990 begonnenen Abbrucharbeiten wurde man sich schrittweise der Nowendigkeit umfassender Untersuchungs- und Forschungsarbeiten bewußt, ohne die diese große Quecksilberaltlast nicht zu beherrschen ist.

Die Abrißarbeiten mußten vorerst in Sicherungsarbeiten für die Bausubstanz übergehen.

II. Untersuchung und Gefährdungsabschätzung

Die Untersuchungen sind soweit abgeschlossen, daß man sich ein umfassendes Bild über das vorliegende Gefährdungspotential und bereits eingetretene Belastungen des Boden-, Wasser- und Luftpfades machen kann.

Eigentlicher Belastungsherd sind ca. 83000 m² hochkontaminierte Anlagenfläche (8 % des Betriebsgeländes). Durch Schadstoffverschleppung sind jedoch 4 km² Werksfläche und 3 km² Deponiefläche betroffen. Die zu betrachtende hydrogeologische Rahmenfläche beträgt 40 km². Das Bunawerk liegt zwischen den Städten Halle und Merseburg; mit der Hauptwindrichtung nach Merseburg und der oberflächlichen Hauptabflußrichtung nach Halle (Abb. 5).

Auf dem Gelände herrschen außerordentlich komplizierte geologisch-hydrologische Verhältnisse (Abb. 6 und 7).

Niederschläge, einschließlich aufgenommener Schadstoffe, versickern ungehindert durch eine dünne und durch Aufgrabungen, Bombentrichter und Fundamente durchlöcherte Mutterbodenschicht in den Untergrund. Vorhandene Grundwasserstauer sind durch geologische Störungen bis in den Buntsandstein z. T. unwirksam. Die Grundwasserfließrichtung ist glücklicherweise von den Schotterterassen der Hauptvorfluter Saale und Weiße Elster abgewandt.

Hauptkontaminationsherd sind die Chloralkalielektrolysen, deren separierter Bauschutt mit ca. 200 mg/kg (maximal 350 mg/kg) belastet ist.

Die Belastungen unmittelbar im Gebäudebereich betragen 50-1000 mg/kg, in Schwerpunkten 6-10 g/kg, mit einem Maximalwert von 17 g/kg !, nehmen aber in horizontaler Richtung schnell ab.

Die schwerkraftbegründete vertikale Mobilität des Quecksilbers zeigt sich in erkundeten "Quecksilbernestern" bis in 20 m Tiefe (s. Abb. 7).

Die Quecksilberbelastungen werden z. T. durch andere Schwermetalle (Cd, As, Pb) und durch organische Verunreinigungen, insbesondere CKW und MKW, überlagert.

Untersuchungen zur Schadstoffverschleppung durch alte betriebliche Tiefbrunnen in größere Tiefen sind noch nicht abgeschlossen.

Bisher festgestellte Grundwasserbelastungen sind jedoch noch nicht dramatisch und beschränken sich auf den unmittelbaren Bereich der Eintragsquellen. In einem Pegel unmittelbar neben der Chloralkalielektrolyse wurden 10 bis 14 µg/l, in 250 m Entfernung noch 8 µg/l der wasserlöslichen Verbindungen Hg(II)-Chlorid, Hg-Acetat und Hg-Nitrat festgestellt.

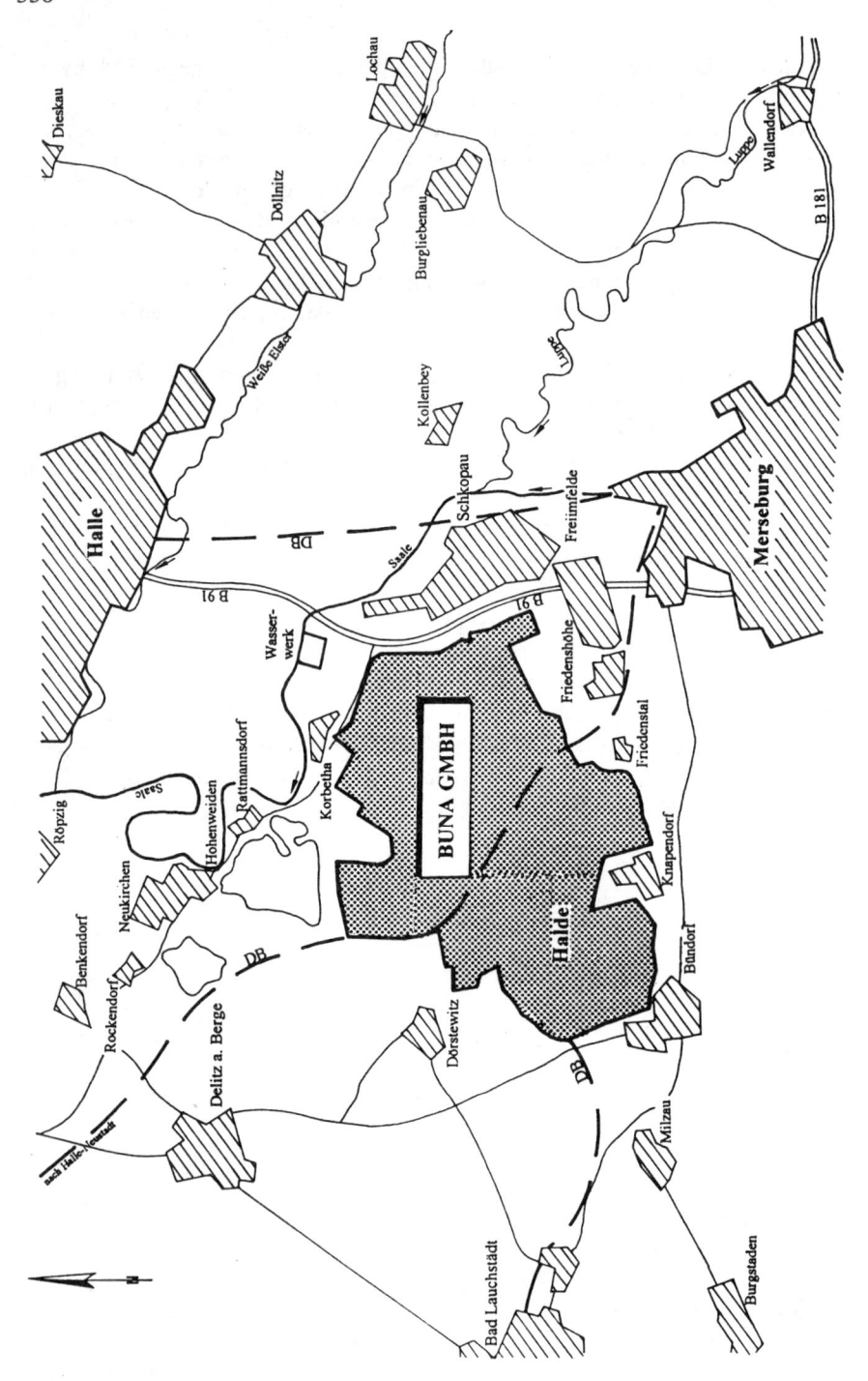

Abb. 5: Regionale Einordnung der BUNA GMBH

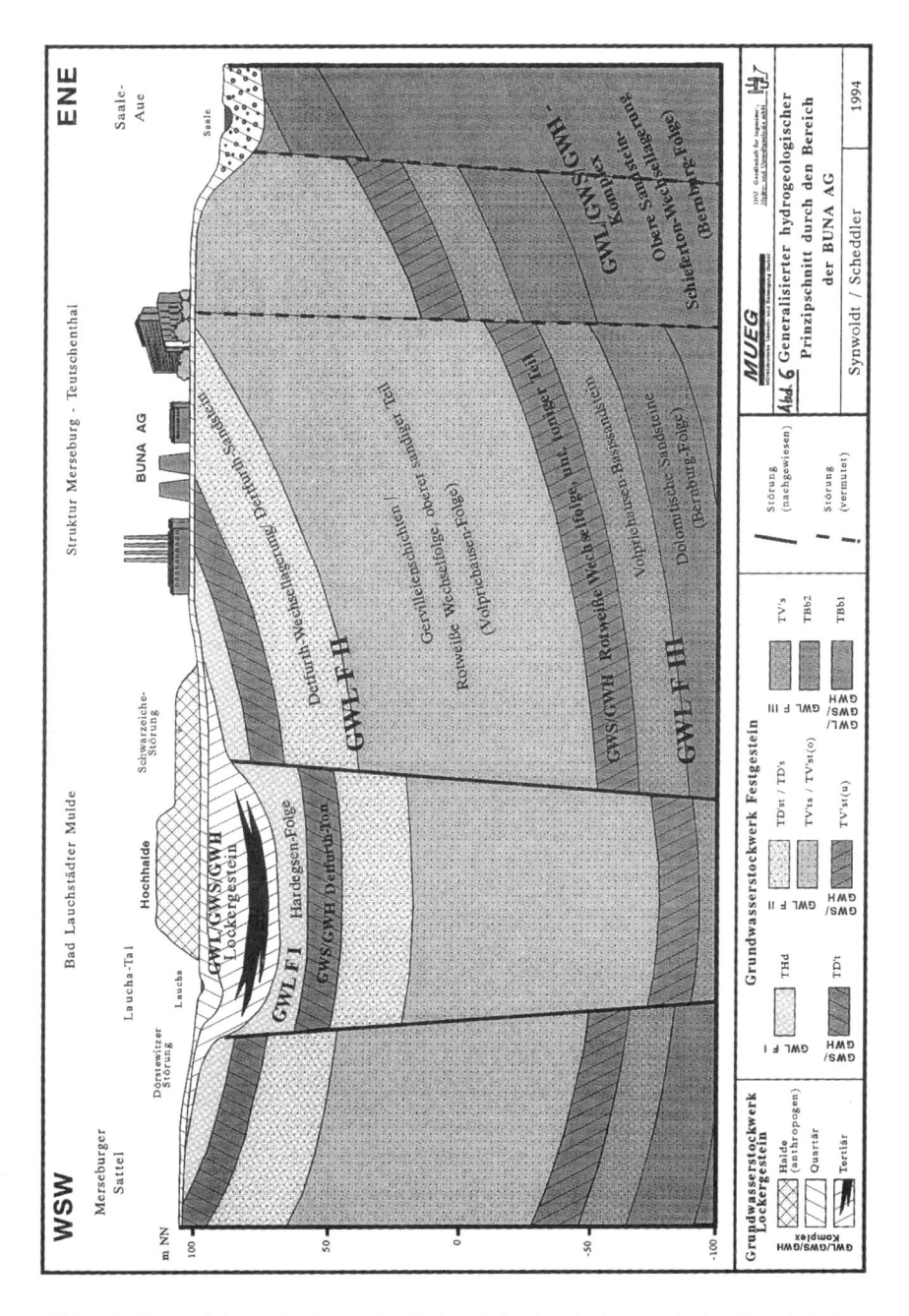

Abb. 6: Generalsierter hydrogeologischer Prinzipschnitt durch den Bereich der BUNA AG

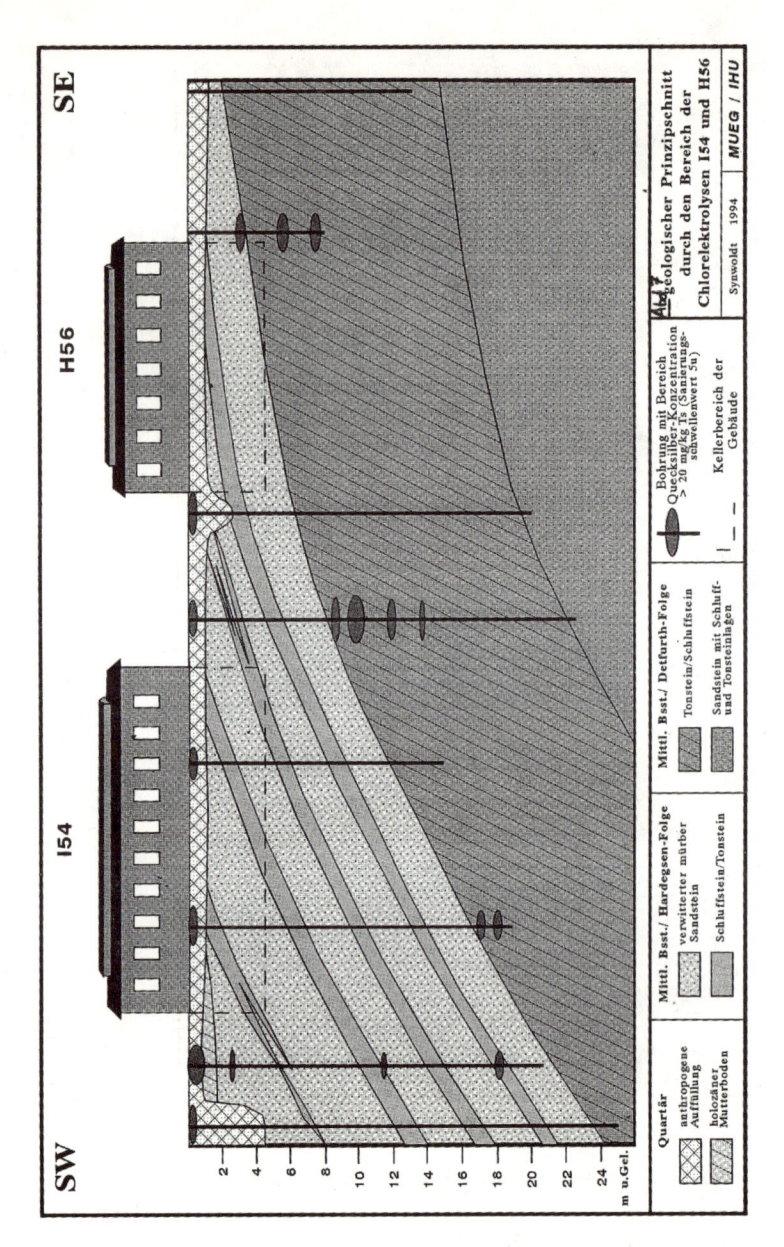

Abb. 7: Geologischer Prinzipschnitt durch den Bereich der Chlorelektrolysen I54 und H56

Trotz jahrzehntelanger Emissionen sind zwar die umliegenden landwirtschaftlichen Nutzflächen deutlich mit Quecksilber belastet (0,05 bis 1,6 mg/kg TS); der Maximalwert in Hauptwindrichtung liegt aber noch unter dem zulässigen Grenzwert von 2 mg/kg und nimmt horizontal schnell ab (s. a. Abb. 8).

III. Sanierungsuntersuchung

Für den Zeitraum 1992-1996 besteht das Ziel, sichere und kostengünstige Sanierungsmethoden zu entwickeln. Hierzu erfolgen nähere Aussagen unter Pkt. B. und C.

IV. Sanierungsplanung

Entsprechend Rahmensanierungskonzept sind durch die Unternehmensleitung, im Einvernehmen mit den zuständigen Behörden, folgende Sanierungsziele festgeschrieben :
- Separierung und Behandlung kontaminierten Bauschutts in Bela stungschargen von
  < 0,5 mg/kg für eine uneingeschränkte Verwertung und
  < 3,0 mg/kg für eine eingeschränkte Verwertung,
  jeweils auf dem Betriebsgelände.
- Separierung und Behandlung kontaminierten Bodens in Belastungs chargen von
  < 20 mg/kg für den Wiedereinbau im unversiegelten Betriebsgelände und
  < 50 mg/kg für den Wiedereinbau im versiegelten Betriebsbelände.
- Reinigung von Schrott bis zu dessen Verwertungsmöglichkeit.
- Entsorgung von hochbelastetem Schlamm (Unterkorn), wenn die Be handlung wesentlich teurer als die Entsorgung ist.

In Auswertung der abgeschlossenen Untersuchungen und im Hinblick auf die o. g. Sanierungsziele ist mit folgendem mengenmäßigen Sanierungsumfang zu rechnen:

10000 t	technische Ausrüstungen, Behälter mit Verbundwerkstoffen (Gummi, Plaste, etc.)
3000 t	Stahlschrott
120000 t	Stahlbeton
60000 t	Klinkermauerwerk
700 t	Produktionsrückstände
1900 t	Schlämme aus Reinigungsarbeiten
170000 t	Boden

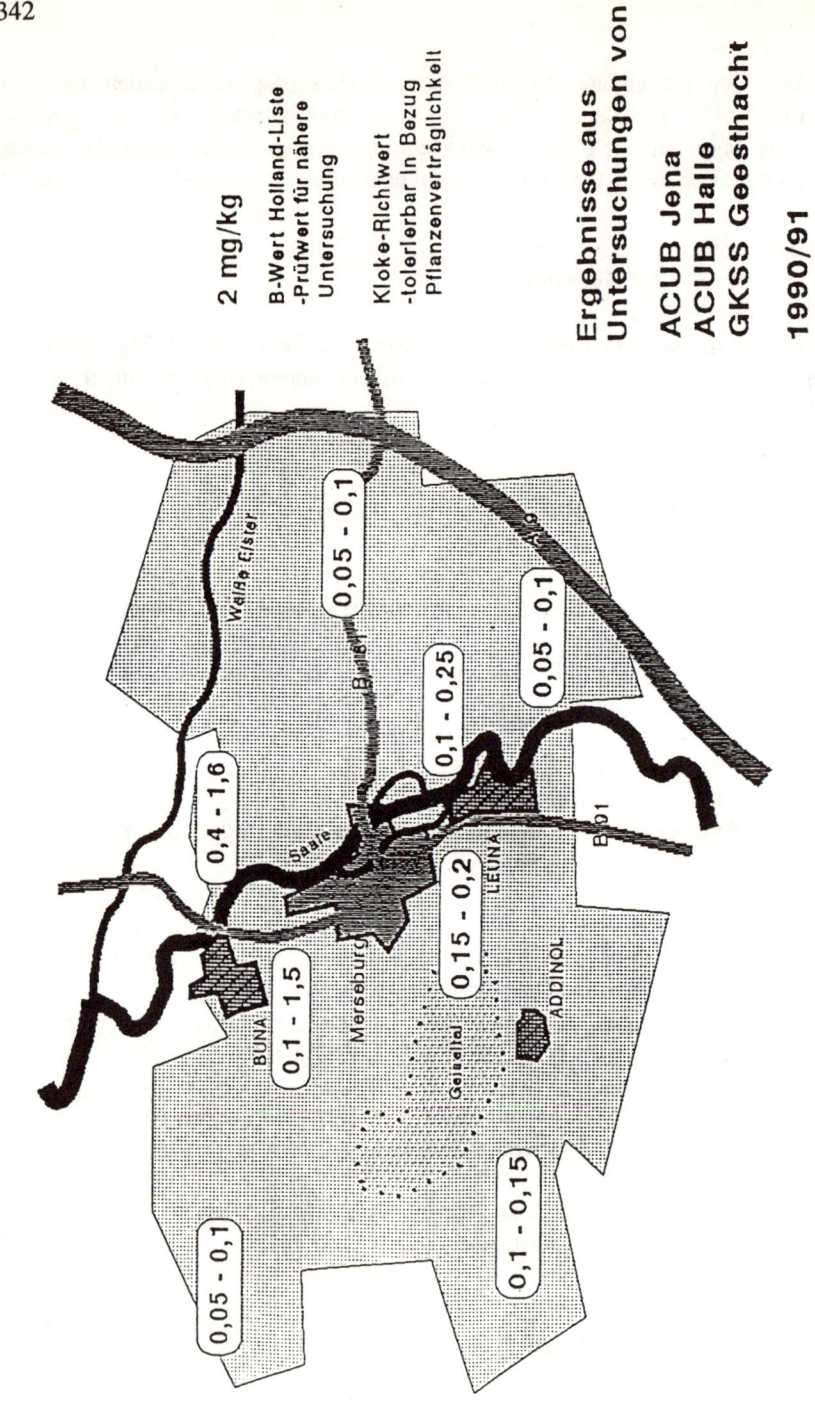

Abb. 8: Quecksilbergehalte landwirtschaftlich genutzter Böden in verschiedenen Regionen des Landkreises Merseburg (Angaben in mg/kg TS)

V. Durchführung der Sicherungs- und Sanierungsarbeiten

Im Zeitraum 1990-1994 wurden vorwiegend Abrißarbeiten in nicht- oder gering kontaminierten Bereichen durchgeführt und dabei Bauschutt separiert, sowie Schrott gereinigt. Bei Reinigungsarbeiten anfallender Schlamm, dessen Zwischenlagerung für eine spätere Behandlung besonders problematisch ist, wurde in der Untertagedeponie Herfa-Neurode entsorgt.

Die eigentliche Dekontamination hochbelasteten Bauschutts und Bodenaushubes beginnt ab 1995 mit dem Versuchsbetrieb, nachden im Jahre 1994 eine kleine Pilotanlage mit 150 kg/h zufriedenstellende Ergebnisse erreichte.

A. Entwicklung neuer Erkundungs-, Analyse- und Bewertungsverfahren

Im Rahmen des BMFT-Forschungsvorhabens besteht als erstes die Aufgabe, bekannte Erkundungs-, Analyse- und Bewertungsverfahren der großen Dimension dieses quecksilberbelasteten Standortes anzupassen, den Stand der Technik weiterzuentwickeln und, wenn notwendig, neue Verfahren zu entwickeln. Die entsprechenden Forschungsarbeiten gehen in 4 Richtungen:

1. Erarbeitung eines großräumigen Geologisch-Hydrologischen Schadstofftransportmodells, mit besonderen Aussagen zum Quecksilbertransportmechanismus.

2. Bohrlose Bodenflachdetektion mit geophysikalischen Methoden, insbesondere Bodenradar, Gravimetrie und induzierter Polarisation.

3. Entwicklung eines Spezialbohrgerätes mit Doppelwandaußenrohr und Kernrohr für ungestörte Proben. Mit diesem von der Fa. MUEG entwickelten, patentierten und im Einsatz befindlichen Gerät wird gesichert, daß angetroffenes Quecksilber weder im Bohrkern, noch entlang der Bohrlochaußenwand verschleppt wird (Prinzipskizze und Einsatzfotos s. Abb. 9 bis 11).

4. Aufbau eines quecksilberspezifischen Labors in den Jahren 1992/93, das inzwischen die EU-Akkreditierung erhalten hat.

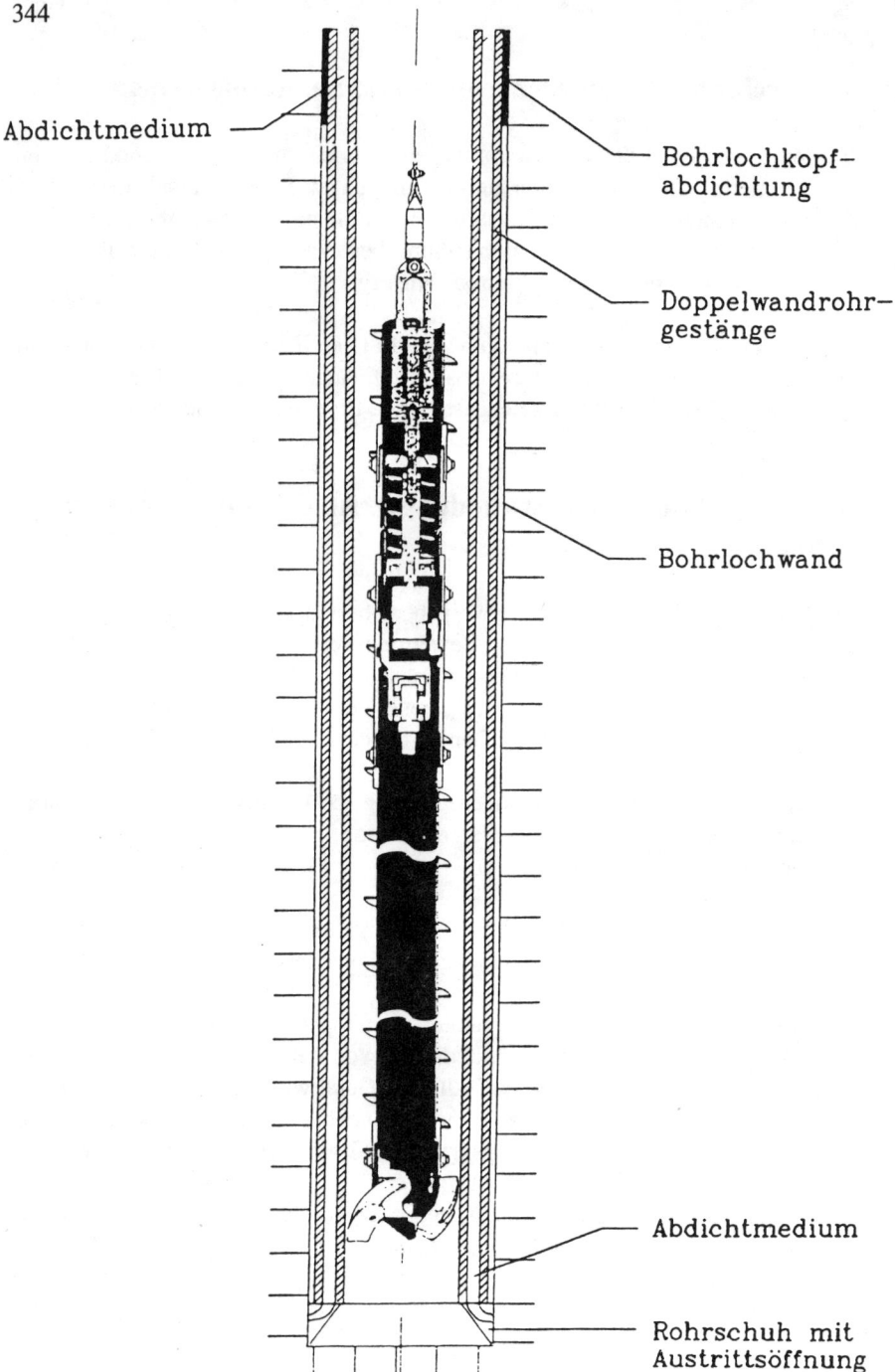

Abb. 9: Prinzipskizze Hohlbohrschnecke mit Doppelwandverrohrung, nach MUEG (12)

Abb. 10: Hohlschnecken-Bohranlage am Standort der Bohrung 4471 (HSB 24) östlich von I 54

Abb. 11: Hohlschnecken-Bohranlage am Standort der Bohrung 4490 (HSB 35); im Bereich der Aldehyproduktion wurde unter Vollschutz gearbeitet

Mit hochmodernen Geräten (Atom-Absorptions- und -Emissionsspektrographie, Anionenanalytik, Analytik organischer Verbindungen) werden Boden-, Bauschutt-, Wasser- und Luftproben untersucht. Die Vergleichsanalytik erfolgt in Ringversuchen mit dem
- Forschungszentrum Geesthacht GmbH, dem
- Prüflabor LGA Nürnberg und der
- Universität Stuttgart.

Besonders stolz ist man auf die technischen Höchststand repräsentierende Vorortanalysetechnik. Mit einem tragbaren Röntgenfluoreszenzanalysegerät mit Meßkopf und EDV-Speicher, wird vor Ort die oberflächliche Quecksilberbelastung von Schrott gemessen und für die spätere Selektion ausgewertet.

B. Entwicklung geeigneter Rückbau- und Demontagetechnologien

Die 1990 begonnenen und noch längst nicht abgeschlossenen Abbruch- und Reinigungsarbeiten werden nicht nur dokumentiert, sondern zunehmend planmäßig nach Demontage-, Rückbau- und Tiefbauprojekt durchgeführt.

Auf der Basis vorheriger Erkundung werden oberflächlich belastete Bauwerks- und Anlagenteile mit Hochdruckspritztechnik gereinigt und es erfolgt der Abbruch streng selektiv nach unterschiedlicher Kontamination. Dieser relativ hohe Aufwand wird sich bei der Entsorgung, Behandlung und Verwertung mehrfach wieder auszahlen.

C. Entwicklung geeigneter Sanierungsverfahren

In den Jahren 1993/94 wurden umfangreiche Versuche zur
- Metallwäsche von Stahlschrott
- naßmechanischen und thermischen Bauschutt- und Bodenbehandlung

gefahren.

Die Versuche zur thermischen Behandlung konzentrierten sich auf die unterschiedliche Reaktionsgeschwindigkeit von Grob- und Feinfraktion in Abhängigkeit von Temperatur, Verweilzeit und Korngröße bei unterschiedlichen Technologien, wie beheizter Schnecke, Drehrohrofen und Einspritzung von überhitztem Wasserdampf. Die Pilotversuche sind erfolgreich abgeschlossen. Z. Zt. erfolgt die Auftragsvergabe für eine leistungsfähige Versuchsanlage, über die zu einem späteren Zeitpunkt zu berichten sein wird.

D. Erprobung geeigneter Arbeitsschutzmittel

Auf der Grundlage der Richtlinie der Tiefbau- Berufsgenossenschaft wurde mit der Abbruch- und Demontagetechnologie eine quecksilberspezifische Verhaltensvorschrift erarbeitet. Die einzelnen Arbeitsschutzmaßnahmen konzentrieren sich auf das Tragen von Schutzanzug und Atemschutz (ab 10° C); auf Personen- Schwarz-Weißanlage und Fahrzeuge mit Kabinenbelüftung.

E. Arbeitsmedizinische Untersuchungen

In Nutzung der Erfahrungen des werksärztlichen Dienstes bei der Betreuung langjährig Hg-exponierter Arbeitnehmer erfolgt seit 1992 in Zusammenarbeit mit der Hautklinik des Diakonie-Krankenhauses Halle und der Universität Heidelberg die arbeitsmedizinische Forschung.

4. Zusammenfassende Schlußfolgerungen

In einleitenden Worten habe ich versucht, die Sonderstellung des Quecksilbers unter den Schwermetallen zu begründen.

Für die Sanierungsplanung sind besonders der niedrige Schmelz- und Siedepunkt, die Neigung zur Verdampfung schon ab - 44° C und die Vielzahl toxischer Quecksilberverbindungen maßgebend. Der zwar niedrigen Wasserlöslichkeit von 0,02 mg/l steht ein noch viel niedrigerer Grenzwert für Trinkwasser von 0,5 µg/l und eine geogene Grundbelastung abflußlosen Oberflächenwassers von bereits 0,1 µg/l gegenüber. D. h., es bedarf keiner großen Hg-Quellen um bereits große Mengen Wasser zu kontaminieren. Auch der Luftpfad ist ähnlich schnell kontaminiert. Der Sättigungswert beträgt 13,6 mg/m^3 und dagegen der zulässige Vorsorgewert der WHO nur 1 µg/m^3 bei einer Grundbelastung von z. B. 0,03 µg/m^3 in der Bundesrepublik.

Hauptproblem, aber auch gleichzeitig Hauptansatzpunkt ist der niedrige Siedepunkt, der quecksilberkontaminierte Stoffe, so wie leicht flüchtige Kohlenwasserstoffe, einer Niedertemperatur - Behandlung unterhalb 600° C zugänglich macht, aber gleichzeitig das Einschmelzen, wie sonst bei Schwermetallen üblich, ausschließt.

Im Rahmen von 4 Praxisbeispielen bin ich besonders auf die Erfahrungen am Standort der BUNA GMBH eingegangen, wenn hier nach Abschluß der Untersuchungsarbeiten, mit der eigentlichen Sanierung auch gerade erst begonnen wird.

Als wichtigste Schlußfolgerung möchte ich voranstellen:
Die besonderen Eigenschaften des Quecksilbers verlangen auch eine besondere stoffbezogene Herangehensweise bei der Untersuchung quecksilberbelasteter Industriestandorte und deren Sanierungsplanung und -durchführung.

Folgende Grundsätze möchte ich hierzu formulieren:

01 Die horizontale Ausbreitung des Quecksilbers im Boden ist nahezu Null, außer auf stark geneigten Stauerflächen. Die Untersuchungen sollten sich deshalb besonders auf den Bereich der Kontaminationsherde und dort auf die Oberfläche und den jeweils oberen Bereich von Grundwasserstauern, auch in größerer Tiefe, konzentrieren.

02 Außerhalb starker Bodenbelastungen ist mit keiner wesentlichen Grundwasserbelastung zu rechnen, d. h., belastetes Grundwasser saniert man beginnend mit der Sanierung des belasteten Bodens (Kontaminationsquelle).

03 Besonders toxisch sind die organischen Quecksilberverbindungen, d. h., die Bestimmung der Organo-Hg-Kontamination ist für die Bestimmung des Gefährdungsgrades so wichtig, wie die Bestimmung des elementaren Quecksilbers für das Gefährdungspotential.

04 Hauptkontaminationspfad ist nicht wie sonst das Wasser, sondern wegen der ständigen Verdampfung der Luftpfad, der durch steigende Temperatur, Sonneneinstrahlung und biologische Aktivitäten noch angeregt wird. Erste Sicherungsmaßnahmen auf einer Industriebrache sollten deshalb die Einschränkung von Pflanzenwuchs, die Versiegelung und die Einhausung sein. In nicht genutzten Gebäuden sollte die Belüftung eingeschränkt werden.

05 Da Sanierungsarbeiten, besonders bei größeren Objekten sehr langwierig und teuer sind, sollte man vorerst immer die Einsatzmöglichkeiten bekannter Immobilisierungsverfahren, und sei es auch nur für eine befristete Sicherung, prüfen. Eine befristete Immobilisierung verringert auch das Gesundheitsrisiko bzw. den arbeitsschutztechnischen Aufwand bei Abriß- und Erdarbeiten.

06 Abriß- und Erdarbeiten sollten bei möglichst geringer Temperatur und hoher Luftfeuchte durchgeführt werden.

07 Untersuchungs-, Planungs-, Sicherungs- und Sanierungsarbeiten sollten besonders bei großen Vorhaben aus Zeit- und Effektivitätsgründen z. T. parallel ablaufen und gleitend ineinander übergehen.

08 Die eigentlichen Sicherungs- und Sanierungsarbeiten sollten scharf getrennt nach vorgefundener Belastung und zu erreichendem nutzungsbezogenen

Sanierungszielwert vorbereitet und durchgeführt werden. Die Vermischung unterschiedlich hoch belasteter Stoffe ist wegen der sehr großen Unterschiede im spezifischen Aufwand weitgehend zu vermeiden.

09 Entscheidungen zur Anwendung einzelner Sicherungs- und Sanierungs-verfahren sollten immer im Ergebnis
1. einer Prüfung bekannter Verfahren auf Anwendungsmöglichkeit und -erfolg in der Reihenfolge des spezifischen Aufwandes und
2. nach einem objektkonkreten Anwendungsversuch (Pilotvorhaben) erfolgen.

Von den unter Text-Punkt 2 erläuterten Verfahren halte ich folgende einzelfallbezogene Prüfreihenfolge für begründet:
   a.) Ablesen von gediegenem Quecksilber
   b.) Einhausen hochbelaster Gebäude und Anlagen (befristet)
   c.) Versiegeln großer flächenhafter Belastungen
   d.) Immobilisieren oberflächlicher Belastungen des Bodens
   e.) Reinigen von Bausubstanz und Anlagen, z. B. Metallwäsche
   f.) Entsorgen hochbelasteter und schwer zu behandelnder Stoffmengen
   g.) Separieren von Bodenaushub und Bauschutt nach Belastungsgrad
   h.) Trockenabsiebung, insbesondere von Bauschutt, gegebenenfalls in Verbindung mit Schwerkraftsichtung
   i.) Naßabsiebung, ab 30 % Grobkornanteil
   k.) Chemisch - physikalische Behandlung
   l.) Thermische Behandlung

Mit dieser Aufzählung möchte ich abschließend deutlich machen, daß bei Quecksilber, wie auch bei anderen Schadstoffbelastungen und bei der Müllentsorgung, die thermische Behandlung oft nicht zu umgehen ist, aber immer die letzte Option nach Prüfung aller anderen Möglichkeiten sein sollte. Bei dieser Herangehensweise wird es nie um die thermische Behandlung einer großen zu behandelnden Gesamtmenge, sondern einer relativ kleinen Teilmenge gehen.

Quellenverzeichnis

(1) RUDOLF, D. (1994): Gesellschaft für Analytik und Verfahrensentwicklung Datensammlung (unveröffentlicht), Bad Dürrenberg.
(2) MEDENTEX GmbH Bielefeld (12/1994): Informationsblatt.
(3) Richtlinie für die Entsorgung von Bauabfällen LSA, RdErl. MU LSA vom 07.07.1994, MBl. LSA Nr. 63, S. 2174.
(4) Richtlinie Baggergut Land Sachsen - Anhalt, Entwurf 1994, unveröffentlicht.

(5) RICHTER-POLITZ, I. (1992): Sanierung kontaminierter Standorte 1992, S. 147, Erich Schmidt Verlag, Berlin.
(6) RYTHLEWSKI (22.04.1994): Giftdepot am Grund der , VDI-N, Düsseldorf.
(7) DEHNAD, F. (1994): Schwermetallhaltige Baggerschlämme... am Bsp. Hafenschlick, Wasser und Boden S/1994, S. 38.
(8) MÜLLER, G. (1994): Die Belastung der Elbe mit Schwermetallen, Naturwissenschaften 81, Nr. 9, S. 401.
(9) MÜLLER, G. (1994): Das Scharze Meer - ein sicheres Endlager für schwermetallkontaminierte, Feststoffe Heidelberger Geowissenschaftliche Abhandlungen, Bd. 78, S. 30, Ruprecht-Karls-Universität Heidelberg.
(10) MÜLLER, G. (1994): Neue Wege der Sanierung quecksilberbelasteter Böden, Geowissenschaften, Springer Verlag, S. 347.
(11) Firmenschrift (1994) und Angebot (11/94) der Fa. Pokker Bodensanierung GmbH, Nürnberg.
(12) MUEG (1994): Mitteldeutsche Umwelt- und Entsorgungs GmbH, Quecksilbererkundung BUNA GMBH.
(13) SCHNABEL, C. (1904): Handbuch der Metallhüttenkunde, 2. Band, Springer Verlag, Berlin.
(14) Der Sanierungsfall Chemische Fabrik Marktredwitz, Terratech 1/94, S. 40.
(15) WEILANDT, E. (10/94): Quecksilberkontaminierte Böden reinigen, Umwelt, S. 502, VDI Verlag Düsseldorf
(16) (RUT) Ruhrkohle Umwelttechnik GmbH (2/94): Terrapor- Das mobile Nieertemperaturverfahren, Firmen - Prospekt, Bottrop.
(17) SCHMIDT, M. (12/1994): Sanierung einer quecksilberbelasteten Saatgutbeize in Weißenfels, Altlasten, S. 43.
(18) BIESTER , H. (1994): Untersuchungen zur Bestimmung der Quecksilberphasen in Feststoffen, mittels eines temperaturgesteuerten Pyrolyseverfahrens, Heidelberger Geowissenschaftliche Abhandlungen, Bd. 78, S. 29, Ruprecht-Karls-Universität Heidelberg.
(19) BRAUN (21.12.1994): in Schwartzsche Vakanzenzeitung, Quecksilbergefahr gebannt, Otto Schwartz & Co., Göttingen.
(20) SCHIELE-TRAUTH, U. (18.11.1994): Dichtwand soll Dioxine bremsen, VDI-Nachrichten Nr. 46, S. 20, Düsseldorf.
(21) ANONYMUS (06.05.1994): Schwermetalle wandern im elektrischen Feld, VDI-Nachrichten, Düsseldorf.
(22) MC GRAPH (2/94): Kontaminierte Böden mit Pflanzen entgiften, Terra Tech, S.10.
(23) RENNER, I. (1/93): Sanierung einer quecksilberhaltigen Altlast, Terra Tech, S. 56.

Altlastenunterfahrung mit Hilfe von Vortriebstechniken des Berg- und Tunnelbaus

Dr. Thomas Hollenberg

Einleitung

In der Bundesrepublik Deutschland gibt es zur Zeit rund 50000 Altlasten. Bei einem großen Teil dieser Altablagerungen ist keine Abdichtung gegen den Untergrund vorhanden. Daraus resultieren Schadstoffemissionen und Kontaminationen des Grundwassers. Aufgrund dieser Gefährdung ist es erforderlich, die genannten Altlasten schnellstmöglich einzukapseln, d. h., nachträglich eine Oberflächendichtung, eine Vertikaldichtung und eine Basisabdichtung einzubringen. Dabei soll das Basisabdichtungssystem die Sammlung, Ableitung und Aufbereitung kontaminierter Sickerwässer ermöglichen und zusätzlich kontrollierbar und reparierbar sein.

Für das Einbringen eines derartigen Dichtungssystems eignen sich grundsätzlich die aus Spezialtiefbau, Tunnelbau und Bergbau bekannten Technologien. Jedoch sind die hierbei seit langem erfolgreich eingesetzten maschinellen Einrichtungen für die speziellen Erfordernisse bei der Altlastenabdichtung zu modifizieren, zu einem neuen technologischen Gesamtsystem zusammenzufügen und zu erproben.

Im Rahmen einer Kooperation haben daher die Unternehmen E. Heitkamp GmbH, Westfalia Becorit Industrietechnik GmbH, Boden- und Deponie-Sanierungs GmbH und das Grundbauinstitut in Dortmund in den vergangenen Jahren die vorhandene Maschinen- und Verfahrenstechnik an die Anforderungen einer nachträglichen Basisabdichtung von Altlasten angepaßt.

Maschinentechnik

Das zur bergmännischen Unterfahrung von Altlasten entwickelte maschinentechnische System setzt sich aus folgenden Systemkomponenten zusammen:
- Messerschildsystem mit integriertem Arbeitsraum
- Abbausystem
- Rohrvorpreßeinheiten

Messerschildsystem mit integriertem Arbeitsraum

Messerschilde werden heute bei der Auffahrung von Tunneln im oberflächennahen Bereich im U-Bahnbau, im Straßen- und Eisenbahnbau, im Abwasseranlagenbau sowie zum Flözstreckenvortrieb im Steinkohlebergbau eingesetzt. Das heißt, sie sind in fast allen Tunnelquerschnitten einsetzbar und haben sich bisher in diversen Kreis-, Kalotten-, Hufeisen- sowie Rechteckprofilen bewährt.

Ein Messerschild wird entsprechend den erforderlichen Belastungen aus Erddruck bzw. Deponielast konzipiert. In Abhängigkeit von den geologischen Verhältnissen wird mit Vorpfändung, Messerzwischenbühne, Ortsbrustverbauklappen usw. gearbeitet. Da die in die Messerschilde integrierten Abbau- und Ladeeinrichtungen der jeweiligen Bodenart angepaßt werden können, ist es möglich, sowohl Schluff als auch rollige Böden, Ton, Mergel und Hartgestein zu durchörtern.

Bild 1.: Messerschild mit Schneidarm und Zughacke.

Der Messerschild benötigt während der Unterfahrung kein Widerlager. Durch die Verwendung des Messerschildes gleitet der Vortrieb erschütterungsfrei und ohne Erzeugung ungewollter Erdbewegungen unter der Altlast hindurch.

Für die Altlastenunterfahrung wird der Messerschild so modifiziert, daß es möglich ist, die zuvor bereits eingebrachte Dichtungsschicht einseitig überlappend zu überfahren, ohne diese zu beschädigen. Die Gewinnungshöhe ist seitens der Maschinentechnik prinzipiell völlig frei wählbar, da Tunnel- oder Streckenvortriebsmaschinen in praktisch allen Querschnitten eingesetzt werden

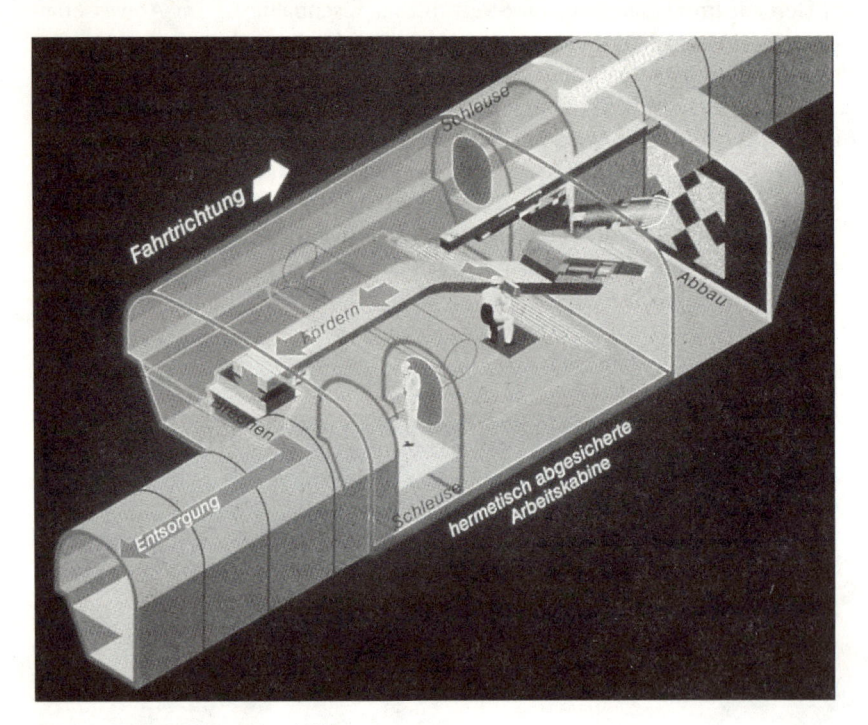

Bild 2.: Vorlaufmesserschild.

Der Arbeitsraum, in dem auch die Abdichtung eingebracht wird, kann wie auch der Schneidraum unter Druckluft-Überdruck gesetzt werden, um das Eintreten von Gasen und/oder kontaminierten Flüssigkeiten zu verhindern. Auffahrungen unter Druckluft-Überdruck in Grundwasserhorizonten sind Stand der Technik.

Die Maschine soll von über Tage gesteuert werden. Entsprechende Technologien sind im Hause Heitkamp vorhanden und auch im Einsatz. So wird die auf der Schachtanlage Prosper-Haniel derzeit in 1000 m Tiefe eingesetzte Vollschnittmaschine von über Tage gesteuert und überwacht.

Abbausystem

In dem Messerschild ist das Abbaugerät quer- und längsverschiebbar gelagert. Dabei kann je nach Bodenfestigkeit eine Zughacke oder der Schneidarm einer Teilschnittmaschine eingebaut werden. Um bei häufig wechselnder Geologie die Stillstandszeiten nicht unnötig durch Wechsel zwischen Schneidarm und Zughacke zu erhöhen, können auch, wie in Bild 2 zu sehen, beide Systeme installiert werden.

Mit Teilschnittmaschinen, die mit solchen Schneidarmen ausgerüstet sind, fährt der Geschäftsbereich Bergbau der E. Heitkamp GmbH alleine im deutschen Steinkohlebergbau jährlich ca. 16 km Strecken auf. Derartige Vortriebsmaschinen haben sich auch unter härtesten Bedingungen bewährt.

Bild 3.: WAV 300.

Rohrvorpreßungseinheiten

Die Ver- und Entsorgung des Messerschildvortriebes bzw. die Fahrung erfolgt durch zwei im Rohrvorpreßverfahren mitgeführte Tunnelröhren, die aus einzelnen Stahlbetonrohrsegmenten zusammengesetzt sind. Die Rohre werden hydraulisch vorgepreßt.

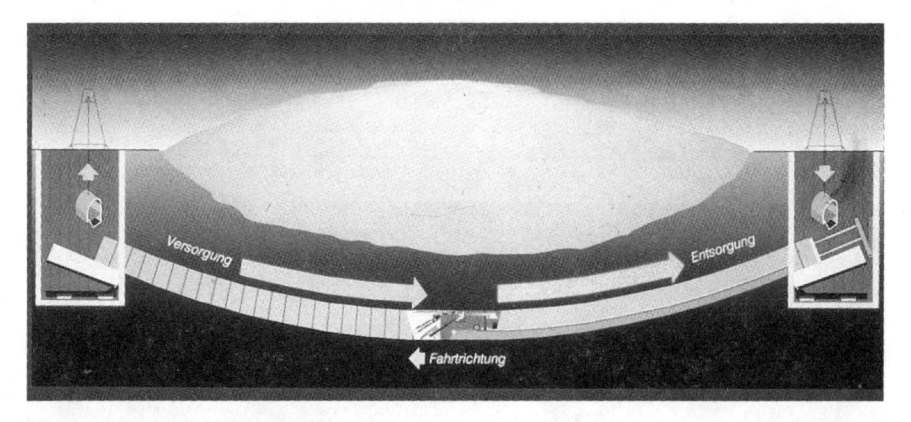

Bild 4.: Rohrvorpreßeinrichtung

Dabei muß der Verlauf der Tunnelröhren nicht geradlinig sein, unter Verwendung von Zwischenstationen können auch Kurven, Mulden und Sättel aufgefahren werden.
Der Zugang zum Messerschild- und Abbausystem erfolgt durch zwei Schleusen. Falls im Druckluftbetrieb gefahren wird, erfolgt hier die Dekompression der Beschäftigten. Dabei sind diese Schleusen in das Vortriebssystem integriert. Achsversetzt ist vorne links und hinten rechts je eine Schleuse mit direktem Zugang zum Arbeitsraum an den Maschinenrahmen angebaut.

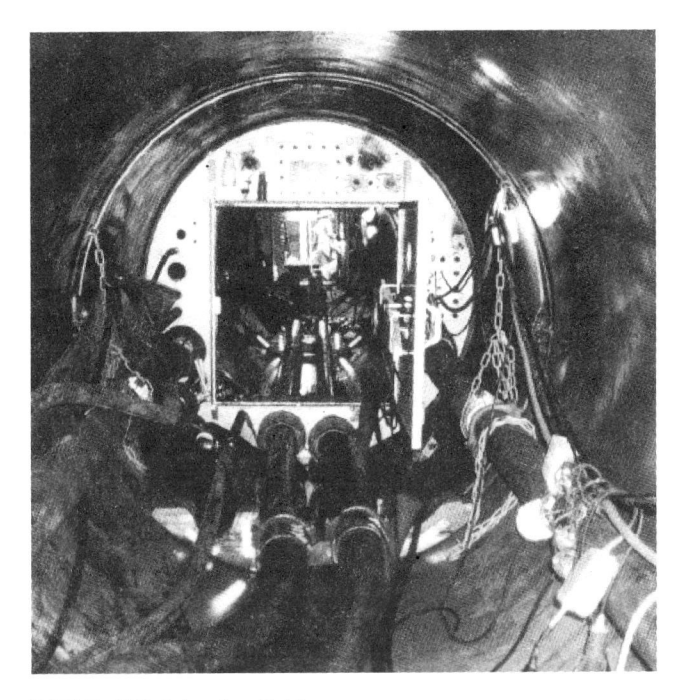

Bild 5.: Blick in eine Schleuse

Mit dieser Technologie wurde von der E. Heitkamp GmbH mit einem Westfalia-Becorit-Vortriebsschild beispielsweise der Abwasserstollen Ludwigstal in Hattingen mit einem lichten Rohrdurchmesser von 2 m und einer Gesamtlänge von 1035 m aufgefahren. Ein weiteres Beispiel stellt der 1370 m lange Tunnel unter der Kieler Förde mit 4,1 m lichtem Durchmesser dar, der für das Verlegen von Fernwärmeleitungen und 110 kV Kabeln aufgefahren wurde. Die Auffahrung erfolgte unter einem Druckluft-Überdruck von 2,8 bar.

Verfahrenstechnik

Bodenuntersuchungen

Zur Bodenerkundung und Abschätzung des Gefährdungspotentials werden unterhalb der für die Unterfahrung vorgesehenen Horizonte in Abhängigkeit von der Größe der Altlast drei oder vier Rohrvorpressungen vorgetrieben.

Von hier aus werden fächerförmig Untersuchungsbohrungen durchgeführt, von denen vereinzelte offengehalten werden, um nach Einbringen der Basisabdichtung Grundwasseruntersuchungen durchführen zu können; d. h., auch die vorgepreßten, begehbaren Rohrstränge verbleiben unter der Basisabdichtung.

Sollten dann nach Fertigstellung der Basisabdichtung wider Erwarten Kontaminationen des Grundwassers auftreten, können die undichten Stellen lokalisiert und mittels Injektionsverfahren von hier aus abgesichert werden.

Lage und Zuschnitt

Die Unterfahrung der Altlast wird zwischen zwei Gräben durchgeführt, die sich in Längserstreckung der zu unterfahrenen Altlast gegenüber liegen, so daß möglichst wenig Strecken aufgefahren werden müssen.

Bild 6.: Unterfahrungssystematik

Dabei sieht die Planung den Einsatz von zwei in dieselbe Richtung fahrenden, baugleichen Maschinen vor, wobei parallel zum Schneidvorgang der einen Maschine die andere Maschine umgesetzt wird; d. h., es befindet sich immer eine Maschine im Einsatz, so daß die Umsetz- und Umrüstzeiten und damit die Nebenzeiten praktisch gleich Null sind. Wartungs- und Reparaturarbeiten werden an der nicht im Einsatz befindlichen Maschine durchgeführt; während des Vortriebs ist keine Wartungsschicht vorgesehen.

Verfahrenstechnisch gesehen geht der Unterfahrungsvorgang mit zwei baugleichen Maschinen folgendermaßen vonstatten: Sobald der Vorlaufmesserschild der im Einsatz befindlichen Maschine in den Zielgraben gefahren ist, wird er abgeschlagen und mit Hilfe eines Schwerlastkranes auf einen Schwerlasttransporter gestellt. Das vom Vorlaufmesserschild entkoppelte Nachlaufschild mit Arbeitskabine schreitet weiter bis das letzte Drittel des Nachlaufschildes ebenfalls im Graben steht und verladen werden kann. Somit wird die Dichtung bis an die altlastenzugewandte Seite des Grabens eingebaut.

Zur Unterstützung des Schreitvorganges wird der Ver- und Entsorgungsrohrstrang nachgepreßt. Sobald die Maschine ausgebaut ist und damit ein vollständiger Rohrstrang unter der Altlast liegt, beginnt auf der gegenüberliegenden, der Startgrabenseite die zweite Maschine mit dem Anschnitt. Der Anfahrvorgang wird mit Hilfe der Rohrvorpreßzylinder unterstützt.

Für den Anfahr- und Ausfahrvorgang der Vortriebseinheit kommen sowohl Gräben als auch Rampen in Frage, wobei Rampen die technisch einfachere Lösung darstellen, da bei Einhalten des natürlichen Böschungswinkels auf der altlastenzugewandten Seite kein Verbau erforderlich ist. Es müßte lediglich eine Spritzbetonschicht aufgebracht werden, um die Böschung zu sichern. Die deponieabgewandte Rampenseite darf maximal eine Neigung von 8° haben, weshalb die Rampenlösung nur bei ausreichenden Platzverhältnissen angewendet werden kann. In diesen Fällen ist sie jedoch aufgrund der einfacheren und kostengünstigeren Herstellungsweise vorzuziehen. Zusätzlich sind bei dieser Lösung Widerlager für die Vorpreßausrüstung zu installieren.

Die Rampenlösung bringt allerdings noch weitere Vorteile mit sich: Die Vortriebsmaschine kann an der Zielrampe komplett ausgefahren werden, bevor mit der Demontage für den Umzug begonnen wird. Damit ergibt sich gegenüber der Grabenlösung eine Zeitersparnis, da das Teilen der Vortriebseinheit und das Ausheben aus einem Graben entfällt. Gleiches gilt für den Anfahrvorgang von der Startrampe aus, da die Maschine komplett vormontiert aufgestellt werden kann. Des weiteren entfallen die Hebezeuge für das Herausheben der Maschinenteile aus dem Graben.

Ver- und Entsorgung

Die Ver- und Entsorgung der Vortriebe erfolgt durch die mittels Rohrvorpreßverfahren dem Vortrieb vor- und nachgepreßten Tunnelröhren; d. h., es müssen Haufwerk und anfallendes Wasser nach über Tage, Energie, Frisch- und Kühlwasser, mineralische Dichtung, Folie, Geotextil, Drainagekies und Versatz nach unter Tage gefördert werden.

Zusätzlich dienen die Tunnelröhren der Fahrung und der Bewetterung. Ist nicht die Notwendigkeit der Auffahrung unter Druckluft gegeben, so kann das Vortriebssystem durchgehend bewettert werden.

Einbringen der Kombinationsdichtung

Die einzubringende Abdichtung entspricht den Forderungen der TA Abfall bzw. TA Siedlungsabfall und besteht somit aus einer 1,5 m bzw. 0,75 m mächtigen mineralischen Dichtungsschicht, einer Kunststoffdichtung, einer Schutzschicht für die Kunststoffdichtung sowie einer Entwässerungsschicht.

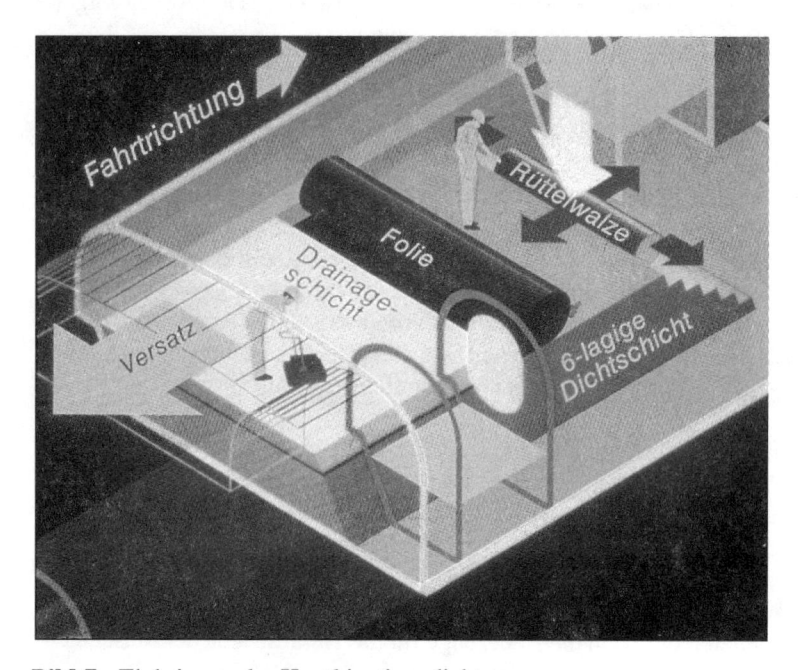

Bild 7.: Einbringen der Kombinationsdichtung

Das mineralische Dichtungsmaterial gelangt in offenen Behältern mittels Flurförderung in den Arbeitsraum.

Die Verteilung und Verdichtung mit Hilfe einer Rüttelplatte erfolgt in Lagen zu 25 cm, so daß eine entsprechend den Anforderungen prüfbare Dichtungsschicht entsteht. Die Platte ist in Auffahrungsrichtung längs-, und querverfahrbar sowie höhenverstellbar gelagert.

Zur Herstellung einer einwandfreien Abdichtung ohne Trennfugen erfolgt vor dem Aufbringen der nächsten Lage eine Auflockerung der Oberfläche.

In dem Arbeitsraum liegt eine Dichtungsfolienrolle, die über Hydraulikzylinder richtungssteuerbar ist und über eine Motorsteuerung auf der mineralischen Dichtung kontrollierbar abgerollt wird.

Die bei der jeweils vorhergehenden Auffahrung verlegte Folie wird mit der Folie der folgenden Auffahrung überlappend verlegt und mit Hilfe eines für den unterirdischen Einsatz modifizierten, tragbaren Extruderschweißgerätes vor Ort verschweißt. Die Schweißung erfolgt diskontinuierlich.

Die Dichtigkeit der Schweißnaht wird durch die Erzeugung eines Vakuums mit einer Glocke ebenfalls diskontinuierlich nachgewiesen. Eventuelle Undichtigkeiten können mittels aufgetragener Seifenlösung kenntlich gemacht werden. Alle Schweißparameter werden kontinuierlich überwacht und dokumentiert.

Zur Aufnahme und Ableitung von Kräften wird anstelle der Schutzschicht aus Feinsand für die PEHD-Folie ein Geotextil aufgebracht. Geotextil und Folie bilden eine gemeinsame Rolle. Die Förderung des Sandes kann somit entfallen.

Auf das Geotextil wird eine Drainageschicht aus kalkfreiem Schottermaterial 8/16 mm aufgebracht. Zur Kontrolle der Sickerwässer können auf der Drainschicht im Versatz begehbare Drainagerohre verlegt werden. Diese werden wie auch das nachlaufende Ver- und Entsorgungsrohr dem Vortrieb nachgepreßt, wobei ein Anschluß an der Versatzwand vorgesehen ist.

Verfüllung des Resthohlraumes

Der verbleibende, hinter einer Versatzwand kontrolliert freigezogene Resthohlraum wird mit Hilfe eines Dickstoffversatzverfahrens verfüllt. Das übertägig fertiggestellte Versatzmaterial wird über mehrere Auslaßventile in der Versatzwand in den Versatzraum eingebracht. Außenrüttler an der Versatzwand sorgen für eine weitere Verdichtung.

Das Blasversatzverfahren, wie es im Bergbau angewandt wird, ist aufgrund zu geringer Beschleunigungsstrecken und daraus resultierend aufgrund zu hoher Konvergenzen für die Hohlraumverfüllung nicht geeignet.

Das gewonnene Haufwerk wird pneumatisch nach über Tage gefördert. Falls geeignet wird es dort für den Versatz aufbereitet, mit Zuschlagstoffen beaufschlagt und hydraulisch wieder nach unter Tage gefördert.

Falls bei der Auffahrung kontaminierte Böden angefahren werden, können diese getrennt gewonnen, übertägig in Containern gelagert und einer entsprechenden Entsorgung bzw. Aufbereitung zugeführt werden.

Arbeitsschutz und Sicherheit

Das gesamte Unterfahrungssystem ist gemäß den im Berg- und Deponiebau geltenden Sicherheitsbestimmungen konzipiert und mit sämtlichen, für den Steinkohlebergbau zugelassenen Sicherheitseinrichtungen bestückt.

Personenschleusen sind ebenso vorhanden wie Bedüsungseinrichtungen, die eine Funkenbildung verhindern oder Warneinrichtungen, die beispielsweise das Auftreten von explosionsfähigen oder giftigen Luftgemischen melden und das System ggf. stillsetzen.

Ist eine Auffahrung unter Überdruck aufgrund zutretender kontaminierter Wässer oder Gase nicht zu vermeiden und der Boden neigt zum Ausblasen, kann mit voreilenden Dichtinjektionen gearbeitet werden. Dies gilt ebenso, wenn Druckwasser in den Schneidraum eindringt. Die hierfür im Schneidraum installierten Injektionslanzen werden aus dem Arbeitsraum heraus betätigt.

Damit kann auch bei ungünstigsten Verhältnissen die Unterfahrung der Altlast sichergestellt werden.

Zusammenfassung

Bei der Neuanlegung von Deponien wird heute ein komplexes Basisabdichtungssystem eingebracht, welches vor allem Verunreinigungen der Grundwasserleiter verhindern soll. Zusätzlich wird die Deponie mit einer Oberflächendichtung versehen, um sie vollständig einzukapseln und die Biosphäre vor der Gefahr zu schützen, die von ihr ausgehen kann.

Von den Umweltbehörden wird diese allseitige Einkapselung auch für Altlasten gefordert, um hier ebenfalls Kontaminationen des Grundwassers und weitere Schadstoffemissionen zu verhindern. Es ist daher bei einer Vielzahl von Altlasten notwendig, zur Realisierung dieser allseitigen Einkapselung nachträglich eine Basisabdichtung einzubringen.

Aus diesem Grunde wird zur Zeit ein Verfahren entwickelt, mit dessen Hilfe ein nachträgliches Einbringen einer Flächendichtung zur Abdichtung von Altlasten mittels bergmännischer Unterfahrung möglich sein wird.

Hierfür werden aus dem Bergbau, Eisenbahn- und Straßentunnelbau, U-Bahnbau sowie Spezialtiefbau bekannte und vielfach bewährte maschinelle Einrichtungen zu einem neuen Gesamtkonzept zusammengefügt. Dieses besteht im einzelnen aus einem Messerschildsystem mit integriertem Arbeitsraum, einem Vortriebssystem und aus einer Rohrvorpreßeinheit sowie mehreren Zwischenstationen.

Mit diesem System wird die Altlast im sogenannten Streifenbau unterfahren und gleichzeitig mit dem in der TA Abfall bzw. TA Siedlungsabfall vorgeschriebenen Dichtungssystem abgedichtet.

Damit ist es möglich belastete Standorte zu unterfahren und sie durch das Einbringen einer horizontalen Dichtungsschicht nachträglich gegen den Untergrund abzudichten, so daß weitere Kontaminationen grundwasserführender Schichten verhindert werden können.

Quellenangaben

GOSSOW, Volkmar (1992): Altlastensanierung; Genehmigungsrechtliche, bautechnische und haftungsrechtliche Aspekte; Udo Pfriemer Buchverlag in der Bauverlag GmbH, Wiesbaden und Berlin.

HOLLENBERG, Thomas; HOLTMANN, Andreas, LÖWE, Detlef (1992): Erfahrungen mit Unterfahrungen; Umwelt & Technik, Nr. 9.

HOLLENBERG, Thomas; WEIBEZAHN, KLAUS (11. bis 14. Mai 1992): Steering a TBM from Above Ground; Vortrag auf der ISDT Konferenz in Las Vegas.

HOLLENBERG, Thomas (1994): Nachträgliche Basisabdichtung von Altlasten mittels Schildvortrieb; Straßen und Tiefbau Nr. 9.

REUTHER, Ernst-Ulrich (1989): Lehrbuch der Bergbaukunde, Erster Band, 11. Aufl., Glückauf Verlag, Essen.

THOMÉ-KOZMIENSKY, Karl Joachim (1992): Abdichtung von Deponien und Altlasten; EF-Verlag für Energie und Umwelttechnik, GmbH, Berlin.

THOMÉ-KOZMIENSKY, Karl Joachim (1993): Abdichtung und Ertüchtigung von Altablagerungen; EF-Verlag für Energie und Umwelttechnik GmbH, Berlin.

THOMÉ-KOZMIENSKY, Karl Joachim (1992): Management zur Sanierung von Rüstungsaltlasten; EF-Verlag für Energie und Umwelttechnik GmbH, Berlin.

Komplexe Fälle der Grundwasseraufbereitung bei der Altlastensanierung

Dr. Helmut Winkler

Naßoxidation, das heißt Einsatz von Oxidationsmitteln in Wasser, um organische Verbindungen in Wasser zu zerstören oder aber zu entfernen, wird seit Mitte der fünfziger Jahre eingesetzt. Viele Wasserwerke in der Bundesrepublik benutzen Ozon, um Güte und Qualität von Trinkwasser sicherzustellen. Dieses einfache Naßoxidationsverfahren ist jedoch nicht sehr effektiv. Seit etwa Mitte der achtziger Jahre setzen Entwicklungen ein, die Möglichkeiten der Naßoxidation durch Verbindung von Oxida-tionsmitteln mit UV-Strahlung zu verbessern. Erste technische Konzepte wurden 1986 installiert. Eine der verfahrenstechnischen Varianten ist hierbei die Kombination von H_2O_2 und UV-Strahlung.

Bei dieser Verfahrenstechnik werden zwei wesentliche Eigenschaften von UV-Licht in technischem Maßstab realisiert:
1. Aktivierung von Wasserstoffperoxid und Bildung von OH-Radikalen

2. Anregung von Bindungsmechanismen zwischen einzelnen Atomen in einem Molekül

Ein simplifizierter Reaktionsablauf läßt sich wie folgt darstellen:

$$\begin{array}{l} \text{UV-Licht } (< 400 \text{ nm}) \\ H_2O_2 \Rightarrow 2\ ^*OH \\ HCOOH + {}^*OH \Rightarrow H_2O + HCOO^* \\ HCOO^* + {}^*OH \Rightarrow H_2O + CO_2 \end{array}$$

Die ersten Anlagengenerationen konzentrierten sich im wesentlichen auf die Behandlung einfacher Anwendungsfälle, um in Wässern, die anorganisch wenig belastet waren, vornehmlich ungesättigte chlorierte Kohlenwasserstoffe zu entfernen. Eine typische Aufgabenstellung ist in Abbildung 1 dargestellt:

Parameter	Einheit	Meßwert
Temperatur	OC	14
pH-Wert		6,5
Leitfähigkeit	µS/cm	750
Gesamthärte	°dH	18
Chlorid	mg/l	60
Sulfat	mg/l	203
Eisen	mg/l	< 0,1

Trichlormethan	µg/l	1,94
1.1.1 Trichlorethan	µg/l	144
1.1.2 Trichlorethan	µg/l	n.n.
1.1 Dichlorethen	µg/l	52,18
Trichlorethen	µg/l	4526
Tetrachlorethen	µg/l	9,33
Tetrachlormethan	µg/l	0,52
Vinylchlorid	µg/l	n.n.
cis 1.2-Dichlorethen	µg/l	8
trans 1,2-Dichlorethen	µg/l	n.n.

Abb. 1: Inhaltsstoffe kontaminierten Grundwassers

Hier handelt es sich um die Entfernung von lediglich Trichlorethylen, einer leicht durch UV anregbaren Verbindung, in einem Wasser, das kaum Eisen enthält und eine geringe Härte aufweist. In der Praxis treten jedoch derart einfache Situationen sehr selten auf.

Im Bereich der Grundwassersanierung zur Entfernung von leicht flüchtigen chlorierten Kohlenwasserstoffen muß man häufig mit der Vergesellschaftung auch entsprechender Abbauprodukte rechnen. Hier sind die Verbindungen cis 1,2-Dichlorethen sowie Vinylchlorid zu nennen. Diese beiden Komponenten führen bei konventioneller Aufbereitungstechnik z. B. Strippen mit anschliessender Aktivkohle oder Direktadsorption an Kornaktivkohle zu nicht unerheblichen und oft schwer zu übersehenden verfahrenstechnischen Schwierigkeiten, wenn eine sichere Entfernung gewährleistet werden soll. Besonders die Entfernung von Vinylchlorid, einem hochkarzinogenen Stoff, gilt es jedoch sicherzustellen. Viele Grundwassersanierungsanlagen wurden daher sehr oft durch Serienschaltung entsprechender Aktivkohleadsorptionsanlagen nachgerüstet, da Vinylchlorid an Aktivkohle nur unter erhöhtem Aufwand entfernt werden kann. Die entsprechende Anlagentechnik wurde komplex und nur unter erheblichem Aufwand steuerbar. Die Überwachung derartiger, dann resultierender Anlagensysteme erforderte zusätzlichen Aufwand.

Nach vielen Versuchen, verschiedenartigster verfahrenstechnischer Ausgestaltung, Abbildung 2, konnte gezeigt werden, daß ein einstufiges Verfahren mit der Verfahrenstechnik H_2O_2/UV-Strahlung zur Verfügung steht, diese Aufgabenstellung sicher zu bewältigen.

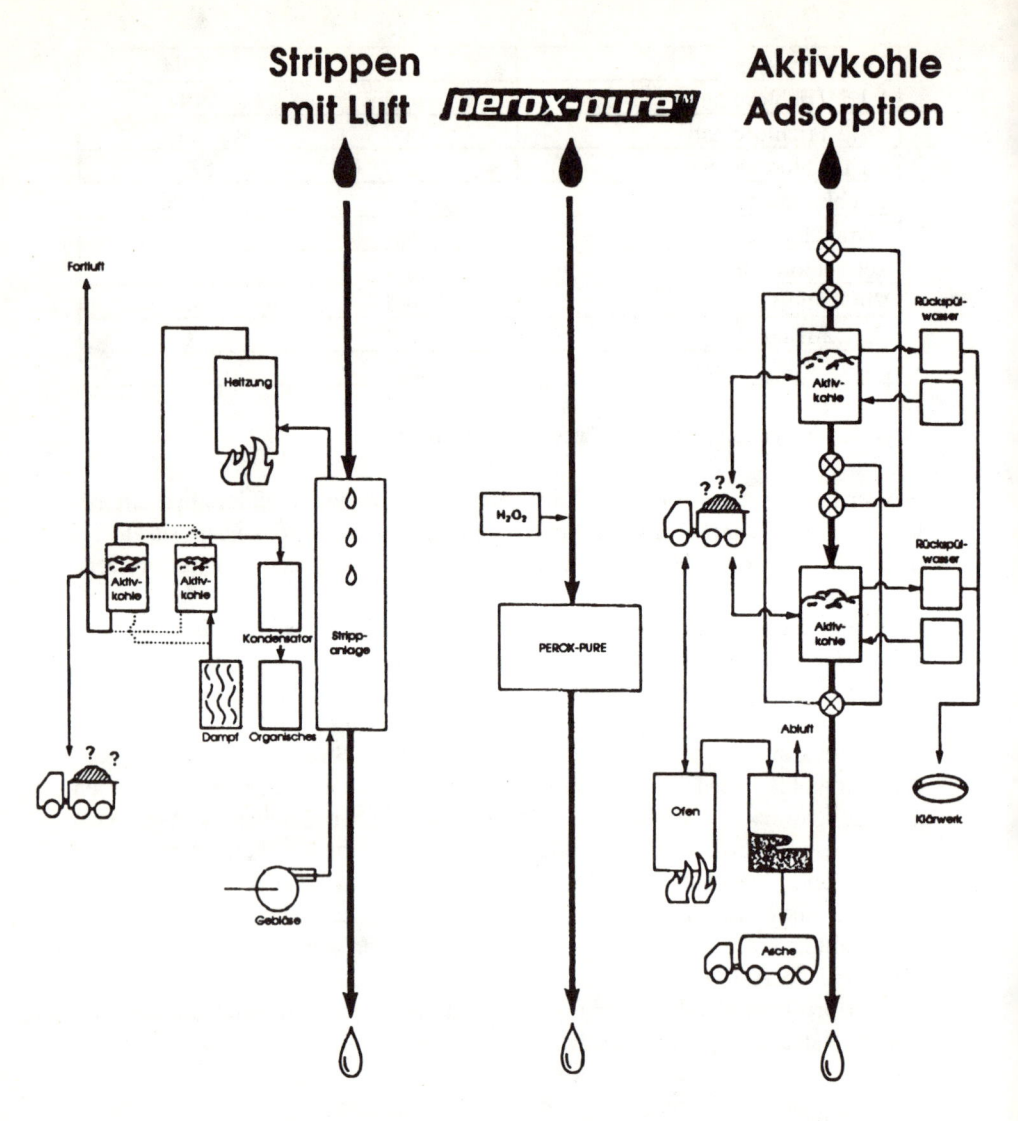

Abb. 2: Schematischer Verfahrensvergleich verschiedener Aufbereitungsverfahren zur Grundwassersanierung

Es werden heute mehrere Anlagen betrieben, die ein Stoffgemisch von vornehmlich cis 1,2-Dichlorethen, Vinylchlorid zusammen mit Trichlorethylen sowie Perchlorethylen sicher aufbereiten und die Schadstoffe bis zu ihrer Nachweisgrenze entfernen. Einige typische Betriebsergebnisse sind nachfolgend dargestellt.

1. Altmark
Wassermenge: 30 m³/h
Zulauf: Σ LCKW 13.000-16.000 µg/l
Vinylchlorid (VC)
cis 1,2-Dichlorethen (DCE)
trans 1,2-Dichlorethen
Trichlorethen (TCE)
Ablauf: Σ LCKW < 10 µg/l.
Installierte Anlagenleistung: 60 kW
Anlagenkonfiguration: 4 x 15 kW (2. Reaktorgeneration)
Energieeintrag: variierend von 1-3 kW/m³

2. Baden-Württemberg
Wassermenge: 1 m³/h
Zulauf: Vinylchlorid (VC) 940 µg/l
cis 1,2-Dichlorethen (DCE) 13.000 µg/l
Trichlorethen (TCE) 41.000 µg/l
Ablauf: Σ LCKW < 3,5.µg/l
Installierte Leistung: 10 kW
Betrieb: 5 kW (frachtabhängig)
Anlagenkonfiguration: 2 Strahler à 5 kW (3. Reaktorgene
ration inkl. Rohrreinigung)
Energieeintrag: variierend 5-10 kW/m³

3. Großraum Berlin
Wassermenge: 20 m³/h
Zulauf: Vinylchlorid (VC) 2.500-3.000 µg/l
cis 1,2-Dichlorethen (DCE) 800-1.000 µg/l
sonstige LCKW 100 µg/l
Ablauf: Vinylchlorid (VC) < 2,5 µg/l
Σ LCKW 25 µg/l
Installierte Leistung: 30 kW (2. Reaktorgeneration)
Anlagenkonfiguration: 6 x 5 kW, einzeln schaltbar
Energieeintrag: 1,5 kW/m³

4. Hessen
Wassermenge: 30-60 m³
Zulauf: cis 1,2-Dichlorethen (DCE) 2.000-3.000 µg/l
Vinylchlorid (VC) 30 µg/l
Ablauf: Σ LCKW Nachweisgrenze
Installierte Leistung: 90 kW
Anlagenkonfiguration 6 x 15 kW, einzeln schaltbar
Energieeintrag: 1-3 kW/m³

Die Erfolge einer UV-H$_2$O$_2$-Aufbereitungstechnik zur Entfernung chlorierter Kohlenwasserstoffe haben lange Zeit dazu geführt, die Einsatzmöglichkeit dieser Prozeßtechnik lediglich für die Entfernung von chlorierten Kohlenwasserstoffen zu berücsichtigen. In der Alltagspraxis der Altlastensanierung, insbesondere der Aufbereitung kontaminierter Grundwässer, sind jedoch eine Reihe von Aufgabenstellungen, die noch weentlich komplexerer Natur sind, insbesondere an Standorten alter Gaswerke oder aber Flächen, bei denen Produkte der Teerdestillation verarbeitet und eingelagert wurden. Hier findet man die Substanzklassen PAK, AKW, MKW sowie CKW. Eine typische Grundwasseranalyse für einen derart kontaminierten Standort haben wir in Abbildung 3 zusammengestellt.

Verbindung	Konzentration
Acenaphthalen	297
Naphthalin	1.983
Phenol	548
2-Chlorphenol	561
2-Nitrophenol	213
2,4-Dimethylphenol	4164
2,4-Dichlorphenol	1.439
Benzol	1.861
Toluol	1.043
Ethylbenzol	146
m/p-Xylol	520

Abb. 3: Rohwasseranalyse aus Grundwasserschaden Teerverarbeitung (µg/l)

In anderen Beispielen wurde zusätzlich noch eine bunte Palette verschiedenartigster Phenole, insbesondere Nitro- und Chlorphenole aufgefunden. Für derartige Wässer, die in ihrer Toxizität und Umweltrelevanz auch "gute" Deponiesickerwässer in den Schatten stellen, gibt es eigentlich nur die Alternative einer Verbrennung. Vor dem Hintergrund einer neuentwickelten Reaktortechnik mit integrierter Selbstreinigung sowie sehr starken Strahlersystemen konnten auch derartige Aufgabenstellungen bearbeitet werden, über die ich nachfolgend detailliert berichten möchte.

In den neuen Bundesländern, insbesondere im Großraum von Berlin, erfolgen auf alten Industriegeländen Neuansiedlungen. Vor den entsprechenden Investitionen werden die Altflächen auf Belastungen hin untersucht und bewertet. In dem vorliegenden Fall wußte man aufgrund der historischen Erkundigungen, daß auf dem Gelände eine Pumpenfabrik mit entsprechender Metallbearbeitung etabliert war. Bodenluftanalysen und Grundwasseruntersuchungen in Teilbereichen des Geländes zeigten die hier meist auftretenden Kontaminationen industrieller Tätigkeit, nämlich BTX und CKW-Verbindungen. Vor diesem Hintergrund sah man keine großen Probleme bei Baumaßnahmen anfallendes Grundwasser aufbereiten zu können. Um keine Abfallstoffe und Emissionen bei der Behandlung von Grundwasser im Rahmen einer Grundwasservorhaltung bei laufenden Bauarbeiten zu verursachen, entschied man sich, eine Naßoxidation während der Phase der Erdarbeiten einzusetzen. Es wurde eine Anlagentechnik entsprechend Abbildung 4 installiert.

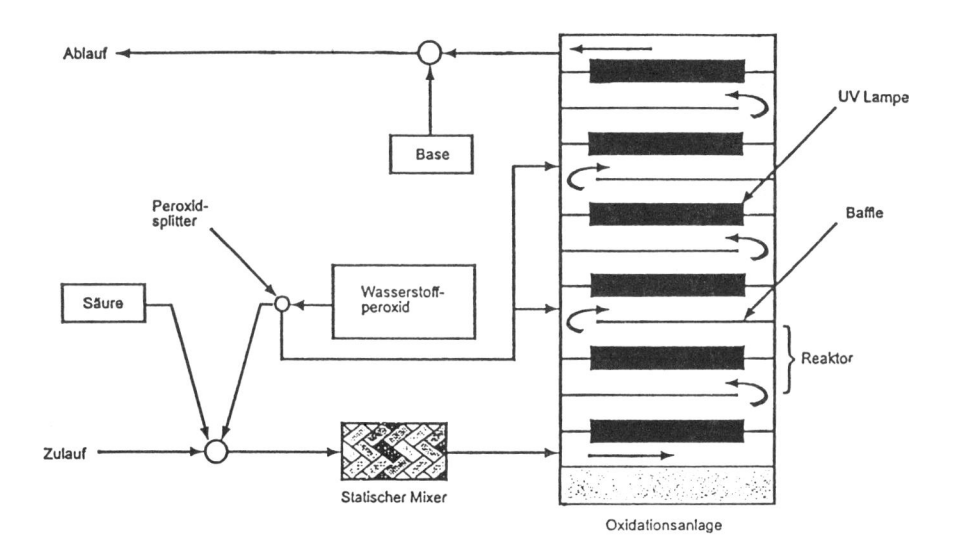

Abb. 4: Verfahrensschema zur Aufbereitung von kontaminiertem Grundwasser durch die perox-pure™ Verfahrenstechnik

Diese Anlagentechnik mit einer Mehrkammer-Reaktorwand zeichnete sich durch hohe Flexibilität aus, da die Anlage bei gleicher Durchsatzleistung kammerweise betrieben werden kann. Die anschlußfertige Anlage umfaßt neben der Reaktorwand die notwendigen Lampenvorschaltgeräte, Dosierelemente sowie einen elektrischen Steuer- und Regelschrank. Innerhalb weniger Stunden war die Anlage installiert und betriebsfertig.

Als die geplanten Ausschachtarbeiten begannen, fiel das anfallende Baugrubenwasser durch eine besonders dunkle Färbung auf. Zusätzlich wurde nicht der erwartete BTX-Geruch sondern vielmehr phenolartige Charakteristik wahrgenommen. Sofort durchgeführte Analysen bestätigten den Erstverdacht, daß im Vergleich der Vorerkundigungen eine völlig andersartige Schadstofffracht vorliegt. Es wurden kaum die chlorierten Kohlenwasserstoffe aufgefunden, sondern vielmehr eine Palette von Verbindungen, die im Zusammenhang im Umgang bzw. bei der Verarbeitung von Kohle und Teerdestillaten auftreten.

Es war eine vollkommen neuartige Situation für die installierte Aufbereitungsanlage zu bewältigen. Technikumsversuche im Labor, die sich umgehend durchführen ließen, zeigten schnell Wege zur Lösung auf und in welchem Umfang verfahrenstechnische Optimierung sinnvoll ist. Die Ergebnisse wurden sofort auf die installierte Naßoxida-tionsanlage übertragen und ausgeprüft. Die entsprechenden Ergebnisse sind in den Abbildungen 5 und 6 zusammengestellt. Innerhalb von 3 Tagen konnte die kontinuierliche Aufbereitung des Grundwassers durchgeführt werden. Eine Verzögerung der Bauarbeiten, die bei Auftreten der problematischen Situation befürchtet worden war, mußte nicht in Kauf genommen werden.

Test	Anschlußleistung	Durchsatz	H_2O_2-Dosierung	pH
1	45 kW	1.4 m³/h	253 mg/l	7
2	45 kW	1.4 m³/h	600 mg/l	4,1
3	45 kW	1.4 m³/h	650 mg/l	4,2

Abb. 5: Verfahrenstechnische Einstellungen zur Grundwasseraufbereitung Projekt "Pumpenfabrik"

	Test 1		Test 2		Test 3	
	Zulauf	Ablauf	Zulauf	Ablauf	Zulauf	Ablauf
Acenaphthalin	297	7.8	597	5.8	131	n.n.
Naphthalin	1.983	44.5	981	2.7	897	0.12
Phenol	548	112	664	0.5	397	0.30
2-Chlorphenol	561	207	618	n.n.	332	n.n.
2-Nitrophenol	213	107	259	n.n.	228	n.n.
2,4 Dimethylphenol	4.164	2.006	1.736	n.n.	5.537	n.n.
2.4 Dichlorphenol	1.439	608	1.509	n.n.	1.903	n.n.
Benzol	1.861	857	2.269	n.n.	2.234	n.n.
Toluol	1.043	428	1.328	n.n.	6.233	n.n.
Ethylbenzol	146	n.n.	238	n.n.	1.175	n.n.
m/p-Xylol	520	196	691	n.n.	4.099	n.n.
TOC	13.783	4.777	12.679	n.n.	36.960	2.90

TOC-Reduzierung in %   65 %   99.87 %   99.992 %

Abb. 6: Analysenergebnisse verschiedener verfahrenstechnischer Einstellungen (µg/l)

Vergleichsweise ähnlich war ein zweiter Anwendungsfall, der hier mitvorgestellt werden soll.

Bei einem Projekt der Aufbereitung PCB-haltigen Erdmaterials bei der Sanierung einer stillgelegten Werftanlage fiel ein phenolhaltiges Waschwasser an. Die PCB-haltige Erde wurde mit einem elektrochemischen Verfahren aufbereitet, bei dem das ausgewaschene bzw. eluierte PCB umgesetzt wurde in Phenolprodukte. Aus den Vorergebnissen war abgeleitet worden, daß das Erdwaschwasser eine Phenolkonzentration von ca. 50-100 mg/l enthalte. Labor- und Technikumsversuche hatten aufgezeigt, daß diese vergleichsweise hohe Konzentration bei geeigneten verfahrenstechnischen Einstellungen mit einer Naßoxidation gut eliminiert werden könne. Eine entsprechende Anlage mit einem Anschlußwert von 30 kW, um die projektierte Wassermenge von ca. 1 m^3/h zu bearbeiten, wurde installiert.

Bei Beginn des Betriebes der Bodenaufbereitungsanlage konnte jedoch der elektrochemische Prozeß zur PCB-Zerstörung weiter optimiert werden, was dazu führte, daß die Phenolkonzentrationen sich zwischen 1.000 und 1.500 mg/l einstellten. Sofort durchgeführte Laborversuche zeigten auf, daß aufgrund der vielfältigen Einstellmöglichkeiten an der installierten Naßoxidationsanlage auch die jetzt um den Faktor 10 erhöhte Schadstofffracht durch innerbetriebliche Maßnahmen zu eliminieren und eine sichere Aufbereitung zu gewährleisten war. Die entsprechenden Ergebnisse der Betriebseinstellungen sind in Abbildung 7 zusammengestellt.

Test	Durchsatz m^3/h	H$_2$O$_2$ (mg/l)	Zulauf	Ablauf
1	1,2	800	120	0,1
2	1,0	2.000	120	n.n.
3	1,0	1.140	120	1,0
4	1,0	1.800	120	< 0,1

Abb. 7: Verfahrenstechnische Parameter zur naßoxidativen Aufbereitung phenolhaltigen Wassers einer Bodenwaschanlage

Diese Ausführungen zeigen, daß bei geeigneter Anlagenkonzeption die drucklose Naßoxidation eine Verfahrenstechnik darstellt, die sich durch hohe Flexibilität auszeichnet. Dies ermöglicht, daß nahezu jede Aufgabenstellung bearbeitet werden kann. Voraussetzung hierfür ist jedoch ein gutes Zusammenspiel zwischen den Abteilungen Labor, Verfahrenstechnik und dem entsprechenden Betriebspersonal vorort. Besonders wichtig dabei ist, daß, egal welche Aufgabenstellung hier vorgestellt worden ist, bei Einsatz der Naßoxidation keine Emissionen zu berücksichtigen sind und keine Abfallstoffe entstehen. Die baulichen Gegebenheiten einer Naßoxidationsanlage gestatten darüber hinaus, mit vergleichsweise kleiner Aggregatausführung wenig baulichen Aufwand zu betreiben und leicht von einem Einsatzort zu einem anderen umzuziehen.

Behandlung von schwermetallverunreinigtem Erdreich mit Zement - ein Verfahren zur Verwertung kontaminierter Böden

Reinhard Pfeuffer

Ausgangssituation

Die jahrzehntelange Lagerung und Verarbeitung von Schwefelkies an einem Produktionsstandort in Süddeutschland hat zum Teil zu erheblichen Bodenverunreinigungen durch Blei, Arsen und Zink geführt.

Im Zuge von Baumaßnahmen waren innerhalb dieser Kontaminationsflächen Aushubarbeiten notwendig geworden, wobei letztendlich 40.000 m^3 kontaminiertes Erdreich anfielen.

Die Aushubmassen, deren Schwermetallbelastung zum Teil erheblich über dem Stufe-2-Wert des „Altlastenleitfaden Bayern 1991" lag, wurden zunächst auf einem gesicherten Zwischenlager im Betriebsgelände deponiert, um anhand von Labor- und Technikumsversuchen ein geeignetes, auf die spezifischen Anforderungen der Altlast abgestimmtes Sanierungsverfahren zu entwickeln.

Neben der Bodenwäsche, die aufgrund hoher Ton- und Schluffanteile von ca. 40 % aus technischen wie wirtschaftlichen Gründen keine erfolgversprechende Lösung darstellte, wurde von der IFUWA GmbH, Ingolstadt, u. a. die Möglichkeit einer Verfestigung des Erdreichs durch Zusatz von Zement geprüft, die gleichzeitig eine Wiederverwertung bei der Fundamentierung eines Lagerplatzes auf dem Betriebsgelände ermöglichen sollte.

Laborversuche

Um der heterogenen Bodenstruktur gerecht zu werden, wurden vom Zwischenlager zunächst drei Bodenproben unterschiedlicher sedimentologischer Zusammensetzung, die jedoch alle durch hohe Schwermetallgehalte charakterisiert waren, entnommen. Zu diesem Zweck war das Zwischenlager mit einem Beschickungsplan versehen worden, der jederzeit den Zugriff auf spezifische Bodenarten ermöglichte.

Während es sich bei der Probe W 1 um Schlacke handelte, überwog in der Probe W 14 die Grobkornfraktion (Grobsand und Kies), wohingegen die Probe 943 zu 70 % schluffig-toniger Zusammensetzung entsprach.

Jeweils 100 g einer Probe wurden danach mit 5-, 10- und 20-Gewichtsprozent Zement unter Wasserzugabe vermischt und anschließend getrocknet.

Ferner wurde eine Mischprobe aus jeweils 1/3 der o. g. Einzelproben hergestellt und ebenfalls mit den entsprechenden Mengen an Zement und Wasser versetzt.

Anschließend wurden die Probenzylinder einem ersten Auslaugungsversuch nach DEV S 4 unterzogen (Eluat I) und das Eluat auf Blei, Arsen und Zink sowie CSB, $KMnO_4$-Verbrauch und Sulfat untersucht. Die 5 %ige Zementzugabe erwies sich dabei als nicht ausreichend, um den Zylinderproben genügend Festigkeit zu geben, weshalb auf die Analyse dieses Eluates verzichtet wurde.

Die noch nassen Probenkörper W 1, W 14, 943 und Mischprobe mit 10 % Zement wurden in unserem Labor anschließend unterkühlt. Die Probenzylinder zeigten dabei mit Ausnahme von W 1 nur geringe Auflösungserscheinungen. Nach Auftauen wurde an diesen Proben ein weiteres DEV S 4-Eluat (Eluat II) angesetzt und auf o. g. Parameter analysiert.

Nachfolgender Tabelle ist das Elutionsverhalten von Proben mit 10 % Zementzusatz zu entnehmen, wobei auch die in der Originalprobe bzw. in dessen Eluat ermittelten Schwermetallbelastungen mitaufgeführt sind.

Probenbezeichnung	W 1	W 14	943/2-4	Mischprobe
Original	mg/kg	mg/kg	mg/kg	mg/kg
Blei	7320	475	670	3280
Arsen	482	50	262	290
Zink	5260	1920	2320	4610
Eluat	mg/l	mg/l	mg/l	mg/l
Blei	0,092	0,015	0,014	0,068
Arsen	0,03	< 0,005	< 0,005	0,03
Zink	0,80	0,68	0,75	0,70
CSB	53	-	-	-
$KMnO_4$	47	-	-	-
Sulfat	210	-	-	-
Eluat I	mg/l	mg/l	mg/l	mg/l
Blei	< 0,005	< 0,005	< 0,005	0,011
Arsen	< 0,005	< 0,005	< 0,005	< 0,005
Zink	0,55	< 0,01	0,03	0,05
CSB	508	18	15	41
$KMnO_4$	509	21	12	45
Sulfat	575	26	260	37

Eluat II	mg/l	mg/l	mg/l	mg/l
Blei	*	< 0,005	< 0,005	< 0,005
Arsen	*	< 0,005	< 0,005	< 0,005
Zink	*	0,01	0,03	0,03
CSB	*	16	10	32
$KMnO_4$	*	16	10	35
Sulfat	*	18	68	58

* Probe nach Eluat I zerstört

Tabelle 1: Elution von Originalbodenproben und ausgehärteten Bodenproben mit 10 % Zementzusatz

In der Tabelle 2 sind die Analysenergebnisse nach Zusatz von 20 Gewichtsprozent Zement aufgelistet.

Probenbezeichnung	W 1	W 14	943/2-4	Mischprobe
Original	mg/kg	mg/kg	mg/kg	mg/kg
Blei	7320	475	670	3280
Arsen	482	50	262	290
Zink	5260	1920	-	4610
Eluat	mg/l	mg/l	mg/l	mg/l
Blei	0,092	0,015	0,014	0,068
Arsen	0,03	< 0,005	< 0,005	0,03
Zink	0,80	0,68	-	0,70
CSB	53	-	-	-
$KMnO_4$	47	-	-	-
Sulfat	210	-	-	-
Eluat I	mg/l	mg/l	mg/l	mg/l
Blei	< 0,005	< 0,005	< 0,005	< 0,005
Arsen	< 0,005	< 0,005	< 0,005	< 0,005
Zink	0,01	0,05	0,03	0,02
CSB	418	15	22	18
$KMnO_4$	410	12	6	24
Sulfat	695	48	21	79

Eluat II	mg/l	mg/l	mg/l	mg/l
Blei	*	< 0,005	< 0,005	< 0,005
Arsen	*	< 0,005	< 0,005	< 0,005
Zink	*	< 0,01	0,03	0,03
CSB	*	11	12	38
KMnO$_4$	*	11	6	43
Sulfat	*	12	22	72

* Probe nach Eluat I zerstört

Tabelle 2: Elution von ausgehärteten Bodenproben mit 20 % Zementzusatz

Die Laborergebnisse machen deutlich, daß die Schwermetallelution bei einer Zementzugabe von 10 % nahezu vollständig unterbunden wird. Dabei wird der Stufe-1-Wert des „Altlastenleitfaden Bayern 1991", der gleichzeitig das Sanierungsziel darstellt, unterschritten.

Die Ergebnisse der Versuche aus dem IFUWA-Labor wurden in anschliessenden Feldversuchen überprüft und bestätigt.

Einbauverfahren

Der auf dem Zwischenlager befindliche Aushub beinhaltet neben Erdreich auch Beton- und Kalksteinbrocken sowie Mauerwerkfragmente ehemaliger Produktionsgebäude.

Um einen den statischen Anforderungen eines Lagerplatzes genügenden Verdichtungsgrad zu erreichen, wurde das Aushubmaterial zunächst sortiert, gesiebt und Steine sowie Gerölle mittels Brecher homogenisiert, so daß der Größtkorndurchmesser bei 31,5 mm lag (Fotos 1-3). Im Mischer wurde das Erdreich mit 10 Gewichtsprozent Zement vermengt und anschließend in sechs jeweils 30 cm mächtigen Lagen eingebaut (Foto 5). In Lage 4 wurde das Verfahren dahingehend abgewandelt, daß die Zementzugabe nicht im Mischer erfolgte, sondern auf Teilflächen Zement eingefräst wurde, nachdem das Erdreich aufgebracht war. Die Verdichtung des Bodenzementgemisches wurde lagenweise durchgeführt, wobei der natürliche Wassergehalt witterungsbedingt um bis zu 3 % über dem optimalen Wassergehalt von 12 % lag.

Aus dem hydraulisch verbesserten Material wurden Proctor-Probekörper hergestellt und auf Druckfestigkeit und Verdichtungsgrad überprüft. Die Untersuchung auf Schwermetallgehalte in der Originalprobe und im Eluat erfolgte im Labor der IFUWA GmbH.

Qualitätssicherung während des Einbaues

Aus den sechs Lagen wurden insgesamt 14 Probenkörper entnommen, wobei die Lage 1 entsprechend der Einbaufolge die unterste Schicht darstellt (Tab. 3):

Lage	Entnahmestelle	Probenummer
1	1/1	1
	1/2	3
	1/3	5
2	2/1	7
	2/2	9
	2/3	24
3	3/1	12
	3/2	14
4	4/1	30
	4/3	33

Lage	Entnahmestelle	Probenummer
5	5/2	56
	5/3	62
6	6/2	50
	6/3	54

In den Originalproben wurde zunächst der Gehalt an Blei, Arsen und Zink analysiert.

Zusätzlich wurde aus den Probezylindern ein jeweils 100 g schweres Probenstück entnommen und ein Eluat nach DEV S 4 angesetzt (Tabelle 4).

Wenngleich die Originalproben konstant über dem Stufe-1-Wert liegende Arsengehalte und bei 10 Proben Überschreitungen des Stufe-2-Wertes des „Altlastenleitfaden Bayern 1991" aufweisen, waren im Eluat erhöhte Arsenkonzentrationen nur an den Proben 33 bzw. 62 der Lagen 4 und 5 zu beobachten.

Während für Lage 4 eine versuchsweise Änderung des Einbauverfahrens und damit einhergehend eine unzureichende Verteilung des Bindemittels geltend zu machen ist, bestand der Probenkörper der 5. Lage überwiegend aus grobklastischem Material. Die für das Eluat entnommende Teilprobe wies entsprechende Entfestigungserscheinungen auf und war nach der Eluierung nahezu vollständig zerstört, so daß Schwermetalle vermehrt in Lösung gehen konnten.

Zusammenfassung

Insgesamt bestätigen die Analysenergebnisse, die anhand der Labor- und Feldversuche prognostizierte gute Fixierung der Schwermetalle durch Zementzugabe mit anschliessender Verdichtung auch im großtechnischen Einsatz.

Wesentliche Faktoren bilden dabei die Homogenisierung des zu behandelnden Erdreichs, die Vermischungsenergie und der Verfestigungsgrad. Dieser wurde durch Druckfestigkeitsuntersuchungen an Proctorkörpern ermittelt und lag bei durchschnittlich 6,2 N/mm^2. Der Schwankungsbereich zwischen 3 und 9 N/mm^2 in der 4. Lage ist auf eine mangelnde Verteilung des Bindemittels durch den Fräsvorgang zurückzuführen.

Die Baumaßnahme wurde Anfang 1992 abgeschlossen. Regelmäßige Kontrollen der Grundwasserqualität im Bereich der Ablagerungsfläche an eigens hierfür installierten Pegeln haben bislang keine negativen Auswirkungen auf das Grundwasser ergeben.

Bei der Vermischung von kontaminiertem Erdreich mit 10 % Zement und anschließender Verfestigung werden Schadstoffmobilisierungen erfolgreich verhindert. Durch dieses von der IFUWA GmbH Ingolstadt geprüfte und im Versuchsstadium sowie im großtechnischen Einsatz analytisch und geotechnisch überwachte Verfahren konnten ca. 40.000 m^3 schwermetallbelastetes Erdreich bei der Fundamentierung eines Lagerplatzes verwertet und somit eine ökologisch und ökonomisch problematische Deponierung umgangen werden.

Im Frühjahr 1994 wurde das geschilderte Verfahren auch bei PAK-haltiger Schlacke eingesetzt (Fotos 7-10). Aufgrund der ausgeglichenen Kornverteilung und entsprechender Labor- und Feldversuche wurde hier entschieden, den Zement unter jeweils 30 cm mächtige Schlackelagen unterzufräsen und das Gemisch anschließend zu verdichten. Probekörper, die aus den verdichteten Lagen gewonnen werden konnten, wurden im DEV-S 4-Eluat auf ihr Auslaugungsverhalten geprüft. Auch hier lagen die analysierten Parameter unter dem Stufe-1-Wert des bayer. Altlastenleitfadens (Tabelle 5).

Anhang

Bild 1: Materialaufgabe vom Zwischenlager zur Aufbereitungsanlage

Bild 2: Bodenaufbereitung in Siebanlagen

Bild 3: Brechanlage zur Zerkleinerung größerer Gesteinsbrocken mit Aussortierung von Metallschutt und Stahl

Bild 4: Vermischung des aufbereiteten Materials mit 10 % Zement in der Sondermischanlage

Bild 5: Lagenweiser Einbau des Bodenzementgemisches auf der Lagerfläche in Lagen von 0,3 m und anschließende Rüttelwalzenverdichtung

Bild 6: Fertiggestellte Lagerfläche

Bild 7: Aufbringung von Zement auf Schlacke

Bild 8: Unterfräsen des Zementes

Bild 9: Vorbereitung der zu verdichtenden Fläche

Bild 10: Rechts im Bild dunkler Schlackestreifen, daneben mit aufgebrachtem, aber noch nicht unterfrästem Zement. Links verfestigter Streifen.

Ziehen Sie Ihren Nutzen aus aktuellen Informationen zur Wasser- und Abfallwirtschaft. Testen Sie WASSER UND BODEN. Zwei aktuelle Ausgaben schicken wir Ihnen kostenlos.

Das ist eine Tatsache: WASSER UND BODEN ist eine fachlich herausragende Publikation für die gesamte Wasser- und Abfallwirtschaft. WASSER UND BODEN berichtet – als Organ des Bundes der Ingenieure für Wasserwirtschaft, Abfallwirtschaft und Kulturbau e.V. (BWK) und des Deutschen Verbandes für Wasserwirtschaft und Kulturbau e.V. (DVWK) – aktuell über ▷ Wasserhaushalt ▷ Wasser- und Kulturbau ▷ Wasserversorgung ▷ Abwassertechnik ▷ Abfallwirtschaft ▷ Gewässerschutz ▷ Hochwasserschutz ▷ Küstenschutz ▷ Speicherwirtschaft ▷ Bodenschutz ▷ Umweltschutz ▷ Wasser- und Abfallrecht.

Noch ein interessanter Hinweis für Sie: WASSER UND BODEN wird – das zeigt eine Leserbefragung – von 83,5% der Leser hauptsächlich zur aktuellen Information genutzt. Und noch ein Ergebnis ist sicher für Sie interessant: 60,1% der Leser bezeichnen WASSER UND BODEN als wichtig für ihre berufliche Tätigkeit. Nehmen Sie – auch vor diesem Hintergrund – unser Angebot wahr.

Schicken Sie uns einfach eine Postkarte oder rufen Sie uns an:
WASSER UND BODEN · Paul Parey Zeitschriftenverlag GmbH & Co. KG
Postfach 10 63 04 · D-20043 Hamburg · Telefon 040/3 39 69-0

umwelt & technik
... ist unsere Zukunft

Die ganze Bandbreite der Umweltthemen lesen Sie bei uns.

Katalysatoren
Entschwefelung **Kläranlagen** Filter
Geruchsvernichter Schallschutz
Kläranlagen *Entschwefelung*
Entstaubung *Recycling* **Müllverbrennung**
Katalysatoren Gülleverarbeitung
Grundwassersanierung Kläranlagen
Entschwefelung *Müllverbrennung* Bodensanierung *Filter*
Bodensanierung *Geruchsvernichter* **Recycling**
Schallschutz Grundwassersanierung *Filter*
Katalysatoren Gülleverarbeitung **Schallschutz**
Katalysatoren Kläranlagen *Müllverbrennung*
Bodensanierung Entstaubung *Recycling* **Entstaubung**
Grundwassersanierung Recycling Entschwefelung *Geruchsvernichter*
Katalysatoren Geruchsvernichter *Entstaubung* Katalysatoren
Schallschutz Katalysatoren Entstaubung *Kläranlagen*
Gülleverarbeitung Bodensanierung Katalysatoren Gülleverarbeitung **Filter**
Kläranlagen Grundwassersanierung *Entschwefelung* Schallschutz
Filter Geruchsvernichter *Müllverbrennung* Filter *Grundwassersanierung*
Müllverbrennung Entschwefelung *Katalysatoren* **Kläranlagen**
Grundwassersanierung **Recycling** *Geruchsvernichter* Recycling
Filter *Gülleverarbeitung* **Müllverbrennung** *Entstaubung*
Recycling Entstaubung *Grundwassersanierung* Katalysatoren
Katalysatoren Kläranlagen Schallschutz
Müllverbrennung **Entschwefelung** Bodensanierung
Schallschutz Gülleverarbeitung *Recycling*

umwelt & technik Zeitschrift für angewandten Umweltschutz
Fordern Sie Ansichtshefte und Media Informationen an.

mi verlag moderne industrie
86895 Landsberg

Zeichnung: Dietmar Dänecke, Quelle ›Die Zeit‹

Coupon

Firma
Name
Straße/Postfach
Ort

Wenn Umweltrecht Ihr Thema ist ...

Sechsmal im Jahr: Die Zeitschrift für Umweltrecht - und damit sechsmal im Jahr ein kompletter Überblick über das gesamte Umweltrecht.

Aktuelle wissenschaftliche Beiträge und Analysen
- diskutieren Stand und Entwicklung des Umweltrechts.

Ein umfangreicher Service-Teil
- bringt die neueste Rechtsprechung,
- informiert über die aktuelle Gesetzesentwicklung auf Landes-, Bundes- und Europaebene und
- dokumentiert Aufsätze aus über hundert Zeitschriften sowie wichtige Informationen und Termine.

Zeitschrift für Umweltrecht, Walsroder Str. 12-14, 28215 Bremen, Telefon 0421-3 76 13 83, Telefax 0421-37 23 50

Dem Wasser zuliebe
sollten Sie die Zeitschrift wwt lesen.

Unabhängigkeit
Unabhängig von Verbandsmeinungen und deshalb objektiv in der Berichterstattung erfahren Sie in diesem Ratgeber alles zum ökologischen und umwelttechnischen Management.

Beispiellösungen
Ökonomische und ökologische Effekte werden Ihnen an Beispiellösungen demonstriert, die ausgefahrene Wege verlassen. Wir machen für alle den Markt transparenter und Kommunen fällt so die Entscheidung leichter.

Schwerpunkt: Ver- und Entsorgung
Wie alte Fehler nicht wiederholt werden, erläutern Ihnen gestandene Autoren zum Thema wasserwirtschaftliche Umorientierung in den neuen Bundesländern.

Orientiert auf die Praxis
Wir haben uns inhaltlich neu orientiert und stellen die ökologischen Sachverhalte in den gesellschaftlichen Zusammenhang, lassen die Praxis mehr zu Wort kommen. Verbunden ist das Ganze mit einer abwechslungsreicheren Gestaltung.

Seminare
Wir halten Kontakt zu den Lesern und veranstalten mit unseren Partnern Seminare für die Praxis. Abwasserzielplanungen und die Fragen ihrer wirtschaftlichen Realisierung wurden auf dem 1. Brandenburger Wasserseminar beantwortet, das nicht das letzte sein wird.

Wasserwirtschaft Wassertechnik
wwt

erscheint achtmal im Jahr. Das Einzelheft kostet DM 16,–; der Vorzugspreis des Jahresabonnements Inland beträgt DM 118,– (zzgl. Porto- und Versandkostenanteil, inkl. MwSt.).

Fordern Sie kostenlose Probehefte bzw. unsere Media-Daten an!

Verlag für Bauwesen Am Friedrichshain 22, D-10407 Berlin ☎ 0 30/4 21 51- 421 Fax 0 30/4 21 51- 468

UMWELTWISSENSCHAFTEN UND SCHADSTOFF-FORSCHUNG

ZEITSCHRIFT FÜR UMWELTCHEMIE UND ÖKOTOXIKOLOGIE

ORGAN DER FACHGRUPPE UMWELTCHEMIE UND ÖKOTOXIKOLOGIE DER GESELLSCHAFT DEUTSCHER CHEMIKER, DES VERBANDES FÜR GEOÖKOLOGIE IN DEUTSCHLAND SOWIE DER ECOINFORMA UND DES BIFA (BAYERISCHES INSTITUT FÜR ABFALLFORSCHUNG) MIT „ENVIRONMENTAL SCIENCE AND POLLUTION RESEARCH"

Abonnement:
10 Ausgaben pro Jahr, je Heft 64 Seiten:
6 deutschsprachige
UMWELTWISSEN-
SCHAFTEN UND
SCHADSTOFF-
FORSCHUNG,
4 englischsprachige
ENVIRONMENTAL
SCIENCE
AND POLLUTION
RESEARCH
INTERNATIONAL

DM **498,–**
zzgl. Versandkosten.

Interessentenkreis:
Forschung,
Schulen/Hochschulen,
Industrie/Wirtschaft,
Behörden, Beratung,
Politik.

Umweltwissenschaften und Schadstoff-Forschung (UWSF) mit **Environmental Science and Pollution Research (ESPR)** ist die erste Zeitschrift, in der sich die Wissenschaften schadstoff-orientiert und interdisziplinär mit dem Verhalten, den Wirkungen und der Bewertung chemischer Stoffe beschäftigen.
Alle Umweltbereiche sind einbezogen: Wasser, Boden, Luft, Biota sowie humantoxikologische Bereiche: Lebensmittel, Arbeitsplatz, Innenraumluft. Im Mittelpunkt steht der chemische Stoff, der zum Schadstoff wird, und der zentral aus der Sicht der Chemie, doch unter Berücksichtigung von Ökologie, Toxikologie, Analytik, Technologie und Gesetzgebung beurteilt wird. Behandelt werden alle umweltrelevanten Aspekte stoffbezogener Natur, wichtige Entwicklungen aus Forschung und Technologie, der Umweltpolitik und neue Regelwerke aus der Gesetzgebung.

Probeheftanforderungen und Bestellungen
bitte direkt an den Verlag:

ecomed verlagsgesellschaft

Rudolf-Diesel-Straße 3 · 86899 Landsberg
Tel. (0 81 91) 12 55 00 · Fax (0 81 91) 12 54 92

SCHWARZ
SEHEN HILFT
NICHT WEITER:

DIE ERDE GIBT KEINEN KREDIT MEHR

540 Mrd DM kostet die Dekontaminierung der durch die Reaktorkatastrophe in Tschernobyl verseuchten Gebiete. 150 Mrd DM sind für die Befestigung gefährdeter US-Küsten erforderlich, wenn der Meeresspiegel infolge der globalen Erwärmung um einen Meter steigt. 190 Mrd DM sind für die Abwasserbeseitigung in Deutschland bis zum Jahre 2000 notwendig. 39 Mrd DM kostet die Erhaltung von 2.000 Tierarten mit jeweils 500 Exemplaren die nächsten 20 Jahre.

LÖSUNGEN
BRAUCHEN
ZIELE UND STRATEGIEN

Blick durch WIRTSCHAFT UND UMWELT
Zeitschrift für Ressourcenmanagement und strategische Planung

Die Fachzeitschrift "Blick durch Wirtschaft und Umwelt" zeigt Entwicklungen auf und liefert Fakten und Hintergründe für ein künftiges Umwelt-Management und strategisches Handeln. Fordern Sie mit dem Bestellcoupon Ihr Probeheft an. **Media Point Verlag, Postfach 91 02 40, 90260 Nürnberg**

Bitte schicken Sie mir kostenlos die aktuelle Ausgabe zum Kennenlernen:

_____
Name

_____
Straße

_____
PLZ/Ort

Entsorgungs-Technik

Zeitschrift für Abfallwirtschaft · Umweltschutz und Recycling

Die „Entsorgungs-Technik" wendet sich mit 12.000 Exemplaren an Betriebsbeauftragte und Entscheidungsträger in Unternehmen, an Verantwortliche in Kommunen, Landkreisen und Behörden, an Abfall- und Umweltberater sowie an die entsprechenden Mitarbeiter in zahlreichen Entsorgungsunternehmen. Sie befaßt sich schwerpunktmäßig mit den Themen Abfall-Behandlung/-Transport, Abluft- und Abwassertechnik, Recycling, Abfallwirtschaft, Arbeitssicherheit und Umweltrecht.

❑ Senden Sie mir Ihre neuen Media-Daten
❑ Senden Sie mir die beiden letzten Ausgaben zum Kennenlernen
❑ Senden Sie mir den aktuellen Themenplan
❑ Senden Sie mir Informationsmaterial für ein Probeabonnement

Name

Straße

PLZ/Ort

Datum/Unterschrift

ecomed
verlagsgesellschaft AG & Co. KG
Rudolf-Diesel-Str.3
86899 Landsberg
Postfach 1752
86887 Landsberg
Telefon: 08191/125-0
Telefax: 08191/125-513

Die Pflichtlektüre für Umwelt-Experten!

Schriftleitung:
Prof. Dr. Dietfried Günter Liesegang

Redaktion:
Dipl.-Vw. Barbara Sauer
Dipl.-Vw. Andrea Moll

IUWA
Institut für
Umweltwirtschaftsanalysen
Heidelberg e.V.
Tiergartenstr. 17
D-69121 Heidelberg

Bisher erschienene Ausgaben:

1 Ansätze zur Lösung der Elektronikschrott-problematik
2 Umwelthaftungsgesetz & Risikomanagement
3 Öko-Audit / Umweltbetriebsprüfung
4 Probleme und Grenzen der Kreislaufwirtschaft
5 Umweltorientierte Produktgestaltung
6 Umwelt- und Qualitätsmanagement/ Organisation des Umweltmanagements
7 Energiewirtschaft und Energiemanagement im Unternehmen
8 Produktionsintegrierter Umweltschutz
9 Markt und Umwelt

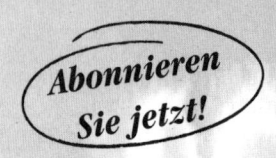

Bezugsbedingungen 1995:
ISSN 0943-3481 Titel Nr. 550
Bd. 3 (4 Hefte) DM 132,- unverbindliche
Preisempfehlung, zuzüglich Versandkosten:
BRD DM 10,40; andere Länder DM 26,20

Für Studenten (mit Nachweis) DM 66,-
zuzüglich Versandkosten

Einzelhefte DM 42,- zuzüglich Versandkosten

Preisänderungen vorbehalten.

Abonnieren Sie jetzt!

Springer

d&p.2419.MNTZ/SFa

Springer-Verlag ☐ Heidelberger Platz 3, D-14197 Berlin, F.R. Germany

**Neue Fachzeitschrift —
nicht nur für Umweltschutz**

Seit Anfang des Jahres gibt es eine neue Fachzeitschrift, die in keinem Industriebetrieb fehlen sollte — das **ARGUS-Journal!**

Erstmals versucht diese Publikation, die Themen Arbeits-, Gesundheits- und Umweltschutz gemeinsam zu behandeln, um damit dem steigenden Bedarf an Koordination dieser Arbeitsbereiche zu entsprechen und effektives Handeln zu ermöglichen.

Der Fachteil dieser Fachzeitschrift ist um den Kennzifferteil erweitert, der je Heft zumindest 60 aktuelle Produktvorstellungen umfaßt. Als Leserservice sind jedem Heft Postkarten eingeheftet, mit denen man mit einer Postkarte beliebig viele Prospekte, Preislisten, Muster, usw. anfordern kann — bequemer geht's nicht!

Interessiert? Wenn Sie uns unter
0 61 03 / 3 51 61 + 62
anrufen, oder den nebenstehenden Gutschein zusenden, bekommen Sie von uns **kostenlos 2 Probehefte!**

ARGUS JOURNAL
**Verlag für
technische Literatur GmbH**

Fachzeitschrift für Arbeits-, Risiko-, Gesundheits- und Umweltschutz mit Kennzifferteil

G u t s c h e i n
für 2 kostenlose Probehefte
»ARGUS-Journal«

Name ....

Funktion ....

Firma ....

Abteilung ....

Straße ....

Ort ....

Telefon ....

Robert-Bosch-Straße 12 A · 63303 Dreieich-Sprendlingen

UPR
Umwelt- und Planungsrecht
Die Fachzeitschrift für Praxis und Wissenschaft
Herausgeber und Schriftleitung: Dr. Kormann

Mit Beiträgen aus dem Umwelt- und Planungsrecht und von diesen Fachgebieten abhängigen Bereichen sowie mit aktueller Rechtsprechung

Ziele und Inhalt der Zeitschrift:
Umweltrechtliche Aspekte wirken mittlerweile auf fast alle Rechtsgebiete ein und müssen in das Handeln von Behörden, Wirtschaft und Institutionen gleichermaßen eingeplant werden.

Hauptaufgabe der „UPR" ist es, dem Leser die dafür notwendigen Informationen bereitzustellen und im Umwelt- und Planungsrecht eine Schnittstelle zwischen den verschiedenen Fachgebieten zu bilden.

Vor diesem Hintergrund bringt die Zeitschrift für Praktiker und Wissenschaftler Abhandlungen, Aufsätze und Analysen zum Umwelt- und Planungsrecht. Berichte und Hinweise über Gesetzgebung, Erlasse, Fachtagungen, bundesdeutsche und internationale Aktivitäten sowie Buchbesprechungen ergänzen den Inhalt.

In einem umfangreichen, aktuellen Rechtsprechungsteil werden ausgewählte Entscheidungen mit den Gründen abgedruckt, bei einer Vielzahl davon werden die Leitsätze wiedergegeben.

Durch diese Aufbereitung sonst weitverstreuter Informationen dient die „UPR" als Mittler zwischen Wissenschaft und Praxis und trägt zur Meinungsbildung im Umwelt- und Planungsrecht bei.

Erscheinungsweise und Bezugsbedingungen:
Die Zeitschrift erscheint monatlich.
Bezugspreis jährlich DM 348,– (einschließlich Versandkosten)
Einzelheft DM 34,– (zuzüglich Porto)

Hinweis: Die Zeitschrift ist auf chlorfreiem Papier gedruckt!

Preisänderung vorbehalten!
Im Fachbuchhandel erhältlich!

VERLAGSGRUPPE

JEHLE-REHM
MÜNCHEN/BERLIN

Bestellen Sie jetzt Ihr Abonnement!

BrachFlächenRecycling, die unabhängige und interdisziplinäre technisch-wissenschaftliche Fachzeitschrift über das Recycling von Brachflächen im Montanbereich, in der Industrie sowie in Städten.

Für Ingenieure,
Geologen,
Architekten,
Planer,
Rechtsanwälte,
Bank- und
Immobilienkaufleute.

**Erscheint
viermal jährlich
zum Abonnementspreis
von nur 60 DM.**

Verlag Glückauf GmbH
Postfach 185620
45206 Essen
Telefax (02054) 92 41 29

Wir entwickeln Umwelten

WAYSS & FREYTAG

Wir von Wayss & Freytag, eine der führenden und weltweit tätigen Unternehmensgruppen der deutschen Bauindustrie, nehmen unseren Anteil an der gesellschaftlichen Verantwortung ernst.

Unsere Kompetenz in allen Bereichen der Umwelttechnik führt zu neuen, technologischen, sinnvollen Lösungen für die Erhaltung intakter Lebensräume.

Ein Beispiel dafür ist die Sanierung kontaminierter Böden.

Gerne informieren wir Sie näher.

**Wayss & Freytag
Aktiengesellschaft
Hauptverwaltung
Abt. Umwelttechnik
Theodor-Heuss-Allee 110
60486 Frankfurt am Main
Tel: 069/7929-0
Fax: 069/7929-400**

C&I GmbH • Mannheim

Abfallwirtschaft
Abfalltechnik

Siedlungsabfälle

Herausgegeben von Oktay Tabasaran
1994. XIX, 849 Seiten mit 266 Abbildungen und 223 Tabellen. Format: 17 x 24 cm.
Gebunden DM 248,-/öS 1934,-/sFr. 230,- ISBN 3-433-01162-1

Die Abfallwirtschaft und Abfalltechnik hat die Aufgabe, die Abfälle gering zu halten, eine Neuverwertung möglich zu machen, bei der Beseitigung Energie zu gewinnen und nicht verwertbare Abfälle zu entsorgen.

Das Buch umfaßt den Bereich der Siedlungsabfälle und beschreibt u.a. die rechtlichen Grundlagen der kommunalen Abfallwirtschaft, die Möglichkeiten der Abfall- und Wertstofferfassung und den Einfluß des Wertstoffrecyclings auf die Umweltverträglichkeit. Besonders breiten Raum nimmt die Darstellung der Deponierung von Siedlungsabfällen ein. Unter Federführung des Herausgebers Oktay Tabasaran werden von namhaften Autoren folgende Themen behandelt:

- Rahmenbedingungen der Abfallwirtschaft
- Abfallarten und -zusammensetzung
- Abfallvermeidung
- Sammlung und Transport des Abfalls
- Erfassung von verwertbaren Bestandteilen und Problemstoffen aus Siedlungsabfällen
- Abfallverwertungstechnologien
- Ablagerung von Abfällen
- Verwertungs- und Absatzmöglichkeiten von Abfallprodukten
- Abfallwirtschaftliche Planung und Beurteilung der Umweltverträglichkeit verschiedener Abfallbehandlungssysteme.

Durch die ausführliche Darstellung der noch jungen Disziplin "Abfallwirtschaft - Abfalltechnik" kann dieses Buch für den Wissenschaftler und den Praktiker eine wertvolle Hilfe bei der Lösung seiner Aufgaben auf diesem Gebiet sein.

Ernst & Sohn
Verlag für Architektur
und technische Wissenschaften GmbH
Mühlenstraße 33-34, 13187 Berlin
Tel. (030) 478 89-284
Fax (030) 478 89-240
Ein Unternehmen der VCH-Verlagsgruppe

Ernst & Sohn

Ingenieurleistungen ◆ PR ◆ EDV

➡ Altlastensanierung

➡ Umweltschutztechnik- und Innovationsberatung

➡ Umweltbezogene Public Relations

➡ Kundenspezifische Software und Desktop-Publishing

Im Gespräch erfahren Sie mehr.

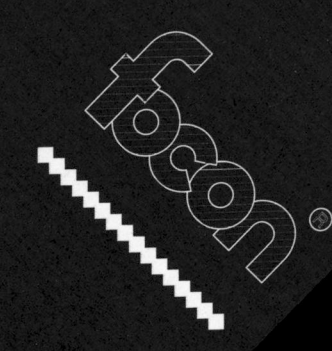

focon®

Ingenieurgesellschaft für Umwelttechnologie- und Forschungsconsulting mbH
Theaterstraße 106
D - 52062 Aachen
Fon 0241/24474
Fax 0241/49210

HPC
HARRESS PICKEL CONSULT

Ingenieurbau
Geotechnik
Altlasten
Geophysik
Luftbildauswertung
Geoinformationssysteme
Umweltberatung
Umweltverträglichkeitsprüfung
Emission/ Immission
Wassererschließung
Grundwassermodellierung
Wasserwirtschaft
Analytik

HPC HARRESS PICKEL CONSULT GMBH
Kapellenstraße 45a
65830 Kriftel
Tel.: 06192/99170
Fax: 06192/991729

Was haben Altlastenprojekte und der Schürmann-Bau gemeinsam ...?

... sie kosten viel Geld und werden um so teurer, je schlechter sie geplant und überwacht werden. Professionelle Projektmanager können ein "Absaufen" von Projekten verhindern. Bei Altlastenprojekten ist dies besonders notwendig: Häufig sind die Sanierungsziele unklar, die Sanierungstechnik wenig erprobt, die Durchführung komplex und Standards kaum vorhanden. Hinzu kommt, daß es viele Beteiligte und viele zu Beteiligende gibt. Fachgutachten sind wichtig, helfen aber nur begrenzt. Was fehlt, sind oft der Überblick, die Querschnittsorientierung, die Fertigkeit alles und alle zusammen zu sehen.

Wir sind seit langem im Altlastengeschäft. Die Bremsklötze kennen wir gut. Wir haben sie genau analysiert und einen Lösungsweg erarbeitet: Das Projektmanagement für Altlastenprojekte. Seit zwei Jahren sind wir damit in der Praxis tätig - für die Konversion militärischer Liegenschaften in zivile Nutzung, für die Sanierung von Rüstungsaltlasten und für bewohnte Altablagerungen sowie für den Abriß von Industrieanlagen und für das Flächenrecycling.

Falls Sie neue Projekte konzipieren oder in laufenden Projekten unterstützt werden wollen, sprechen Sie uns an:

AHU Aachen, Dr. **Meiners**,
Dipl.-Ing. **Lieber**, Dipl.-Geol. **Lieser**,
Kirberichshofer Weg 6, 52066 Aachen,
Tel.: 02 41-9 00 01 10,
Fax: 02 41-90 00 11 19.

AHU Hamburg, Dr. **Stolpe**,
Gotenstraße 4, 20097 Hamburg,
Tel.: 0 40-23 41 79, Fax: 0 40-23 14 49.

AHU GmbH   Aachen · Hamburg · Schwerte

Fordern Sie noch heute Ihr Probeheft an!

WASSER-WIRTSCHAFT

Zeitschrift für Wasser und Umwelt

Sind das Ihre Themen ?

- Wasserversorgung
- Wasser- und Energiewirtschaft
- Umwelttechnik
- Gewässerkunde
- Ökologie/Renaturierung
- Altlasten
- Konstruktiver Wasserbau

Dann sollten Sie auf die WASSERWIRTSCHAFT nicht länger verzichten !

Mit einem persönlichen Abonnement

- sind Sie immer aktuell informiert
- ersparen Sie sich lange Wege
- investieren Sie in Ihre berufliche Zukunft

Erscheinungsweise monatlich
Jahresbezugspreis 1995*   **DM 184,80**

Sonderpreis für Studenten
(gegen Immatrikulationsbescheinigung)   **DM 96,-**
jeweils einschließlich Mehrwertsteuer
zuzüglich Versandkosten

Franckh-Kosmos Verlags-GmbH & Co.
WASSERWIRTSCHAFT

**Postfach 10 60 11, D-70049 Stuttgart
Tel. (0711) 2191296 - Fax (0711) 2191350**

Veranstaltungen

UMWELTINSTITUT OFFENBACH GmbH
Nordring 82 B
63067 Offenbach am Main
Telefon: (069) 81 06 79
Telefax: (069) 82 34 93

O Beauftragte/r für die Vorbereitung und Durchführung der UVP

Schwerpunkt: Abfallentsorgung; Praxis-Seminar mit Vorträgen, Materialstudien und Planspielen. Das Gesetz über die Umweltverträglichkeitsprüfung (UVPG) ist seit dem 1. August 1990 in Kraft und fordert unter anderem für Abfallentsorgungsanlagen sowie für Anlagen, die nach dem Bundesimmissionsschutzgesetz einem Genehmigungsverfahren unterliegen, die Untersuchung und Prüfung der Umweltverträglichkeit.

Nach wie vor bestehen seitens der Projektträger, der Genehmigungsbehörden und auch seitens der Gutachter Unsicherheiten in Bezug auf Prüfverfahren, Art und Umfang der Umweltverträglichkeitsuntersuchungen, Ablauf und Bewertung der Ergebnisse. Das Umweltinstitut Offenbach bietet hierzu einen einwöchigen Zertifikatskurs an, der diesen Themenkomplex grundlegend aufarbeitet und in seiner Vielschichtigkeit darstellt. Ziel ist es, den derzeitigen Sach- und Diskussionsstand zur UVP von abfalltechnischen Anlagen zu verdeutlichen.

Der Grundkurs richtet sich an diejenigen, die mit der Bearbeitung von Umweltverträglichkeitsprüfungen beauftragt sind oder sich dieser Aufgabe in Zukunft annehmen möchten bzw. müssen. Er ist vor allem gedacht für Mitarbeiter von Ingenieur-, Planungs- und Beratungsbüros, Fach- und Verwaltungsbehörden, Industrie und Gewerbe sowie für die interessierte Fachöffentlichkeit.

O Beauftragte/r für die Bearbeitung von Altlasten

Zertifikats-Grundkurs zur Erlangung der Fachkenntnisse zur Erfassung, Erkundung, Untersuchung, Sicherung und Sanierung von Altlasten

☞ **Fortbildungsveranstaltung im Hinblick auf den Nachweis der erforderlichen Sachkunde nach dem Referentenentwurf für ein Bodenschutzgesetz**

Bundesweit stehen über 120.000 Flächen in Verdacht, gefährliche Altlasten zu enthalten. Etwa jede zweite belastete Fläche liegt in den neuen Bundesländern. Während mit der systematischen Erfassung der sogenannten "Altablagerungen" (ehemalige Müllkippen und alte Deponien) in den alten Bundesländern bereits flächendeckend begonnen wurde, steht die Erfassung der sogenannten "Altstandorte" (stillgelegte Industrie- und Gewerbeflächen) überall noch am Anfang. "Neu" hinzugekommen sind die ehemals militärisch genutzten Flächen der Russischen und Amerikanischen Streitkräfte.

Die Bearbeitung dieser Flächen bereitet Ingenieurbüros und Verwaltungen große Schwierigkeiten. Am Anfang steht bereits ein Wirrwarr von Begriffen und Rechtsgrundlagen, die sich von Bundesland zu Bundesland unterscheiden.

Das Umweltinstitut Offenbach bietet einen fünftägigen Grundkurs an, der die Grundlagen der Altlastenbearbeitung vermittelt. Angesprochen werden sowohl kommunale Mitarbeiter als auch Mitarbeiter aus Industrie, Gewerbe und Ingenieurbüros, die ihre Tätigkeit auf das Feld der Altlastenproblematik ausdehnen wollen bzw. müssen.

O Betrieblicher Umwelt-Auditor nach EG-Verordnung 1836/93 (Öko-Audit-Verordnung)

Im Juli 1993 ist die neue EG-Verordnung für das Öko-Audit (**Umweltbetriebsprüfung**) in Kraft getreten. Sie soll ab April 1995 in allen EG-Mitgliedstaaten angewendet werden können. Aufgrund der Aktualität der Thematik bestehen vor allem seitens der Unternehmen große Unsicherheiten in Bezug auf Prüfverfahren, Art und Umfang der Umweltbetriebsprüfung, Ablauf und Bewertung der Ergebnisse.

Das Umweltinstitut Offenbach hat ein Fortbildungskonzept entwickelt, das betriebliche Umweltschutzbeauftragte in Teilschritten zu Umweltbetriebsprüfern im Sinne der EG-Verordnung qualifiziert. Das Konzept ist modular aufgebaut und berücksichtigt die unterschiedlichen beruflichen Qualifikationen der Teilnehmer.

Das Konzept umfasst neben einem einwöchigen Zentralmodul als weitere Pflichtmodule die Nachweise der Fach/ Sachkunde in den betrieblichen Beauftragten-Funktionen des Umweltschutzes (Abfall, Gewässerschutz, Immissionsschutz) sowie das Modul "Kommunikation und betrieblicher Umweltschutz".

Anmeldungen laufend. Fordern Sie die ausführlichen Programme und die aktuellen Termine an!

Modernes Geographisches Altlasten- Dokumentations- und Informationssystem *ALADIN* mit ARC/INFO verknüpft

Für die zeitgemäße Erfüllung der Aufgaben im Altlastenbereich für die Bereiche Erfassung, Erkundung, Bewertung, Untersuchung und Sanierung steht seit geraumer Zeit ein geeignetes Werkzeug zur Verfügung: die EDV-Anwendung *ALADIN* - Das *A*lt*LA*sten*D*okumentations- und *IN*formationssystem.

Das Umweltinstitut Offenbach als Entwickler kooperiert jetzt mit **ESRI**, dem weltweit tätigen Anbieter von Geo-Informationssystemen.

ALADIN unterstützt den Sachbearbeiter bei allen Aufgaben in den Bereichen Altablagerungen, Altstandorte und Militärischen Altlasten. Von der Ersterhebung allgemeiner Informationen zu potentiell altlastverdächtigen Flächen über die Bewertung und Gefährdungsabschätzung bis hin zur Sanierungs-überwachung können alle Informationen verwaltet werden.

Aus systematischen Ersterhebungen entstandene Datenbestände ermöglichen das Festlegen von erforderlichen Bearbeitungsschritten, Bearbeitungsprioritäten sowie die interaktive Aktualisierung und Fortschreibung des Datenbestandes.

So ist die Anwendung z.B. in der Lage, aus der Karten- und Luftbildauswertung gewonnene Daten mit Daten aus der Aktenrecherche zu verknüpfen und die Ergebnisse zu visualisieren.

Durch das Konzept der hybriden Darstellung ist es möglich, alle zusammengehörigen Daten, gleichgültig ob Vektor- oder Rasterdaten, Karten und/oder Luftbilder (auch mit unterschiedlichen Maßstäben) nach Bedarf ein- oder auszublenden oder übereinander zu projizieren und die so entstandenen thematischen Karten auch zu Papier zu bringen.

Die Anwendung beachtet stets alle Verknüpfungen zwischen den graphischen Informationen und den zugehörigen Sachdaten und Bearbeitungsvorgängen. Es können sowohl graphische als auch an den Datenbankinhalten orientierte Abfragen durchgeführt werden.

Graphisch orientiert können die Daten z.B. nach Ortsteilen oder Bezirken, nach Straßenzügen, konkreten Adressen oder Flurstücksangaben oder nach dem Umgebungsradius eines Standortes selektiert werden.

An den Datenbankinhalten orientiert sind Selektionen nach Art oder Zeitraum der kontaminationsbedingenden Nutzung, Gefährdungspotential, Sensibilität der Nutzung oder Bewertungs- bzw. Untersuchungsergebnissen.

☞ Um der großen Nachfrage von Behörden und Ingenieurbüros gerecht zu werden, bei denen ARC INFO als Geographisches Informationssystem eingesetzt wird, wird demnächst *ALADIN* als Anwendung auf Basis von **ARC VIEW** angeboten. Der oft geäußerte Wunsch, ALADIN als PC-Version unter DOS/Windows anzubieten, wird damit erfüllt.

Diese Version kann auch direkt auf ARC INFO-Daten zugreifen. Erzeugte Ergebnisse können mit ARC INFO weiterbearbeitet werden.

Die Anwendung ist aufgrund ihres attraktiven Preises auch für Anwender mit kleinem Budget interessant. Fordern Sie Informationen an!

Weitere Informationen sind erhältlich über das Umweltinstitut Offenbach GmbH, Nordring 82 b, 63067 Offenbach, Telefon (069) 81 06 79, Telefax (069) 82 34 93.

**Institut für Umweltschutz
und Wasseruntersuchungen GmbH**

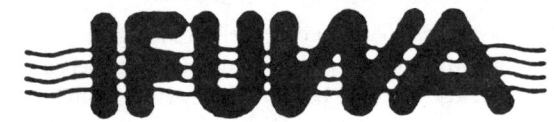

IFUWA

AKKREDITIERTES PRÜFLABORATORIUM

**Analytik, Beratung,
Gutachten in allen Umweltfragen**

- Wasserwirtschaft, Wasseranalytik
- Altlastenermittlung und Sanierung
- geologische und hydrologische Untersuchungen
- Abfallwirtschaft und Untersuchung von Abfällen
- Raumluft - und Arbeitsplatzmessungen
- Lebensmitteluntersuchungen

IFUWA GmbH
Lindberghstraße 9-13, 85051 Ingolstadt
Telefon (08 41) 97 39 30, Fax (08 41) 97 39 39

Druck: COLOR-DRUCK DORFI GmbH, Berlin
Verarbeitung: Buchbinderei Lüderitz & Bauer, Berlin